叶黄素基础与生物学效应

主 编 林晓明

作 者（以撰写章节先后为序）

邹志勇　北京大学
黄绯绯　中国疾病预防控制中心营养与健康所
黄旸木　北京大学
徐贤荣　杭州师范大学
王子昕　香港中文大学
汪明芳　北京医院
肖　鑫　北京大学肿瘤医院
张秋香　北京大学第三医院
林晓明　北京大学

北京大学医学出版社

YEHUANGSU JICHU YU SHENGWUXUE XIAOYING

图书在版编目（CIP）数据

叶黄素基础与生物学效应 / 林晓明主编 .—北京：北京大学医学出版社，2015.8
ISBN 978-7-5659-1166-8

Ⅰ.①叶… Ⅱ.①林… Ⅲ.①叶黄素—研究 Ⅳ.① Q562

中国版本图书馆 CIP 数据核字 (2015) 第 165985 号

叶黄素基础与生物学效应

主　　编：林晓明
出版发行：北京大学医学出版社
地　　址：(100191) 北京市海淀区学院路 38 号　北京大学医学部院内
电　　话：发行部 010-82802230；图书邮购 010-82802495
网　　址：http ://www.pumpress.com.cn
E — mail：booksale@bjmu.edu.cn
印　　刷：中煤涿州制图印刷厂北京分厂
经　　销：新华书店
责任编辑：张彩虹　责任校对：金彤文　责任印制：李　啸
开　　本：787 mm × 1092 mm　1/16　印张：16.25　彩插：4　字数：422 千字
版　　次：2015 年 8 月第 1 版　2015 年 8 月第 1 次印刷
书　　号：ISBN 978-7-5659-1166-8
定　　价：85.00 元
版权所有，违者必究
（凡属质量问题请与本社发行部联系退换）

本书由
北京大学医学科学出版基金
　　　　　资助出版

前　言

曾经有人问我：当初你怎么开始关注和研究叶黄素的？这个问题，触发了我对历经十几年本已淡化了的叶黄素研究历程中的诸多艰辛的回忆，一言难尽。概括地说，我们对叶黄素的关注与研究，一是伴随着国内外医学界、营养学界对其认识和研究的不断进展；二是我国对叶黄素的研究相对滞后，缺少中国人群（乃至亚洲人群）的基本数据和资料；三是依其生物学基础与食物来源，拟探寻其在人类健康和疾病预防中的价值和意义。我对叶黄素的关注起始于 20 世纪末期。当时，膳食模式与健康的关系，尤其是深色蔬菜对常见慢性非传染性疾病的防治效果初被公认。这其中不仅是营养素的作用，还包括或更重要的是其中的植物化学物，特别是类胡萝卜素的健康效应。虽然叶黄素不是营养素，但它是存在于多种食物尤其是深色植物性食物中的重要成分。在目前报道的六百余种类胡萝卜素中，叶黄素以其独特的结构、性质和生物学作用而对人体可能的健康效果吸引了我们的研究目光。

尽管叶黄素的相关研究文献迄今已有千余篇，从不同层次、不同角度证实了叶黄素的生物学作用以及与人类某些疾病的关系和预防效果，但有些结论至今尚未形成定论，依然处于科学研究阶段，某些未知与异议尚有待继续研究与探索。

我国营养学界对叶黄素的研究整体起步较晚。我们亦仅历经十几年的时间，对叶黄素进行了比较系统的连续研究和人群干预研究。在研究中，我们的学术团队以及我的博士、硕士研究生们勇于求索、刻苦钻研，不断地攻克了学术难题，高质量地完成了一个个项目。他们时常放弃节假日和寒暑假的休息时间工作在现场，夜以继日地工作在实验室，用心血浇灌着每一个科研成果，这种学术态度和担当精神让我欣慰。

"千淘万漉虽辛苦，吹尽狂沙始到金"。在我们对叶黄素研究多年积累和深入进展的基础上，国内第一部叶黄素研究的学术专著《叶黄素基础与生物学效应》即将付梓面世。在本书撰写过程中，作者们不断查阅最新文献，就叶黄素研究的学术焦点和核心问题，几经研讨，数易其稿，力求奉献给读者和学界一部精品。但随着科学研究的快速发展，新的成果不断推出，我们依然有一种难以将更多成果展示出来以飨读者之憾。同时，我们对一些学术观点和研究结果的理解和阐释，一家之言，见仁见智，书中如有不当或错讹，敬请读者指正。

林晓明

（北京大学教授　博士生导师）

2015 年 5 月

本书是国家自然科学基金资助项目研究的最终成果，谨致谢忱！

- 国家自然科学基金资助项目《叶黄素对视网膜光损伤的保护作用及机理研究》（项目批准号30671758）
- 国家自然科学基金资助项目《叶黄素对老年性视网膜黄斑变性的防治作用与机理研究》（项目批准号：30872113）
- 国家自然科学基金资助项目《叶黄素对动脉粥样硬化与血管内皮细胞氧化损伤的防护作用及分子机制》（项目批准号：30972472）
- 国家自然科学基金资助项目《玉米黄素及其组合干预对老年黄斑变性的作用与视网膜转运机制研究》（项目批准号：81273063）

内容提要

本书是介绍叶黄素基础科学与生物学作用及与人体健康关系的著作，作者根据多年的潜心研究成果及资料积累撰写而成。

本书系统地介绍了叶黄素的化学结构、理化性质、食物来源和生物学作用以及与相关人体疾病的关系。特别是对叶黄素研究中普遍关注的问题，包括叶黄素生物学作用的客观评价、叶黄素补充剂的建议食用量、过量食用的不良反应以及对不良反应的控制等，进行了比较深入的阐述，具有较强的学术性、系统性、开创性和应用性。每章开始处撰有摘要，以便读者提纲挈领地把握本章的重点和精粹。

本书可作为高等院校师生的选修教材，也可作为医务人员以及从事相关食品研究、监管人员的参考用书。

目 录

第一章　叶黄素研究简史与研究进展 ... 1
第一节　研究简史 ... 1
一、类胡萝卜素的发现 ... 1
二、叶黄素的发现 ... 1
第二节　研究进展 ... 2
一、叶黄素与抗氧化活性 ... 2
二、叶黄素与视网膜光损伤 ... 3
三、叶黄素与年龄相关性黄斑变性 ... 4
四、叶黄素与动脉粥样硬化 ... 4
五、叶黄素与年龄相关性白内障 ... 5
第三节　重要历史人物 ... 5
一、Adolf Lieben ... 5
二、Richard Kuhn ... 6
三、Richard A. Bone 和 John T. Landrum ... 7

第二章　叶黄素的分类、结构与理化性质 ... 11
第一节　分类与命名 ... 12
一、分类 ... 12
二、命名 ... 21
第二节　结构与构型 ... 22
一、分子结构 ... 22
二、构型与同分异构体 ... 25
第三节　理化性质 ... 31
一、物理性质 ... 31
二、化学性质 ... 34
三、加工烹调对叶黄素的影响 ... 35

第三章　天然叶黄素的分布、食物来源与生物合成 ... 43
第一节　天然叶黄素的分布 ... 44
一、植物 ... 44
二、藻类 ... 46
三、动物 ... 47
第二节　食物来源与影响因素 ... 47
一、食物来源 ... 47
二、食物中叶黄素含量的影响因素 ... 49

第三节　生物合成 50
　一、生物合成途径 50
　二、生物合成的影响因素 54
第四节　天然玉米黄素的来源 54
　一、植物 55
　二、微生物与藻类 55
　三、动物 56

第四章　叶黄素的消化、吸收与代谢 60
第一节　叶黄素的消化、吸收与影响因素 61
　一、消化与吸收 61
　二、影响因素 62
第二节　叶黄素的代谢 64
　一、转运 64
　二、分布与贮存 66
　三、转化与排出 68

第五章　叶黄素的生物学作用 73
第一节　构成视网膜黄斑色素 74
　一、视网膜结构与黄斑 74
　二、叶黄素与视网膜黄斑色素 78
　三、黄斑色素密度的评价指标与影响因素 81
第二节　滤过蓝光 86
　一、概述 86
　二、蓝光对视网膜的损伤 88
　三、叶黄素滤过蓝光作用与机制 89
第三节　抗氧化作用 93
　一、氧化应激与自由基 93
　二、氧化应激损伤与疾病 96
　三、叶黄素的抗氧化作用 98
　四、叶黄素抗氧化作用的机制 102
第四节　免疫保护作用 106
　一、免疫保护与活性氧自由基 106
　二、叶黄素的免疫保护作用 107
　三、叶黄素免疫保护作用的机制 108

第六章　叶黄素与相关疾病 111
第一节　视网膜光损伤 113
　一、概述 113
　二、叶黄素与视网膜光损伤 118

  三、叶黄素对视网膜光损伤防护作用的机制 122
  四、视网膜光损伤的预防 123
 第二节 年龄相关性黄斑变性 127
  一、概述 127
  二、叶黄素与年龄相关性黄斑变性 133
  三、叶黄素对年龄相关性黄斑变性预防与治疗的机制 137
 第三节 年龄相关性白内障 144
  一、晶状体 144
  二、年龄相关性白内障概述 146
  三、叶黄素与年龄相关性白内障 151
  四、叶黄素对年龄相关性白内障预防与治疗的机制 153
 第四节 动脉粥样硬化 158
  一、概述 158
  二、叶黄素与动脉粥样硬化 162
  三、叶黄素对动脉粥样硬化预防与治疗的机制 164
 第五节 紫外线皮肤光损伤 170
  一、概述 170
  二、皮肤中的叶黄素与其他类胡萝卜素 175
  三、叶黄素与紫外线皮肤光损伤 178
  四、叶黄素对紫外线皮肤光损伤预防与治疗的机制 180
 第六节 癌症 184
  一、概述 184
  二、叶黄素与癌症 187
  三、叶黄素潜在抑癌的可能机制 192
 第七节 阿尔茨海默病 197
  一、概述 197
  二、叶黄素与阿尔茨海默病 202
  三、叶黄素对阿尔茨海默病的预防机制 204

第七章 叶黄素的食用量与食用安全性 210
 第一节 叶黄素的食用量 211
  一、膳食摄入量 211
  二、食品添加剂与营养强化剂中的使用量 214
  三、人群与临床研究中的干预剂量 215
  四、叶黄素补充剂的建议食用量 218
 第二节 叶黄素的食用安全性 220
  一、ADI与食用安全性 221
  二、食用安全性毒理学评价 221
  三、人体食用的安全性 224

第八章　叶黄素研究的关注点 231

第一节　叶黄素生物学作用的评价 232
一、生物学作用的基础 232
二、生物学作用与相关疾病的预防 234
三、叶黄素对视觉无直接作用 235
四、叶黄素生物学作用的讨论与思考 235

第二节　叶黄素的不良反应 237
一、叶黄素的不良反应与界定 237
二、叶黄素不良反应的控制 238

英文缩略语简表 242

彩图 247

第一章

叶黄素研究简史与研究进展

摘　要

　　人类对叶黄素的认识经历了一个漫长的时期,从最初发现胡萝卜素至今已近2个世纪。对叶黄素的认识大致可分为两个阶段,从19世纪30年代人类发现胡萝卜素开始,至20世纪30年代人类能提取单体叶黄素结晶,经历了一百余年;从20世纪30年代后至今,特别是近三十余年,对叶黄素的研究进入了一个快速发展时期,尤其是对叶黄素的生物学作用及其在相关疾病预防中的效果和价值备受关注。在对叶黄素的认识和研究过程中,一些科学家做出了巨大贡献,有的科学家因此而获得了诺贝尔化学奖。特别在1985年,美国佛罗里达国际大学 Richard. Bone 与 John T. Landrum 教授首次证实了黄斑色素由叶黄素和玉米黄素构成,膳食补充叶黄素和玉米黄素能提高黄斑色素密度,为近年叶黄素生物学作用研究做出了重要贡献

第一节　研　究　简　史

　　人类从最早发现胡萝卜素,至叶黄素的发现和将其从奶牛卵巢黄体中分离,以及后来明确其分子结构、分子式、分子量及理化性质,并将其提纯,经历了近百年的历史。

一、类胡萝卜素的发现

　　1831年,德国化学家 Wackenroder 从胡萝卜中分离出一种黄色色素[1-2],根据来源称其为胡萝卜素,首次提出了胡萝卜素(carotene)的概念。

　　1868年,德国化学家 Thudichum 通过光谱分析,从42种植物中分离出黄色结晶物质,并将其命名为"luteine"[1,3]。后来这些黄色结晶被证实为类胡萝卜素的混合物,"luteine"一词也被类胡萝卜素(carotenoids)所取代。然而,当时人们仅仅认识到类胡萝卜素是一类色素,它们是脂溶性物质,不溶于水,且化学性质活跃。由于这些色素不稳定,极易被氧化,尤其是它们的性质相似,为研究者对其进一步地分离、纯化带来了一定困难。

二、叶黄素的发现

　　1886年,奥地利化学家 Lieben 首次从大量风干的奶牛卵巢黄体中分离出胆固醇和一种红

色晶体[1,4]，他将这种红色晶体命名为"hemolutein"。后来研究证实，该晶体主要是叶黄素，由于混杂了其他色素而呈现红色。Lieben 成为第一位将叶黄素从动物组织中分离出来的科学家。后期研究发现，叶黄素也存在于神经组织、视网膜、脂肪组织和内脏组织，并在机体内能通过血浆脂蛋白转运。

直至 1907 年，瑞士化学家 Willstätter 和他的助手 Mieg 通过燃烧法和经典的相对分子质量测定法，第一次准确地测定出类胡萝卜素（主要为 β- 胡萝卜素）的分子式为 $C_{40}H_{56}$，另一种含氧的类胡萝卜素（主要为叶黄素）的分子式为 $C_{40}H_{56}O_2$[5]，并发现碳氢类胡萝卜素和含氧类胡萝卜素的区别在于前者易溶于石油醚，而后者易溶于乙醇。

1912 年，Willstätter 及其同事又从鸡蛋蛋黄中分离出一种黄色色素[1,6]，为了纪念 Thudichum JLW 在类胡萝卜素研究方面的巨大贡献，他们将这种黄色色素命名为 lutein。后来研究发现，蛋黄中的黄色色素主要是叶黄素和玉米黄素，还含有少量的其他类胡萝卜素。有趣的是，Willstätter 的主要研究方向并非是类胡萝卜素的化学分析，而是叶绿素的化学分析。由于在叶绿素结构分析方面的重大贡献，Willstätter 于 1915 年获得了诺贝尔化学奖。

1930 年，瑞士化学家 Karrer 测定并明确了 β- 胡萝卜素的化学结构[7]，因此，他与英国科学家 Haworth 共同获得了 1937 年诺贝尔化学奖。

1931 年，奥地利化学家 Kuhn 利用液 - 固色谱法分离出 60 多种类萝卜素[8]。同年，他和同事又扩大了液 - 固色谱法的应用，提取了叶黄素单体结晶，并从蛋黄中分离出叶黄素。同时，他测定出纯化得到的叶黄素单体的分子式是 $C_{40}H_{56}O_2$，分子量为 568.85[8]。Kuhn 是第一位将叶黄素从混合物中分离出单体的科学家。由于他在研究类胡萝卜素、核黄素和维生素中的显著成就，1938 年被授予诺贝尔化学奖。

第二节 研究进展

近三十年来，随着现代科学技术与研究方法的迅速发展，推动了叶黄素研究的不断深入，特别是对其生物学作用的研究进展十分迅速。1982 年，德国科学家 Kirschfeld 首次发现了人视网膜中的黄斑色素具有抗氧化作用[9]。3 年后，佛罗里达国际大学教授 Bone 和同事 Landrum 通过高效液相色谱法证实视网膜黄斑色素是由叶黄素和玉米黄素构成，并首次提出膳食补充类胡萝卜素能增加视网膜黄斑色素的密度[10]。在这一时期，对叶黄素研究进展最快的是关于叶黄素的生物学作用和与人类某些疾病的关系，主要集中在叶黄素的抗氧化活性、构成视网膜黄斑色素、蓝光滤过作用及对视器官的保护和相关疾病的预防与控制。

一、叶黄素与抗氧化活性

早在 1970 年，Foote CS 等就发现 β- 胡萝卜素具有淬灭单线态氧的能力[11]。随着研究的不断深入，发现不仅 β- 胡萝卜素具有抗氧化能力，大多数类胡萝卜素都具有抗氧化能力，其中番茄红素和叶黄素的抗氧化能力更强[12]。1999 年，荷兰科学家 van het Hof 研究发现，叶黄素的生物活性比 β- 胡萝卜素高 5 倍[13]。后来研究证实，叶黄素的抗氧化活性是由其分子结构决定的，其结构中的多烯链上有 9 个共轭双键，能为淬灭自由基反应提供电子；分子两端的紫罗酮环上各结合一个羟基,增加了分子的极性,对其抗氧化能力产生进一步的作用和影响[14]。

随后,Kirschfeld 于 1982 年首次发现人视网膜中黄斑色素具有抗氧化作用[9],实质上是叶黄素与玉米黄素的作用结果,因黄斑色素是由叶黄素与玉米黄素构成,二者为其主要成分。视网膜组织细胞中,线粒体丰富,氧分压高,暴露于可见光,尤其是感光细胞外节是体内多不饱和脂肪酸含量最高的组织,故其氧化还原反应活跃,极易诱发视网膜组织的氧化损伤。2000 年,Beatty 等研究显示,叶黄素能降低视网膜的氧分压,淬灭活性氧自由基,抵御氧化应激反应[15]。2006 年,Kim 等的研究表明,在视网膜,叶黄素能淬灭单线态氧,降低光氧化毒性代谢产物 A2E 的产生,从而保护 DNA 免受氧化损伤[16]。同年,Muriach 等亦报道,叶黄素能通过减少小鼠视网膜氧化代谢产物丙二醛(malondialdehyde,MDA)及核因子-κB(NF-κB)的含量,从而减少视网膜的氧化损伤[17]。因此,解释了流行病学研究中所观察到的增加黄斑色素密度能降低患 AMD 的风险,其中,叶黄素的抗氧化作用是其重要机制之一。

此外,氧化损伤亦是多种疾病的危险因素之一,如 ARC、AS、紫外线皮肤光损伤、AD 以及癌症等,叶黄素的抗氧化活性使其在相关疾病的预防和控制中发挥重要的作用。

二、叶黄素与视网膜光损伤

视网膜是形成视觉的关键部位。光波到达正常的视网膜后,引起感光细胞内感光物质的化学变化和电位改变,产生神经冲动,传入大脑皮质的视觉中枢形成视觉。如果光波的强度、光照的时间超出了视网膜的承受力,将对其造成损伤。1916 年,Verhoeff 和 Bell 首次报道了日光性视网膜病是源于太阳光对视网膜的损伤,并发现眼组织对光损伤具有保护作用[18]。1966 年,Noell 第一次建立了视网膜光损伤大鼠模型,同时证实,即使低于热损伤阈值的光波,长时间照射仍可引起大鼠的视网膜损伤[19]。1973 年,Ham 发现,日光中短波光比长波光更易引起视网膜损伤,并进一步发现,近红外光主要导致视网膜的热损伤,而蓝光则引起视网膜的光化学损伤[20]。蓝光的波长与紫外光的波长接近,是所有能到达视网膜的可见光中能量最高、潜在危害性最大的一种光,能引起视网膜色素上皮和感光细胞损伤和凋亡[20]。2000 年,Suter M 等进行了细胞培养实验,结果显示,蓝光照射可引起人视网膜色素上皮细胞损伤,而且损伤程度与光照强度和光照时间呈正相关[21]。

叶黄素的最大吸收波长(445 nm)恰处于蓝光的波长范围(430~450 nm),它在视网膜内能吸收蓝光,对视网膜神经细胞具有保护作用[22]。2001 年,Junghans 研究发现,黄斑色素犹如蓝光滤过器,能有效地滤过蓝光,减少其对视网膜的光损伤[23]。2002 年,Thomson 研究证实,较高浓度的叶黄素能在视网膜抑制蓝光诱导的感光细胞凋亡[24]。2005 年,Seagle 的研究再次证实了上述结果[25]。2007 年,Schalch 等进行了为期 180 天的人群叶黄素干预研究,结果发现,叶黄素干预组血清叶黄素浓度和视网膜黄斑色素密度均明显增加,同时,叶黄素能减少蓝光对视网膜感光细胞、Bruch 膜、视网膜色素上皮细胞等组织的损伤[26]。

有学者研究认为,视网膜黄斑色素能削弱蓝光,减少因不同波长光折射时产生的光学系统色差,从而改善视网膜所形成图像的清晰度[27]。并发现,摄入叶黄素含量高的食物能有效逆转神经细胞信号转导减退引起的视功能退化,提高视觉系统的信号传导[28-29]。

三、叶黄素与年龄相关性黄斑变性

视器官的光学系统将光聚焦于视网膜黄斑，长期、超负荷的光照射特别是太阳辐射能导致对视网膜黄斑损伤的积累效应。并随着时间的迁移，视网膜的光损伤不断累积，加上黄斑色素密度随增龄性不断下降，最终成为诱发年龄相关性黄斑变性（age-related macular degeneration，AMD）的危险因素之一。

1994 年，Seddon JM 等通过病例对照研究，首次发现叶黄素和玉米黄素与 AMD 的发病率存在负相关关系，并发现每日摄入 6 mg 叶黄素者比每日仅摄入 0.5 mg 叶黄素者 AMD 的患病率下降 57%[30]。随后的研究证实了这一结果[31-32]。2000 年，Bone 等对捐献视器官者视网膜中叶黄素和玉米黄素含量进行测定后发现，视网膜中叶黄素和玉米黄素含量高的人群与含量低的人群相比，患 AMD 的风险降低了 82%[33]。上述研究表明，叶黄素不仅具有保护人体视网膜的作用，而且还能降低 AMD 发生的风险。2001 年，Curran-Celentano 等研究发现，膳食叶黄素/玉米黄素摄入量较高的人群，其血清中及视网膜中叶黄素/玉米黄素的浓度也相对较高[34]。

为了进一步验证叶黄素与 AMD 发病风险间的关系，研究者们陆续进行了叶黄素的人群干预研究。2002 年，Bernstein 等对 AMD 患者每天给予 4mg 叶黄素干预，采用拉曼光谱测定视网膜黄斑色素密度，结果显示，叶黄素干预组视网膜黄斑色素密度显著高于对照组，且黄斑色素密度几乎可达到非 AMD 组的水平[35]。2004 年，Richer 等采用随机双盲安慰剂对照的方法，对 AMD 患者实施了为期 12 个月的叶黄素干预研究，AMD 患者每日服用 10 mg 叶黄素，结果显示，叶黄素干预组视网膜黄斑色素密度比对照组平均增加了 50%，且对比敏感度和视功能指标也显著改善[36]。2012 年，Piermarocchi 等对 AMD 患者实施连续 2 年的叶黄素复合干预研究，AMD 患者每日服用叶黄素 10 mg + 玉米黄素 1 mg + 虾青素 4 mg + 抗氧化维生素，结果显示，叶黄素复合干预组对改善视力和视觉功能具有明显的作用[37]。

综上所述，叶黄素具有增加 AMD 患者视网膜黄斑区黄斑色素密度，改善相关视功能的作用。

四、叶黄素与动脉粥样硬化

动脉粥样硬化（atherosclerosis，AS）的概念是由 Marchand 于 1904 年首次提出的[38-39]。但是，人类罹患 AS 可追溯到古埃及时期，研究者曾在木乃伊体内发现类似 AS 的病理特征[40]。20 世纪初，有人提出了 AS 形成的脂质理论，人们开始关注其发病的机制[41]。到 20 世纪 80 年代，LDL 受体和氧化型 LDL（ox-LDL）在 AS 发生过程中的机制得到了证实[42]。1999 年，Ross 在新英格兰医学杂志上提出，AS 实质是一个慢性炎症过程，并阐述了将其定义为炎症的依据以及潜在的机制[43]。此后，AS 的慢性炎症机制得到了公认，临床上对其采用抗炎治疗成为当时的新方向。

关于叶黄素与 AS 发病的关系，早在 1985 年，Verlangieri 首先报道蔬菜、水果的摄入量与心血管疾病的死亡率呈负相关[44]。1996 年，Howard 对蔬菜、水果摄入量差异显著的两个城市进行了心血管疾病调查，结果发现，蔬菜、水果摄入量高的人群心血管疾病的患病率显著低于蔬菜、水果摄入量低的人群，同时发现两个人群间包括血浆叶黄素在内的几种类胡萝卜素水平均存在显著差异，提出叶黄素在保护心血管系统方面可能具有一定的作用[45]。在 Kritchevsky 的研究和 Mcquillan BM 的颈动脉超声疾病评估研究（Carotid UHrasound Disease Assessment Study，CUDAS）均证实，富含叶黄素的膳食有益于预防动脉粥样硬化的发生[46-47]。在社区动脉粥样硬化风险（Atherosclerosis Risk in Communities，ARIC）研究中，采用病例对照方法。检测了 231 对病例对照受试对象血清叶黄素的浓度和颈动脉内中膜厚度（intima-media thickness，IMT），结果发现，血清叶黄素的浓度和颈动脉 IMT 呈明显的负相关[48]。

2001 年，美国著名的 Los Angeles 研究，对中年职业人群完成的横断面调查和为期 18 个月的队列研究，结果表明，血浆叶黄素水平和颈总动脉 IMT 的进展呈负相关，同时基线血清叶黄素浓度高（>0.8 μmol/L）的人群，颈总动脉 IMT 在 18 个月后仅增加了 0.004 mm，而基线血清叶黄素浓度低（<0.18 μmol/L）的人群，颈总动脉 IMT 却增加了 0.021 mm[49-50]，该研究为叶黄素对早期 AS 可能具有保护作用，提供了进一步的证据。同年，该项研究的负责人 Dwyer 用人动脉壁细胞进行培养，发现用叶黄素预处理的细胞能抑制 LDL 诱导的单核细胞迁移，并呈剂量相关性[49]。该研究提示，叶黄素可能通过抑制单核细胞的迁移与黏附，控制泡沫细胞的形成，进而起到抑制 AS 形成的过程。后来，该研究者又进行了动物实验研究，用添加叶黄素的饲料喂养 apoE 缺失小鼠和 LDL 受体缺失小鼠，结果发现，额外补充叶黄素能显著减少 apoE 缺失小鼠 55% 主动脉粥样硬化病变和 LDL 受体缺失小鼠 43% 的动脉粥样硬化病变[49]。

上述研究结果表明，增加膳食叶黄素的摄入量，有益于预防 AS 的发生、降低 AS 的患病风险和控制早期 AS 的进展。

五、叶黄素与年龄相关性白内障

年龄相关性白内障（age-related cataract，ARC）是老年人群致盲和视力残疾的首要原因。目前，采用人工晶体置换手术是治疗 ARC 的主要手段。关于 ARC 的发病机制比较复杂，但已被公认的是光波导致的氧化损伤是晶体混浊的主要环境致病因素之一。因此，抗氧化剂的应用成为临床和实验研究的热点。1999 年，在美国进行的美国护士健康研究（Nurses' Health Study，NHS）和职业健康研究（Health Professionals follow-up study，HPFS）项目中，分别对 77466 名女性和 36644 名男性进行了为期 12 年和 8 年的队列研究，结果发现，叶黄素的摄入量和血浆叶黄素的浓度与 ARC 的发病率呈负相关，人体摄入充足的叶黄素和玉米黄素，患 ARC 的风险女性可降低 22%，男性可降低 19%[51-52]。2008 年，Christen 对美国 35551 名女性进行为期 10 年的队列研究，发现叶黄素和玉米黄素摄入量较高的人群与摄入量较低的人群相比，能降低 ARC 患病风险 18%[53]，这与美国前几项研究结果一致。

研究证实，叶黄素与人类晶状体的清晰程度有关，经常摄入富含叶黄素和玉米黄素的食物能抵御晶状体的光氧化损伤，从而，降低 ARC 发生的风险。

第三节　重要历史人物

一、Adolf Lieben

Adolf Lieben(1836—1914)[2]（图 1-3-1，彩图见书末），1836 年出生于奥地利一个富裕的

图 1-3-1　Adolf Lieben
（来源：Sourkes TL. The discovery and early history of carotene. Bull Hist Chem, 2009, 34:32-38.）

商人家庭，其家族成员大都从事各种商业活动，而 Lieben 却在维也纳大学求学期间对化学产生了浓厚兴趣，并最终选择了从事科学研究的道路。先后任教于意大利巴勒莫大学、都灵大学。1875 年开始任职于维也纳大学药理学系教授，1914 年 7 月逝世于维也纳。

在巴勒莫大学期间，Lieben 和他的合作者 Piccolo 进行了具有历史意义的著名研究。他们收集了大量牛卵巢黄体进行风干，然后将风干的黄体切成碎片溶解在乙醚溶液中，这时溶液呈现淡黄色。将其加热干燥，再加入用高浓度的氢氧化钾溶解残留物，煮沸几个小时，最后发现非水溶性的物质中存在 2 种物质：一种是胆固醇，另一种是红色晶体物质。Lieben 和他的合作者认为后者可能是一种动物代谢产物，并将其命名为 hemolutein。

Lieben 在研究生涯中，发表了大量关于有机化学的论著。最有影响的是关于黄体中类胡萝卜素的研究，他首次将含氧的类胡萝卜素（典型代表是叶黄素）从风干的奶牛卵巢黄体中分离出来。Lieben 是首位从动物组织中分离出叶黄素的化学家。

二、Richard Kuhn

图 1-3-2　Richard Kuhn
（来源：http://en.wikipedia.org/wiki/Richard_Kuhn）

Richard Kuhn（1900—1967）[54]（图 1-3-2，彩图见书末），1900 年生于奥地利维也纳，1918 年就读于维也纳大学，1921 年至德国慕尼黑大学攻读博士学位，1922 年获博士学位后留校，1926—1929 年任苏黎世大学教授。1929 年 Kuhn 任德国任海德堡大学教授，兼任凯撒·威廉医学研究所化学部主任，1937 年升任凯撒·威廉医学研究所所长，1938 年任国际化学联合会副会长，他还是海德堡科学院、纽约科学院院士。1967 年 8 月 1 日，Kuhn 在海德堡逝世，享年 67 岁。

1906 年俄国植物学家茨维特在研究植物色素时发明了柱色谱法。这种方法是把硅藻土（现在常用石英砂或氧化铝粉末）粉末置于玻璃管中，在上端倒入混合物溶液。待溶液被硅藻土粉末吸附后用待分离的溶剂淋洗，当溶剂流下时，由于不同成分的吸附能力不同而分开。若是有色物质则形成一圈色带。

Kuhn 利用这个被埋没多年的方法，用氧化铝和碳酸钙粉末的色谱柱成功地将胡萝卜素分离出 α- 胡萝卜素和 β- 胡萝卜素。此后，他又发现了多种新的类胡萝卜素，并在世界上第一次成功地分离出叶黄素晶体，并制成了纯品进行结构分析，测定出叶黄素单体的分子式和分子量。

20 世纪 30 年代以后，人们对维生素的兴趣日增。Kuhn 着手研究维生素 A，确定了其结构,并于 1937 年成功合成了维生素 A。1933 年 Kuhn 从 53000L 牛奶中分离出了 1g 维生素 B_2（核黄素）,测定了其结构,并于 1934—1935 年成功地合成了核黄素,对维生素的化学研究起到了极大的推动作用。1938 年 Kuhn 又成功地分离出维生素 B_6,并测定了它的化学结构。

Kuhn 长期研究胡萝卜素化学成分,成功地合成了包括核黄素、维生素 B_2、维生素 A 等多种维生素,并首次提取了单体叶黄素结晶体和核黄素。由于其在研究胡萝卜素和维生素的杰出成就,瑞典皇家科学院授予他 1938 年度诺贝尔化学奖。但由于德国纳粹的阻挠,Kuhn 未能前往斯德哥尔摩领奖,按照规定,发出授奖通知一年内未领奖,奖金视为自动放弃。第二次世界大战结束后,当 Kuhn 在 1949 年 7 月去斯德哥尔摩补作授奖学术报告时,只领回了诺贝尔金质奖章和证书。

三、Richard A. Bone 和 John T. Landrum

Richard A. Bone[55]（图 1-3-3,彩图见书末）,现任佛罗里达国际大学实验生物物理学教授。他 30 年的研究生涯主要致力于黄斑色素和老年黄斑变性的研究。1985 年,他和 John T.Landrum 一起,验证了黄斑色素由叶黄素和玉米黄素构成,同时第一次报告了膳食补充叶黄素和玉米黄素可提高黄斑色素密度。已发表相关论文 40 余篇。Bone 从 1971 年开始,对视网膜中黄斑密度进行了研究,1984 年以后获得美国 National Institutes of Health 基金多项资助。2010 年,他成为世界上权威的视觉和眼科研究学会委员。他目前的研究方向为不同的黄斑类胡萝卜素配方和黄斑色素密度测量方法的改进。

John T. Landrum[56]（图 1-3-4,彩图见书末）,1971 年就读于加利福尼亚州立大学,1975 年获化学学士学位,1978 获化学硕士学位,1980 年于南加利福尼亚大学获化学博士学位,现任佛罗里达国际大学生物与生物化学学系教授。Landrum 长期从事类胡萝卜素相关研究,特别是叶黄素和玉米黄素的化学分析与功能研究。Landrum 已发表 50 多篇相关论文,出版专著 *Carotenoids*,2004 年获得佛罗里达国际大学杰出研究奖。

早在 20 世纪 80 年代,Bone 和 Landrum 合作的研究率先通过紫外可见光高效液相色谱法验证了类胡萝卜素化合物及化学衍生物的分离和纯化。1988 年,他们发表的论文报道了类胡萝卜素在人视网膜中的分布和这些类胡萝卜素水平随年龄的变化趋势。20 世纪 90 年代,他们研究了视器官捐赠者遗体视网膜中类胡萝卜素的浓度,并得出结论,类胡萝卜素的水平和 AMD 密切相关。首次提出了增加膳食类胡萝卜素补充剂可提高视网膜黄斑色素密度。目前,他们正与 NIH 合作进行一项对照干预试验,研究叶黄素和玉米黄素干预是否能降低 AMD

图 1-3-3　Richard A. Bone
（来源：佛罗里达国际大学网站 http：//www2.fiu.edu/~bone/）

图 1-3-4　John T. Landrum
（来源：佛罗里达国际大学网站 http：//www2.fiu.edu/~landrumj/）

的发病率。

在叶黄素研究领域，这些科学家做出了重大贡献，为后来的研究奠定了基础。

（邹志勇）

参考文献

[1] Sourkes TL. The discovery and early history of carotene[J]. Bull Hist Chem, 2009,34(1): 32-38.
[2] Wackenroder H. Ueber das oleum radicis dauci aetherum, das carotin, den carotenzucker und den officinellen succus dauci; so wie auch über das mannit, welches in dem möhrensafte durch eine besondere art der gährung gebildet wird[M]. Geigers Magazin der Pharmazie, 1831,33: 144-172.
[3] Thudichum JLW. Results of researches on luteine and the spectra of yellow organic substances contained in animals and plants[J]. Proc R Soc, 1868,17: 252-256.
[4] Lieben A, Piccolo G. Studi sul corpo lutea della vacca[J]. Giornale di Scienze Naturali ed Economiche (Palermo), 1886, 2: 25.
[5] Willstätter R, Mieg W. Untersuchungen über chlorophyll; IV. ueber die gelben begleiter des chlorophylls[J]. Justus Liebigs Ann Chem, 1907,355: 1–28. doi: 10.1002/jlac.19073550102.
[6] Willstätter R, Escher HH. Über den farbstoff der tomate[J]. Z Physiolog Chem, 1910,64: 47-61.
[7] Isler O. Paul Karrer, 21 April 1889--18 June 1971[J]. Biogr Mem Fellows R Soc, 1978, 24: 245-321.
[8] Shampo MA, Kyle RA. Richard Kuhn--Nobel Prize for work on carotenoids and vitamins[J]. Mayo Clin Proc, 2000,75: 990.
[9] Kirschfeld K. Carotenoid pigments: their possible role in protecting against photooxidation in eyes and photoreceptor cells[J]. Proc R Soc Lond B Biol Sci, 1982, 216: 71-85.
[10] Bone RA, Landrum JT, Tarsis SL. Preliminary identification of the human macular pigment[J]. Vision Res, 1985,25: 1531-1535.
[11] Foote CS, Chang YC, Denny RW. Chemistry of singlet oxygen. X. Carotenoid quenching parallels biological protection[J]. J Am Chem Soc, 1970,92: 5216-5218.
[12] Karppi J, Nurmi T, Kurl S, et al. Lycopene, lutein and beta-carotene as determinants of LDL conjugated dienes in serum[J]. Atherosclerosis, 2009,209: 567-572.
[13] van het Hof KH, Brouwer IA, West CE, et al. Bioavailability of lutein from vegetables is 5 times higher than that of beta-carotene[J]. Am J Clin Nutr, 1999, 70: 261-268.
[14] Alves-Rodrigues A and Shao A. The science behind lutein[J]. Toxicol Lett, 2004,150(1): 57-83.
[15] Beatty S, Koh H, Phil M, et al. The role of oxidative stress in the pathogenesis of age-related macular degeneration[J]. Surv Ophthalmol, 2000,45: 115-134.
[16] Kim SR, Nakanishi K, Itagaki Y, et al. Photooxidation of A2-PE, a photoreceptor outer segment fluorophore, and protection by lutein and zeaxanthin[J]. Exp Eye Res, 2006, 82: 828-839.
[17] Muriach M, Bosch-Morell F, Alexander G, et al. Lutein effect on retina and hippocampus of diabetic mice[J]. Free Radic Biol Med, 2006, 41: 979-984.
[18] Verhoeff FH, Bell L. The pathological effects of radiant energy upon the eye: An Experimental Investigation, with a Systematic Review of the Literature[J]. Proc Am Acad Arts Sci, 1916,51: 629-818.
[19] Noell WK, Walker VS, Kang BS, et al. Retinal damage by light in rats[J]. Invest Ophthalmol, 1966,5: 450-473.
[20] Ham WT, Jr., Mueller HA, Williams RC, et al. Ocular hazard from viewing the sun unprotected and through various windows and filters[J]. Appl Opt, 1973,12: 2122-2129.
[21] Suter M, Reme C, Grimm C, et al. Age-related macular degeneration. The lipofusion component N-retinyl-N-retinylidene ethanolamine detaches proapoptotic proteins from mitochondria and induces apoptosis in mammalian retinal pigment epithelial cells[J]. J Biol Chem, 2000, 275: 39625-39632.
[22] Krinsky NI, Johnson EJ. Carotenoid actions and their relation to health and disease[J]. Mol Aspects Med, 2005, 26: 459-516.
[23] Junghans A, Sies H, Stahl W. Macular pigments lutein and zeaxanthin as blue light filters studied in liposomes[J]. Arch Biochem Biophys, 2001, 391: 160-164.

[24] Thomson LR, Toyoda Y, Langner A, et al. Elevated retinal zeaxanthin and prevention of light-induced photoreceptor cell death in quail[J]. Invest Ophthalmol Vis Sci, 2002,43: 3538-3549.
[25] Seagle BL, Rezai KA, Kobori Y, et al. Melanin photoprotection in the human retinal pigment epithelium and its correlation with light-induced cell apoptosis[J]. Proc Natl Acad Sci USA, 2005,102: 8978-8983.
[26] Schalch W, Cohn W, Barker FM, et al. Xanthophyll accumulation in the human retina during supplementation with lutein or zeaxanthin - the LUXEA (LUtein Xanthophyll Eye Accumulation) study[J]. Arch Biochem Biophys, 2007,458: 128-135.
[27] Wooten BR, Hammond BR. Macular pigment: influences on visual acuity and visibility[J]. Prog Retin Eye Res, 2002, 21: 225-240.
[28] Joseph JA, Shukitt-Hale B, Denisova NA, et al. Reversals of age-related declines in neuronal signal transduction, cognitive, and motor behavioral deficits with blueberry, spinach, or strawberry dietary supplementation[J]. J Neurosci, 1999,19: 8114-8121.
[29] Stahl W, Sies H. Effects of carotenoids and retinoids on gap junctional communication[J]. Biofactors, 2001, 15: 95-98.
[30] Seddon JM, Ajani UA, Sperduto RD, et al. Dietary carotenoids, vitamins A, C, and E, and advanced age-related macular degeneration. Eye Disease Case-Control Study Group[J]. Jama, 1994,272: 1413-1420.
[31] Beatty S, Nolan J, Kavanagh H, et al. Macular pigment optical density and its relationship with serum and dietary levels of lutein and zeaxanthin[J]. Arch Biochem Biophys, 2004,430: 70-76.
[32] Trumbo PR, Ellwood KC. Lutein and zeaxanthin intakes and risk of age-related macular degeneration and cataracts: an evaluation using the Food and Drug Administration's evidence-based review system for health claims[J]. Am J Clin Nutr, 2006,84: 971-974.
[33] Bone RA, Landrum JT, Dixon Z, et al. Lutein and zeaxanthin in the eyes, serum and diet of human subjects[J]. Exp Eye Res, 2000,71: 239-245.
[34] Curran-Celentano J, Hammond BR, Jr., Ciulla TA, et al. Relation between dietary intake, serum concentrations, and retinal concentrations of lutein and zeaxanthin in adults in a Midwest population[J]. Am J Clin Nutr, 2001, 74: 796-802.
[35] Bernstein PS, Zhao DY, Wintch SW, et al. Resonance Raman measurement of macular carotenoids in normal subjects and in age-related macular degeneration patients[J]. Ophthalmology, 2002, 109: 1780-1787.
[36] Richer S, Stiles W, Statkute L, et al. Double-masked, placebo-controlled, randomized trial of lutein and antioxidant supplementation in the intervention of atrophic age-related macular degeneration: the Veterans LAST study (Lutein Antioxidant Supplementation Trial)[J]. Optometry, 2004,75: 216-230.
[37] Piermarocchi S, Saviano S, Parisi V, et al. Carotenoids in Age-related Maculopathy Italian Study (CARMIS): two-year results of a randomized study[J]. Eur J Ophthalmol, 2012, 22(2): 216-225.
[38] Marchand F. Ueber Atherosclerosis. Verhandlungen der Kongresse fuer Innere Medizin[M]: 21 Kongresse; 1904.
[39] Abdelfattah Alia, Allam AH, Wann S, et al. Atherosclerotic cardiovascular disease in Egyptian women: 1570 BCE- 2011CE[J]. Int J Cardiol, 2013, 167: 570-574.
[40] Sandison AT. Degenerative vascular disease in the Egyptian mummy[J]. Med Hist,1962, 6: 77-81.
[41] Ignatowski A. Wirkung de tierischen Nahrung auf den Kaninchenorganismus[J]. Ber Milit-med Akad,1908,16: 154-176.
[42] Brown MS ,Goldstein JL. A receptor-mediated pathway for cholesterol homeostasis[J]. Science,1986,232(4746): 34-47.
[43] Ross R. Atherosclerosis--an inflammatory disease[J]. N Engl J Med,1999,340(2): 115-26.
[44] Verlangieri AJ, Kapeghian JC, el-Dean S, et al. Fruit and vegetable consumption and cardiovascular mortality[J]. Med Hypotheses, 1985, 16: 7-15.
[45] Howard AN, Williams NR, Palmer CR, et al. Do hydroxy-carotenoids prevent coronary heart disease? A comparison between Belfast and Toulouse[J]. Int J Vitam Nutr Res, 1996, 66: 113-118.
[46] Kritchevsky SB, Shimakawa T, Tell GS, et al. Dietary antioxidants and carotid artery wall thickness. The ARIC Study. Atherosclerosis Risk in Communities Study[J]. Circulation, 1995, 92: 2142-2150.
[47] Mcquillan BM, Hung J, Beilby JP, et al. Antioxidant vitamins and the risk of carotid atherosclerosis. The Perth Carotid Ultrasound Disease Assessment study (CUDAS)[J]. J Am Coll Cardiol, 2001, 38: 1788-1794.
[48] Iribarren C, Folsom AR, Jacobs DR, Jr., et al. Association of serum vitamin levels, LDL susceptibility to oxidation, and autoantibodies against MDA-LDL with carotid atherosclerosis. A case-control study. The ARIC Study

Investigators. Atherosclerosis Risk in Communities[J]. Arterioscler Thromb Vasc Biol, 1997, 17: 1171-1177.

[49] Dwyer JH, Navab M, Dwyer KM, et al. Oxygenated carotenoid lutein and progression of early atherosclerosis: the Los Angeles atherosclerosis study[J]. Circulation, 2001, 103: 2922-2927.

[50] Dwyer JH, J. P-LM, Fan J, et al. Progression of carotid intima-media thickness and plasma antioxidants: the Los Angeles Atherosclerosis Study[J]. Arterioscler Thromb Vasc Biol, 2004, 24: 313-319.

[51] Chasan-Taber L, Willett WC, Seddon JM, et al. A prospective study of carotenoid and vitamin A intakes and risk of cataract extraction in US women[J]. Am J Clin Nutr, 1999,70: 509-516.

[52] Brown L, Rimm EB, Seddon JM, et al. A prospective study of carotenoid intake and risk of cataract extraction in US men[J]. Am J Clin Nutr, 1999,70: 517-524.

[53] Christen WG, Liu S, Glynn RJ, et al. Dietary carotenoids, vitamins C and E, and risk of cataract in women: a prospective study[J]. Arch Ophthalmol, 2008, 126: 102-109.

[54] 维基百科英文网站. Available: http: //en.wikipedia.org/wiki/Richard_Kuhn

[55] 佛罗里达国际大学官方网站. Available: http: //www2.fiu.edu/ ~ bone/

[56] 佛罗里达国际大学官方网站.Available: http: //www2.fiu.edu/ ~ landrumj/

第二章

叶黄素的分类、结构与理化性质

摘 要

　　类胡萝卜素是广泛存在于生物界的天然有色物质，根据分子中是否含有氧而分为两大类：碳氢类胡萝卜素（$C_{40}H_{56}$）和含氧类胡萝卜素（$C_{40}H_{56}O_2$）。最常见的含氧类胡萝卜素是叶黄素和玉米黄素，因分子结构中含有氧而使其具有独特的性质，这些特性使叶黄素/玉米黄素具有其他类胡萝卜素所不具备的生物学作用。

　　按叶黄素在自然界存在的形式分为叶黄素单体和叶黄素酯。叶黄素单体是其活性和生物学作用发挥的主要形式，但因其理化性质活跃，不稳定，在外环境易被降解和破坏。叶黄素酯由叶黄素单体与脂肪酸酯化生成，常存在于橙色的果实及花卉的花瓣中，叶黄素酯相对比较稳定。与叶黄素酯化的脂肪酸主要是棕榈酸，其次是亚油酸、油酸、肉豆蔻酸及硬脂酸，叶黄素二棕榈酸酯已于2008年被我国原卫生部批准为新资源食品原料。

　　叶黄素单体的分子结构是一条含40个碳原子的长链，在其主链上单双键交替，形成具有9个共轭双键的多烯链，碳链的两端各有一个不同的紫罗酮环：一个是β-紫罗酮环，双键位于C5与C6之间，C3位置上连接一个功能性羟基；另一个是ε-紫罗酮环，双键位于C4′与C5′之间，C3′位置上连接一个功能性羟基。叶黄素酯是由一分子叶黄素单体与一分子或两分子脂肪酸酯化生成。叶黄素分子中各原子或基团间具有不同的空间排列方式，故其具有多种空间构型和同分异构体。自然界的叶黄素及叶黄素酯多以全反式异构体的形式存在。

　　叶黄素纯品为黄橙色晶体，无味、无臭，有金属光泽。叶黄素为脂溶性化合物，具有亲脂性，易溶于有机溶剂，几乎不溶于水；其分子结构中具有发色团，在紫外-可见光区有独特的吸收峰，故其溶液在可见光下具有绚丽的橙黄色。叶黄素分子具有较强的极性，其分子结构中含有羟基，极性比结构相仿的其他类胡萝卜素强很多；由于其结构的高度不饱和性使游离叶黄素对光、热、氧极不稳定，易被降解，一些其他相关因素也能影响其稳定性。叶黄素具有光吸收的特性，其最大吸收波长与蓝光波长一致，故能吸收、滤过高能量的蓝光，自身呈现出黄色。

　　叶黄素分子结构中的共轭多烯链与分子两端的功能性羟基，这两个特征性结构在叶黄素的生物活性中起着关键性作用。多个共轭双键使其具有很强的还原性，能淬灭活性氧自由基（ROS），有效地阻断细胞内的链式自由基反应和脂质过氧化反应，保护机体组织细胞避免氧化应激导致的损伤。同时，叶黄素容易发生氧化反应、酯化反应和异构化。

加工烹调对叶黄素结构的影响比较复杂。叶黄素对热不稳定,在烹调过程中,一方面,温度的升高能破坏食物中叶黄素的结构,从而降低其活性;另一方面,不同的烹调方式,对其影响的结果也不一致,有的烹调方式能使其异构体的含量增加。

叶黄素(lutein)是含氧的类胡萝卜素(carotenoid),按其结构、构型及结合基团的不同又分为多种化合物。叶黄素的结构、理化性质及生物学功能与类胡萝卜素有很多相近之处,但因其分子结构中含有氧,又使其具有一些独特的性质。正是这些特性,使叶黄素具有其他类胡萝卜素所不具备的生物学功能和对人类健康的积极意义[1-2]。

叶黄素的分子结构和理化性质决定着叶黄素的生物学作用,认识和明晰叶黄素的结构与理化性质是研究叶黄素生物学作用及其作用机制的前提和理论基础。

第一节 分类与命名

类胡萝卜素是广泛存在于生物界的天然有色物质,是在植物、某些藻类及细菌的活体细胞中生物合成的化合物[3-4]。一些动物体内的类胡萝卜素,主要来源于其摄取的含有类胡萝卜素的食物及饲料[5-6]。迄今为止,人类在自然界中已发现超过 600 种的天然类胡萝卜素[6]。

根据分子中是否含有氧,类胡萝卜素分为两大类:①碳氢类胡萝卜素:分子仅由碳、氢两种元素组成,分子式是 $C_{40}H_{56}$,常见的有 α-胡萝卜素(α-carotene)、β-胡萝卜素(β-carotene)、γ-胡萝卜素(γ-carotene)、番茄红素(lycopene)等[7-8]。②含氧类胡萝卜素:分子由碳、氢、氧三种元素组成,分子式是 $C_{40}H_{56}O_2$,被称为叶黄素类(xanthophyll)[9]。英文 xanthophyll 与 lutein 译成中文后易混淆,前者为叶黄素类,后者为叶黄素,虽是一字之差,但意义差别很大。

一、分类

叶黄素的分类是一个十分复杂的问题,仅就其存在的形式、结构和构型就有多种。叶黄素类(xanthophyll)包括叶黄素(lutein)、玉米黄素(zeaxanthin)、隐黄质(crytoxanthin)、辣椒红素(capsanthin)等。叶黄素又分为叶黄素单体和叶黄素酯,此外,还包括多种化合物,其中部分能通过叶黄素转化生成。目前,尚无统一、公认的分类方法。本文仅就其在自然界存在的形式进行分类。

(一)叶黄素

在自然界,天然叶黄素主要以叶黄素单体和叶黄素酯的形式存在于多种生物中。

1. 叶黄素单体

单体指能与同种或他种分子聚合的小分子,一般是不饱和的、环状或含有两个或两个以上官能团的低分子化合物。叶黄素常以单体形式存在于生物体的细胞中,叶黄素单体是其活性和生物学功能发挥的主要形式。但在外环境中,叶黄素单体理化性质活跃,不稳定。

2. 叶黄素酯

叶黄素酯是叶黄素单体与脂肪酸酯化生成的产物。在一些橙色的果实及花卉的花瓣中,如万寿菊花瓣,叶黄素通常以叶黄素酯的形式存在于色素细胞的细胞膜中,而其中叶黄素单体含量微乎其微[9-10]。叶黄素酯为脂溶性化合物,几乎不溶于水。

用色谱法分析万寿菊花瓣中与叶黄素酯化的脂肪酸种类,主要是棕榈酸,其次是亚油酸、油酸、肉豆蔻酸及硬脂酸[11]。一些研究表明,万寿菊中仅存在叶黄素与饱和脂肪酸酯化的产物。采用液相色谱—质谱法分析显示,与叶黄素酯化的脂肪酸有月桂酸(十二烷酸)、肉豆蔻酸(十四烷酸)、棕榈酸(十六烷酸)及硬脂酸(十八烷酸)[10,12]。叶黄素酯化后的产物主要是叶黄素单肉豆蔻酸酯(myristol-lutein)、叶黄素二肉豆蔻酸酯(dimyristol-lutein)、叶黄素肉豆蔻酸棕榈酸酯(myristolpalmitol-lutein)、叶黄素二棕榈酸酯(dipalmitol-lutein)、叶黄素二月桂酸酯(dilauroyl-lutein)、叶黄素月桂酸肉豆蔻酸酯(lauroylmyristoyl-lutein)、叶黄素棕榈酸硬脂酸酯(palmitolstearoyl-lutein)及叶黄素二硬脂酸酯(distearoyl-lutein)等[13-14]。

我国原卫生部于2008年已批准来源于万寿菊花的叶黄素酯(主要成分为叶黄素二棕榈酸酯)为新资源食品功效原料,允许用于焙烤食品、乳制品、饮料、即食谷物、冷冻饮品调味品和糖果,但不包括婴幼儿食品,食用量≤12mg/d[15]。

(二)玉米黄素

玉米黄素(zeaxanthin)为叶黄素的同分异构体,二者具有相同的分子式($C_{40}H_{56}O_2$)和分子量(568.87),区别仅在于紫罗酮环上一个双键的位置不同。由于玉米黄素与叶黄素结构的高度相似性,使二者在某些植物中常共存,有时很难分离[9]。

玉米黄素的生物学作用和来源与叶黄素十分相近,其在预防AMD、白内障等方面有独特的作用[16-17]。玉米黄素在自然界和食物中的分布和含量远低于叶黄素,故其来源十分有限。

(三)其他叶黄素类

在生物界,叶黄素的种类很多,其中部分能通过叶黄素转化生成。叶黄素在代谢过程中,产生叶黄素的衍生物,如形成5,6-环氧叶黄素和5,8-环氧叶黄素。以下按其侧链化学基团的不同,列举部分叶黄素类的名称与结构,见图2-1-1。

1. 羟基化合物

(1)网孢盘菌黄素(aleuriaxanthin)

（2）异黄素（alloxanthin）

（3）眉藻黄素（caloxanthin）

（4）南蛇藤黄质（celaxanthin）

（5）隐藻黄素/赤叶黄素（crocoxanthin）

（6）甲壳黄素（crustaxanthin）

（7）β-隐黄质（β-cryptoxanthin）

（8）硅藻黄素（diatoxanthin）

（9）尬赞黄素（gazaniaxanthin）

（10）黄藻黄素（heteroxanthin）

（11）绿藻黄素（loroxanthin）

（12）番茄黄素（lycoxanthin）

（13）蛤蜊黄素（mactraxanthin）

（14）蓝隐藻黄素（monadoxanthin）

（15）贻贝黄素（mytioxanthin）

（16）念珠藻黄素（nostoxanthin）

（17）红盘菌黄素（plectaniaxanthin）

（18）粉核黄素（pyrenoxanthin）

（19）玉红黄素（rubixanthin）

（20）腐菌黄素（saproxanthin）

（21）八叠球菌黄素（sarcinaxanthin）

（22）金枪鱼黄素（tunaxanthin）

2. 环氧及醚类化合物

（23）花药黄质（antheraxanthin）

（24）金黄质（auroxanthin）

（25）柑橘黄素（citroxanthin）

（26）毛茛黄素（flavoxanthin）

（27）5,6-环氧叶黄素（lutein 5,6-epoxide）

（28）黄体黄质（luteoxanthin）

(29)玉米黄质/二羟基柠黄质(mutatoxanthin)

(30)蓝藻叶黄素(myxoxanthophyll)

(31)新黄质(neoxanthin)

(32)颤藻黄素(oscillanxanthin)

(33)草分枝杆菌叶黄素(phleixanthophyll)

(34)螺菌黄素(spirilloxanthin)

（35）金莲花黄质（trollixanthin）

（36）无隔藻黄素（vaucheriaxanthin）

（37）紫黄素（violaxanthin）

3. 羰基化合物

（38）金盏花黄质（adonixanthin）

（39）虾青素/变胞藻黄素/虾红素（astaxanthin）

（40）角黄素/斑蝥黄素（canthaxanthin）

（41）枳橙黄质（citranaxanthin）

（42）皮黄素（doradexanthin）

（43）屈曲黄素（flexixanthin）

（44）岩藻黄素（fucoxanthin）

（45）蓝藻黄素（myxoxanthin）

（46）链孢霉黄素（neurosporaxanthin）

（47）歪盘菌黄素（phillipsiaxanthin）

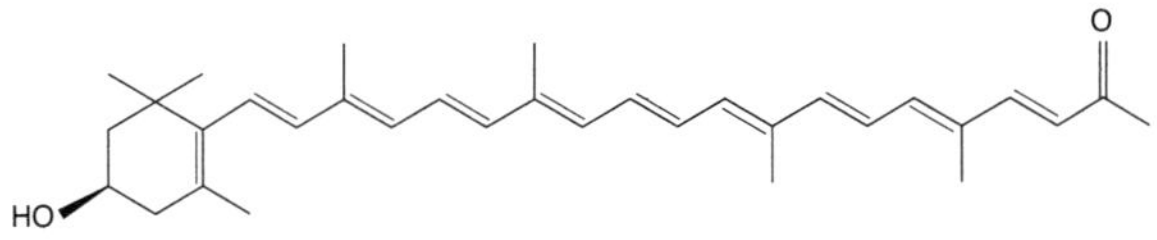

（48）柑橘黄质（reticulataxanthin）

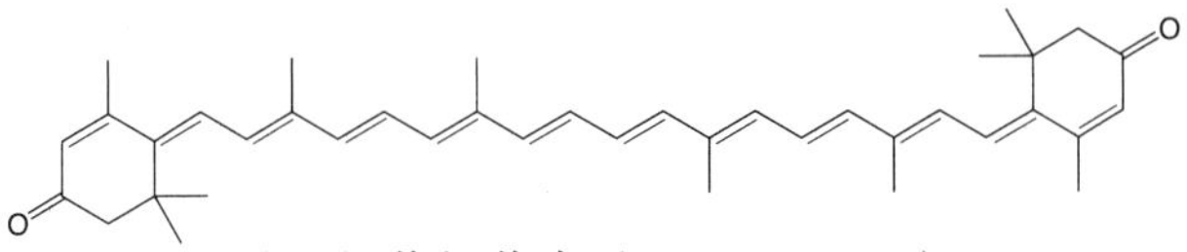

（49）紫杉紫素（rhodoxanthin）

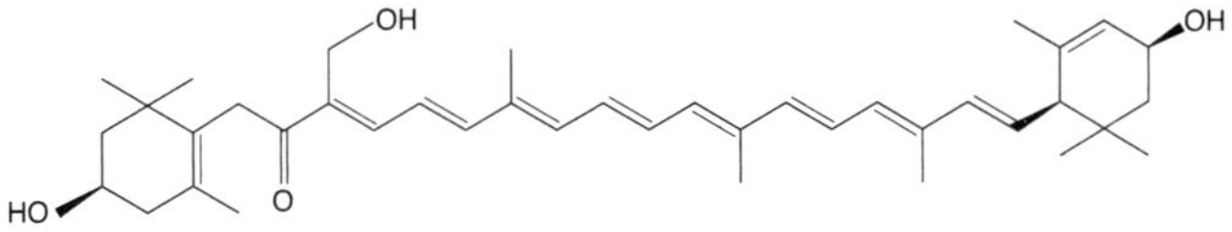

（50）管藻黄素（siphonaxanthin）

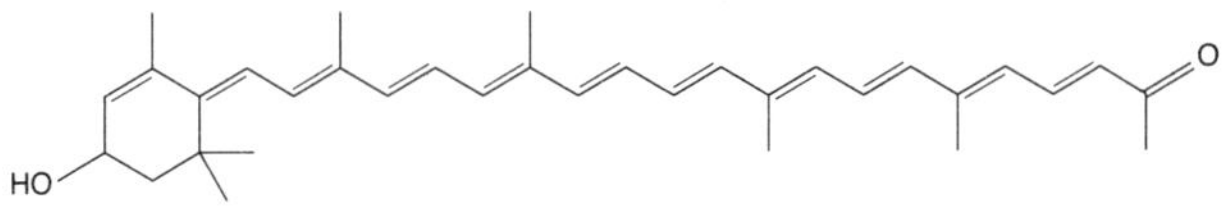

（51）福橘黄素（tangeraxanthin）

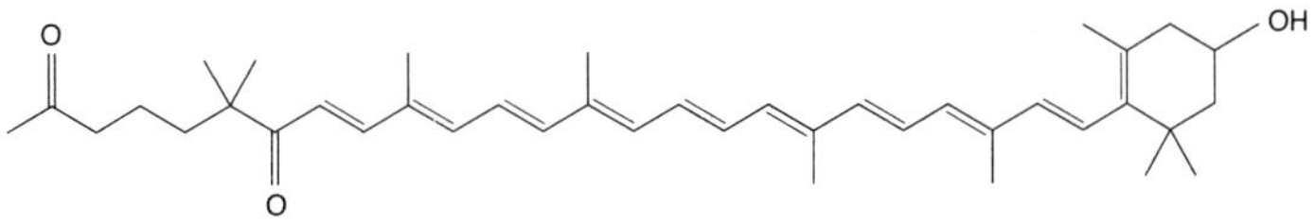

（52）臭橘黄素（triphasiaxanthin）

图 2-1-1　部分叶黄素类化合物结构与名称

二、命名

叶黄素是中文习惯命名，英文习惯命名为 lutein。因习惯命名在使用过程中带来一定的局限性，按照国际理论与应用化学学会（International Union of Pure and Applied Chemistry，IUPAC）认可的半系统命名法[18]，叶黄素的中文系统命名是 β，ε- 胡萝卜素 -3，3′- 二醇，英文系统命名为 β，ε-carotene-3，3′-diol，其中的 β 与 ε 两个希腊字母分别代表叶黄素分子两个基团的类别[19-20]。该命名方法本质上是对分子结构的一种描述。

有的专著及教材，将叶黄素命名为 3，3′- 二羟基 -β，α- 胡萝卜素（3，3′-dihydroxy -β，α-carotene），但是，根据 IUPAC 的半系统命名法规则中的第 7 条：类胡萝卜素碳氢化合物的氧化衍生物是根据有机化学命名规则命名的，用前缀和后缀表示。羧酸、酸酯、醛、酮、乙醇和乙醇酯基团用后缀表示，其他基团用前缀表示。如下列化合物中的基团为羧酸，按该命名法规则应采用后缀表示，故将其命名为3-羟基-3′-酮基-β，ε-胡萝卜素-16-羧酸。

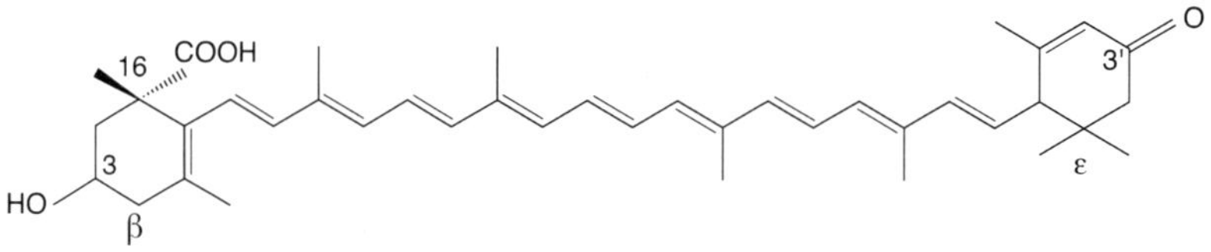

而叶黄素结构中的基团为羟基，根据该命名法规则应采用前缀表示，故将叶黄素命名为β，ε-胡萝卜素-3，3′-二醇（β，ε-carotene-3，3′-diol）更确切。

第二节 结构与构型

一、分子结构

（一）叶黄素单体

叶黄素的分子式是$C_{40}H_{56}O_2$，分子量为568.87。叶黄素单体的分子结构是一条含40个碳原子的长链，在其主链上单双键交替，形成有9个共轭双键的多烯链，并被四个甲基修饰。碳链的两端各有一个不同的紫罗酮环：一个是β-紫罗酮环，双键位于C5与C6之间，C3位置上连接一个功能性羟基；另一个是含有3′羟基烯丙基的ε-紫罗酮环，双键位于C4′与C5′之间[9]。叶黄素的分子结构见图2-2-1、图2-2-2。

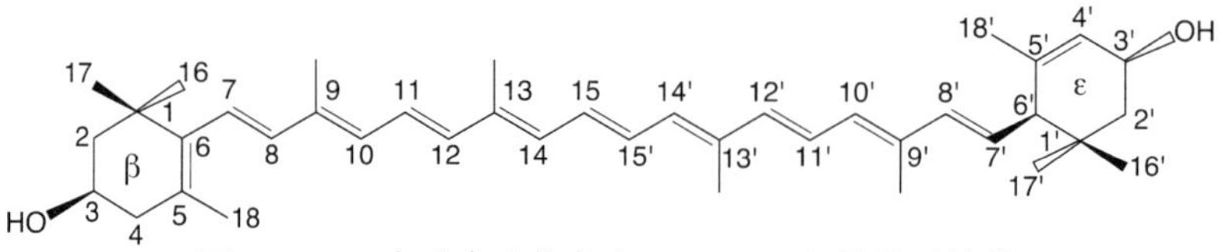

图2-2-1 全反式叶黄素（all-E-lutein）的分子结构

（引自：Krinsky NI, Landrum JT, Bone R A. Biologic mechanisms of the protective role of lutein and zeaxanthin in the eye[J]. Annu Rev Nutr, 2003, 23：171-201.）

图2-2-2 叶黄素原子结构图

叶黄素的构象取决于外部环境。晶体学数据显示，其共轭多烯链明显偏离平面（图2-2-3），而叶黄素的量子力学几何优化结构则显示，其共轭多烯链为平面结构（图2-2-4）[21]。

图 2-2-3　叶黄素晶体学结构

图 2-2-4　叶黄素量子力学几何优化结构

(图 2-2-2、2-2-3、2-2-4 均引自：Macernis M，Sulskus J，Duffy C DP，et al. Electronic Spectra of Structurally Deformed Lutein[J]. J Phys Chem A，2012，116（40）：9843-9853）

叶黄素 ε-紫罗酮环上 C6′为 sp^3 杂化轨道，为了减轻 C18′甲基引起的张力，C5′-C6′单键会发生轻微的扭转[22]。而β-紫罗酮环上虽然 C18 甲基也会与 C8 上的氢发生强烈的空间作用，但由于 C5 与 C6 间为双键，无法像单键一样扭转，所以 C5 与 C6 间双键所在平面与共轭多烯链所在平面成 40°角，并且β-紫罗酮环上的 C5 与 C6 间双键与共轭多烯链会产生微弱的相互作用（图 2-2-5）[22]。

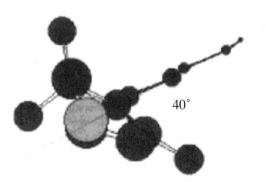

图 2-2-5　叶黄素 β-紫罗酮环

(引自：Amar I，Aserin A，Garti N. Solubilization Patterns of Lutein and Lutein Esters in Food Grade Nonionic Microemulsions[J]. J Agr Food Chem，2003，51（16）：4775-4781.)

（二）叶黄素酯

叶黄素酯是由一分子叶黄素单体与一分子或两分子脂肪酸酯化生成。常见的天然叶黄素酯有叶黄素二肉豆蔻酸酯（dimyristol-lutein）、叶黄素肉豆蔻酸棕榈酸酯（myristolpalmitol-lutein）以及如前所述的叶黄素二棕榈酸酯、叶黄素二月桂酸酯、叶黄素月桂酸肉豆蔻酸酯、叶黄素棕榈酸硬脂酸酯、叶黄素二硬脂酸酯、叶黄素单肉豆蔻酸酯（myristol-lutein）等。

叶黄素分子有两个羟基，故叶黄素单肉豆蔻酸酯可以有两种结构，即β-ε-胡萝卜素-3-monol-3′-monol单肉豆蔻酸酯和β-ε-胡萝卜素-3-monol单肉豆蔻酸酯-3′-monol（图2-2-6），在自然界只存在后者[23]。

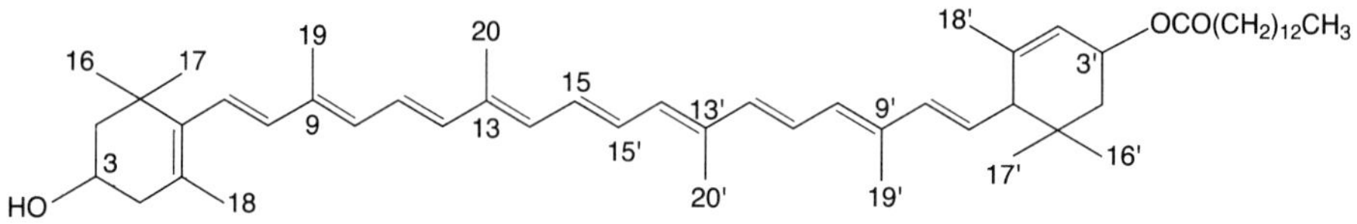

β-ε-胡萝卜素-3-monol-3′-monol单肉豆蔻酸酯

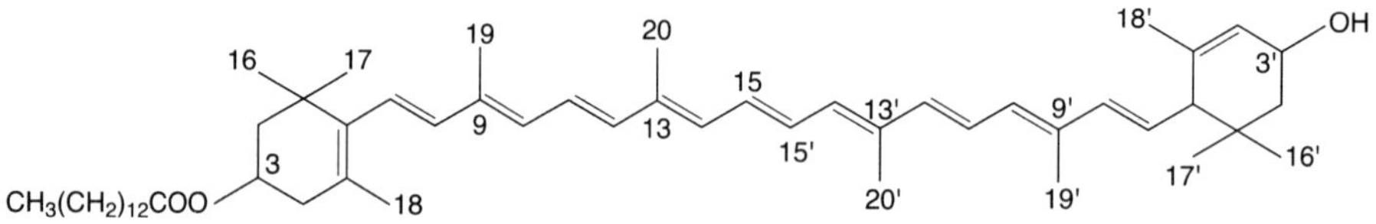

β-ε-胡萝卜素-3-monol单肉豆蔻酸酯-3′-monol

图2-2-6 叶黄素单肉豆蔻酸酯的不同结构

（三）玉米黄素

玉米黄素是叶黄素的同分异构体，二者之间仅一端的紫罗酮环上一个双键的位置不同，玉米黄素两端均为β-紫罗酮环（图2-2-7）。

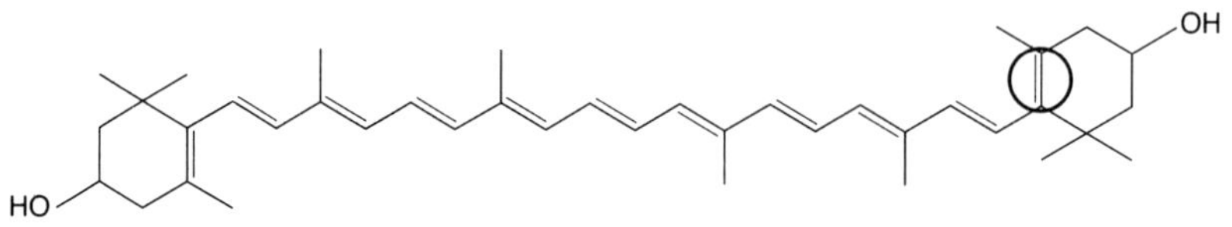

全反式玉米黄素

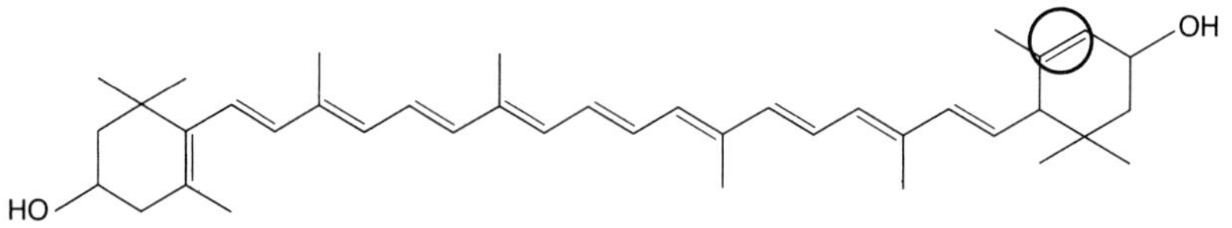

全反式叶黄素

图2-2-7 全反式玉米黄素与全反式叶黄素的分子结构

由于玉米黄素与叶黄素结构的相似性，二者在自然界常共存，在实验室分析中将二者分离有一定的难度。采用高效液相色谱法（high-performance liquid chromatography，HPLC）分析时，普通C_{18}柱不能将其分离，必须采用C_{30}柱才能将其分离[24-25]。

二、构型与同分异构体

构型指分子中各原子或基团间特有的空间排列方式而呈现的立体结构。同分异构体则指分子式和分子量相同,但原子排列顺序或空间排列方式不同的化合物。叶黄素具有多种构型和同分异构体,所以,叶黄素是它们共同的总称。

(一) 同分异构体的分类与特点 [26]

1. 同分异构体的分类

同分异构体（isomers）主要分为构造异构体和立体异构体。

（1）构造异构体（constitutional isomers） 又称结构异构体,指分子式相同,但原子排列顺序不同,是二维空间的异构,包括碳链异构、位置异构和官能团异构（也称异类异构）,有学者认为构造异构还包括互变异构。

（2）立体异构体（stereoisomers） 指分子式及原子排列顺序均相同,但空间排列方式不同,是三维空间的异构,包括构象异构与构型异构,其中构型异构又细分为对映异构（也称旋光异构）和顺反异构。同分异构体的分类见图2-2-8。

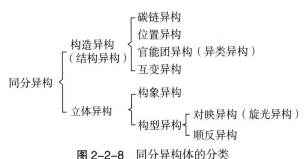

图 2-2-8 同分异构体的分类

2. 各类同分异构体与特点

（1）碳链异构 分子式相同的同类别物质（即官能团相同）,其碳原子的排列顺序不同,构成不同的碳链或碳环,如正戊烷与异戊烷。

正戊烷　　　　　　异戊烷

（2）位置异构 分子式相同,分子中的取代基或官能团（包括碳碳双键和碳碳三键）在碳链或碳环上的位置不同,如正丙醇与异丙醇。

正丙醇　　　　　　异丙醇

（3）官能团异构 又称异类异构，指分子式相同，但构成分子的官能团不同，如丙酸（CH_3CH_2COOH）和甲酸乙酯（$HCOOCH_2CH_3$）。

（4）互变异构 含有杂原子（如氮、氧或硫原子）的两个同分异构体，其结构差异仅在于质子和相应的双键的迁移，且这两个异构体共存于一个平衡体系中，以相当高的速率互相变换。常见的互变异构是酮与烯醇式，如乙烯醇（$CH_2=CH-OH$）和乙醛（CH_3CHO）。

（5）构象异构 具有一定构型的有机物分子由于碳碳单键的旋转或扭曲而使分子各原子或原子团在空间产生不同的排列方式。如1-甲基环己烷的两种椅式构象。

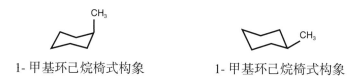

1-甲基环己烷椅式构象　　　　　1-甲基环己烷椅式构象

（6）对映异构 互为物体与镜像关系的立体异构体，如L-甘油醛和D-甘油醛。因分子具有旋光性，又称旋光异构。L-代表可以使偏振光左旋，D-代表可以使偏振光右旋。若采用R/S命名系统，则R-代表右旋，S-代表左旋。

（7）顺反异构 双键的两个碳原子上所连接的4个原子或基团中，两个相同者位于一侧时为顺式异构，反之为反式异构。如顺-2-丁烯和反-2-丁烯。

顺-2-丁烯　　　　　反-2-丁烯

若双键的两个碳原子所连接的四个原子或基团均不相同，则无法用顺反异构命名，这时需要采用Z-E构型命名法。当双键的两个碳原子上次序较优的原子或基团位于双键的同侧时，用Z-（zusammen，德文）表示，否则用E-（entgegen，德文）表示。所有顺反异构体的烯烃均适用Z-E构型命名法，但二者之间没有对应关系，顺式并不一定是Z构型。

（二）叶黄素的对映异构体与顺反异构体

1. 对映异构体

从结构式可看出，叶黄素分子中有3个不对称中心，即手性中心，分别为C3、C3′、C6′，故可有8种具有镜像关系的对映异构体[22]。在人体内及果蔬中存在的叶黄素大部分是（3R,3′R,6′R）-叶黄素，极少部分是（3R,3′S,6′R）-叶黄素（图2-2-9），也被称为3′-epilutein。

（1）叶黄素，（3R,3′R,6′R）-β,ε-胡萝卜素-3,3′二醇

（引自：Krinsky N I, Landrum J T, Bone R A. Biologic mechanisms of the protective role of lutein and zeaxanthin in the eye[J]. Annu Rev Nutr, 2003, 23: 171-201.）

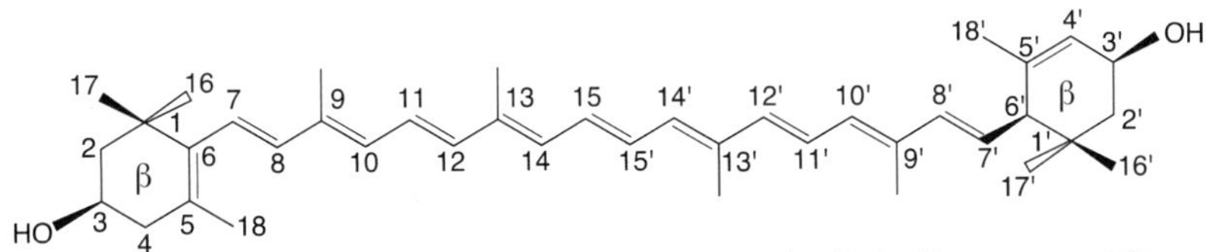

(2)叶黄素,(3R,3′S,6′R)-β,ε-胡萝卜素-3,3′二醇

(引自:Khachik F, de Moura FF, Zhao DY, et al. Transformations of selected carotenoids in plasma, liver, and ocular tissues of humans and in nonprimate animal models[J]. Invest Ophthalmol Vis Sci, 2002, 43(11):3383-3392.)

图 2-2-9　叶黄素的对映异构体

2. 顺反异构体

叶黄素有多个碳碳双键,理论上每个双键都可以有两种异构体,即顺式异构和反式异构体,这样叶黄素就会存在大量的顺反异构体。但由于空间上各原子的约束作用以及共轭多烯链上甲基的取代作用,到目前为止,文献报道的叶黄素顺反异构体有全反式叶黄素及9-顺-、13-顺-、9′-顺-、13′-顺-、9,9′-顺-叶黄素,其中以全反式叶黄素最常见(图2-2-10)[27-29]。如果双键的两个碳原子上所连接的原子(或基团)没有相同的,则无法简单地用顺反式来命名[26],因此,IUPAC 建议采用 Z-E 构型命名法,但在可以描述的情况下,国内比较习惯用顺式、反式命名。

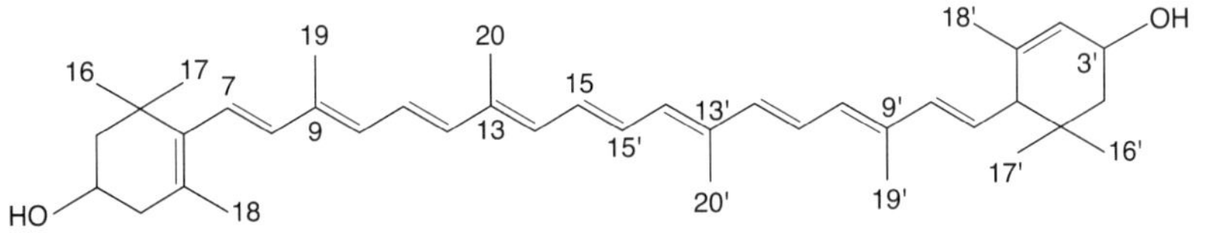

(1)全反式叶黄素,all-E-lutein

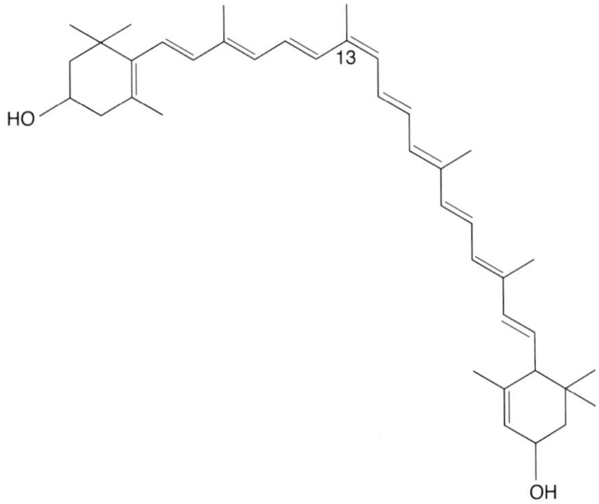

(2)13-顺-叶黄素,(13Z)-lutein

(引自:Abdel-Aal EM, Young JC, Akhtar H, et al. Stability of Lutein in Wholegrain Bakery Products Naturally High in Lutein or Fortified with Free Lutein[J]. J Agr Food Chem, 2010, 58(18): 10109-10117.)

（3）13′-顺-叶黄素（13′Z）-lutein

（引自：Kull D R，Pfander H. Isolation and Structure Elucidation of Two（Z）-Isomers of Lutein from the Petals of Rape（Brassica napus）[J]. J Agr Food Chem, 1997，45（11）：4201-4203.）

（4）9-顺-叶黄素,（9Z）-lutein

（引自：Dachtler M，Glaser T，Kohler K，et al. Combined HPLC-MS and HPLC-NMR On-Line Coupling for the Separation and Determination of Lutein and Zeaxanthin Stereoisomers in Spinach and in Retina[J]. Anal Chem, 2000，73（3）：667-674）

（5）9′-顺-叶黄素,（9′Z）-lutein

（引自：Calvo M M. Lutein: a valuable ingredient of fruit and vegetables[J]. Crit Rev Food Sci Nutr, 2005,45(7-8)：671-696）

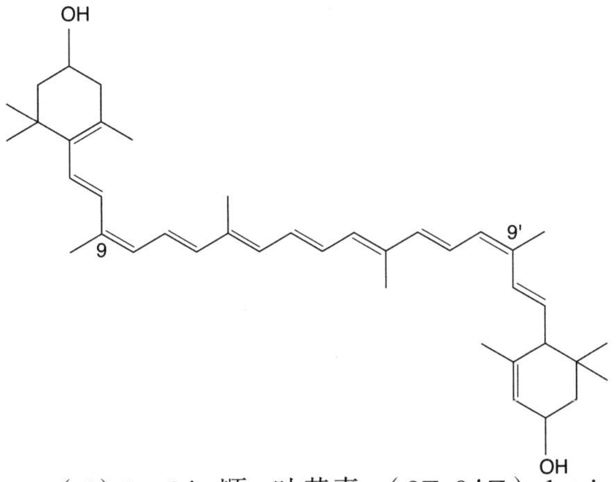

(6) 9,9'-顺-叶黄素,(9Z,9'Z)-lutein

(引自: Kull D R, Pfander H. Isolation and Structure Elucidation of Two (Z)-Isomers of Lutein from the Petals of Rape (Brassica napus) [J]. J Agr Food Chem, 1997, 45(11): 4201-4203.)

图 2-2-10 叶黄素各顺反异构体结构与构型

(三) 玉米黄素的对映异构体与顺反异构体

1. 对映异构体

玉米黄素有两个不对称中心, 即 C3 与 C3'(图 2-2-11), 理论上应有 4 种对映异构体, 但其分子本身是对称结构, 故只存在 3 种对映异构体, 即 (3R,3'R)-玉米黄素、(3S,3'S)-玉米黄素及 (3R,3'S)-内消旋玉米黄素 (图 2-2-12)。人视网膜黄斑区主要的玉米黄素结构为 (3R,3'R)-玉米黄素和 (3R,3'S)-内消旋玉米黄素, 而 (3S,3'S)-玉米黄素非常少见[22]。

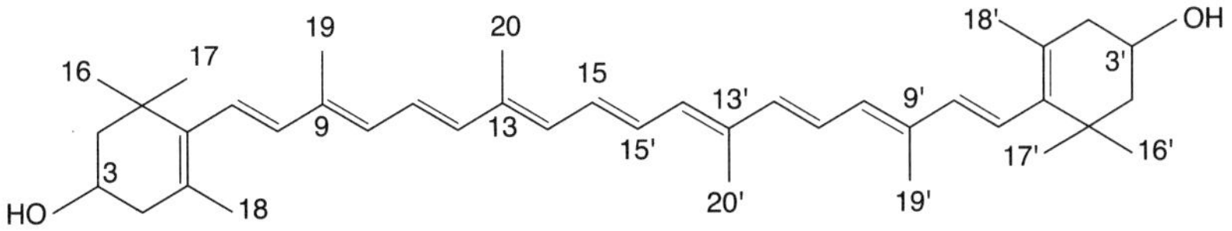

图 2-2-11 玉米黄素 (zeaxanthin)

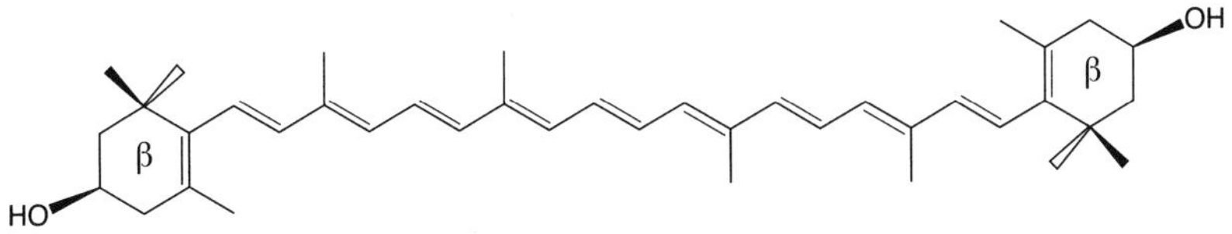

(1) 玉米黄素,(3R,3'R)-β,β-胡萝卜素-3,3'-二醇
zeaxanthin,(3R,3'R)-β,β-carotene-3,3'-diol

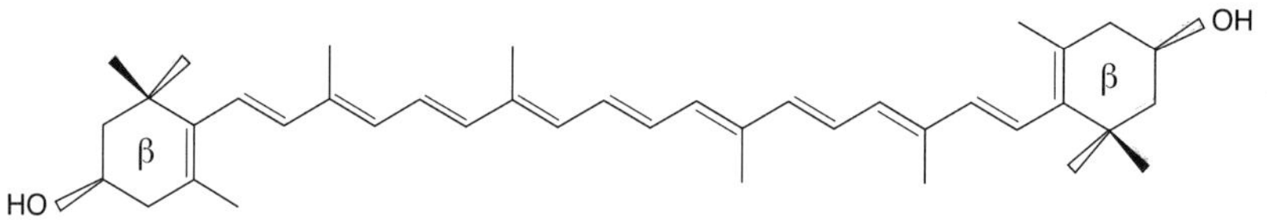

（2）玉米黄素，（3S，3′S）-β，β-胡萝卜素-3,3′-二醇

zeaxanthin，（3S，3′S）-β，β-carotene-3,3′-diol

（引自：Khachik F，de Moura FF，Zhao DY，et al. Transformations of selected carotenoids in plasma, liver, and ocular tissues of humans and in nonprimate animal models[J]. Invest Ophthalmol Vis Sci, 2002, 43(11): 3383-3392.）

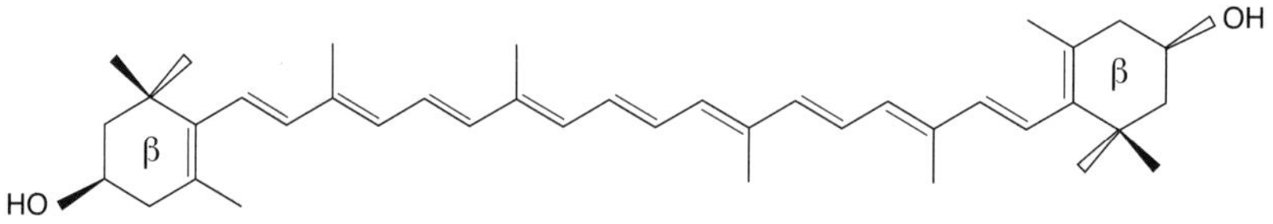

（3）内消旋-玉米黄素，（3R，3′S）-β,β-胡萝卜素-3,3′-二醇

meso-zeaxanthin，（3R，3′S）-β，β-carotene-3,3′-diol

〔（1）与（3）引自：Krinsky NI，Landrum JT，Bone RA. Biologic mechanisms of the protective role of lutein and zeaxanthin in the eye[J]. Annu Rev Nutr, 2003, 23: 171-201.〕

图 2-2-12　玉米黄素对映异构体

2. 顺反异构体

玉米黄素也存在顺反异构体，如 13-顺-玉米黄素、9-顺-玉米黄素等（图 2-2-13）[27, 28]。

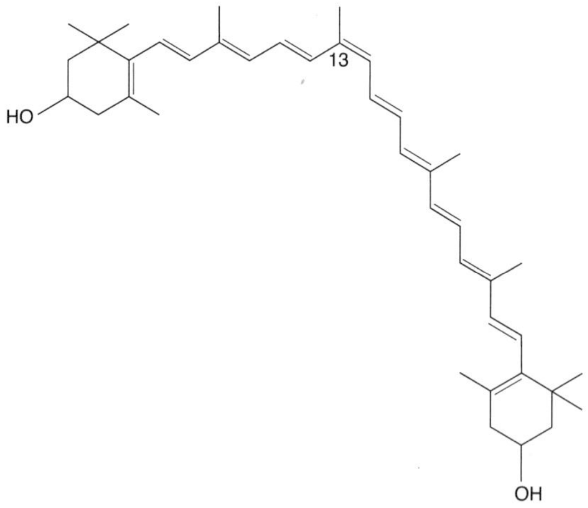

（1）13-顺-玉米黄素 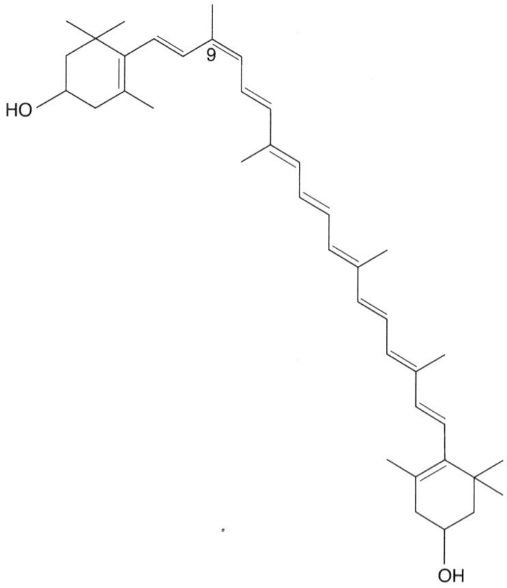　　　　　　　　　　　（2）9-顺-玉米黄素

图 2-2-13　顺式玉米黄素结构式

（引自：Dachtler M，Glaser T，Kohler K，et al. Combined HPLC-MS and HPLC-NMR On-Line Coupling for the Separation and Determination of Lutein and Zeaxanthin Stereoisomers in Spinach and in Retina[J]. Anal Chem, 2000. 73（3）: 667-674.）

最常见的玉米黄素（3R,3′R-玉米黄素）与最常见的叶黄素（3R,3′R,6′R-叶黄素）相比，除了由于一个双键位置不同导致叶黄素少了一个 C6′不对称中心外，立体结构上的唯一区别是前者的 C3′羟基突出平面，而后者 C3′羟基伸向平面后方，这可能与蛋白质能够识别、区分二者的原因有关[30]。

第三节　理化性质

一、物理性质

（一）性状

叶黄素纯品为棱格状黄橙色晶体，无味、无臭，有金属光泽（图 2-3-1，彩图见书末）。根据其纯度或叶黄素的含量不同可呈黄色或橙色[9]。

图 2-3-1　万寿菊中提取的纯化叶黄素晶体

（引自：Alves-Rodrigues A，Shao A. The science behind lutein[J]. Toxicol Lett，2004，150(1): 57-83.）

（二）溶解性

叶黄素是脂溶性化合物，易溶于有机溶剂，如己烷、苯、醚类、二氯甲烷、氯仿等，几乎不溶于水[22]。叶黄素分子结构中具有发色团，在紫外 - 可见光区有独特的吸收峰，所以，其溶液在可见光下具有绚丽的黄色[8]。在人体内，叶黄素主要存在于细胞膜或亲脂性组织（如脂肪组织）中[9]。

（三）极性

叶黄素分子两端的紫罗酮环的电子云分布不同而使叶黄素分子整体的电子云分布不均匀，故叶黄素分子表现出较强的极性[31]。叶黄素分子结构中含有羟基，其极性比结构相仿的 α- 胡萝卜素和 β- 胡萝卜素的极性强很多。极性越强，在反相高效液相色谱柱上保留的时间越短，其保留时间约为 α- 胡萝卜素和 β- 胡萝卜素的 1/4[22]。

叶黄素的顺式异构体极性略有改变。叶黄素分子 C9′端的紫罗酮环对电子的吸附能力强于 C9 端，C13′端的紫罗酮环对电子的吸附能力强于 C13 端，因此，9′- 顺 - 叶黄素的极性强于 9- 顺 - 叶黄素、13′- 顺 - 叶黄素的极性强于 13- 顺 - 叶黄素。故 9′- 顺 - 叶黄素、C13′- 顺 - 叶黄素在反相高效液相 C_{30} 色谱柱上的保留时间比 9- 顺 - 叶黄素、13- 顺 - 叶黄素短[31]。

（四）稳定性

叶黄素分子结构的高度不饱和性使游离叶黄素对光、热、氧极不稳定，一些其他相关因素也能影响其稳定性。

叶黄素对光不稳定，光暴露易破坏其结构，因此，应在避光条件下存放。食物中叶黄素在光暴露条件下损失的程度还与其他因素的影响有关，如新鲜菠菜在光暴露下 8 天，其中叶黄素含量下降 25%，避光存放时叶黄素含量变化不大，可能与在光照条件下菠菜中的叶绿素对叶黄素有一定的破坏作用有关[32]；但胡萝卜在光暴露下，其中叶黄素含量损失较少。此外，还与叶黄素在菠菜和胡萝卜中存在的形式不同有关，胡萝卜中的叶黄素主要以叶黄素酯的形式存在，它比菠菜中的主要存在形式叶黄素单体稳定，如叶黄素单肉豆蔻酸酯与叶黄素二肉豆蔻酸酯对紫外线的稳定性均比叶黄素单体强[33]。

叶黄素对热不稳定，高温能促进叶黄素的降解[32]，故应避光低温冷藏。在储存过程中，叶黄素的损失量受多种因素的综合影响，除温度、光线外，储存的时间和叶黄素的浓度也影响其中叶黄素的损失量。储存时间越长，叶黄素的损失量越大；原始浓度越高，则叶黄素的损失速度越快。但如果在低温条件下储存，其损失量将明显减少。酯化叶黄素可以提高叶黄素对热的稳定性，如热稳定性从高到低依次为叶黄素二肉豆蔻酸酯 > 叶黄素单肉豆蔻酸酯 > 叶黄素单体[33]。

研究者测定了西班牙冷菜汤在 4℃环境中储存 0、28、56、84 天后，发现其中全反式叶黄素的含量虽一直呈下降趋势，但损失并不多，至第 84 天时平均只降低了 5.44%[34]。当观察面包在室温条件下储存 8 周时，发现未经叶黄素强化的面包，其中全反式叶黄素的含量几乎未改变；而人为加入了较高剂量的叶黄素强化面包，其中全反式叶黄素的含量随储存时间的延长迅速降低[35]。且加热能使一些蔬菜中的叶黄素，由全反式叶黄素转化为顺式叶黄素，且主要为 13- 顺 - 叶黄素、9- 顺 - 叶黄素及 9- 顺 - 叶黄素[27]。

叶黄素酯对光和热的稳定性比游离叶黄素强，故叶黄素成品通常制备成叶黄素酯的形式，且需在阴凉干燥处，密封避光保存。

叶黄素虽然对热不稳定，但与其他叶黄素类比较，其稳定性稍强，如微波加热 8 min 后，9- 顺 - 新黄质、紫黄素等全部被破坏，而叶黄素仍能通过 HPLC 检测到[36]。

（五）光吸收特性

光是电磁辐射的一种形式，按电磁波的波段由长至短排序，依次包括无线电波、微波、红外线、可见光、紫外线、X 射线、γ 射线等（图 2-3-2，彩图见书末）。紫外线的波长为 100～400nm，红外线的波长为 760nm～1mm，二者之间波长为 400～760nm 的电磁波能被肉眼看到，称为可见光。波长越短，能量越高。在可见光中，红光波长最长，能量最低；蓝光波长最短，能量最高。在细胞代谢过程中，高能量的蓝光能激发体内产生一系列活性氧自由基（reactive oxygen species，ROS），从而引起光氧化损伤[37-38]。

凡具有共轭多烯链的类胡萝卜素都有光吸收的特性，最大吸收波长主要取决于多烯链的

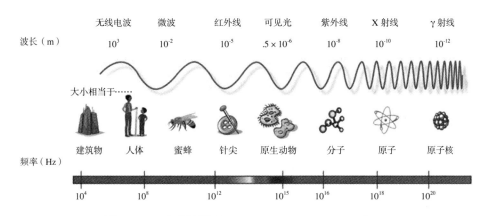

图 2-3-2 电磁波谱（the electromagnetic spectrum）

（引自：美国国家航空航天局（National Aeronautics and Space Administration，NASA），http: //mynasadata.larc.nasa.gov/images/EM_Spectrum3-new.jpg）

共轭长度。此外，还受其末端基团的类别、性质及分子构型的影响。叶黄素和玉米黄素的多烯链都含有 9 个共轭双键，它们能通过吸收而过滤高能量的蓝光（400~460nm），并能使其他波长光通过[22]，故叶黄素自身呈现出黄色[39]。

叶黄素的最大吸收峰为 445nm，玉米黄素在乙醇中的最大吸收峰的波长比叶黄素长，为 450~451nm[40]。虽然，二者共轭多烯链的共轭长度相同，但末端基团的类别与性质略有差异，玉米黄素 β- 紫罗酮环上双键的位置与叶黄素不同，其与共轭多烯链的共轭作用使得玉米黄素的吸收光谱略微红移[22]。

叶黄素、玉米黄素的分子构型也会影响其最大吸收波长，如 9- 顺 - 叶黄素、9′- 顺 - 叶黄素的最大吸收波长为 440nm；13- 顺 - 叶黄素、13′- 顺 - 叶黄素的最大吸收波长为 439nm；9- 顺 - 叶黄素、13- 顺 - 玉米黄素的最大吸收波长分别为 445 nm 和 444nm[27]。叶黄素对不同波长光的吸收见图 2-3-3（彩图见书末）。

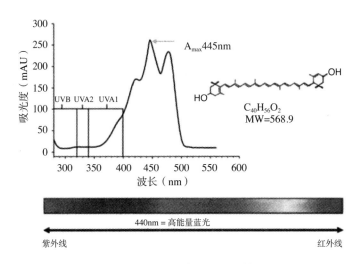

图 2-3-3 叶黄素的吸收光谱图

（引自：Alves-Rodrigues A，Shao A. The science behind lutein[J]. Toxicol Lett. 2004，150（1）: 57-83.）

二、化学性质

叶黄素分子结构中有一条共轭多烯链，分子两端各有一个功能性羟基，这两个特征性结构在叶黄素的生物活性中起着关键性作用。

（一）还原性与清除自由基

叶黄素的分子结构中有多个共轭双键，使其具有很强的还原性，能淬灭 ROS，有效地阻断细胞内的链式自由基反应，阻止脂质过氧化反应的发生，保护机体组织细胞避免氧化应激导致的损伤[41-42]。

叶黄素结构中的共轭双键，能为淬灭自由基反应提供电子；末端紫罗酮环上的羟基增加了分子的极性，影响其在生物膜结构中存在的位置和形式，对其抗氧化能力具有进一步的作用和影响[43-44]。

（二）氧化反应

叶黄素分子两端的紫罗酮环上连接的羟基，能在 MnO_2 等氧化剂的作用下被氧化成羰基。由于叶黄素 ε-紫罗酮环上的羟基与环上碳碳双键形成烯丙基羟基，β-紫罗酮环相应的双键与相邻直链双键形成共轭体系，所以 ε-紫罗酮环的羟基比 β-紫罗酮环的羟基更容易被氧化[22,45]。一分子叶黄素含有一分子 β-紫罗酮环和一分子 ε-紫罗酮环，一分子玉米黄素含有两分子 β-紫罗酮环，因此，叶黄素比玉米黄素的化学活性更强。

除了紫罗酮环上的羟基，叶黄素分子中的多个碳碳双键也易被氧化。

（三）酯化反应

叶黄素分子两端的羟基能与多种脂肪酸发生酯化反应生成不同的叶黄素酯，叶黄素酯是叶黄素的一种存在形式。常见的叶黄素酯见本章。

（四）异构化

玉米黄素的 3 种对映异构体，即（3R，3′R）-玉米黄素、（3S，3′S）-玉米黄素及（3R，3′S）-内消旋玉米黄素在人视网膜中心区均能检测到，而在人体血液中只能检测到（3R，3′R）-玉米黄素[4]，表明在视网膜黄斑区玉米黄素各对映异构体能通过某种反应互相转化生成，但这种转化的机制目前尚不清楚，可能与氧化还原反应及双键的异构化反应相关[46]。

膳食中摄入的（3R，3′R，6′R）-叶黄素在体内可通过双键的迁移与在人视网膜中占大多数的（3R，3′S）-内消旋-玉米黄素相互转化，也可通过氧化还原反应与（3R，6′R）-3-羟基-β，ε-胡萝卜素-3′-酮（3′-oxolutein，3′-酮基叶黄素）及 3′-epilutein 互相转化，3′-epilutein 又可通过双键的迁移与膳食中（3R，3′R）-玉米黄素相互转化[46]。叶黄素、玉米黄素各异构体可能的转化过程见图 2-3-4。

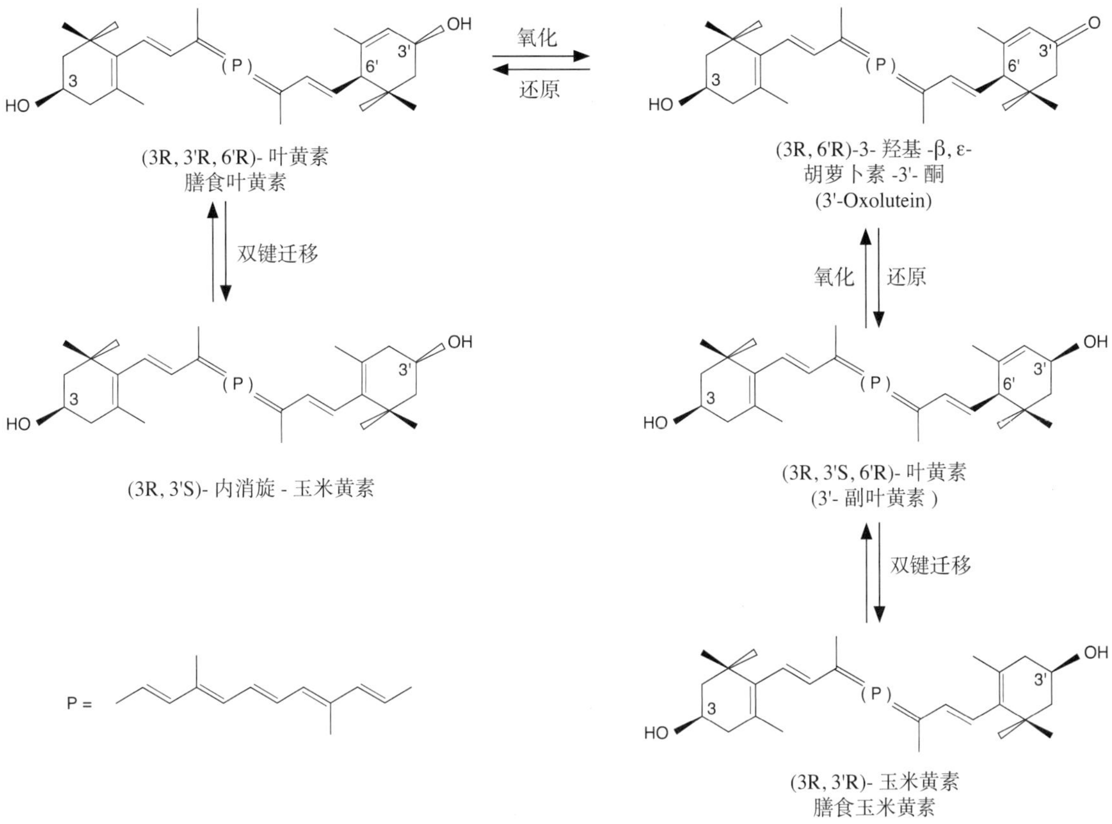

图 2-3-4　叶黄素、玉米黄素各异构体可能的转化过程

（引自：Khachik F，de Moura F F，Zhao D Y，et al. Transformations of selected carotenoids in plasma，liver，and ocular tissues of humans and in nonprimate animal models[J]. Invest Ophthalmol Vis Sci，2002，43（11）：3383-3392.）

三、加工烹调对叶黄素的影响

（一）加工烹调对叶黄素结构的影响

加工烹调对叶黄素结构的影响比较复杂。叶黄素对热不稳定，在烹调过程中，一方面，温度的升高能破坏食物中叶黄素的结构，从而降低其活性；另一方面，不同的烹调方式，对其影响的结果也不一致，有的烹调方式能使其异构体含量增加。

烘焙加工能使食物中全反式叶黄素降解，如普通面包在烘焙过程中，全反式叶黄素含量减少了 37%～41%；叶黄素强化型面包在烘焙过程中，全反式叶黄素含量减少了 29%～33%[21]。食物中全反式叶黄素含量减少的主要原因是高温使其发生化学反应，转化为其他类胡萝卜素，或发生异构化生成全反式叶黄素异构体。

用微波烹调甜马铃薯叶 8min 后，其中的叶黄素因脱水而生成 3，4-二脱氧-β，ε-胡萝卜素-3′-醇，或生成 3′，4′-二脱氧 β，β-胡萝卜素 -3-醇（图 2-3-5）[23]。

加工烹调还能使全反式叶黄素异构化生成顺式异构体，且不同烹调方式对其异构化产物也有影响[35]。分别采用水煮和烤制的方式烹调墨西哥绿辣椒，检测其中叶黄素、玉米黄素及

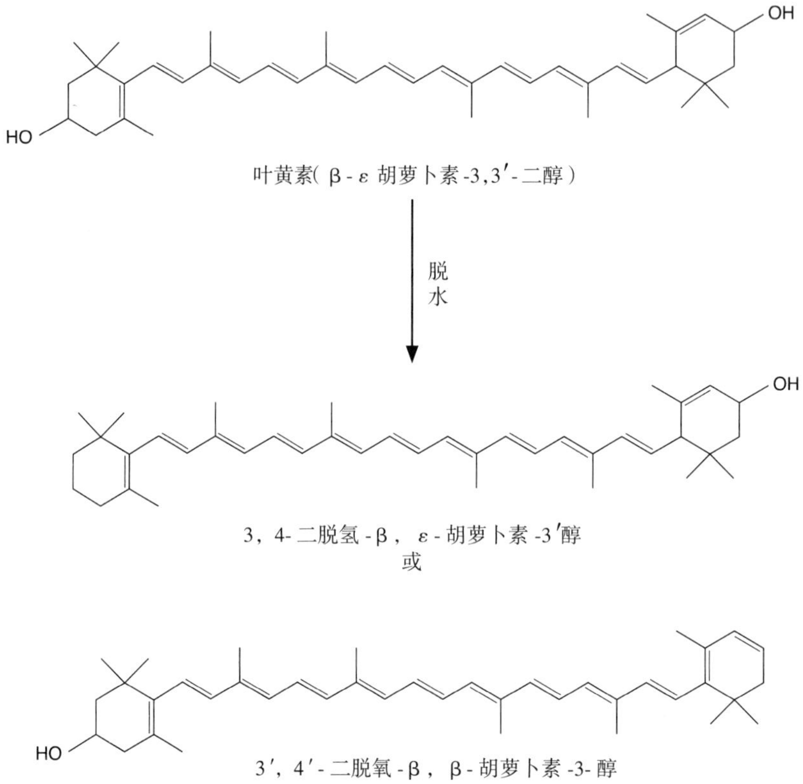

图 2-3-5 微波烹调马铃薯叶过程中叶黄素的脱水产物

（引自：Chen B H, Chen Y Y. Stability of chlorophylls and carotenoids in sweet potato leaves during microwave cooking[J]. J Agr Food Chem. 1993, 41（8）: 1315-1320.）

其顺式异构体、反式异构体的含量。结果显示，水煮后的墨西哥绿辣椒中全反式叶黄素的含量降低了 13.0%，但是烤制后的墨西哥绿辣椒中全反式叶黄素含量增加了 11.4%，同时在烹调后的绿辣椒中，检测到了烹调前没有检测到的顺式叶黄素（表 2-3-1）[47]。

表 2-3-1 不同烹饪加热方式对墨西哥绿辣椒中叶黄素、玉米黄素含量的影响（μg/g 鲜重，$\bar{x} \pm s$）

叶黄素或玉米黄素	未加工	煮	烤
全反式叶黄素	4.39 ± 0.13	3.82 ± 0.05	4.89 ± 0.13
9'- 顺 - 叶黄素	ND	0.08 ± 0.01	0.06 ± 0.00
9- 顺 - 叶黄素	ND	0.13 ± 0.02	0.10 ± 0.00
全反式玉米黄素	0.45 ± 0.04	0.24 ± 0.01	0.39 ± 0.01
顺式玉米黄素	ND	0.06 ± 0.00	0.09 ± 0.00

注：ND 表示未检测到；水煮条件为 94℃，12.48 ± 1.48 min；烤制条件为 210℃，13.23 ± 0.78 min

（引自：Cervantes-Paz B, Yahia E M, Ornelas-Paz J D J, et al. Effect of Heat Processing on the Profile of Pigments and Antioxidant Capacity of Green and Red Jalapeño Peppers[J]. J Agr Food Chem, 2012, 60(43): 10822-10833.）

结果提示，烹调加热过程叶黄素顺反异构体间可以互相转化，且不同烹调方式对其产物有不同的影响。

（二）加工烹调对叶黄素含量的影响

加工烹调不仅能影响食物中叶黄素的结构，使叶黄素顺反异构体间相互转化或转化为其他类胡萝卜素，且能影响食物中叶黄素及其各异构体的总量。关于加工烹调对食物中叶黄素含量的影响，早在 20 世纪 70 年代就有相关报道，但结论尚不一致。有研究发现，加工烹调后，食物中叶黄素含量降低；也有研究显示，加工烹调后，食物中叶黄素含量增加；还有研究表明，加工烹调前、后食物中的叶黄素含量未发生明显变化。

1. 加工烹调使食物中叶黄素含量下降

采用高输出功率（700 W）的微波烹调加工甜马铃薯叶，检测烹调前、后甜马铃薯叶中叶黄素的含量，发现烹调加工前甜马铃薯叶中叶黄素含量为 209.66μg/g，加工 2min、4min、8min 后，叶黄素含量分别为 145.76μg/g、122.44μg/g、92.32μg/g，加工烹调后甜马铃薯叶中叶黄素的含量呈下降趋势，且随烹调时间的延长而下降更明显[36]。

2. 相同烹调方式对不同食物中叶黄素含量的影响

笔者及所在项目组曾采用高效液相色谱法检测了北京市常见食物熟制（煮沸 5min）前、后叶黄素单体的含量，结果显示，一些蔬菜经熟制后，其中叶黄素含量明显增加；但一些蔬菜经熟制后，其中叶黄素含量明显减少[48]（表 2-3-2）。

表 2-3-2　北京市常见食物熟制前、后叶黄素单体含量的变化

食品种类	生食含量（μg/100g 可食部）	熟制后含量（μg/100g 可食部生重）	熟制后变化（%）
甘栗南瓜	13265.2	14075.4	6.1
黄瓜	1585.1	1794.8	13.2
黄狼南瓜	1124.0	1529.8	36.1
彩椒（黄）	878.6	657.8	-25.5
青椒	886.5	1152.7	30.0
苦瓜	790.1	849.5	7.5
秋黄瓜	513.1	495.5	-3.4
丝瓜	392.7	412.4	5.0
长条紫茄子	280.5	728.9	159.8
西红柿	218.3	202.2	-7.4
西葫芦	205.8	220.4	7.1
茄子（紫，圆）	138.5	355.2	156.6
韭菜	18226.9	29717.3	63.0
小葱	3939.5	6910.0	75.4
蒜黄	1646.9	2212.1	34.3
蒜薹	1319.0	1412.0	7.1
大葱	846.9	815.7	-3.8
胡萝卜	806.1	826.5	2.5
玉米	331.9	402.8	21.4

注："-"表示负值，即烹调后含量下降。

3. 不同烹调方式对同种食物中叶黄素含量的影响

不同的烹调方式对同种食物中叶黄素含量的影响亦不同。

为观察不同烹调方式对新鲜蔬菜及经冷冻蔬菜中叶黄素含量的影响，分别采用微波（300W）加工，时间分别为30min、13min、18min及6min；采用蒸气加热，时间分别为15min、14min、18min及10min；采用微波蒸，时间分别为13min、12min、17min及12min，结果见表2-3-3。

表 2-3-3 不同烹调方式对两种蔬菜中叶黄素含量的影响（mg/100g）（$\bar{x} \pm s$）

蔬菜	未加工	煮	微波	蒸	微波蒸
西兰花	8.4 ± 0.4	5.6 ± 1.1 (8)	5.5 ± 0.0 (30)	8.8 ± 1.3 (15)	10.5 ± 1.1 (13)
冷冻西兰花	12.3 ± 0.4	8.8 ± 0.2 (15)	6.0 ± 0.5 (13)	6.9 ± 0.2 (14)	5.8 ± 0.5 (12)
球芽甘蓝	0.9 ± 0.1	2.1 ± 0.1 (10)	1.1 ± 0.1 (18)	0.9 ± 0.1 (18)	0.8 ± 0.0 (17)
冷冻球芽甘蓝	1.6 ± 0.1	1.7 ± 0.2 (7)	1.6 ± 0.0 (6)	1.7 ± 0.1 (10)	1.4 ± 0.1 (12)

注：括号中为烹调时间（min）

（引自：Pellegrini N, Chiavaro E, Gardana C, et al. Effect of Different Cooking Methods on Color, Phytochemical Concentration, and Antioxidant Capacity of Raw and Frozen Brassica Vegetables[J]. J Agr Food Chem, 2010, 58(7): 4310-4321.）

结果显示，新鲜的西兰花经微波加热和煮，其叶黄素含量分别降低了34.5%、33.3%，而蒸和微波蒸使其中叶黄素的含量有所增加；对冷冻的西兰花，四种烹调方式均降低了其叶黄素的含量，可能与烹调前用热烫将其变软有关；而球芽甘蓝与西兰花不同，煮的烹调方式增加了其中叶黄素的含量；但对冷冻球芽甘蓝，四种烹调方式均未对其中叶黄素的含量产生影响[49]。

同样，当采用不同的烹调方式蒸、煮和炸，检测胡萝卜、绿皮黄瓜及西兰花烹调前、后叶黄素的含量[50]。结果见表2-3-4。

表 2-3-4 不同烹调方式对三种蔬菜中叶黄素含量的影响（mg/100g 干重）（$\bar{x} \pm s$）

蔬菜	未加工	蒸	煮	炸
胡萝卜	11.0 ± 0.2	7.2 ± 0.1	12.2 ± 0.1	6.3 ± 0.1
绿皮南瓜	45.4 ± 0.3	30.5 ± 0.5	40.6 ± 1.8	25.8 ± 0.0
西兰花	16.9 ± 0.2	18.1 ± 0.5	22.2 ± 0.3	4.8 ± 0.1

（引自：Miglio C, Chiavaro E, Visconti A, et al. Effects of Different Cooking Methods on Nutritional and Physicochemical Characteristics of Selected Vegetables[J]. J Agr Food Chem, 2007, 56(1): 139-147.）

结果可见，蒸、煮、炸等烹调方式均会影响胡萝卜、绿皮南瓜及西兰花中叶黄素的含量。油炸使三种蔬菜中叶黄素含量均显著降低，但蒸、煮方式均未降低西兰花中叶黄素的含量，反而，其中叶黄素的含量有所增加[50]。

多项采用不同的烹调方式对食物中叶黄素含量影响的研究，结果也不一致，有些经烹调后叶黄素含量增加，有些经烹调后叶黄素含量减少，总结于表2-3-5。

表 2-3-5 不同烹调方式对食物中叶黄素总量的影响（mg/100g 湿重）[51-60]

食物	烹调方式	含量	出处
芦笋（绿）	鲜	0.61	Granado et al., 1992
	煮（25min）	0.74	
豆	鲜	0.36	Granado et al., 1992
	煮（35min）	0.49	
	鲜	0.59~0.69	
	微波（4min）	0.61	Khachik et al., 1992[b]
	煮（9min）	0.71	
甜菜	鲜	1.50	Granado et al., 1992
	煮（35min）	1.96	
西兰花	鲜	2.83	
	蒸（5 min）	3.25	Khachik et al., 1992[b]
	微波（5 min）	3.28	
卷心菜	红，鲜	0.08	Granado et al., 1992
	煮（38min）	0.23	
	鲜	0.060	Granado et al., 1992
	煮（25min）	0.09	
胡萝卜	汁，鲜	0.29[a]	Granado et al., 1992
	汁，煮（33min）	0.27[a]	
	鲜	0.17~0.28	Hart and Scott, 1995
	冻，生	0.27	
菜花	鲜	0.004	Granado et al., 1992
	煮（30min）	0.015	
玉米	罐装	0.199	Konings and Roomans, 1997
	甜，冻，生	0.52	
	鲜	1.2[b]	Updike and Schwartz, 2003
	罐装	1.2[b]	
茼蒿	鲜	0.38	
	煮（16min）	0.25	Chen, 1992
	微波（16min）	0.21	
洋葱	鲜	0.02	Granado et al., 1992
	煮（38min）	0.05	
橙汁	鲜	0.67	Lee and Coates, 2003
	巴氏杀菌（90℃，30s）	0.76	
绿豌豆	鲜	0.47~0.99	De la Cruz-Garcia, 1997
	煮（30min）	1.61~2.50	
	鲜	1.3	Edelenbos et al., 2001
	煮（3min）	1.8	
	鲜	4.1[b]	Updike and Schwartz, 2003
	罐装	5.8[b]	

续表

食物	烹调方式	含量	出处
绿辣椒	鲜	0.34	
	煮（25min）	0.38	Granado et al., 1992
	生	0.66	
土豆	鲜	0.012	Granado et al., 1992
	煮（20min）	0.044	
	鲜	20.96	Chen and Chen, 1993
	微波（8min）	9.23	
南瓜	鲜	0.10	Granado et al., 1992
	煮（15min）	0.12	
菠菜	鲜	4.22	Grandano et al., 1992
	煮（10min）	6.42	
	鲜	9.50	
	蒸（3min）	0.61	Khachik et al., 1992[b]
	微波（1.5min）	0.71	

[a]: mg/100ml. [b]: mg/100mg 干重

结果表明，加工烹调对食物中的叶黄素含量的影响结果不尽相同。可能与多种因素有关，如从未加工的食物中提取叶黄素要比从加工烹调后的食物中提取叶黄素困难，因此，是否烹调熟制后食物中的叶黄素含量增高，很难定论。多数研究结果观察到，水煮能提高叶黄素总量，可能与植物细胞壁软化或破坏[40]、叶黄素与玉米黄素单酯和二酯水解加速[8]或者类胡萝卜素-蛋白质复合体降解[8, 40]等因素有关。研究结果还显示，微波能导致叶黄素向其他类胡萝卜素转化，使叶黄素总量减少。最终食物中叶黄素总量的变化取决于某种烹调方式，叶黄素生成与损失哪个更占优势。在不同的食物中，这个平衡点可能不同，故同样的烹调方式与加热时间，结果却不尽相同。

（黄绯绯　肖　鑫）

参考文献

[1] Abdel-Aal el-SM, Akhtar H, Zaheer K, et al. Dietary sources of lutein and zeaxanthin carotenoids and their role in eye health[J]. Nutrients, 2013, 5(4): 1169-1185.
[2] Sommerburg OG, Keunen JE, Bird AC, et al. Fruits and vegetables that are sources for lutein and zeaxanthin: the macular pigment in human eyes[J]. Br J Ophthalmol, 1998, 82: 907-910.
[3] Murillo E, Giuffrida D, Menchaca D, et al. Native carotenoids composition of some tropical fruits[J]. Food Chem, 2013, 140(4): 825-836.
[4] Cazzonelli CI, Pogson BJ. Source to sink: regulation of carotenoid biosynthesis in plants[J]. Trends Plant Sci, 2010, 15(5): 266-274.
[5] Maiani G, Castón MJ, Catasta G, et al. Carotenoids: actual knowledge on food sources, intakes, stability and bioavailability and their protective role in humans[J]. Mol Nutr Food Res, 2009, 53(Suppl 2): 194-218.
[6] Jucker W. Carotenoids[J]. Chimia (Aarau), 2011, 65(1-2): 109-110.
[7] Namitha KK, Negi PS. Chemistry and biotechnology of carotenoids[J]. Crit Rev Food Sci Nutr, 2010, 50(8): 728-760.
[8] 惠伯棣主编. 类胡萝卜素化学及生物化学[M]. 北京: 中国轻工业出版社, 2005.

[9] Alves-Rodrigues A, Shao A. The science behind lutein[J]. Toxicol Lett, 2004, 150(1): 57-83.
[10] Breithaupt DE, Wirt U, Bamedi A. Differentiation between lutein monoester regioisomers and detection of lutein diesters from marigold flowers (Tagetes erecta L.) and several fruits by liquid chromatography-mass spectrometry[J]. J Agric Food Chem, 2002, 50(1): 66-70.
[11] Zonta F, Stancher B, Marletta GP. Simultaneous high-performance liquid chromatographic analysis of free carotenoids and carotenoid esters[J]. J Chromatogr, 1987, 403: 207-215.
[12] Scalia S, Francis GW. Preparative scale reversed-phase HPLC method for simultaneous separation of carotenoids and carotenoid esters[J]. J Chromatogr, 1989, 28: 129-132.
[13] Rivas JD. Reversed-phase high-performance liquid chromatographic separation of lutein and lutein fatty acid esters from marigold flower petal powder[J]. J Chromatogr, 1989, 464(2): 442-447.
[14] Tsao R, Yang R, Young JC, et al. Separation of geometric isomers of native lutein diesters in marigold (Tagetes erecta L.) by high-performance liquid chromatography-mass spectrometry[J]. J Chromatogr A, 2004, 1045(1-2): 65-70.
[15] 中华人民共和国卫生部.中华人民共和国卫生部公告(2008年第12号), www.moh.gov.cn 2008.
[16] Sajilata MG, Singhal RS, Kamat MY. The carotenoid pigment zeaxanthin-a review[J]. Compr Rev Food Sci F, 2008, 7(1): 29-49.
[17] Delcourt C, Carrière I, Delage M, et al. Plasma lutein and zeaxanthin and other carotenoids as modifiable risk factors for age-related maculopathy and cataract The POLA Study[J]. Invest Ophthalmol Vis Sci, 2006, 47: 2329-2335.
[18] IUPAC. Commission on Nomenclature of Organic Chemistry and the IUPAC-IUB Commission on Biochemical Nomenclature[J]. Eur J Biochem, 1975, 57: 317-318.
[19] IUPAC. Commission on Nomenclature of Organic Chemistry and the IUPAC-IUB Commission on Biochemical Nomenclature: Nomenclature of cyclitols, tentative rules[J]. Biochem J, 1969, 112(1): 17-28.
[20] 惠伯棣,朱蕾,欧阳清波,等. 类胡萝卜素的命名[J].中国食品添加剂, 2003(4): 48-54.
[21] Macernis M, Sulskus J, Duffy C DP, et al. Electronic spectra of structurally deformed lutein[J]. J Phys Chem A, 2012, 116(40): 9843-9853.
[22] Krinsky NI, Landrum JT, Bone RA. Biologic mechanisms of the protective role of lutein and zeaxanthin in the eye[J]. Annu Rev Nutr, 2003, 23: 171-201.
[23] Khachik F, Beecher GR, Lusby WR. Separation and identification of carotenoids and carotenol fatty acid esters in some squash products by liquid chromatography. 2. Isolation and characterization of carotenoids and related esters[J]. J Agr Food Chem, 1988, 36(5): 929-937.
[24] Rajendran V, Pu YS, Chen BH, et al. An improved HPLC method for determination of carotenoids in human serum[J]. J Chromatogr B Analyt Technol Biomed Life Sci, 2005, 824(1-2): 99-106.
[25] 黄旸木,闫少芳,马乐,等. 高效液相色谱法测定血清叶黄素和玉米黄素[J]. 北京大学学报(医学版), 2012, 44(3): 481-484.
[26] 吕以仙. 有机化学[M]. 6版. 北京: 人民卫生出版社, 2005.
[27] Updike AA, Schwartz SJ. Thermal processing of vegetables increases cis isomers of lutein and zeaxanthin[J]. J Agric Food Chem, 2003, 51(21): 6184-6190.
[28] Dachtler M, Glaser T, Kohler K, et al. Combined HPLC-MS and HPLC-NMR On-Line Coupling for the Separation and Determination of Lutein and Zeaxanthin Stereoisomers in Spinach and in Retina[J]. Anal Chem, 2000, 73(3): 667-674.
[29] Kull DR, Pfander H. Isolation and Structure Elucidation of Two (Z)-Isomers of Lutein from the Petals of Rape (Brassica napus)[J]. J Agr Food Chem, 1997, 45(11): 4201-4203.
[30] Tabunoki H, Sugiyama H, Tanaka Y, et al. Isolation, Characterization, and cDNA Sequence of a Carotenoid Binding Protein from the Silk Gland of Bombyx mori Larvae[J]. J Biol Chem, 2002, 277(35): 32133-32140.
[31] 惠伯棣,刘沐霖,庞克诺,等. 食品中类胡萝卜素几何异构体组成的C30-HPLC检测[J].中国食品添加剂, 2007, 2: 201-210.
[32] Calvo MM. Lutein: a valuable ingredient of fruit and vegetables[J]. Crit Rev Food Sci Nutr, 2005, 45(7-8): 671-696.
[33] Subagio A, Wakaki H, Morita N. Stability of lutein and its myristate esters[J]. Biosci Biotechnol Biochem, 1999, 63(10): 1784-1786.
[34] Vallverdú-Queralt A, Arranz S, Casals-Ribes I, et al. Stability of the phenolic and carotenoid profile of gazpachos during storage[J]. J Agr Food Chem, 2012, 60(8): 1981-1988.

[35] Abdel-Aal EM, Young JC, Akhtar H, et al. Stability of lutein in wholegrain bakery products naturally high in lutein or fortified with free lutein[J]. J Agr Food Chem, 2010, 58(18): 10109-10117.

[36] Chen B H, Chen Y Y. Stability of chlorophylls and carotenoids in sweet potato leaves during microwave cooking[J]. J Agr Food Chem, 1993, 41(8): 1315-1320.

[37] Junghans A, Sies H, Stahl W. Macular pigments lutein and zeaxanthin as blue light filters studied in liposomes[J]. Arch Biochem Biophys, 2001, 391(2): 160-164.

[38] 汪明芳, 张纯, 林晓明. 叶黄素对大鼠视网膜蓝光光损伤的保护作用[J]. 卫生研究, 2008, 37(4): 409-412.

[39] Strain HH. Cis-trans Isomeric carotenoids, vitamins A and arylpolyenes[J]. J Am Chem Soc, 1963, 85(7): 1025.

[40] Amar I, Aserin A, Garti N. Solubilization patterns of lutein and lutein esters in food grade nonionic microemulsions[J]. J Agr Food Chem, 2003, 51(16): 4775-4781.

[41] Darvin ME, Haag SF, Meinke MC, et al. Determination of the influence of IR radiation on the antioxidative network of the human skin[J]. J Biophotonics, 2011, 4(1-2): 21-29.

[42] Li SY, Lo AC. Lutein protects RGC-5 cells against hypoxia and oxidative stress[J]. Int J Mol Sci, 2010, 11(5): 2109-2117.

[43] Santocono M, Zurria M, Berrettini M, et al. Lutein, zeaxanthin and astaxanthin protect against DNA damage in SK-N-SH human neuroblastoma cells induced by reactive nitrogen species[J]. J Photochem Photobiol B, 2007, 88(1): 1-10.

[44] Sundelin SP, Nilsson SE. Lipofuscin-formation in retinal pigment epithelial cells is reduced by antioxidants[J]. Free Radic Biol Med, 2001, 31(2): 217-225.

[45] Liaaen-Jensen S, Hertzberg S. Selective preparation of the lutein monomethyl ethers[J]. Acta Chem Scand, 1966, 20: 1703-1709.

[46] Khachik F, de Moura FF, Zhao DY, et al. Transformations of selected carotenoids in plasma, liver, and ocular tissues of humans and in nonprimate animal models[J]. Invest Ophthalmol Vis Sci, 2002, 43(11): 3383-3392.

[47] Cervantes-Paz B, Yahia E M, Ornelas-Paz J D J, et al. Effect of heat processing on the profile of pigments and antioxidant capacity of green and red jalapeño peppers[J]. J Agr Food Chem, 2012, 60(43): 10822-10833.

[48] 王子昕, 董鹏程, 孙婷婷, 等. 北京市常见食物熟制前后叶黄素和玉米黄素及β-胡萝卜素的含量比较[J]. 中华预防医学杂志, 2011, 45(1): 64-67.

[49] Pellegrini N, Chiavaro E, Gardana C, et al. Effect of different cooking methods on color, phytochemical concentration, and antioxidant capacity of raw and frozen brassica vegetables[J]. J Agr Food Chem, 2010, 58(7): 4310-4321.

[50] Miglio C, Chiavaro E, Visconti A, et al. Effects of different cooking methods on nutritional and physicochemical characteristics of selected vegetables[J]. J Agr Food Chem, 2007, 56(1): 139-147.

[51] Granado F, Olmedilla B, Blanco I, et al. Carotenoid composition in raw and cooked Spanish vegetables[J]. J Agric Food Chem, 1992, 40: 2135-2140.

[52] Humphries JM, Khachik F. Distribution of lutein, zeaxanthin, and related geometrical isomers in fruit, vegetables, wheat, and pasta products[J]. J Agric Food Chem, 2003, 51(5): 1322-1327.

[53] Hart DJ, Scott KJ. Development and evaluation of an HPLC method for the analysis of carotenoids in foods, and the measurement of the carotenoid content of vegetables and fruits commonly consumed in the UK[J]. Food Chem, 1995, 54(11): 101-111.

[54] Huck CW, Popp M, Scherz H, et al. Development and evaluation of a new method for the determination of the carotenoid content in selected vegetables by HPLC and HPLC-MS-MS[J]. J Chromatogr Sci, 2000, 38(10): 441-449.

[55] Lee HS, Coates GA, et al. Effect of thermal pasteurization on Valencia orange juice color and pigments[J]. Lebensm-wiss Technol, 2003, 36: 153-156.

[56] Guedes De Pinho P, Silva Ferreira AC, Mendes Pinto M, et al. Determination of carotenoid profiles in grapes, musts, and fortified wines from Douro varieties of Vitis vinifera[J]. J Agric Food Chem, 2001, 49(11): 5484-5488.

[57] Khachik F, Beecher GR, Goli MB, et al. Separation and quantitation of carotenoids in foods[J]. Methods Enzymol, 1992, 213: 347-359.

[58] Edelenbos M, Christensen LP, Grevsen K. HPLC determination of chlorophyll and carotenoid pigments in processed green pea cultivars (Pisum sativum L.)[J]. J Agric Food Chem, 2001, 49(10): 4768-4774.

[59] Chen BH, Tang YC. Processing and stability of carotenoid powder from carrot pulp waste[J]. J Agric Food Chem, 1998, 46: 2312-2318.

[60] U.S Department of Agriculture, A.R.S. USDA-NCC Carotenoid Database for US Foods(1998).

第三章

天然叶黄素的分布、食物来源与生物合成

摘　要

在自然界，叶黄素广泛分布在高等植物和一些藻类体内，尤其在高等植物的光合作用器官中含量丰富。一些动物体内也存在一定量的叶黄素，主要源自于摄入的含有叶黄素的食物或饲料。

叶黄素在绿色植物光合作用的器官（叶与叶绿体）中，存在于叶绿体的光合膜上，作为捕获光能的辅助色素，捕获光能量并将其运送至叶绿素，参与光合作用。叶黄素能作为非光化学淬灭剂，灭活在强光下生成的过量的三联体叶绿素，保护植物组织免受光氧化损伤。叶黄素既能特异性滤过蓝光，也能透过其他波长的光，保证光合作用的顺利进行。在橙色花瓣（如万寿菊）和有色果实中，叶黄素主要以酯的形式存在于细胞壁或细胞质中，保护花瓣、果实免受强光损伤，并以其鲜艳的色彩吸引昆虫授粉。在植物的其他组织中，叶黄素含量相对较少，但在胡萝卜（根）和玉米（种子）等橙、黄色植物组织中仍含量丰富。

在食物中叶黄素来源丰富，以深绿色蔬菜、橙黄色瓜果、禽蛋黄和某些坚果类是叶黄素的良好来源。在深绿色叶菜类，叶黄素含量最高的是菠菜、甘蓝、香菜、油麦菜、芹菜叶和韭菜等；含量比较高的是开心果和西葫芦；含量中等的有西兰花、芦笋、鸡蛋、黄瓜、豌豆、彩椒与玉米；在常见的水果，如苹果、西瓜、桃、奇异果等中含量较少。一般认为，在深绿色叶菜中，叶黄素单体含量较多；在橙色的瓜果中，多以叶黄素酯的形式存在。玉米黄素在玉米、藏红花、枸杞、柿子椒等橘黄色或橘红色植物中含量丰富，在绿叶植物中含量较少；在冷压制成的黑莓、覆盆子、蓝莓子油等食物中，玉米黄素的含量高于叶黄素、β-胡萝卜素等其他类胡萝卜素。

食物中叶黄素的含量受多种因素的影响，如基因型，环境条件（地域、季节、日照、种植方式），熟制及烹调加工方法等。即使是同一种食物，因其基因型、种植的环境条件及加工方法不同，其中的叶黄素含量也不同。有些食物中，加工熟制后叶黄素的含量较加工前有升高的趋势。

天然叶黄素的生物合成途径比较复杂，主要在真核生物的质体和原核生物的胞质中进行。在高等植物、一些藻菌类体内叶黄素是类胡萝卜素合成过程中的一个产物。类胡萝卜素是一系列通过类异戊二烯途径合成的萜类化合物，在不同的生物体内合成部位不同，且合成途径中某个酶的催化反应或代谢产物的数量或组成也可能不同，但合成过程均包括缩合、脱氢、环化、羟基化及环氧化等合成步骤。在生物体内，叶黄素的生物合成过程受多种因素的影响，除酶和基因的调控外，还与环境因素密切相关。

在自然界，叶黄素广泛分布在高等植物和一些藻类体内[1-2]，尤其在高等植物（如绿叶、橙黄色花卉及果实中）光合作用器官中含量丰富[3-4]。一些动物体内也存在一定量的叶黄素，但尚无证据表明动物体内能合成叶黄素。一般认为，动物体内的叶黄素主要源自于摄入的含有叶黄素类的食物或饲料。人类膳食中的叶黄素来源丰富，特别在深绿色的蔬菜、橙色或黄色的瓜果及禽蛋黄中。天然叶黄素常以叶黄素单体和叶黄素酯的形式存在，多数为叶黄素的全反式异构体[5-6]。天然叶黄素的合成的途径比较复杂，主要在真核生物的质体和原核生物的胞质中合成[1-2]。

第一节　天然叶黄素的分布

一、植物

植物是叶黄素的主要自然来源，叶黄素主要分布在植物光合作用的器官（叶与叶绿体）中。在植物的光合作用器官中，叶黄素主要存在于叶绿体的光合膜上，作为捕获光能的辅助色素，参与光合作用。在花瓣和有色果实中，叶黄素主要以酯的形式存在于细胞壁或细胞质中，保护花瓣、果实免受强光损伤，并以其鲜艳的色彩吸引昆虫授粉。在植物的其他组织中，叶黄素含量相对较少，但在胡萝卜（根）和玉米（种子）等橙、黄色植物组织中仍含量丰富[7-8]。

（一）光合作用的器官

1. 光合作用与光合作用的器官

光合作用（photosynthesis）是植物在可见光的照射下，利用光合色素将二氧化碳和水转化为有机物，并释放氧气的生化过程。

在高等植物中，光合作用的器官是植物叶中的叶绿体，叶是器官，叶绿体是细胞器。叶绿体呈椭圆形，里面有基粒，基粒内部有色素。叶绿体中的色素包括两大类即叶绿素（约占3/4）与类胡萝卜素（约占1/4）。叶绿素包括叶绿素Ⅰ（叶绿素a）和叶绿素Ⅱ（叶绿素b），类胡萝卜素主要包括叶黄素和胡萝卜素。这4种主要色素在光合作用中，能够吸收光，但它们的吸收峰不同，叶绿素主要吸收红橙光、蓝紫光，叶黄素、胡萝卜素主要吸收蓝紫光。

光合作用包括两个阶段，即光反应和暗反应。光反应发生在基粒上，需要有光参加，在基粒内的色素作用下 H_2O 被分解为 O_2 和 H，并产生能量生成 ATP；暗反应发生在叶绿体基质内，无需光参加，是 CO_2 与 C5 反应生成 C3，C3 在 ATP 和 H 的作用下生成糖类物质。叶黄素参加前一阶段的光反应。

2. 叶黄素与光合作用

叶黄素在光合作用过程中发挥结构学和功能学作用[9-10]。在植物光合作用的器官中，叶黄素是含量最高的类胡萝卜素，约占类胡萝卜素总量的50%以上，其主要存在于叶绿体的捕光复合物（light-harvesting complex，LHC）中，是光系统Ⅱ（photosystem Ⅱ，PS Ⅱ）的重要组成成分[3,11]。

光合作用器官中的叶黄素多与叶绿体结合存在，其本身的橙黄色常被叶绿素Ⅱ的绿色覆盖，故高等植物的光合作用器官一般呈绿色。但在秋天，叶绿素因温度降低被降解，含量减少；而叶黄素等类胡萝卜素较稳定，其黄或橙色逐渐显露，呈现叶子由绿变黄或红的景象，尤为明显的是秋天观赏的植物——红叶（如北京的香山红叶）。

在叶绿体的光合色素-蛋白质复合体中，叶黄素作为光捕集色素，能够捕获光能量，将其运送至叶绿素[12]。并且叶黄素能作为非光化学淬灭剂，灭活在强光下生成的过量的三联体叶绿素，保护植物组织免受光氧化损伤[13]。叶黄素不仅能特异性滤过蓝光，发挥抗氧化作用，还能透过其他波长的光，保证光合作用的顺利进行。

叶黄素被认为是光合作用所必需的类胡萝卜素之一。但亦有不一致的意见，如有研究发现，拟南芥 *lut1* 或 *lut2* 突变后，叶黄素含量降至正常的20%或完全缺失时，而叶绿素含量却没有因此减少，植物依然能正常生长，提示叶黄素可能不一定是高等植物光合作用所必需的类胡萝卜素，其作用可以被其他类胡萝卜素，如被β，β-胡萝卜素替代[12]。

（二）花瓣和有色果实

在植物的花瓣（如万寿菊类花卉的花瓣）、有色果实（如芒果、木瓜）和根茎（如胡萝卜）中，叶黄素常与脂肪酸酯化为叶黄素酯的形式存在。叶黄素酯是叶黄素在橙黄色或橙红色的花瓣和有色果实中存在的主要形式。叶黄素酯对光和热较叶黄素单体更为稳定，这可能由于叶黄素的羟基活性基团因酯化被保护。叶黄素在花瓣或果实中的功能各异，故在不同颜色或种类的花朵、果实中的分布和含量有较大的差异。

1. 万寿菊类

在植物的花瓣中，以万寿菊的叶黄素含量最为丰富。万寿菊（*Tagetes erecta L.*）属菊科（Composite）万寿菊属（*Tateges L.*），原产于墨西哥和中美洲（图3-1-1，彩图见书末），其种类很多，约有几十种。万寿菊属的植物具有绚丽的橙色、黄色花朵，被广泛作为观赏花卉和环保植物。在万寿菊的花瓣中含有丰富的类胡萝卜素，其中叶黄素和叶黄素酯的含量很高，以干重计，叶黄素和叶黄素酯分别为 2.13 mg/g 和 11.21 mg/g；玉米黄素和其他类胡萝卜素化合物分别为 0.56 mg/g 和 2.51 mg/g[14]。

在万寿菊的花瓣组织中存在完整的叶黄素合成系统，该系统的最终产物为叶黄素酯。叶黄素酯能通过皂化、浓缩、再结晶等加工过程生产叶黄素晶体，是市场上制作各种着色剂

图 3-1-1　万寿菊（*Tagetes erecta L.*）花

和食品添加剂的主要原料。FAO/WHO 食品添加剂联合专家委员会（Joint FAO/WHO Expert Committee on Food Additives Food，JECFA）认为，万寿菊花瓣中提取的叶黄素是安全的食品营养补充剂原料。随着人们对叶黄素酯高稳定性和高生物利用率的了解，越来越多的研究开始关注叶黄素酯在着色剂或功能食品原料中的应用。

万寿菊花瓣中的叶黄素含量受植物品系、环境条件和种植技术等影响差别较大，平均含量约为 2.13 mg/g（以干重计）。我国已逐渐成为叶黄素原料的主产国，在云南、新疆、吉林、黑龙江、山东等地均有大面积种植的万寿菊。

2. 有色果实

叶黄素在不同的果实中的含量和分布不同，以橙色、橙黄色果实(瓜果)中的含量最为丰富。常见叶黄素含量丰富的果实，如南瓜、西葫芦、木瓜、芒果、血橙等，其中叶黄素酯含量很丰富。

近年来，在杜兰小麦（Durum）、单粒小麦（Einkorn）、卡姆小麦（Kamut）等小麦品种中也发现叶黄素及其酯类的存在[15-16]。同时发现，野生大麦（*Hordeum chilense*）和杜兰小麦（*Triticum turgidum Desf*）的杂交体 Tritordeum（*Tritordeum ascherson et graebner*）中叶黄素含量（5.8~6.6 μg/g）是杜兰小麦的 5~8 倍，对以谷物为主要食物的人群来说，是良好的膳食叶黄素来源[17]。

二、藻类

藻类的分类比较复杂，有些属于植物，有些属于原核生物，在分类上也存在一定分歧。在有些藻类中，含有丰富的叶黄素，如微藻类、蓝藻和绿藻等。叶黄素除存在于光合作用的器官中，进行光合作用外，还存在于非光合生物中，影响膜流动性。叶黄素赋予藻类黄色或橙色等色彩，并保护它们免受光和氧的损伤[18]。近年发现，微藻类含有丰富的叶黄素。

（一）微藻类

微藻类能合成丰富的叶黄素，被认为可能是除万寿菊花外的另一叶黄素原料的来源[19-20]。微藻类的叶黄素含量较高，能够在原始状态下合成与万寿菊相当量的叶黄素，且所需的土地和人力资源较少（如无需收割、分离等）[20]。万寿菊花瓣中的叶黄素含量常受气候、环境等因素的影响而波动，而微藻的生长受其他因素影响较小，含量恒定，叶黄素产量一般稳定在 0.5%~1.2% 干重。微藻类还能同时产生一些副产品，如蛋白质水解物、其他色素和脂类等。*Murielopsis sp.* 和 *Scenedesmus almeriensis* 是已知的可以用于大规模生产叶黄素的微藻，*Murielopsis sp.* 一年的叶黄素产量可达 65 g/m^2 [20]。此外，*Chlorella protothecoides gelatinosum* 等多种微藻均是叶黄素的良好原料来源[19]。

虽然微藻类生产叶黄素的性价比高，但其生产技术尚不成熟，且缺少一系列安全性评价及法规批文，应用于实际生产为时尚早。但对微藻类的研究和应用前景不容忽视。

（二）其他藻类

叶黄素还存在于蓝藻、绿藻、矽藻、褐藻、红藻等藻类中[6, 21]。

蓝藻属于原核生物，不同蓝藻含有的色素不同，可呈现出蓝色、绿色、红色等多种色彩，在部分蓝藻中可检出叶黄素[22]。

绿藻属于植物界，其中亦含有丰富的叶黄素，其光合色素（叶绿素 a、叶绿素 b、叶黄素等）的比例与其他高等植物相似[6]。古生物学家曾通过测量湖底不同底层沉积物中叶黄素的含量来判断不同时期绿藻的生长情况，以此来推断 1400 年前的气候和生态环境[23]。

三、动物

目前，尚无证据表明动物体内能合成叶黄素，动物体内的叶黄素主要源自于其摄入的含有叶黄素的食物或饲料。一般认为，天然叶黄素不仅包括生物体内自然合成的产物，也包括经食物链进入动物体内的叶黄素[14]。

在动物体内，叶黄素主要分布于皮、脂肪、毛和禽类蛋黄中，使其呈黄色。如"三黄鸡"体内的叶黄素使其羽毛、皮、爪、喙呈现黄色，因而得名。人们曾将富含叶黄素的万寿菊作为饲料添加剂，用其粗加工品添加入饲料中喂养三黄鸡，就是一个例子。

禽类的蛋黄因含有类胡萝卜素而呈黄色。蛋黄中类胡萝卜素的组成和含量主要受食物或饲料的影响，通常以叶黄素和玉米黄素为主。其结构和性质在动物摄食、消化、代谢的过程中未发现明显变化[14]。

第二节　食物来源与影响因素

人体不能合成叶黄素，体内的叶黄素主要来源于膳食摄入。目前，我国食物成分表中各类食物中叶黄素的含量尚为空缺，但国内外已有不少相关研究文献提供了食物中叶黄素含量的数据资料[24-28]，对各类食物中叶黄素含量的特点已经基本明晰。

一、食物来源

根据现有资料，在各类食物中，以深绿色蔬菜、橙黄色瓜果、禽蛋黄和某些坚果类是叶黄素的良好来源。

食物中叶黄素（单体）含量最高（>2000 μg/100g）的是深绿色叶菜，如菠菜、甘蓝、香菜、油麦菜、芹菜叶和韭菜等；含量比较高的（1000~2000 μg/100g）是开心果和西葫芦；含量中等的（200~1000 μg/100g）有西兰花、芦笋、鸡蛋、黄瓜、豌豆、彩椒与玉米；含量比较少的（200 μg/100g 以下）为常见的水果，如苹果、西瓜、桃、奇异果等[24-28]。

食物中叶黄素的存在形式，随食物而异。有的食物中以叶黄素单体为主，有的食物中以叶黄素酯为主，或二者同时存在。一般认为，在深绿色叶菜中，叶黄素单体含量较多；在橙色的瓜果中，更多的是以叶黄素酯的形式存在。

常见食物中叶黄素的含量及其构型见表 3-2-1 和图 3-2-1。

表 3-2-1　常见食物中叶黄素的含量及其构型（μg/100g）

食物名称及加工情况		全反式叶黄素	顺式叶黄素	总叶黄素
Spinach, cooked	菠菜（熟）	12640	0	12640
Kale, cooked	甘蓝（熟）	8884	0	8884
Cilantro	芫荽叶	7703	0	7703
Spinach, raw	菠菜（生）	6603	0	6603
Parsley	香菜	4326	0	4326
Lettuce, romaine	莴苣	3824	0	3824
Scallions, cooked in oil	韭菜（油煮）	2488	0	2488
Pistachio, shelled	开心果（带壳）	1405	0	1405
Zucchini, cooked with skin	西葫芦（连皮煮）	1355	0	1355
Cornmeal, yellow	玉米面（黄）	1001	63	1064
Asparagus, cooked	芦笋（熟）	991	0	991
Egg yolk, raw	生鸡蛋黄	787	130	917
Scallions, raw	韭菜（生）	782	0	782
Broccoli, cooked	西兰花（熟）	772	0	772
Egg yolk, cooked	煮鸡蛋黄	645	99	744
Endive	菊苣	399	0	399
Cucumber	黄瓜	361	0	361
Green bean, cooked from frozen	豌豆（熟）	306	0	306
Egg(yolk+white),raw	生鸡蛋	288	48	336
Tortilla，corn	玉蜀黍饼	276	26	302
Egg(yolk+white),cooked	煮鸡蛋	237	36	273
Pepper, orange	橙色彩椒	208	0	208
Corn, cooked from frozen	玉米（熟）	202	37	239
Spinach noodles, cooked	菠菜面（熟）	176	0	176
Pepper, green	青椒	173	0	173
Lettuce, iceberg	莴苣	171	0	171
Kiwi	奇异果	171	0	171
Lima beans, cooked	利马豆（熟）	155	0	155
Brussel sprouts, cooked	芽甘蓝（熟）	155	0	155
Corn muffin	玉米松饼	151	17	168
Squash, yellow, cooked	南瓜（黄，熟）	150	0	150
Pepper, yellow	黄色彩椒	139	0	139
Olive，green	绿橄榄	79	76	155
Popcorn，Smartfood	爆米花	64	59	123
Grapes, green	绿葡萄	53	0	53
Apple Jacks®, cereal	早餐玉米片	43	2	45
Cap'nCrunch®, cereal	早餐玉米片	42	4	46
Orange juice	橙汁	33	0	33
Tomato，raw	西红柿（生）	32	0	32
Grapes, red	红提	24	0	24

（续表）

食物名称及加工情况		全反式叶黄素	顺式叶黄素	总叶黄素
Cantaloupe, raw	甜瓜（生）	19	0	19
Egg noodles, cooked	煮鸡蛋面	16	0	16
Bread, white	白面包	15	0	15
Apple, red delicious, with skin	苹果	15	0	15
Cornmeal, white	玉米面（白）	13	0	13
Peach, raw	桃（生）	11	0	11
Nectarine	油桃	8	0	8
Mango	芒果	6	0	6
Watermelon	西瓜	4	0	4
Pepper, red	红色彩椒	0	0	0
Peach, canned	桃（罐头）	0	0	0

注：表中所示顺式、反式叶黄素均为叶黄素单体。
（引自：Perry A, Rasmussen H, Johnson EJ. Xanthophyll (lutein and zeaxanthin) content in Fruits, Vegetables and Corn & Egg products. journal of Food Composition and Analysis, 2009, 22: 9-15.）

二、食物中叶黄素含量的影响因素

食物中叶黄素的含量受多种因素的影响，如基因型、环境条件（地域、季节、日照、种植方式）、熟制及烹调加工方法等。即使是同一种食物，因其基因型、种植的环境条件及加工方法不同其中叶黄素含量也不同。

（一）基因型

基因型赋予食物特有的性征，如植株的高低、色泽的深浅、生长期的长短等，食物中营养素和各类化学物质的含量也随基因型的不同发生相应的变化，叶黄素的含量亦随之变化，即使同一种属的蔬菜或水果其中叶黄素的含量亦不同。

（二）种植环境

种植环境与条件，如地域、季节、种植方式的不同，其叶黄素的含量也存在较大的差异。

地域：在不同的地域，其环境的温度、湿度和日照的时间不同，而这些都是植物生长和代谢需要的重要条件，均能影响其中叶黄素的合成代谢。

季节：季节也是影响植物中叶黄素含量的重要因素。研究表明，夏季种植的菠菜中叶黄素的含量显著高于冬季。因夏季日光充足，光合作用旺盛，叶黄素的合成代谢加强，其中叶黄素的含量增加。

种植方式：种植方式，如温室内种植与露天种植比较，能减少植物（如蔬菜与瓜果）中叶黄素的含量。因室内的光照不足，光合作用的减少，使叶黄素含量减少。

（三）加工熟制

无论是国外的文献报告还是我们的研究结果均显示，有些食物在加工熟制后，其中叶黄素的含量较加工前有升高的趋势，即同一种食物生食和熟食其中叶黄素的含量也有很大区别。

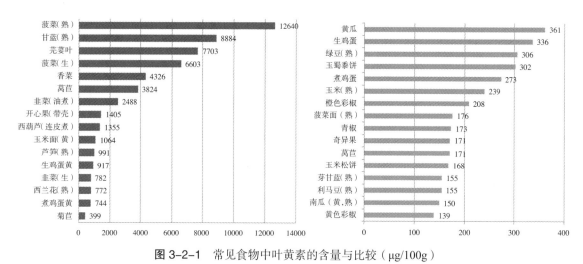

图 3-2-1　常见食物中叶黄素的含量与比较（μg/100g）

（引自：Perry A, Rasmussen H, Johnson EJ. Xanthophyll (lutein and zeaxanthin) content in Fruits, Vegetables and Corn & Egg products. journal of Food Composition and Analysis, 2009, 22: 9-15.）

对这一现象，专家们的解释不同。笔者认为可能的原因与以下方面有关：①叶黄素以单酯和二酯的形式存在于天然食物中，熟制过程加速水解，使其中叶黄素单体含量增加[24]；②叶黄素可以与蛋白质形成复合体，加热后叶黄素单体能从叶黄素 - 蛋白质复合体中释放[29]；③熟制是氧化的过程，加热时可以将叶黄素氧化为叶黄素醛类和叶黄素 5，6- 环氧化物。更深层次的原因尚有待进一步的研究和探索。

叶黄素单体的生物利用率显著高于叶黄素酯类，经熟制后食物中的叶黄素单体含量有增加趋势，有利于提高叶黄素的摄入量和生物利用率[24]。且在烹调时加入油脂，有利于具有脂溶性特点的叶黄素的溶解度及吸收率[25]。未来的研究，应全面考察各种烹饪方式对食物中叶黄素含量的影响，以更真实地反映居民的叶黄素摄入量状况，为制订相关膳食指导方案提供依据和参考。

第三节　生 物 合 成

叶黄素能在高等植物和一些藻类体内合成，生物合成过程比较复杂。

一、生物合成途径

叶黄素是类胡萝卜素合成过程中的一个产物。类胡萝卜素是一系列通过类异戊二烯途径合成的萜类化合物，在各类生物体内的合成部位不同，且合成途径中某个酶的催化反应或代谢产物的数量或组成也可能不同，但合成过程均包括缩合、脱氢、环化、羟基化及环氧化等合成步骤[14]。合成过程归纳、总结见图 3-3-1。

（一）初始阶段

类异戊二烯途径的 C_5 前体物质异戊烯焦磷酸（isopentenyl pyrophosphate，IPP）被认为

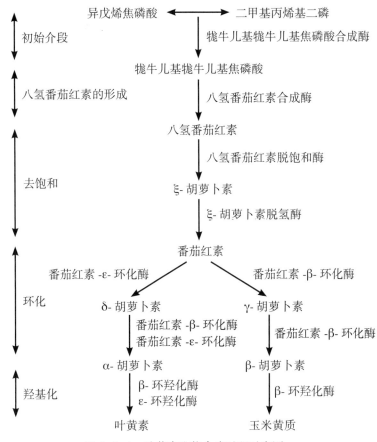

图 3-3-1 叶黄素生物合成过程示意图

是各种类胡萝卜素的构成单位。IPP 经 IPP 异构酶（IPP isomerase，IPPI）异构化生成含 5 个碳原子的二甲基丙烯焦磷酸（dimethylallyl pyrophosphate，DMAPP），并在牻牛儿基牻牛儿基焦磷酸合酶（geranylgeranyl pyrophosphate synthase，GGPS）的催化下，与 3 个 IPP 分子逐步缩合生成分别含 10 个、15 个和 20 个碳原子的牻牛儿基焦磷酸（geranyl diphosphate，GDP）、法尼基焦磷酸（farnesyl diphosphate，FDP）和最终产物牻牛儿基牻牛儿基焦磷酸（geranylgeranyl diphosphate，GGPP），GGPP 被认为是类胡萝卜素生物合成最直接的前体[1, 30-31]。

（二）八氢番茄红素的形成

八氢番茄红素的形成是叶黄素合成过程中的限速步骤[32]。2 分子的 GGPP 在八氢番茄红素合成酶（phytoene synthase，PSY）的催化下生成前八氢番茄红素后，在 C_{15} 位置上失去一个质子，生成首个 C_{40} 类胡萝卜素——八氢番茄红素[33-34]。PSY 被认为是整个叶黄素合成过程中最重要的调节酶[8]，其在转录过程中受到脱落酸（abscisic acid，ABA）、强光、高盐、干燥、高温、光照周期及转录后反馈的影响[1]。

（三）八氢番茄红素的去饱和

八氢番茄红素分别在八氢番茄红素脱氢酶（phytoene desaturase，PDS）、ξ- 胡萝卜素脱氢酶（ξ-carotene desaturase，ZDS）、ξ- 胡萝卜素异构酶（ξ-carotene isomerase，Z-ISO）和

类胡萝卜素异构酶（carotenoid isomerase，CRTISO）等的催化下，从分子的一端开始连续脱氢，依次生成六氢番茄红素、ξ-胡萝卜素、链孢红素和番茄红素[4, 35-37]。而细菌中的胡萝卜素脱氢酶（phytoene desaturase，crtl）可以替代上述四种酶的作用，使八氢番茄红素直接去饱和形成番茄红素[8]。

植物中的八氢番茄红素多为15-顺-异构体，而番茄红素及其后的类胡萝卜素一般以全反式异构体为主，提示异构化作用发生在同一时期。CRTISO是催化顺反式异构体转化的调控节点，其突变可能造成顺式类胡萝卜素的堆积，影响叶黄素和叶绿素的合成[38-39]。

（四）番茄红素的环化

番茄红素和链孢红素的环化是类胡萝卜素生物合成多样化的关键步骤，经放射标记实验证实，番茄红素能够环化生成α-、β-、γ-、ε-环，进而组合形成多种类胡萝卜素[5, 40-41]。

番茄红素的环化分为两个环化类胡萝卜素组：β,ε-类胡萝卜素组和β,β-类胡萝卜素组[42]（图3-3-2）。β,ε-类胡萝卜素组中的番茄红素先后在番茄红素-ε-环化酶（lycopene ε-cyclase，LCY-ε）和番茄红素-β-环化酶（lycopeneβ- cyclase，LCY-β）的催化下，环化生成ε-环和β-环，即δ-和γ-胡萝卜素，继而合成α-胡萝卜素。而β,β-类胡萝卜素组在LCY-β的作用下通过两步催化在番茄红素的两端先后形成对称β-环，最终生成β-胡萝卜素（图3-3-2）[36, 43-46]。

β-环的双键与多烯链连接，结构稳定，能够在从原始细菌到高等植物的多种生物中生成。而ε-环的双键未与多烯链结合，使其能够在C6'- C7' 碳位置上自由转动，该不稳定结构只能存在于绿色植物、红藻和某种蓝菌中[42]。因此，可利用ε-环的存在与否区分多种生物[12]，LCY-ε的活性是决定不同生物体内α-和β-类胡萝卜素生成比例的关键[47]。

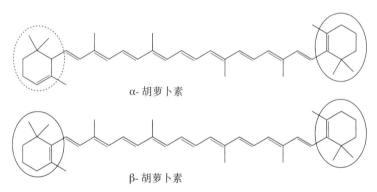

图3-3-2　β,ε-类胡萝卜素组的α-胡萝卜素和β,β-类胡萝卜素组的β-胡萝卜素结构式
实线圈内和虚线圈内分别代表β-环和ε-环

（五）叶黄素和玉米黄素的生成

α-胡萝卜素和β-胡萝卜素进一步由酶催化，经羟基化、酮基化、过氧化等过程生成结构更为复杂的含氧衍生物。其中C3位置上的羟基化是将含氧部分引入类胡萝卜素的主要反应。α-胡萝卜素在β-环羟化酶（β-ring hydroxylase，CHYB）和ε-环羟化酶（ε-ring hydroxylase，CHYE）的共同作用下，在β和ε环上的C3和C3'位置分别羟基化，生成叶黄素[48, 49]。而β-胡萝卜素在CHYB的作用下生成β-隐黄质，继而形成玉米黄素[4, 46]。

玉米黄素在玉米黄素环氧化酶（zeaxanthin epoxidase，ZEP）的作用下生成花药黄质，进而生成堇菜黄质[50]。在强光作用下，堇菜黄质脱环氧化酶（violaxanthin deepoxidase，VDE）

能催化堇菜黄质转化成花药黄质，后者可再转化为玉米黄素[51-52]。三者在 ZEP 和 VDE 催化下的互相转化称为叶黄素循环[53]。堇菜黄质在新黄质合酶（neoxanthin synthase，NSY）的催化下可转化为新黄质，其为高等植物类胡萝卜素生物合成 β，β 组的终产物[54-55]。堇菜黄质和新黄质是植物激素 ABA 生物合成的前体，二者在 9- 顺 - 环氧类胡萝卜素双氧合酶的催化下裂解生成一个 C_1 的 ABA 生物合成前体[56]。具体合成过程中的结构变化，见图 3-3-3。

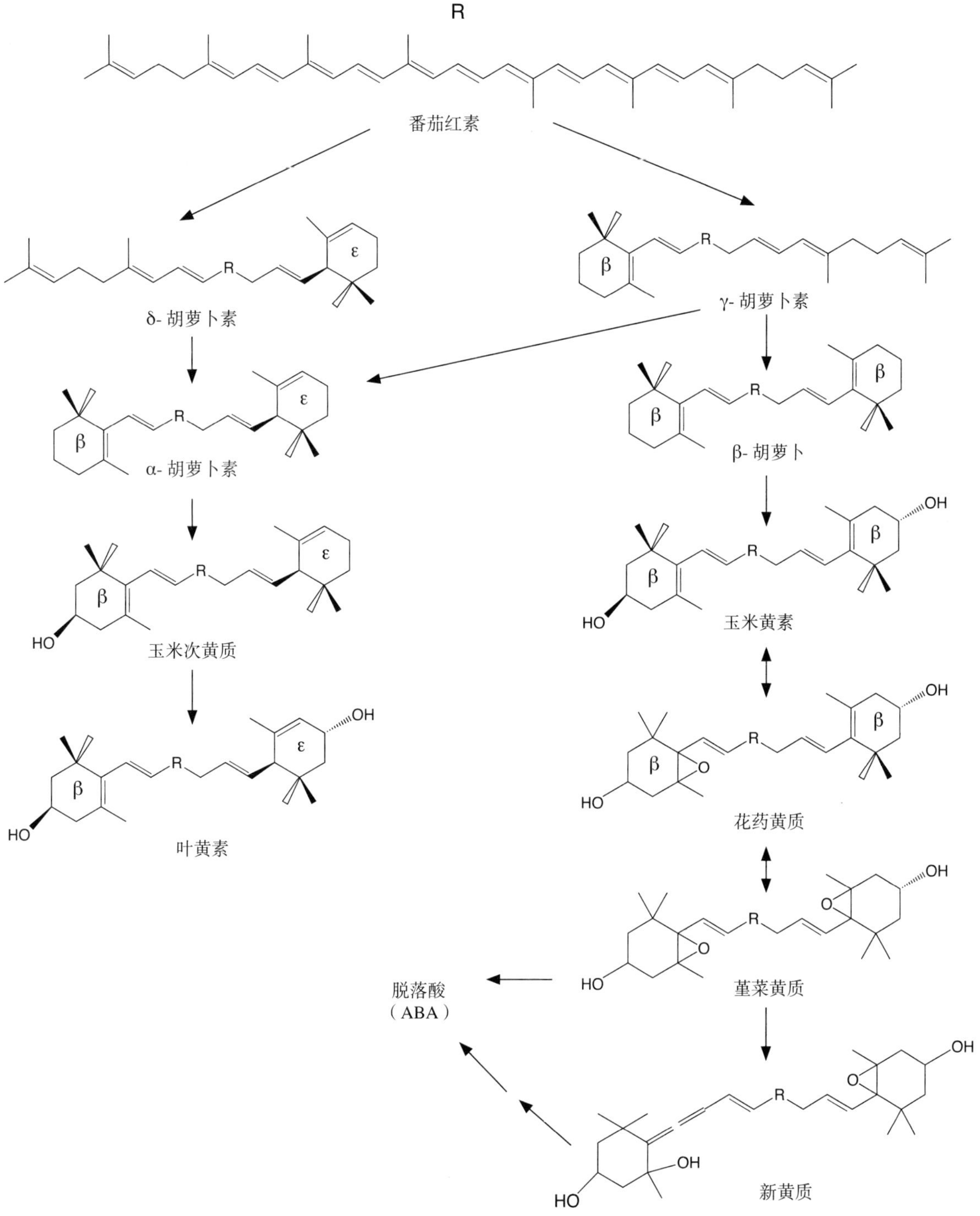

图 3-3-3 番茄红素的环化

二、生物合成的影响因素

天然叶黄素的生物合成过程复杂,在生物体的整个生命周期中发挥重要作用。在生物体内,叶黄素的生物合成过程受多种因素的影响,除酶和基因的调控外,还与环境因素密切相关[57]。

(一)环境因素

在高等植物中,叶黄素在光合作用器官中作为光捕集色素和反应中心叶绿素结合蛋白的重要组成部分,其最终含量受光照影响,并在酶、叶绿体和细胞三个水平调控。如光照能通过光敏色素的介导,特异性调节叶黄素合成过程中的 *PSY* 基因[58]。在白芥幼苗发育期,光照可以诱导 *PSY* 基因的 mRNA 增加,促进类胡萝卜素的生成,而 *GGPS* 和 *PDS* 基因的表达无明显变化[59]。

光强度、光照周期甚至光的构成均能影响叶黄素的合成。适度的光照能增加类异戊二烯前体的效率,促进植物中叶黄素的合成。而强光对叶黄素有较强的破坏作用,可能形成顺式双键或加速叶黄素的氧化。绿藻中的 *PSY* 和 *PDS* 表达受光照的正调控,但只有绿光有该调控作用,红光无法诱导二者的大量表达[60]。

此外,氧也是影响类胡萝卜素合成的环境因素之一。研究显示,氧能够显著增加高等植物中玉米黄素的含量,且能诱导八氢番茄红素的合成及脱氢反应[61]。

(二)储存方式

叶黄素在生物体细胞内的储存形态或数量也能影响叶黄素的合成和积累。叶黄素的酯化可能是高等植物中叶黄素对抗强光照射的有效储存机制。在相同条件下,叶黄素酯的光降解速度常数低于叶黄素单体,对光更稳定。其原因主要由于叶黄素 ε- 紫罗酮环上的羟基与脂肪酸结合后,活性基团被保护,避免光氧化导致的降解或结构改变[62]。

(三)合成抑制剂

叶黄素的生物合成需多种酶参与,抑制任何一种酶都可能阻断其合成过程,甚至导致植物死亡。常见的"白化型除草剂"即运用该原理,抑制酶的活性,破坏植物中类胡萝卜素和叶绿素合成,使植物终因光合作用受阻而死亡。

在叶黄素合成过程中,多种化合物均能在合成的各阶段抑制酶的活性,特别是在八氢番茄红素的脱氢和环化过程中发挥作用。氟啶酮是类胡萝卜素的生物合成抑制剂,能降低八氢番茄红素脱氢酶(PDS)的活性及其在类囊体膜上的含量,抑制类胡萝卜素和叶黄素的生成。此外,质体醌是 PDS 发挥脱氢作用必需的还原剂,抑制对羟苯基丙酮酸双氧化酶的合成能影响质体醌的含量,终止 PDS 的脱氢过程,影响叶黄素的生物合成[63]。

第四节 天然玉米黄素的来源

玉米黄素(zeaxanthin)与叶黄素为同分异构体,它们具有相同的分子式 $C_{40}H_{56}O_2$,分子量相等,都是 568.88,但分子结构略有差异。在自然界,主要以全反式异构体的形成存在[64-65]。玉米黄素与叶黄素结构的高度相似性使其在某些植物中常共存,有时很难分离,故很多研究将二者并列阐述。玉米黄素的主要生物学作用和来源与叶黄素相近，也有一定差异，其在预防老年性黄斑性（AMD）、白内障等方面有其独特的作用[65-66]，但在自然界和食物中的分布和含量远低于叶黄素，故其来源十分有限。

一、植物

玉米黄素主要存在于玉米、藏红花、枸杞、柿子椒等橘黄色或橘红色植物中，赋予其颜色，但在富含叶黄素的绿叶植物中含量较少[67]。在冷压制成的黑莓、覆盆子、蓝莓子油等食物中，玉米黄素的含量高于叶黄素、β-胡萝卜素等其他类胡萝卜素[68]。凤凰木（Gul mohr）花粉中的玉米黄素含量尤为丰富，占其总类胡萝卜素的90%[69]。

（一）玉米

玉米黄素是黄玉米（Zeaxanthin mays L.）的主要色素，其拉丁学名亦源于此。玉米黄素主要存在于玉米粒的角质胚乳中，含量可高达11～30 mg/kg[65, 70]。玉米中的玉米黄素主要与玉米蛋白质结合存在，玉米黄素在市售玉米蛋白粉中的含量（145 mg/kg）远高于玉米脱脂后的含量（18 mg/kg）[65]。未脱色的玉米蛋白可以直接添加于鸟禽类饲料，用于蛋黄、禽皮等的着色。随着我国玉米加工产业的发展，玉米已被认为是提取玉米黄素的理想资源。

（二）枸杞

枸杞（lycium chinese）属茄科枸杞属，在我国普遍分布，主要产区集中在西北地区。枸杞是中医常用的药材和滋补品，主要用于补肾、养肝、明目等。"枸杞明目"的机制尚不清楚，但其中富含的玉米黄素可能是有益于视觉保护的主要原因[71]。枸杞中的玉米黄质二棕榈酸酯含量可达1000 mg/kg湿重[72-73]，玉米黄素含量约为134 mg/kg[71]，是膳食补充玉米黄素的良好来源。但由于成本较高，从枸杞中提取玉米黄素生产加工，尚不现实。

（三）酸浆

酸浆（ground cherry）属茄科酸浆属的一种植物，又名锦灯笼、灯笼果、灯笼草等。酸浆果实成熟后呈红色，外包宿萼，萼内浆果为橙红色。我国的酸浆资源丰富，适合各地栽培，且能在严寒中生存，现主要种植在我国东北地区。其果实中含有丰富的类胡萝卜素，主要为玉米黄素双酯和叶黄素双酯，皂化后可获得丰富的玉米黄素和叶黄素单体。

二、微生物与藻类

在自然界，以合成玉米黄素为主的微生物和藻类较少，但黄杆菌和盐生杜氏藻能够合成一定量的玉米黄素。

（一）黄杆菌

黄杆菌（Flavobacterium sp.）等非光合细菌能合成大量的玉米黄素，其菌种已被用于生产玉米黄素[6, 65]。玉米黄素是黄杆菌合成的唯一类胡萝卜素，占黄杆菌合成色素总量的95%～99%。黄杆菌中，β-胡萝卜素和β-隐黄质是合成玉米黄素的前体物质，二者在黄杆菌的成长早期含量较多（5%~10%），并随着羟基化最终以玉米黄素的形式聚积[74]。批量培养黄杆菌不仅能够获得 190 mg/L 的玉米黄素，还能够生成各种含硫氨基酸（蛋氨酸、胱氨酸或半胱氨酸等），糖类（葡萄糖、蔗糖）及一些二价金属离子（Fe^{2+}、Co^{2+}、Mo^{2+} 等）。有研究推测，优化生产方式后，黄杆菌的玉米黄素预期产量可提高至 500 mg/L[65]。

黄杆菌的培养基中氮源和碳源的含量能影响玉米黄素的合成量，增加蔗糖（碳源）、天冬酰胺和谷氨酰胺（氮源）的含量是提高其产量的关键[75]。玉米浆中富含氨基酸、矿物质等有益于黄杆菌合成玉米黄素的物质，直接添加至培养基中能够促进玉米黄素的合成[65]。

（二）盐生杜氏藻

盐生杜氏藻（*Dunaliella salina*）的 zea1 突变菌株可能是合成玉米黄素的另一重要菌株[76]，其产量可以达到 6 mg/g 干重[77]。该菌株缺乏玉米黄素环氧化步骤，因此，生成玉米黄素后无法进入叶黄素循环生成堇菜黄质、新黄质或花药黄质，使玉米黄素持续积累。在非正常条件下（如暗光），该菌株仍能合成大量的玉米黄素，其产量是野生菌株的 15 倍[65]。

此外，*Neospongiococcum.* 是 FDA 认可的唯一可以用于禽类饲养的一般公认安全（general recognition of safety，GRAS）的菌株，富含玉米黄素，可用于动物着色[65]。

三、动物

目前，尚无证据表明玉米黄素能在动物体内合成。与叶黄素相同，动物体内的玉米黄素主要源自于其食物或饲料。玉米黄素的溶液和结晶呈"橙红色"，属"红型"着色剂[65]，其颜色较叶黄素更红。在鸟纲类动物体内，如禽类能使其皮、爪、喙、脂肪、蛋黄的颜色加深[14]。因此，经常将其作为饲料添加剂用于动物着色。三黄鸡食用含玉米黄素的饲料后，可加深其外观和脂肪的黄色；而蛋鸡食用该类饲料后可使蛋黄更黄[14]。因玉米黄素是天然类胡萝卜素之一，故是一种优质的饲料添加剂。

（黄旸木 王子昕）

参考文献

[1] Cazzonelli CI, Pogson BJ. Source to sink: regulation of carotenoid biosynthesis in plants[J]. Trends Plant Sci, 2010, 15(5): 266-274.

[2] Rodriguez-Concepcion M, Boronat A. Elucidation of the methylerythritol phosphate pathway for isoprenoid biosynthesis in bacteria and plastids. A metabolic milestone achieved through genomics[J]. Plant Physiol, 2002, 130(3): 1079-1089.

[3] Bassi R, Pineau B, Dainese P, et al. Carotenoid-binding proteins of photosystem II [J]. Eur J Biochem, 1993, 212(2): 297-303.

[4] Ladygin VG. Biosynthesis of carotenoids in plastids of plants[J]. Biochemistry (Mosc), 2000, 65(10): 1113-1128.

[5] Davies BH. Carotene biosynthesis in fungi[J]. Pure Appl Chem, 1973, 35(1): 1-28.

[6] Johnson EA, Schroeder WA. Microbial carotenoids[J]. Adv Biochem Eng Biotechnol, 1996, 53: 119-178.

[7] Busch M, Seuter A, Hain R. Functional analysis of the early steps of carotenoid biosynthesis in tobacco[J]. Plant Physiol, 2002, 128(2): 439-453.

[8] Lu S, Li L. Carotenoid metabolism: biosynthesis, regulation, and beyond[J]. J Integr Plant Biol, 2008, 50(7): 778-785.

[9] Plumley FG, Schmidt GW. Reconstitution of chlorophyll a/b light-harvesting complexes: xanthophyll-dependent assembly and energy transfer[J]. Proc Natl Acad Sci USA, 1987, 84(1): 146-150.

[10] Reinsberg D, Ottmann K, Booth PJ, et al. Effects of chlorophyll a, chlorophyll b, and xanthophylls on the in vitro assembly kinetics of the major light-harvesting chlorophyll a/b complex, lhciib[J]. J Mol Biol, 2001, 308(1): 59-67.

[11] Hobe S, Niemeier H, Bender A, et al. Carotenoid binding sites in lhciib. Relative affinities towards major xanthophylls of higher plants[J]. Eur J Biochem, 2000, 267(2): 616-624.

[12] Pogson B, Mcdonald KA, Truong M, et al. Arabidopsis carotenoid mutants demonstrate that lutein is not essential for photosynthesis in higher plants[J]. Plant Cell, 1996, 8(9): 1627-1639.

[13] Baroli I, Niyogi KK. Molecular genetics of xanthophyll-dependent photoprotection in green algae and plants[J]. Philos Trans R Soc Lond B Biol Sci, 2000, 355(1402): 1385-1394.

[14] 惠伯棣. 类胡萝卜素化学及生物化学[M]. 北京: 中国轻工业出版社, 2005.

[15] Abdel-Aal E, Young JC, Akhtar H, et al. Stability of lutein in wholegrain bakery products naturally high in lutein or fortified with free lutein[J]. J Agric Food Chem, 2010, 58(18): 10109-10117.

[16] Abdel-Aal E, Young JC, Rabalski I, et al. Identification and quantification of seed carotenoids in selected wheat species[J]. J Agric Food Chem, 2007, 55(3): 787-794.

[17] Mellado-Ortega E, Hornero-Mendez D. Isolation and identification of lutein esters, including their regioisomers, in tritordeum (xtritordeum ascherson et graebner) grains: evidence for a preferential xanthophyll acyltransferase activity[J]. Food Chem, 2012, 135(3): 1344-1352.

[18] Armstrong GA. Genetics of eubacterial carotenoid biosynthesis: a colorful tale[J]. Annu Rev Microbiol, 1997, 51: 629-659.

[19] Del CJ, Garcia-Gonzalez M, Guerrero MG. Outdoor cultivation of microalgae for carotenoid production: current state and perspectives[J]. Appl Microbiol Biotechnol, 2007, 74(6): 1163-1174.

[20] Fernandez-Sevilla JM, Acien FF, Molina GE. Biotechnological production of lutein and its applications[J]. Appl Microbiol Biotechnol, 2010, 86(1): 27-40.

[21] Strain HH, Manning WM, Hardin G. Xanthophylls and carotenes of diatoms, brown algae, dinoflagellates, and sea-anemones[J]. Biol Bull, 1944, 86: 169-191.

[22] Hodgson DA, Verleyen E, Sabbe K, et al. Late quaternary climate-driven environmental change in the larsemann hills, east antarctica, multi-proxy evidence from a lake sediment core[J]. Quaternary Res, 2005, 64(1): 83-99.

[23] Zullig H. Carotenoids from plankton and photosynthetic bacteria in sediments as indicators of trophic changes in lake lobsigen during the last 14000 years[J]. Hydrobiologia, 1986, 143: 315-319.

[24] Yeum KJ, Russell RM. Carotenoid bioavailability and bioconversion[J]. Annu Rev Nutr, 2002, 22: 483-504.

[25] Schweiggert RM, Mezger D, Schimpf F, et al. Influence of chromoplast morphology on carotenoid bioaccessibility of carrot, mango, papaya, and tomato[J]. Food Chem, 2012, 135(4): 2736-2742.

[26] 王子昕, 林晓明. 北京地区常见蔬菜中叶黄素、玉米黄素和β-胡萝卜素的测定及其含量[J]. 营养学报, 2010, (3): 290-294.

[27] 王子昕, 董鹏程, 孙婷婷, 等. 北京市常见食物熟制前后叶黄素和玉米黄素及β-胡萝卜素的含量比较[J]. 中华预防医学杂志, 2011, 45(1): 64-67.

[28] Eijckelhoff C, Dekker J. A routine method to determine the chlorophyll a, pheophytin a and β-carotene contents of isolated photosystem Ⅱ reaction center complexes[J]. Photosynth Res, 1997, 1(52): 69-73.

[29] Clark RM, Herron KL, Waters D, et al. Hypo- and hyperresponse to egg cholesterol predicts plasma lutein and beta-carotene concentrations in men and women[J]. J Nutr, 2006, 136(3): 601-607.

[30] Mcdermott JC, Ben-Aziz A, Singh RK, et al. Recent studies of carotenoid biosynthesis in bacteria[J]. Pure Appl Chem, 1973, 35(1): 29-45.

[31] Zhu C, Yamamura S, Koiwa H, et al. Cdna cloning and expression of carotenogenic genes during flower development in gentiana lutea[J]. Plant Mol Biol, 2002, 48(3): 277-285.

[32] Quinlan RF, Shumskaya M, Bradbury LM, et al. Synergistic interactions between carotene ring hydroxylases drive lutein formation in plant carotenoid biosynthesis[J]. Plant Physiol, 2012, 160(1): 204-214.

[33] Qureshi AA, Andrewes AG, Qureshi N, et al. The enzymatic conversion of cis-(14c)phytofluene, trans-(14c)phytofluene, and trans-zeta-(14c)carotene to more unsaturated acyclic, monocyclic, and dicyclic carotenes by a cell-free preparation of red tomato fruits[J]. Arch Biochem Biophys, 1974, 162(1): 93-107.

[34] Beytia E, Qureshi AA, Porter JW. Squalene synthetase. 3. Mechanism of the reaction[J]. J Biol Chem, 1973,

248(5): 1856-1867.

[35] Brown DJ, Britton G, Goodwin TW. Carotenoid biosynthesis by a cell-free preparation from a flavobacterium species[J]. Biochem Soc Trans, 1975, 3(5): 741-742.

[36] Livingstone K, Anderson S. Patterns of variation in the evolution of carotenoid biosynthetic pathway enzymes of higher plants[J]. J Hered, 2009, 100(6): 754-761.

[37] Sandmann G. Evolution of carotene desaturation: The complication of a simple pathway[J]. Arch Biochem Biophys, 2009, 483(2):169-174.

[38] Park H, Kreunen SS, Cuttriss AJ, et al. Identification of the carotenoid isomerase provides insight into carotenoid biosynthesis, prolamellar body formation, and photomorphogenesis[J]. Plant Cell, 2002, 14(2): 321-332.

[39] Fang J, Chai C, Qian Q, et al. Mutations of genes in synthesis of the carotenoid precursors of ABA lead to pre-harvest sprouting and photo-oxidation in rice[J]. Plant J, 2008, 54(2): 177-189.

[40] Kushwaha SC, Subbarayan C, Beeler DA, et al. The conversion of lycopene-15,15-3H to cyclic carotenes by soluble extracts of higher plant plastids[J]. J Biol Chem, 1969, 244(13): 3635-3642.

[41] Kushwaha SC, Suzue G, Subbarayan C, et al. The conversion of phytoene-14C to acyclic, monocyclic, and dicyclic carotenes and the conversion of lycopene-15,15-3H to mono- and dicyclic carotenes by soluble enzyme systems obtained from plastids of tomato fruits[J]. J Biol Chem, 1970, 245(18): 4708-4717.

[42] Kim J, Dellapenna D. Defining the primary route for lutein synthesis in plants: the role of arabidopsis carotenoid beta-ring hydroxylase cyp97a3[J]. Proc Natl Acad Sci USA, 2006, 103(9): 3474-3479.

[43] Goodwin TW. Recent developments in the study of the biosynthesis of carotenoids[J]. Biochem J, 1972, 128(1): 11-12.

[44] Cunningham FJ, Pogson B, Sun Z, et al. Functional analysis of the beta and epsilon lycopene cyclase enzymes of arabidopsis reveals a mechanism for control of cyclic carotenoid formation[J]. Plant Cell, 1996, 8(9): 1613-1626.

[45] Ronen G, Cohen M, Zamir D, et al. Regulation of carotenoid biosynthesis during tomato fruit development: expression of the gene for lycopene epsilon-cyclase is down-regulated during ripening and is elevated in the mutant delta[J]. Plant J, 1999, 17(4): 341-351.

[46] Zhu C, Yamamura S, Nishihara M, et al. Cdnas for the synthesis of cyclic carotenoids in petals of gentiana lutea and their regulation during flower development[J]. Biochim Biophys Acta, 2003, 1625(3): 305-308.

[47] Harjes CE, Rocheford TR, Bai L, et al. Natural genetic variation in lycopene epsilon cyclase tapped for maize biofortification[J]. Science, 2008, 319(5861): 330-333.

[48] Quinlan RF, Shumskaya M, Bradbury LM, et al. Synergistic interactions between carotene ring hydroxylases drive lutein formation in plant carotenoid biosynthesis[J]. Plant Physiol, 2012, 160(1): 204-214.

[49] Lv MZ, Chao DY, Shan JX, et al. Rice carotenoid beta-ring hydroxylase cyp97a4 is involved in lutein biosynthesis[J]. Plant Cell Physiol, 2012, 53(6): 987-1002.

[50] Zhu C, Yamamura S, Nishihara M, et al. Cdnas for the synthesis of cyclic carotenoids in petals of gentiana lutea and their regulation during flower development[J]. Biochim Biophys Acta, 2003, 1625(3): 305-308.

[51] Bugos RC, Yamamoto HY. Molecular cloning of violaxanthin de-epoxidase from romaine lettuce and expression in escherichia coli[J]. Proc Natl Acad Sci USA, 1996, 93(13): 6320-6325.

[52] Giuliano G, Al-Babili S, von Lintig J. Carotenoid oxygenases: cleave it or leave it[J]. Trends Plant Sci, 2003, 8(4): 145-149.

[53] Esteban R, Jimenez ET, Jimenez MS, et al. Dynamics of violaxanthin and lutein epoxide xanthophyll cycles in lauraceae treespecies under field conditions[J]. Tree Physiol, 2007, 27(10): 1407-1414.

[54] Hugueney P, Badillo A, Chen HC, et al. Metabolism of cyclic carotenoids: a model for the alteration of this biosynthetic pathway in capsicum annuum chromoplasts[J]. Plant J, 1995, 8(3): 417-424.

[55] Bouvier F, D'Harlingue A, Backhaus RA, et al. Identification of neoxanthin synthase as a carotenoid cyclase paralog[J]. Eur J Biochem, 2000, 267(21): 6346-6352.

[56] Schwartz SH, Tan BC, Gage DA, et al. Specific oxidative cleavage of carotenoids by vp14 of maize[J]. Science, 1997, 276(5320): 1872-1874.

[57] Fraser PD, Bramley PM. The biosynthesis and nutritional uses of carotenoids[J]. Prog Lipid Res, 2004, 43(3): 228-265.

[58] Woitsch S, Romer S. Expression of xanthophyll biosynthetic genes during light-dependent chloroplast

differentiation[J]. Plant Physiol, 2003, 132(3): 1508-1517.
[59] von Lintig J, Welsch R, Bonk M, et al. Light-dependent regulation of carotenoid biosynthesis occurs at the level of phytoene synthase expression and is mediated by phytochrome in sinapis alba and arabidopsis thaliana seedlings[J]. Plant J, 1997, 12(3): 625-634.
[60] Bohne F, Linden H. Regulation of carotenoid biosynthesis genes in response to light in chlamydomonas reinhardtii[J]. Biochim Biophys Acta, 2002, 1579(1): 26-34.
[61] Giuliano G, Bartley GE, Scolnik PA. Regulation of carotenoid biosynthesis during tomato development[J]. Plant Cell, 1993, 5(4): 379-387.
[62] Moehs CP, Tian L, Osteryoung KW, et al. Analysis of carotenoid biosynthetic gene expression during marigold petal development[J]. Plant Mol Biol, 2001, 45(3): 281-293.
[63] Yang H, Wang L, Xie Z, et al. The tyrosine degradation gene hppd is transcriptionally activated by hpda and repressed by hpdr in streptomyces coelicolor, while hpda is negatively autoregulated and repressed by hpdr[J]. Mol Microbiol, 2007, 65(4): 1064-1077.
[64] Alves-Rodrigues A, Shao A. The science behind lutein.[J]. Toxicol Lett, 2004, 150(1): 57-83.
[65] Sajilata MG, Singhal RS, Kamat MY. The carotenoid pigment zeaxanthin—a review[J]. Compr Rev Food Sci, 2008, 7(1): 29-49.
[66] Toyoda Y, Thomson LR, Langner A, et al. Effect of dietary zeaxanthin on tissue distribution of zeaxanthin and lutein in quail[J]. Invest Ophthalmol Vis Sci, 2002, 43(4): 1210-1221.
[67] Humphries JM, Khachik F. Distribution of lutein, zeaxanthin, and related geometrical isomers in fruit, vegetables, wheat, and pasta products[J]. J Agric Food Chem, 2003, 51(5): 1322-1327.
[68] Parry J, Su L, Luther M, et al. Fatty acid composition and antioxidant properties of cold-pressed marionberry, boysenberry, red raspberry, and blueberry seed oils[J]. J Agric Food Chem, 2005, 53(3): 566-573.
[69] Jungalwala FB, Cama HR. Carotenoids in delonix regia (gul mohr) flower[J]. Biochem J, 1962; 85: 1-8.
[70] Sommerburg O, Keunen JE, Bird AC, et al. Fruits and vegetables that are sources for lutein and zeaxanthin: the macular pigment in human eyes[J]. Br J Ophthalmol, 1998, 82(8): 907-910.
[71] Lam K, But P. The content of zeaxanthin in gou qi zi, a potential health benefit to improve visual acuity[J]. Food Chem, 1999, 67: 173-176.
[72] Chang LP, Cheng JH, Hus SL, et al. Application of continuous supercritical anti-solvents for rapid recrystallization and purification of zeaxanthin dipalmitates from de-glycosides of lycium barbarum fruits[J]. J Supercrit Fluid, 2011, 57(2): 155-161.
[73] Zhou L, Leung I, Tso MO, et al. The identification of dipalmityl zeaxanthin as the major carotenoid in gou qi ziby high pressure liquid chromatography and mass spectrometry[J]. J Ocul Pharmacol Ther, 1999, 15(6): 557-565.
[74] Bhosale P, Larson AJ, Bernstein PS. Factorial analysis of tricarboxylic acid cycle intermediates for optimization ofzeaxanthin production from flavobacterium multivorum[J]. J Appl Microbiol, 2004, 96(3): 623-629.
[75] Alcantara S, Sanchez S. Influence of carbon and nitrogen sources on flavobacteriumgrowth and zeaxanthin biosynthesis[J]. J Ind Microbiol Biotechnol, 1999, 23(1): 697-700.
[76] Jin E, Polle J, Melis A. Involvement of zeaxanthin and of the cbr protein in the repair of photosystem iifrom photoinhibition in the green alga dunaliella salina[J]. Biochim Biophys Acta, 2001, 1506(3): 244-259.
[77] Jin E, Feth B, Melis A. A mutant of the green alga dunaliella salina constitutively accumulates zeaxanthin under all growth conditions[J]. Biotechnol Bioeng, 2003, 81(1): 115-124.

第四章

叶黄素的消化、吸收与代谢

摘 要

叶黄素为脂溶性化合物，其消化、吸收与代谢过程与其他类胡萝卜素既有相似之处，又有自身特点。在食物中，叶黄素通常以叶黄素酯或与蛋白质结合成复合物的形式存在。它们只有被水解为叶黄素单体后才能被人体吸收和发挥生物学作用。

叶黄素类消化、吸收的部位主要在小肠。在胃内，食物经消化释放出的叶黄素与其他脂类结合形成脂肪微团。进入小肠后，在胆盐和胰脂酶的作用下，乳化形成微胶粒，并水解出脂肪酸和甘油酯。然后，经被动扩散方式在十二指肠吸收。进入肠黏膜上皮细胞内，与乳糜微粒结合，叶黄素与乳糜微粒结合的效率远高于其他类胡萝卜素（如 α- 胡萝卜素和 β- 胡萝卜素）。在肠黏膜细胞内，叶黄素吸收入血的途径尚待明晰。有学者认为，叶黄素可经扩散入肠壁毛细血管，再经门静脉进入肝脏，然后进入血液循环；或以乳糜微粒的形式经肠淋巴管转运至淋巴系统，再进入血液循环。叶黄素的消化、吸收过程受多种因素的影响，如食物的加工方式、膳食中的脂肪、膳食纤维、其他类胡萝卜素的存在以及生活方式等。

在血液循环中，叶黄素与血浆脂蛋白结合而转运。不同的类胡萝卜素主要通过不同的脂蛋白转运，碳氢类胡萝卜素（α- 胡萝卜素、β- 胡萝卜素和番茄红素）主要由低密度脂蛋白（LDL）转运，占 58%~73%，其他的由高密度脂蛋白（HDL）和极低密度脂蛋白（VLDL）转运。而叶黄素主要经 HDL 转运，约占 53%，少部分叶黄素由 LDL 和 VLDL 转运。人体在摄入叶黄素后 13~24 小时，常见 14~16 小时，血浆中的浓度达到峰值。

在人体内，叶黄素分布在多个组织、器官中，如视网膜、晶状体、脂肪、皮肤、肝、肾、脾、肺及乳房等。其中，在视网膜的浓度最高，是血清和其他组织器官中浓度的 500~1000 倍，故有人认为视网膜是叶黄素的靶组织。叶黄素主要分布在视网膜的黄斑区，并主要构成黄斑色素。视网膜黄斑区对叶黄素具有特殊的摄取、吸收与固定方式。

叶黄素两端的羟基易被氧化为活性羰基，其 ε- 紫罗酮环的羟基与环双键形成烯丙基结构，叶黄素的 ε- 紫罗酮环比 β- 紫罗酮环更易于被氧化，活性更强。在人体内，叶黄素经氧化还原反应和代谢过程能转化生成多种化合物，如 3′- 脱水叶黄素、3′- 环氧化物、3′- 脱水叶黄素、3′- 羟基 -ε，ε- 胡萝卜素 -3- 酮、ε，ε- 胡萝卜素 -3，3′- 二酮和 ε，ε- 胡萝卜素 -3，3′- 二醇等。

目前认为，肝和脂肪组织是贮存叶黄素的主要部位。人体内的叶黄素主要以原型或代谢物的形式经胆汁分泌，从肠道排泄。皮肤中的叶黄素，随皮肤的角化、脱落而排出。少量的叶黄素也能通过尿液、皮脂腺和汗液排出。

叶黄素是脂溶性化合物，且为含氧的类胡萝卜素，其分子结构和理化性质与类胡萝卜素相近，消化、吸收及代谢途径与脂类和其他类胡萝卜素既有相似之处，又有自身特点。膳食中的叶黄素经消化、吸收后进入血液循环，与血浆脂蛋白结合而转运，并分布于人体组织、器官，发挥其生物学作用[1-2]。

第一节 叶黄素的消化、吸收与影响因素

叶黄素的消化、吸收主要在小肠进行，吸收后在肠黏膜上皮细胞内与乳糜微粒结合，经淋巴或门静脉最终进入血循环。叶黄素的消化、吸收过程受多种因素的影响。

一、消化与吸收

（一）消化

在食物中，叶黄素以叶黄素酯或与蛋白质结合成复合物的形式存在。二者首先被水解为叶黄素单体，然后才能被人体吸收[3]。在胃内，食物经消化释放出的叶黄素形成微粒，然后与其他脂类结合形成脂肪微团，其消化的主要部位类同脂溶性化合物，在小肠内进行。

叶黄素脂肪微团进入小肠后，经肠蠕动的搅拌作用和胆盐的掺入，乳化形成混合微胶粒。同时，胰腺分泌的胰脂酶和异构酶，在这些乳化颗粒的水油界面上，催化混合微胶粒水解出脂肪酸和甘油酯[3]。胆盐在该过程中起着十分重要的作用，它促进叶黄素脂肪微团乳化形成水溶性复合物混合微胶粒，以利于其消化和吸收。

叶黄素为亲脂性化合物，其分子结构的两端有羟基，其中疏水性的碳链包埋于分子内层，而亲水性的羟基排在表面，这种构型促使叶黄素能最大限度地与肠黏膜细胞脂质结合，有益于其吸收。

（二）吸收

叶黄素在十二指肠以被动扩散的方式吸收，然后进入肠黏膜上皮细胞内[4]。被动扩散的速度取决于叶黄素在肠腔微胶粒和肠黏膜上皮细胞之间的跨膜浓度梯度差。随着肠黏膜上皮细胞内局部叶黄素浓度不断增加，跨膜浓度梯度差逐渐缩小，叶黄素的吸收速度也会随之降低，直至达到饱和状态[5]。

在肠黏膜上皮细胞内，叶黄素与乳糜微粒结合[4, 6]。叶黄素/玉米黄素与乳糜微粒结合的效率最高，与其他类胡萝卜素比较，乳糜微粒中的叶黄素/玉米黄素的浓度分别增高14倍和4倍[7]。虽然，在肠黏膜上皮细胞内，部分α-胡萝卜素和β-胡萝卜素转化为维生素A，使二者的相对浓度因此而减低；但叶黄素在肠黏膜内相对生物利用率高于β-胡萝卜素，可能因为叶黄素的极性比β-胡萝卜素强，更容易与胶粒结合，肠黏膜上皮细胞也更容易摄取叶黄素，从而增加了其生物利用率。在肠黏膜上皮细胞内，类胡萝卜素如果不能及时与乳糜微粒结合并吸收，就会伴随肠黏膜细胞的代谢与更新，被肠道排出体外[4]。

在人体，叶黄素的食用剂量在 20～30 mg/d 时，其吸收率随剂量的增加而增加，但随剂量增加的同时，其吸收率又会因溶解度等因素的影响而受到抑制[8]。研究显示，在叶黄素类摄入后两小时，乳糜微粒中的叶黄素浓度达到峰值[9]。

关于叶黄素在肠黏膜细胞内吸收入血的途径，有学者认为，叶黄素类最初在肠道以乳糜微粒的形式吸收[7]，吸收后经门静脉被运送到肝，与血浆脂蛋白结合，然后进入体循环[10]。但按照人体脂溶性化合物吸收的生理学机制，在肠黏膜细胞内叶黄素与乳糜微粒结合后，经肠淋巴管并通过淋巴系统进入血液循环更合乎常理。因为，在肠黏膜细胞内脂溶性化合物存在淋巴吸收和血液吸收两条途径。乳糜微粒及多数长链脂肪酸经肠淋巴管进入淋巴系统，然后入血液循环；而短、中链的脂肪酸和甘油可溶于水中，能扩散入毛细血管，经门静脉进入肝，然后进入血液循环。在叶黄素酯中的脂肪酸主要为长链脂肪酸，且其在肠黏膜细胞内与乳糜微粒结合，极大可能是通过淋巴途径入血，也可能同时存在两条吸收入血途径。究竟叶黄素如何进入血液循环，且其吸收的形式和其中的变化，有待进一步的研究明晰。

二、影响因素

叶黄素的消化、吸收受多种因素的影响，如食物的加工方式、膳食中的其他食物成分（如膳食脂肪、膳食纤维、β-胡萝卜素与其他类胡萝卜素等）、生活方式以及机体的健康状况等[3, 11, 12]。

（一）食物加工方式

在食物中，叶黄素与蛋白质结合成复合物的形式存在于植物细胞内，因此，能破除细胞壁结构的加工与烹调方式，如磨制、发酵或（和）轻微加热等均能提高叶黄素的消化、吸收程度，这与加工过程中破坏了植物组织细胞壁有关，有益于叶黄素蛋白质复合体的分离[3, 13]。研究证实，将蔬菜分别以切碎、全叶片或用酶液化等三种方式处理后进行食用效果的比较，结果发现全叶片摄入的蔬菜，叶黄素的消化、吸收率最低，而用酶液化处理的蔬菜摄入后消化、吸收率最高[13]。

植物性食物经加热或加工，能提高叶黄素的分散性，降低蛋白质与类胡萝卜素的结合力，促进叶黄素从结合状态的复合体中分离，提高其生物价，尤其是有油脂存在时其吸收效率更高[14]。因此，加入油脂烹饪食物，能提高叶黄素的消化、吸收率，如摄入富含叶黄素的菠菜后，未经加工时，其血浆叶黄素浓度变化不大，但采用含 1% 玉米油的水中烹制菠菜，叶黄素的生物利用率显著增加，生物利用率可达 21%[14]。

此外，食物颗粒的大小影响叶黄素的消化、吸收，增加咀嚼程度、提高胃动力与消化酶的效率，均可增加叶黄素的释放率，有利于叶黄素的消化和吸收。

（二）膳食脂肪

叶黄素是脂溶性化合物，膳食中存在适量的脂肪有利于叶黄素的消化和吸收过程。因为，脂肪经胆盐和胰脂酶作用形成胶粒，叶黄素溶于其中被同时吸收。且脂肪能刺激胆汁分泌，其中的胆盐能乳化脂肪，从而增进叶黄素的吸收率[15]。叶黄素酯的水解由酯酶及脂肪酶催化完成，脂肪在胃及十二指肠中能诱导胰腺分泌酯酶与脂肪酶，水解叶黄素酯以有益于叶黄素的消化、吸收[16]。

脂肪酸能促进叶黄素及类胡萝卜素的吸收，但有研究认为，不饱和脂肪酸比叶黄素及类胡萝卜素更易与肠黏膜细胞内的脂肪酸结合蛋白结合，这种竞争性结合可能会降低叶黄素及类胡萝卜素的吸收[14]。

脂肪的摄入量亦影响叶黄素和叶黄素酯的消化与吸收。Roodenburg 等研究发现，膳食中 3 g 脂肪摄入量与 36 g 脂肪摄入量对血浆中维生素 E、α- 胡萝卜素和 β- 胡萝卜素的浓度未见显著影响，但能显著提高叶黄素酯的吸收率，低脂膳食使血浆中叶黄素的浓度上升了 88%，而高脂膳食使血浆中叶黄素的浓度上升了 207%[16]。

在叶黄素酯的消化、吸收过程中，需要水解酶、胰腺分泌的酯酶和脂肪酶共同作用才能被消化、吸收[3]。因此，膳食脂肪对叶黄素酯的消化、吸收十分重要。

（三）膳食中其他类胡萝卜素

根据吸收的机制，多种类胡萝卜素在吸收过程中可能会相互影响或产生竞争性抑制作用。同时，膳食中其他脂溶性成分也会对叶黄素的吸收产生一定影响[17-18]。

在人体内，叶黄素和玉米黄素与 β- 胡萝卜素混合摄入时，叶黄素的吸收和利用会受 β- 胡萝卜素的影响，同时，由于叶黄素更容易与乳糜微粒结合，叶黄素也会影响 β- 胡萝卜素的吸收[19]。Kostic 等观察了当人体同时摄入叶黄素和 β- 胡萝卜素时，二者在肠道的吸收过程，结果显示，叶黄素对 β- 胡萝卜素吸收的影响取决于干预后所得到的浓度时间曲线下面积（AUC），β- 胡萝卜素 AUC＜13 μmol·h/L 时，叶黄素能促进 β- 胡萝卜素的吸收；当 β- 胡萝卜素 AUC＞25 μmol·h/L 时，叶黄素则抑制 β- 胡萝卜素的吸收[20]。二者在肠道吸收过程中，存在相互影响，且这种影响可能存在个体差异。

Gossage 等在泌乳早期给予乳母短期补充 β- 胡萝卜素，结果血清中 β- 胡萝卜素和 α- 胡萝卜素的浓度明显增加，但其他类胡萝卜素的浓度未见明显变化[21-22]。给予女性志愿者实施类胡萝卜素干预，发现叶黄素、番茄红素和 β- 胡萝卜素在吸收过程与乳糜微粒结合时，存在竞争性抑制现象，但血浆中三种类胡萝卜素的浓度未见明显改变[23]。对男性志愿者实施叶黄素和 β- 胡萝卜素干预研究，结果显示叶黄素的摄入使血清三酰甘油中 β- 胡萝卜素和维生素 A 浓度时间曲线下面积分别减少了 66% 和 74%[8]。

研究者认为，长期食用 β- 胡萝卜素补充剂能明显降低血清中的叶黄素浓度[24]。由于现有干预研究的时间有限，故长期干预的相互影响仍需进一步观察。

（四）膳食纤维

膳食纤维能影响食物中类胡萝卜素与叶黄素的吸收，特别是可溶性膳食纤维果胶的抑制作用要大于纤维素、琼脂及谷物糠麸等不溶性膳食纤维的作用，但膳食中蛋白质摄入水平的提高有利于叶黄素的吸收[25-26]。

（五）其他

有研究指出非膳食因素如年龄、性别、BMI 以及生活方式如吸烟、饮酒等也会影响叶黄素的吸收和利用[24,27]。机体健康状况与疾病，如脂肪消化吸收不良、肝肾疾病、肠道疾病、变应性反应以及寄生虫等，均可能干扰叶黄素的吸收[28-29]。

第二节 叶黄素的代谢

膳食叶黄素经消化、吸收后进入血液循环，然后与血浆脂蛋白结合而运输，并随血液循环至身体的组织与器官。叶黄素存在于机体内多个组织器官中，如视网膜、晶状体、脂肪、皮肤、肝、肾、脾、肺、乳房等。其中在视网膜黄斑区的浓度最高，其主要集中在视网膜黄斑区并构成黄斑色素。叶黄素主要贮存在脂肪组织和肝，并以原型或代谢物的形式经胆汁分泌，从肠道排泄。

一、转运

在血循环中，叶黄素与血浆脂蛋白结合而转运。血浆脂蛋白在类胡萝卜素的转运中具有重要作用，但不同的类胡萝卜素主要结合的脂蛋白类型不同，且血浆脂蛋白与类胡萝卜素的结合是非特异性的结合。

（一）血浆中的转运

叶黄素经血浆脂蛋白携带而转运。叶黄素具有极性，即能与高密度脂蛋白（HDL）结合，又能与低密度脂蛋白（LDL）结合，同时拥有两种载体[30]。类胡萝卜素及叶黄素能通过猝灭自由基，有效地抑制活性氧自由基对脂蛋白的氧化损伤，尤其是对不饱和脂肪酸的氧化损伤，维持血浆中 LDL 和 HDL 的平衡[31-32]。

1. 转运叶黄素的脂蛋白类型

在血浆中，不同的类胡萝卜素主要通过不同的脂蛋白转运。碳氢类胡萝卜素主要由 LDL 转运，而极性较强的含氧类胡萝卜素则主要由 HDL 转运。α-胡萝卜素、β-胡萝卜素和番茄红素均为碳氢类胡萝卜素，它们在不同的脂蛋白中的分布特征相近，58%~73% 在 LDL 中，17%~26% 在 HDL 中，10%~16% 在 VLDL 中，通过这些脂蛋白转运[33]。叶黄素/玉米黄素为含氧的二羟基类胡萝卜素，主要分布在 HDL 中，约占 53%，少部分分布于 LDL 和 VLDL 中，分别占 31% 和 16%[33-34]。Connor 等采用 HDL 缺乏的 WHAM 小鸡模型研究发现，LDL 和 VLDL 能够转运叶黄素至脑部等组织，但视网膜中的叶黄素含量并无增加，提示 HDL 可能是将叶黄素运送至视网膜的特定载体[35]。

由于血浆脂蛋白的组成成分和结构的不同，导致其对各种不同的类胡萝卜素转运的速率亦不同。

2. 叶黄素与脂蛋白结合的特征

血浆脂蛋白颗粒通常呈球状，在颗粒的表面是亲水基团，而疏水基团则在脂蛋白颗粒之内。碳氢类胡萝卜素，如 α-胡萝卜素、β-胡萝卜素与番茄红素等主要分布于脂蛋白疏水性磷脂分子层中，而叶黄素/玉米黄素等含氧类胡萝卜素的疏水长碳链埋于磷脂分子层中，亲水性羟基排列在与脂蛋白结合体的表面。这种分布特征充分发挥了叶黄素的极性和亲水性，以通过其抗氧化作用降低水相中氧化代谢产物的浓度，保护脂肪酸免受氧化损伤。并使叶黄素更大程度地与极易氧化的细胞膜脂质结合，保护细胞膜的结构[36-37]。

3. 选择性转运因子

人体内可能存在与叶黄素选择性转运相关的因子，如载脂蛋白 E（apolipoprotein E，apoE）[38]。ApoE 是血浆载脂蛋白的一个重要组成成分，存在于 VLDL、LDL、CM 和 HDL 的亚类（HDL1 和 HDLc）中[39]。在人体，apoE 的分布特点与叶黄素极为相似，它能在视网膜细胞层、肝、肾、肾上腺等部位合成，特别是在视网膜细胞层含量较高[40-41]。含有 apoE 的 HDL1 亚型可能与叶黄素特异性转运至视网膜黄斑有关[42]。视网膜的 Müller 细胞能够合成含有 apoE 的脂蛋白，故研究者认为，这可能是 HDL 能够在视网膜中转运的重要原因[43]。Loane 等发现，apoE 基因型中的 Apo ε4 与黄斑色素密度呈正相关，有 Apo ε4 等位基因的人，无论血中叶黄素的含量高还是低，MPOD 均较高[44]。提示 HDL 与叶黄素的特异性结合及其与黄斑区的亲和性，可能与 apoE 密切相关。

（二）血浆叶黄素

1. 血液代谢动力学

叶黄素是人血浆中含量较高的类胡萝卜素之一。增加叶黄素的摄入量能适当增加血中叶黄素的浓度，但叶黄素摄入量与血浆叶黄素浓度的上升并非呈线性关系，持续摄入叶黄素达一定程度后，叶黄素的吸收率将随摄入量的增加而逐渐降低[45]。

目前，关于人体服用叶黄素补充剂后，血浆叶黄素浓度达到最大峰值的时间，研究结果尚不一致。且不同人群单次服用同等剂量的非酯化叶黄素或叶黄素酯补充剂后，得到的浓度时间曲线下的面积也有很大差异[46]。

人体服用 β-胡萝卜素 6 小时后，其在血浆中的浓度达到峰值，与其在乳糜微粒中的峰值时间相近，然后在 32 小时再次达到峰值。多项研究显示，血浆叶黄素浓度变化趋势呈单相，人体服用叶黄素后最短在 13 小时，最长是 24 小时，常见于 14~16 小时，血浆叶黄素的浓度达到峰值[23, 47, 48-49]。Kelm 等采用 ^{13}C 标记叶黄素，测定其在女性血浆中的清除率，结果显示叶黄素的生物利用率与浓度时间曲线下面积呈正相关[48]。受试者一次性口服 3 mg ^{13}C 叶黄素时，其血浆叶黄素浓度达到最大峰值的时间为 14.8 小时。Lienau 等采用放射性核素标记示踪法，检测中年人血清叶黄素的动态变化，结果显示在摄入叶黄素后 13~24 小时，血浆中的浓度达到峰值[49]。Yao 等对 4 名 25~38 岁女性进行严格的膳食管理（蛋白质供能占能量摄入的 14%、糖类供能占能量摄入的 59%、脂肪供能占能量摄入的 27%），采用双标法稳定性同位素示踪技术，用 ^{13}C 标记叶黄素测定其在体内的动态变化，结果发现血浆中很快即可检出标记的叶黄素，其浓度在服用 16 小时后达最大峰值[47]。

关于其在血液中的半衰期和被清除的时间，研究的结果尚不一致，且差异较大。有研究认为，血浆叶黄素的半衰期约为 76 天[50]。亦有研究者采用 ^{13}C 叶黄素为示踪物，测定叶黄素在血浆中的清除率，结果显示人体服用叶黄素后 528 小时被清除[47]。

2. 血浆叶黄素水平

在人体内，血浆叶黄素的浓度和水平与叶黄素摄入量密切相关，同时还受多种因素的影响。

在美国进行的第三次全国健康与营养调查（The Third National Health and Nutrition Examination Survey，NHANES Ⅲ）的结果表明，受试者血浆叶黄素浓度为 0.06～0.65 μmol/L，平均为 0.37 μmol/L[51]。邹志勇等对我国 232 名 45～69 岁人群血清叶黄素和玉米黄素检测的结果显示，血清叶黄素浓度为 0.16μmol/L±0.12μmol/L，血清玉米黄素的浓度为 0.032μmol/L±0.028μmol/L[52]。黄旸木、马乐等对我国 50 岁以上老年人群血清叶黄素和玉米黄素检测结果，血清叶黄素浓度为 0.330μmol/L±0.404μmol/L，血清玉米黄素为 0.066μmol/L±0.076μmol/L[53]。上述研究中，人群血浆叶黄素水平仅为我们提供了一个基本的数据范围。由于采集血样的人群不同、季节不同和实验条件不同，故他们之间没有可比性。

不同种族人群，血浆叶黄素浓度存在显著差异。亚洲人血浆中 53% 的类胡萝卜素为叶黄素/玉米黄素[54]，而美国人血浆中的叶黄素/玉米黄素仅为类胡萝卜素的 23%[55]，非西班牙裔黑人血清叶黄素浓度显著高于非西班牙裔白人和墨西哥美国人[51]。提示不同种族人群，叶黄素的吸收与代谢方式可能存在一定的差异[51]。即使在同一民族和同一性别的人群，叶黄素的生物利用率也存在个体差异[56]。

Bone 等认为，血浆中叶黄素/玉米黄素浓度与膳食中叶黄素/玉米黄素的摄入量及视网膜黄斑色素密度（macular pigment optical density，MPOD）之间均存在正相关，血浆中叶黄素/玉米黄素浓度约有 55% 的差异可归因于其在膳食中的摄入量，而 MPOD 有 30% 的差异可归因于血浆中叶黄素和玉米黄素的浓度[57]。

3. 血浆叶黄素浓度阈值

血浆叶黄素的浓度存在阈值。研究显示，血浆叶黄素浓度达到一定数值后，再增加叶黄素摄入量，血浆叶黄素水平亦不再升高[45,58]。研究者对猴进行的研究发现，随叶黄素摄入量的增加（从 0g/kg 到 0.50 g/kg 时），血浆和组织中叶黄素的浓度不断增加；而叶黄素摄入量从 0.50 g/kg 增加到 5.00 g/kg 时，则未发现血浆和组织中叶黄素浓度的继续增加，再次表明血浆叶黄素浓度升高有一定限度，达到一定浓度后维持在平台期[59]。

Granando 等给予受试者实施叶黄素混合酯干预，15 mg/d，连续干预 4 个月，检测到受试者血浆中存在较高浓度的叶黄素酯，由于该干预剂量是美国人群每日人均膳食叶黄素摄入量的 10 倍左右，提示该剂量已经超过肠道中酶的作用能力[60]。但在干预结束后三周，受试者血清中已检测不出叶黄素酯，推测血浆中叶黄素酯的存在可能是可逆的。

二、分布与贮存

（一）分布

在人体内，叶黄素与血浆脂蛋白结合后被转运和分布在多个不同的组织、器官中，如视网膜、晶状体、脂肪、皮肤、肝、肾、脾、肺及乳房等。虽然叶黄素在人体内分布广泛，但在不同的组织、器官中浓度差异很大。其在不同的组织、器官中的浓度：肝为 1～9.7 nmol/g，肾为 0.1～2.1 nmol/g，肺为 1.4～2.3 nmol/g，脂肪组织为 0.1～1.9 μmol/kg，而在视网膜黄斑区浓度可达 1～12 pmol/mm^2 [1-2, 61]。

（二）视网膜中的叶黄素

1. 分布特征

叶黄素与玉米黄素是存在于视网膜黄斑区的主要类胡萝卜素，是视网膜黄斑色素的重要结构成分。视网膜黄斑区叶黄素的浓度可达 1 mmol/L，是其在血清和其他组织器官中浓度的 500～1000 倍[62]，提示视网膜黄斑区对叶黄素有特殊的摄取、吸收及固定方式。如果膳食中减少叶黄素的摄入量，可观察到血浆叶黄素浓度的降低，但 MPOD 未观察到明显变化。只有在叶黄素长期缺乏后，才能观察到 MPOD 的改变[63]。

叶黄素和玉米黄素在视网膜的分布具有一定的特征和规律，玉米黄素主要集中在视网膜黄斑区中心凹，而叶黄素在视网膜黄斑区中心凹周围浓度最高，之后随距中心凹距离增加而递减[64]。表明视网膜黄斑区可能存在某些具有调节或参与叶黄素摄取的组织特异性结合蛋白[65, 66]。

2. 特异性结合蛋白

近些年来，关于人体内特异性叶黄素结合蛋白引起了研究者的广泛关注，但相关研究结果依然很少。Yemelyanov 等发现，叶黄素的摄取和固定受特异性叶黄素结合蛋白调控，该种蛋白可呈饱和状态，尽管其功效尚不清楚，但认为它们可能起到酶的作用，使叶黄素转化为内消旋玉米黄素[67]。

微管蛋白（tubulin）大量存在于黄斑区中心凹，早期认为其可能与该区域高浓度的叶黄素有关。中心凹的轴突层含丰富的微管蛋白，它能与叶黄素结合形成黄斑色素富集于 Henle 纤维。但在没有微管蛋白的区域仍然发现存在叶黄素和玉米黄素，而且微管蛋白对叶黄素的亲和力相对较弱，故认为它是一种能与多种类胡萝卜素结合的非特异性的类胡萝卜素结合蛋白[68]。

后来，研究者通过提取人视网膜细胞中的叶黄素类结合蛋白，发现了玉米黄素的特异性结合蛋白谷胱甘肽 -S- 转移酶（GSTP1）和叶黄素的结合蛋白 StARDust 家族蛋白，并认为视网膜色素上皮细胞的 HDL 受体 SR-BI 协助叶黄素和玉米黄素转运到视网膜，并通过结合视感受器间结合蛋白（IRBP）在视网膜细胞内的转运，并最终由视网膜细胞内的 GSTP1 蛋白和 StARDust 家族蛋白选择性结合玉米黄素和叶黄素，且微管蛋白也同时参与了结合[69]。

Bernstein 等首先在视网膜色素上皮的 Henle 纤维层分离获得谷胱甘肽 -S- 转移酶（GSTP1）亚型 Pi 蛋白，该蛋白具有特异性结合玉米黄素的能力[70]。GSTP1 是 Ⅱ 相解毒酶，它能通过催化结合作用减少谷胱甘肽被毒性化合物降解和排泄。同时，它催化某些类固醇生物合成过程中双键位移反应，视黄酸顺反同分异构反应以及结合多种疏水性连接蛋白分子的作用。Bhosale 等重组了人 GSTP1 以分析其结合叶黄素类类胡萝卜素的能力，结果发现 GSTP1 对膳食玉米黄素和视网膜内消旋玉米黄素具有高特异性和高亲和力的结合作用，但对叶黄素没有结合能力[71]。采用免疫细胞化学标记法，用抗 GSTP 抗体标记灵长类动物的视网膜，发现 GSTP1 主要分布于玉米黄素浓度最高的视网膜中心凹 Henle 纤维层[72]。GSTP1 与玉米黄素复合体在灵长类视网膜上具有重要作用，首先，它们起着光滤过复合物的作用，通过吸收可见光中短波光，有效减少色像差和急、慢性视网膜光化学损伤；其次，GSTP1 与玉米黄素复合体能增强玉米黄素猝灭单线态氧和清除自由基的作用[72-73]。一些学者开始研究人视网膜黄斑区玉米黄素结合蛋白 GSTP1 的特性与鉴定[74]。

3. 影响叶黄素在视网膜储存的因素

目前认为，叶黄素主要通过与含 HDL 的 apoE 结合后进行转运。apoE/HDL 复合物被转运至视网膜，进而在 Müller 细胞合成 apoE 脂蛋白。动物实验证实，给敲除 apoE 基因小鼠饲以高脂饲料，视网膜 Bruch 膜将显著增厚，该变化与 AMD 和衰老发生密切相关[75]。有研究认为，apoE 112 和 158 等位基因多态性与渗出性 AMD 的发生相关，且不同 apoE 亚型对叶黄素的亲和力存在明显差异，表明 apoE 基因多态性可能与叶黄素的选择性吸收、转运和代谢有关[76]。

（三）贮存

血浆中叶黄素的浓度主要反映近期叶黄素的摄入状况，而脂肪组织和肝内的叶黄素浓度则能反映长期叶黄素的摄入状况。目前认为，脂肪组织和肝是贮存叶黄素的主要部位。

有研究发现女性脂肪中叶黄素浓度与 MPOD 呈负相关，提示脂肪组织与视网膜可能对叶黄素存在竞争性抑制的关系[77-78]，这也是肥胖人群黄斑色素水平下降的主要原因之一[79-80]。组织特异性研究发现不同类胡萝卜素在雌性鹌鹑体内的分布特征不同，叶黄素更倾向于储存在脂肪组织，而玉米黄素则更倾向于储存在视网膜，这种分布特征提示不同组织的不同叶黄素结合蛋白在调节其摄取和贮存能力[81]。在肝内叶黄素和玉米黄素浓度高于血液，但其构成比例与血液中保持一致，表明肝具有贮存叶黄素的能力。

三、转化与排出

（一）转化

目前，已在人类视网膜中发现多种叶黄素和玉米黄素的代谢产物，主要为氧化代谢产物和非酶催化的脱水产物[82]。

叶黄素两端的羟基在体外和体内易被氧化为活性羰基。叶黄素的 ε- 紫罗酮环的羟基与环双键形成烯丙基结构，它比叶黄素的 β- 紫罗酮环更易于被氧化，活性更强。体外氧化试验显示，叶黄素与 MnO_2 作用生成 3- 羟基 -β, ε- 胡萝卜素 3′- 酮（3′- 脱水叶黄素），在人的视网膜中，也能检测出该化合物的存在[83]。在人体内，叶黄素分子结构中的羟基氧化时生成类胡萝卜酮，在人血清和乳汁中已检测出（3R，3′R，6′R）- 叶黄素（3′- 环氧化物），3′- 脱水叶黄素，3′- 羟基 -ε, ε- 胡萝卜素 -3- 酮，ε, ε- 胡萝卜素 -3, 3′- 二酮和 ε, ε- 胡萝卜素 -3, 3′- 二醇[62, 84]。这些叶黄素类并非来自于膳食，而是在体内转化、代谢过程中产生。研究已证实，3′- 脱水叶黄素发生还原反应的产物为 3′- 环氧化物，ε, ε- 胡萝卜素 -3, 3′- 二醇是 3′- 羟基 -ε, ε- 胡萝卜素 -3- 酮或 ε, ε- 胡萝卜素 -3, 3′- 二酮发生还原反应的产物[84]。目前认为，它们可能是通过肝代谢和氧化反应降解而产生，这些氧化产物的存在进一步证实了叶黄素在机体内的抗氧化作用。

叶黄素转运至视网膜后，在光化学作用下主要转变成（3R, 3′R, 6′R）- 顺式叶黄素和（3R, 3′S, 6′R）- 顺式叶黄素，也可能通过相似的氧化/还原途径转变生成消旋玉米黄素。人眼视网膜黄斑色素中存在的大量内消旋玉米黄素即是 3- 羟基 -β, ε- 胡萝卜素 -3′- 酮在还原过程中形成的。

（二）排出

人体内的叶黄素主要以原型或代谢物的形式经胆汁分泌，从肠道排泄[85]。分布于皮肤中的叶黄素，随皮肤的角化、脱落而排出[86]。少量的叶黄素也能通过尿液、皮脂腺和汗液排出。是否还有其他排泄途径尚不清楚。

动物实验证实，进入机体的叶黄素以原型或代谢物的形式经胆汁分泌随粪便排泄[84]。在肠黏膜上皮细胞内，部分未与乳糜微粒结合的叶黄素，伴随肠黏膜上皮细胞的脱落被肠道排出[16]。未被吸收的叶黄素直接从肠道随粪便排出，随着叶黄素摄入量的增加，粪便中的叶黄素浓度也随之增加。

（黄旸木　马　乐　汪明芳）

参考文献

[1] Kaplan LA, Lau JM, Stein EA. Carotenoid composition, concentrations, and relationships in various human organs[J]. Clin Physiol Biochem, 1990, 8(1): 1-10.

[2] Schmitz HH, Poor CL, Wellman RB, et al. Concentrations of selected carotenoids and vitamin A in human liver, kidney and lung tissue[J]. J Nutr, 1991, 121(10): 1613-1621.

[3] Alves-Rodrigues A, Shao A. The science behind lutein[J]. Toxicol Lett, 2004, 150(1): 57-83.

[4] Erdman JW Jr, Bierer TL, Gugger ET. Absorption and transport of carotenoids[J]. Ann NY Acad Sci, 1993, 691: 76-85.

[5] Britton G. Structure and properties of carotenoids in relation to function[J]. FASEB J, 1995, 9: 1551-1558.

[6] Cardinault N, Tyssandier V, Grolier P, et al. Comparison of the postprandial chylomicron carotenoid responses in young and older subjects[J]. Eur J Nutr, 2003, 42: 315-323.

[7] Gartner C, Stahl W, Sies H. Preferential increase in chylomicron levels of the xanthophylls lutein and zeaxanthin compared to carotene in the human[J]. Int J Vitam Nutr Res, 1996, 66: 119-125.

[8] van den Berg H, Van Vliet T. Effect of simultaneous, single oral doses of beta-carotene with lutein or lycopene on the beta-carotene and retinyl ester responses in the triacylglycerol-rich lipoprotein fraction of men[J]. Am J Clin Nutr, 1998, 68: 82-89.

[9] O'Neill ME, Thurnham DI. Intestinal absorption of beta-carotene, lycopene and lutein in men and women following a standard meal: response curves in the triacylglycerol-rich lipoprotein fraction[J]. Br J Nutr, 1998, 79(2): 149-159.

[10] Clevidence BA, Bieri JG. Association of carotenoids with human plasma lipoproteins[J]. Methods Enzymol, 1993, 214: 33-46.

[11] Williams AW, Boileau TW, Erdman JW. Factors influencing the uptake and absorption of carotenoids[J]. Proc Soc Exp Biol Med, 1998, 218: 106-108.

[12] Patrick L. Beta-carotene: the controversy continues[J]. Altern Med Rev, 2000, 5(6): 530-545.

[13] van het Hof KH, West CE, Weststrate JA, et al. Dietary factors that affect the bioavailability of carotenoids[J]. J Nutr, 2000, 130: 503-506.

[14] van het Hof KH, Gärtner C, West CE, et al. Potential of vegetable processing to increase the delivery of carotenoids to man[J]. Int J Vitam Nutr Res, 1998, 68: 366-370.

[15] Yeum KJ, Russell RM. Carotenoid bioavailability and bioconversion[J]. Annu Rev Nutr, 2002, 22: 483-504.

[16] Roodenburg AJ, Leenen R, van het Hof KH, et al. Amount of fat in the diet affects bioavailability of lutein esters but not of alpha-carotene, beta-carotene, and vitamin E in humans[J]. Am J Clin Nutr, 2000, 7: 1187-1193.

[17] Mamatha BS, Baskaran V. Effect of micellar lipids, dietary fiber and beta-carotene on lutein bioavailability in aged rats with lutein deficiency[J]. Nutrition, 2011, 27(9): 960-966.

[18] Reboul E, Thap S, Tourniaire F, et al. Differential effect of dietary antioxidant classes (carotenoids, polyphenols, vitamins C and E) on lutein absorption[J]. Br J Nutr, 2007, 97: 440-446.

[19] Sommerburg O, Keunen JE, Bird AC, et al. Fruits and vegetables that are sources for lutein and zeaxanthin: the macular pigment in human eyes[J]. Br J Ophthalmol, 1998, 82: 907-910.
[20] Kostic D, White WS, Olson JA. Intestinal absorption, serum clearance, and interactions between lutein and betacarotene when administered to human adults in separate or combined oral doses[J]. Am J Clin Nutr,1995, 62: 604-610.
[21] Gossage CP, Deyhim M, Moser-Veillon PB, et al. Effect of beta-carotene supplementation and lactation on carotenoid metabolism and mitogenic T lymphocyte proliferation[J]. Am J Clin Nutr, 2000, 71: 950-955.
[22] Gossage CP, Deyhim M, Yamini S, et al. Carotenoid composition of human milk during the first month postpartum and the response to beta-carotene supplementation[J]. Am J Clin Nutr, 2002, 76: 193-197.
[23] Tyssandier V, Cardinault N, Caris-Veyrat C, et al. Vegetable-borne lutein, lycopene, and beta-carotene compete for incorporation into chylomicrons, with no adverse effect on the medium-term (3-wk) plasma status of carotenoids in humans[J]. Am J Clin Nutr,2002, 75: 526-534.
[24] Albanes D, Virtamo J, Taylor PR, et al. Effects of supplemental beta-carotene, cigarette smoking, and alcohol consumption on serum carotenoids in the Alpha-Tocopherol, Beta-Carotene Cancer Prevention Study[J]. Am J Clin Nutr,1997, 66: 366-372.
[25] Riedl J, Linseisen J, Hoffmann J, et al. Some dietary fibers reduce the absorption of carotenoids in women[J]. J Nutr, 1999, 129: 2170-2176.
[26] Hoffmann J, Linseisen J, Reidl J, et al. Dietary fiber reduces the antioxidative effect of a carotenoid and alpha-tocopherol mixture on LDL oxidation ex vivo in humans[J]. Eur J Nutr, 1999, 38: 278-285.
[27] Alberg A. The influence of cigarette smoking on circulating concentrations of antioxidant micronutrients[J]. Toxicology, 2002, 180(2): 121-137.
[28] Berendschot TT, Goldbohm RA, Klopping WA, et al. Influence of lutein supplementation on macular pigment, assessed with two objective techniques[J].Invest Ophthalmol Vis Sci, 2000, 41: 3322-3326.
[29] Brady WE, Mares-Perlman JA, Bowen P, et al. Human serum carotenoid concentrations are related to physiologic and lifestyle factors[J]. J Nutr, 1996, 126(1): 129-137.
[30] Erdman JW Jr., Bierer TL, Gugger ET. Absorption and transport of carotenoids[M]. In Carotenoids in Human Health, ed. New York: NY Acad, 1993, 76–86.
[31] Goldstein JL, Brown MS. The LDL receptor defect in familial hypercholesterolemia. Implications for pathogenesis and therapy[J]. Med Clin North Am,1982, 66: 335-362.
[32] Goulinet S, Chapman MJ. Plasma LDL and HDL subspecies are heterogenous in particle content of tocopherols oxygenated and hydrocarbon carotenoids-Relevance to oxidative resistance and atherogenesis[J]. Arterioscler Thromb Vasc Biol,1997, 17: 786-796.
[33] Wang W, Connor SL, Johnson EJ, et al. The effect of a high lutein and zeaxanthin diet on the concentration and distribution of carotenoids in lipoproteins of elderly people with and without age related macular degeneration[J]. Am J Clin Nutr,2007, 85: 762-769.
[34] Ojima F, Sakamoto H, Ishiguro Y, et al. Consumption of carotenoids in photosensitized oxidation of human plasma and plasma low-density lipoprotein[J]. Free Radic Biol Med,1993, 15: 377-384.
[35] Connor WE, Duell PB, Kean R, et al. The prime role of HDL to transport lutein into the retina: evidence from HDL-deficient wham chicks having a mutant abca1 transporter[J]. Invest Ophthalmol Vis Sci, 2007, 48(9): 4226-4231.
[36] Ahmed SS, Lott MN, Marcus DM. The macular xanthophylls[J]. Surv Ophthalmol, 2005, 50(2): 183-193.
[37] Krinsky NI. Possible biologic mechanisms for a protective role of xanthophylls[J]. J Nutr, 2002, 132(3): 540S-542S.
[38] Davignon J, Cohn JS, Mabile L, et al. Apolipoprotein E and atherosclerosis: insight from animal and human studies[J]. Clin Chim Acta, 1999, 286: 115-143.
[39] Ishida BY, Bailey KR, Duncan KG, et al. Regulated expression of apolipoprotein E by human retinal pigment epithelial cells[J]. J Lipid Res, 2004, 45: 263-271.
[40] Klaver CC, Kliffen M, van Duijn CM, et al. Genetic association of apolipoprotein E with age-related macular degeneration[J]. Am J Hum Genet, 1998, 63: 200-206.
[41] Baird PN, Guida E, Chu DT, et al. The epsilon2 and epsilon4 alleles of the apolipoprotein gene are associated with age-related macular degeneration[J]. Invest Ophthalmol Vis Sci, 2004, 45: 1311- 1315.
[42] Thomson LR, Toyoda Y, Langner A, et al. Elevated retinal zeaxanthin and prevention of light-induced

photoreceptor cell death in quail[J]. Invest Ophthalmol Vis Sci, 2002, 43(11): 3538-3549.
[43] Shanmugaratnam J, Berg E, Kimerer L, et al. Retinal muller glia secrete apolipoproteins E and J which are efficiently assembled into lipoprotein particles[J]. Brain Res Mol Brain Res, 1997, 50(1-2): 113-120.
[44] Loane E, Mckay GJ, Nolan JM, et al. Apolipoprotein E genotype is associated with macular pigment optical density[J]. Invest Ophthalmol Vis Sci, 2010, 51(5): 2636-2643.
[45] Huang YM, Yan SF, Ma L, et al. Serum and macular responses to multiple xanthophyll supplements in patients with early age-related macular degeneration[J]. Nutrition, 2013, 29(2): 387-392.
[46] Klein R, Rowland ML, Harris MI. Racial/ethnic differences in age-related maculopathy. Third National Health and Nutrition Examination Survey[J]. Ophthalmology, 1995, 102: 371-381.
[47] Yao L, Liang Y, Trahanovsky WS, et al. Use of a 13C tracer to quantify the plasma appearance of a physiological dose of lutein in humans[J]. Lipids, 2000, 35: 339-348.
[48] Kelm MA, Flanagan VP, Pawlosky RJ, et al. Quantitative determination of ^{13}C-labeled and endogenous beta-carotene, lutein, and vitamin A in human plasma[J]. Lipids, 2001, 36: 1277-1282.
[49] Lienau A, Glaser T, Tang G, et al. Bioavailability of lutein in humans from intrinsically labeled vegetables determined by LC-APCI-MS[J]. J Nutr Biochem, 2003, 14: 663-670.
[50] Burri BJ, Park JY. Compartmental models of vitamin A and beta-carotene metabolism in women[J]. Adv Exp Med Biol, 1998, 445: 225-237.
[51] Mares-Perlman JA, Fisher AI, Klein R, et al. Lutein and zeaxanthin in the diet and serum and their relation to age-related maculopathy in the third national health and nutrition examination survey[J]. Am J Epidemiol,2001, 153: 424-432.
[52] Zhiyong Zou, Xianrong Xu, Yangmu Huang, et al. High serum level of lutein may be protective against early atherosclerosis: The Beijing atherosclerosis study. Atherosclerosis,2011(219): 789-793.
[53] Yang-Mu Huang, Shao-Fang Yan, Le Ma, et al. Serum and macular responses to multiple xanthophyll supplements in patients with early age-related macular degeneration. Nutrition, 2013, 29: 387–392.
[54] Yeum KJ, Lee-Kim YC, Zhu S, et al. Serum concentrations of antioxidant nutrients in healthy American, Chinese and Korean adults[J]. Asia Pac J Clin Nutr, 1999, 8(1): 4-8.
[55] Stimpson JP, Urrutia-Rojas X. Acculturation in the United States is associated with lower serum carotenoid levels: Third National Health and Nutrition Examination Survey[J]. J Am Diet Assoc, 2007, 107(7): 1218-1223.
[56] Patrick B, Charles D, Marion N, et al.Interindividual variability of lutein bioavailability in healthy men: characterization, genetic variants involved, and relation with fasting plasma lutein concentration[J]. Am J Clin Nutr, 2014,100: 168–175.
[57] Bone RA, Landrum JT, Friedes LM, et al. Distribution of lutein and zeaxanthin stereoisomers in the human retina[J]. Exp Eye Res, 1997, 64: 211-218.
[58] Bone RA, Landrum JT. Dose-dependent response of serum lutein and macular pigment optical density to supplementation with lutein esters[J]. Arch Biochem Biophys, 2010, 504(1): 50-55.
[59] Malinow MR, Feeney-Burns L, Peterson LH, et al. Diet-related macular anomalies in monkeys[J]. Invest Ophthalmol Vis Sci, 1980, 19: 857-863.
[60] Granado F, Olmedilla B, Gil-Martinez E, et al. Lutein ester in serum after lutein supplementation in human subjects[J]. Br J Nutr, 1998, 80: 445-449.
[61] Koh HH, Murray IJ, Nolan D, et al. Serum and macular responses to lutein supplement in subjects with and without age-related maculopathy: a pilot study[J]. Exp Eye Res, 2004, 79: 21-27.
[62] Landrum JT, Bone RA. Lutein, zeaxanthin, and the macular pigment[J]. Arch Biochem Biophys, 2001, 385: 28-40.
[63] Johnson EJ, Neuringer M, Russell RM, et al. Nutritional manipulation of primate retinas, III: effects of lutein or zeaxanthin supplementation on adipose tissue and retina of xanthophyll-free monkeys[J]. Invest Ophthalmol Vis Sci, 2005, 46: 692-702.
[64] Bone RA, Landrum JT, Fernandez L, et al: Analysis of the macular pigment by HPLC: retinal distribution and age study[J]. Invest Ophthalmol Vis Sci, 1988,29: 843–849.
[65] Loane E, Nolan JM, O'Donovan O, et al. Transport and retinal capture of lutein and zeaxanthin with reference to age-related macular degeneration[J]. Surv Ophthalmol, 2008, 53: 68-81.
[66] Robson AG, Moreland JD, Pauleikhoff D, et al. Macular pigment density and distribution: comparison of fundus autofluorescence with minimum motion photometry[J]. Vision Res, 2003, 43: 1765-1775.

[67] Yemelyanov AY, Katz NB, Bernstein PS. Ligand-binding characterization of xanthophyll carotenoids to solubilized membrane proteins derived from human retina[J]. Exp Eye Res, 2001, 72: 381-392.

[68] Bernstein PS, Balashov NA, Tsong ED, et al. Retinal tubulin binds macular carotenoids[J]. Invest Ophthalmol Vis Sci, 1997, 38: 167-175.

[69] Li B, Vachali P, Bernstein PS. Human ocular carotenoid-binding proteins[J]. Photochem Photobiol Sci, 2010, 9(11): 1418-1425.

[70] Bernstein PS, Khachik F, Carvalho LS, et al. Identification and quantitation of carotenoids and their metabolites in the tissues of the human eye[J]. Exp Eye Res, 2001, 72: 215-223.

[71] Bhosale P, Larson AJ, Southwick K, et al. Identification and characterization of a zeaxanthin binding protein purified from human macula[J]. Invest Ophthalmol Vis Sci, 2004, 279: 49447-49454.

[72] Bhosale P, Bernstein PS. Synergistic effects of zeaxanthin and its binding protein in the prevention of lipid membrane oxidation[J]. Biochim Biophys Acta, 2005, 1740: 116-121.

[73] Bhosale P, Bernstein PS. Vertebrate and invertebrate carotenoid-binding proteins[J]. Arch Biochem Biophys, 2007, 458: 121-127.

[74] Bhosale P, Larson AJ, Frederick JM, et al. Identification and characterization of a Pi isoform of glutathione Stransferase (GSTP1) as a zeaxanthin-binding protein in the macula of the human eye[J]. J Biol Chem, 2004, 279: 49447-49454.

[75] Anderson DH, Ozaki S, Nealon M, et al. Local cellular sources of apolipoprotein E in the human retina and retinal pigmented epithelium: implications for the process of drusen formation[J]. Am J Ophthalmol, 2001, 131: 767-781.

[76] Zaripheh S, Erdman JW Jr. Factors that influence the bioavailability of xanthophylls[J]. J Nutr, 2002, 132: 531-534.

[77] Moeller SM, Voland R, Sarto GE, et al. Women's Health Initiative diet intervention did not increase macular pigment optical density in an ancillary study of a subsample of the Women's Health Initiative[J]. J Nutr, 2009, 139: 1692-1629.

[78] Mares JA, Larowe TL, Snodderly DM, et al. Predictors of optical density of lutein and zeaxanthin in retinas of older women in the carotenoids in age-related eye disease study, an ancillary study of the Women's Health Initiative[J]. Am J Clin Nutr, 2006, 84(5): 1107-1122.

[79] Hammond BR, Wooten BR, Snodderly DM. Individual variations in the spatial profile of human macular pigment[J]. J Opt Soc Am A Opt Image Sci Vis, 1997, 14: 1187-1196.

[80] Hammond BJ, Ciulla TA, Snodderly DM. Macular pigment density is reduced in obese subjects[J]. Invest Ophthalmol Vis Sci, 2002, 43(1): 47-50.

[81] Toyoda Y, Thomson LR, Langner A, et al. Effect of dietary zeaxanthin on tissue distribution of zeaxanthin and lutein in quail[J]. Invest Ophthalmol Vis Sci, 2002, 43: 1210-1221.

[82] Khachik F, Bernstein PS, Garland DL. Identification of lutein and zeaxanthin oxidation products in human and monkey retinas[J]. Invest Ophthalmol Vis Sci, 1997, 38: 1802-1811.

[83] Khachik F, de Moura FF, Zhao DY, et al. Transformations of selected carotenoids in plasma, liver, and ocular tissues of humans and in nonprimate animal models[J]. Invest Ophthalmol Vis Sci, 2002, 43: 3383-3392.

[84] Khachik F, de Moura FF, Chew EY, et al. The effect of lutein and zeaxanthin supplementation on metabolites of these carotenoids in the serum of persons aged 60 or older[J]. Invest Ophthalmol Vis Sci, 2006, 47: 5234-5242.

[85] Nidhi B, Ramaprasad TR, Baskaran V. Dietary fatty acid determines the intestinal absorption of lutein in lutein deficient mice[J]. Food Res Int, 2014, 64: 256-26.

[86] Chen L, Collins XH, Tabatabai LB, et al. Use of a ^{13}C tracer to investigate lutein as a ligand for plasma transthyretin in human[J]. Lipids, 2005, 40: 1013-1022.

第五章

叶黄素的生物学作用

摘　要

　　叶黄素的生物学作用是由其分子结构、理化性质及其固有的特性所决定。研究证实，叶黄素具有多方面的生物学作用，如构成视网膜黄斑色素（MP）、滤过蓝光、抗氧化及免疫保护作用，前二者是叶黄素独特的作用，是其他任何化合物难以替代的。

　　叶黄素与其异构体玉米黄素共同构成视网膜MP，维持黄斑结构的正常和完整，进而保护视觉功能。黄斑是视网膜的主要功能区，黄斑中心凹是视觉最敏锐的区域，能将经屈光系统在视网膜黄斑区形成的物象，转变成神经冲动，通过视神经将冲动传入中枢神经系统，在大脑皮质的视觉中枢产生视觉。人体摄入的叶黄素和玉米黄素经吸收进入血液后，主要浓集于视网膜黄斑，在黄斑中心凹的浓度超过其在血浆中浓度的1000倍。在视网膜，玉米黄素主要集中在黄斑区中央部，分布与视锥细胞相一致；叶黄素主要分布在黄斑区中心凹的周围，分布与视杆细胞相一致。能确切反映视网膜MP浓度的指标是黄斑色素密度（MPOD），通过测量MPOD，了解视网膜黄斑区的形态、结构与功能状况。人类能通过增加叶黄素/玉米黄素的摄入量，提高其在血清中的浓度，进而增加视网膜中MPOD，且有益于降低AMD的罹患风险。

　　视网膜组织结构特征为富氧环境、线粒体丰富，富含多不饱和脂肪酸，以及光能负荷大，极易发生化学反应，尤其易被蓝光损伤。蓝光能引起视网膜色素上皮细胞（RPE）、感光细胞（视锥细胞与视杆细胞）、Müller细胞的损伤和凋亡，细胞线粒体损伤及自由基的产生和脂质过氧化。叶黄素的最大吸收波长在蓝光波长范围内，能较强地吸收近于紫外光的高能量光子，滤过损害光感受器和视网膜色素上皮的蓝光。且能猝灭活性氧自由基（ROS），减少氧化代谢产物MDA及光氧化毒性代谢产物A2E的产生，从而减少对视网膜的氧化损伤。

　　在人体内，叶黄素是较强的抗氧化剂，能遏制和清除新陈代谢及氧化应激过程产生的ROS，淬灭单线态氧，阻止脂质过氧化的发生，预防和控制氧化损伤相关疾病的发生。叶黄素的抗氧化活性由其分子结构决定，其多烯链上有9个共轭双键，分子两端的紫罗酮环上各结合一个羟基，共轭双键能为淬灭自由基反应提供电子，紫罗酮环上的羟基增加了分子的极性。叶黄素的抗氧化活性与多种因素有关，如浓度、温度、氧分压及其他抗氧化剂的存在等，在适当的浓度、温度、氧分压和与其他抗氧化剂的联合作用下，能发挥最佳抗氧化效果。叶黄素抗氧化机制主要为物理性淬灭与化学反应及共轭双键的作用。

　　免疫保护是叶黄素的间接作用，是通过其抗氧化作用而使免疫细胞免受自由基的损伤，从而保护免疫细胞结构的完整和功能的正常。在细胞内，叶黄素能维持机体氧化-抗氧化系统的平衡，抵御免疫细胞的氧化损伤，维持其正常结构与功能。同时，叶黄素能刺激和增强机体迟发型超敏反应，增强 ConA 诱导的淋巴细胞增殖反应，选择性诱导人乳腺癌细胞的凋亡而对正常人乳腺细胞无明显影响。叶黄素还能影响补体成分的表达，从而抑制先天性免疫系统所介导的炎症过程。关于叶黄素免疫保护作用的机制，有研究者认为可能通过调控免疫细胞基因表达、调控凋亡基因表达以及通过调节膜流动性和细胞间的连接来影响免疫功能，但阐明其作用的分子机制还需要更多的研究证据。

第一节　构成视网膜黄斑色素

　　叶黄素与其异构体玉米黄素共同构成视网膜黄斑色素，这是其生物学作用的物质基础，也是其对视觉保护作用和有益于相关眼病预防的生理学机制之一。

　　人的视觉是由视器官（眼）、视神经和大脑皮质的视觉中枢共同活动完成的生理过程。外界的光波通过视器官（眼）的屈光系统在视网膜感光层聚焦，形成清晰的物像；视网膜感受光的刺激，感光细胞能将这种光信号转换成神经冲动，经双极神经元及神经节细胞等传导至大脑皮质视中枢产生视觉。视器官兼具屈光成像和感光换能两种功能。视器官包括眼球、视路及其附属器三部分。眼球又包括眼球壁和内容物两部分，眼球壁由三层膜构成，能产生视觉的是最内层的视网膜，在视网膜黄斑区的中心凹是视觉最敏锐处。

一、视网膜结构与黄斑

（一）视网膜结构

　　视网膜（retina）位于眼球壁的最内层，占眼球内表面的后 2/3。视网膜是精细的薄膜样组织，除色素上皮以外呈透明状，光滑、无弹性，厚度为 0.1~0.5 mm。视网膜的结构和功能复杂，其中重要结构有黄斑和视盘。

　　1. 黄斑与视盘

　　（1）黄斑（macular region）　位于在视网膜的后极部，呈一浅漏斗状的小凹陷，无血管，由于该区富含黄斑色素而得名。详见本节（三）黄斑。

　　（2）视盘（optic disc）　又称为视神经乳头（optic nerve papilla），位于视网膜后极部内侧约 3 mm 处，颜色比周围视网膜淡很多。视盘边缘轻度隆起，中央轻度凹陷，又称为"生理性凹陷"，凹陷处有视网膜中央动、静脉穿过。视盘处无视神经细胞——感光细胞（视杆细胞和视锥细胞），故对光线无感觉，被称为"生理性盲点"[1-2]。

　　视网膜结构中的黄斑与视盘见图 5-1-1（彩图见书末）。

　　2. 视网膜的组织结构[1-2]

　　视网膜由外向内分为 10 层，分别为：

　　（1）色素上皮层（retinal pigment epithelium layer）　由单层视网膜色素上皮（retinal

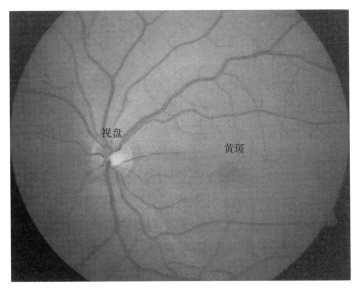

图 5-1-1　中年人正常眼底
（引自：张惠蓉．眼底病图谱 [M]．北京：人民卫生出版社，2007．）

pigment epithelium，RPE）细胞构成。色素上皮细胞呈六角形，其顶端含有大量微皱襞和微绒毛突起，内含有许多色素颗粒。RPE 对视网膜的功能十分重要。

（2）视锥视杆细胞层（layer of rod and cone）　又称为感光细胞层（photoreceptor layer），由视锥细胞和视杆细胞的感光突构成。

视锥细胞和视杆细胞的密度在视网膜的不同部位有所不同，在视网膜中心凹处视锥细胞最密集，而无视杆细胞，随着向周边部推移，视锥细胞逐渐减少，而视杆细胞逐渐增多。

（3）外界膜（outer limiting membrane）　外界膜并不是一层真正意义上的膜，它由细胞之间的粘连小带所构成，在光学显微镜下，显示为一条致密浓染的线。具有隔开感光细胞的内部与其细胞核的作用。

（4）外核层（outer nuclear layer）　也称外颗粒层，主要为视锥细胞与视杆细胞的细胞核与细胞体，从细胞体发出的轴突伸向外丛状层，与双极细胞、水平细胞形成突触。

（5）外丛状层（outer plexiform layer）　呈疏松的网状结构，由视锥细胞和视杆细胞的轴突与双极细胞树突及水平细胞的突起相连接的部位，该突触部位是视觉信息处理和传递的基本结构。此外，外丛状层还含有 Müller 细胞的突起。

（6）内核层（inner nuclear layer）　又称内颗粒层，由 4 种细胞按层次排列组成。由外至内依次为水平细胞、双极细胞、Müller 细胞及无长突细胞。水平细胞与外丛状层相邻，无长突细胞紧邻内丛状层。

（7）内丛状层（inner plexiform layer）　主要由双极细胞的轴突及神经节细胞的树突构成，并以突触形式相接触。

（8）神经节细胞层（ganglion cell layer）　该层由神经节细胞的细胞体构成。大部分视网膜只有一层神经节细胞，但从视网膜的周边部到黄斑区该细胞层数逐渐增加，黄斑区可达到 10 层，然后又逐渐减少，至中心凹处没有神经节细胞。

（9）神经纤维层（nerve fiber layer）　由神经节细胞的轴突组成，此外还有传出纤维、

Müller 纤维、神经胶质细胞和视网膜血管。该层内含有丰富的血管系统。

（10）内界膜（inner limiting membrane） 由 Müller 细胞衍生而成的Ⅳ型胶原与精蛋白构成，本质是 Müller 细胞的基底膜。

（二）视网膜的主要细胞

视网膜主要包括四层细胞，由外向内依次为色素上皮细胞、视锥细胞和视杆细胞、双极细胞及神经节细胞[3-4]。除色素上皮细胞外，其他三种细胞均为神经细胞，即具有感光和传导作用的神经元。

1. 色素上皮细胞

RPE 细胞顶端含有很多微皱襞和微绒毛突起，伸入至视锥细胞和视杆细胞间隙，并包围着它们。细胞质内细胞器丰富，有发达的粗面内质网、滑面内质网及高尔基体，线粒体尤其发达。细胞内含有大量的色素颗粒，但对色素颗粒颜色的描述尚不一致，有的专著称其为黑色素颗粒[3-4]，有的称其为褐色颗粒[5-6]。在超显微镜下，色素颗粒有两种：一种是圆形，分布在细胞的基底，呈深红褐色；另一种是纺锤形，分布在细胞的色素突，呈淡黄褐色[4-5]。

RPE 细胞具有多种功能，其主要功能如下：

（1）屏障作用　RPE 细胞能过滤大分子物质由脉络膜进入视网膜感光细胞层。

（2）吸光与过滤强光，保护视细胞　当强光刺激时，RPE 细胞内的色素颗粒能吸收光能，阻止过多的光线照射至视网膜，并能减低光散射，有利于提高物像分辨率；当光线较弱时，RPE 细胞的突起缩回到胞体，使视细胞能充分接受光的刺激。如白化病患者的色素细胞内缺少色素，因而惧怕强光。

（3）输送营养和新陈代谢　能为相邻的视锥细胞和视杆细胞传送营养物质。如储存和释放视黄醇，而形成视紫红质；输送感光细胞及脉络膜的代谢产物等。

2. 视锥细胞与视杆细胞[3-4]

视锥细胞和视杆细胞又称视细胞、感光细胞，是视网膜内重要的功能细胞，二者均有感光作用，构成视器官的感光系统。视锥细胞和视杆细胞内含有感光物质，光刺激时，能引起感光物质的化学变化和电位改变，释放能量，产生神经冲动。

（1）视锥细胞　主要集中在黄斑区，在黄斑中心凹处则仅有视锥细胞，司明视觉和色觉。视锥细胞中的感光物质是视紫蓝质，能感受强光。此外，还含有三种不同色素，它们的最大吸收波长分别为 450 nm（蓝）、525 nm（绿）、550 nm（红），能分别吸收蓝光、绿光和红光，产生不同的色觉。

（2）视杆细胞　分布在视网膜黄斑的周围区域，司暗视觉。视杆细胞中的感光物质是视紫红质（维生素 A 类与视蛋白的结合物），能感受弱光，即在弱光下视物，又称为暗视觉。当人体缺乏维生素 A 时，引起视紫红质合成不足，对弱光的视敏度降低，能引起夜盲症。

3. 双极细胞[3-4]

双极细胞为联合神经元，是视网膜内第二级神经元。该细胞胞体较小，呈卵圆形，由胞体向内、外各伸出一个突起，起着联络视锥细胞、视杆细胞和神经节细胞的作用。双极细的树突连接视锥细胞和视杆细胞，轴突连接神经节细胞，将感光细胞的神经冲动传递给神经节细胞。

4. 神经节细胞[3-4]

位于视网膜的最内层，由多极的神经节细胞组成。节细胞树突与双极细胞联系；神经节细胞的轴突延伸至视神经乳头处，穿过筛板，形成视神经纤维。

视锥细胞和视杆细胞感受光刺激后，产生一系列光化学和电位变化，形成神经冲动，传导至双极细胞，再传递到神经节细胞，经视神经、视束等，最后传到大脑皮质枕叶视中枢产生视觉。

视网膜的主要细胞见图 5-1-2（彩图见书末）。

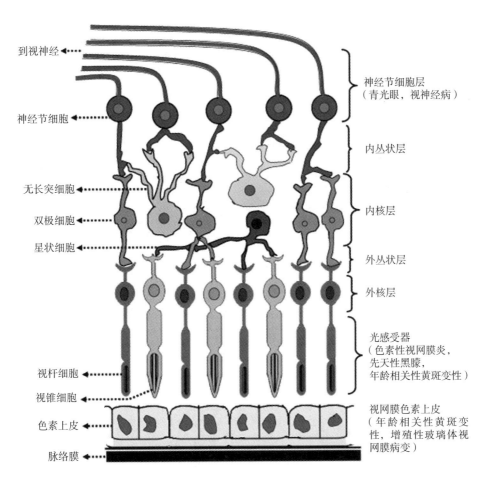

图 5-1-2 视网膜的细胞结构示意图

（引自：Naik R, Mukhopadhyay A, Ganguli M. Gene delivery to the retina: focus on non-viral approaches [J]. Drug Discovery Today, 2009, 14: 306-315.）

(三)黄斑

黄斑(macular region)是视网膜的重要解剖与生理结构,是视网膜的主要功能区域。

黄斑位于在视网膜的后极部,呈圆盘形、浅漏斗状的小凹陷,无血管,因富含黄斑色素而得名。黄斑直径约 5 mm,中央有一凹陷,直径约 1.5 mm,称为中心凹(fovea centralis),又称为黄斑中心凹。中心凹的底部为小凹(foveola),此处是视网膜上视觉最敏锐的区域。

1. 黄斑的组织结构特点[1,3]

(1)黄斑含有黄斑色素(由叶黄素与玉米黄素构成),呈黄色。
(2)黄斑部的视网膜极薄,中心凹的底部只有视锥细胞,易接受光的刺激。
(3)黄斑部的视锥细胞具有密度高、形态细长的特点。①黄斑中心凹底部的视锥细胞密度最高,可达 147000 个/mm^2,且每个视锥细胞和一个双极细胞及一个神经节细胞相连接,加快了其神经冲动传递的速度和准确性。②黄斑部的视锥细胞与视网膜其他部位的视锥细胞不同,它们的胞体较细长,横径约 1.5 μm,长约 80 μm;细胞核较大,约 7 μm。
(4)黄斑部呈浅倾斜面,能够避免光线的吸收和弥散,有益于成像清晰。
(5)黄斑无血管,除色素上皮细胞外,高度透明。

2. 黄斑的功能

黄斑是视网膜的主要功能区,主要功能是感受光刺激和传导神经冲动。黄斑中心凹是视觉最敏锐的区域。外界物体发出的光,经眼的折(屈)光系统在视网膜主要是在黄斑部形成物象,并将光能转变成神经冲动,通过视神经将冲动传入中枢神经系统,在大脑皮质的视觉中枢产生视觉。

黄斑部的结构和生理特点与视网膜其他部位有所不同,这些特点即有益于其感光作用和视觉功能,又成为一些眼病,如特发性黄斑前膜、黄斑裂孔、年龄相关性黄斑变性等,特定的发病部位[1,3]。

3. 黄斑部形态与功能检查

黄斑是视觉最敏锐的部位,又是眼底疾病好发的部位,黄斑疾病对中心视觉和视功能造成很大损伤,严重影响患者的生活质量。临床上用于黄斑形态和功能检查的方法很多,常见的有:

(1)黄斑形态检查 常用的方法有检眼镜检查(包括直接检眼镜、间接检眼镜、裂隙灯显微镜配置前置镜或三面镜)、光学相干断层扫描(OCT)、共焦激光眼底断层扫描(HRT)、眼底照相、视网膜厚度分析仪(RTA)及荧光素眼底血管造影(FFA)等[7]。
(2)黄斑功能检查 包括心理物理学检查和电生理检查,常用的方法有中心视力(远/近视力)、对比敏感度、色觉检查、视野检查、局部眼电图(LEOG)等[7]。

二、叶黄素与视网膜黄斑色素

视网膜黄斑色素的结构成分是近 30 年来才被研究证实。早在 1945 年,Wald 曾提出,人类视网膜黄斑中的黄色色素可能源于绿色植物中类胡萝卜醇家族中的成员[8],他的提示为后来的进一步研究奠定了基础。1985 年，Bone RA 的研究证实，视网膜黄斑色素是由叶黄素和玉米黄素构成，首次明确了黄斑色素的组成成分，并提出膳食补充类胡萝卜素能增加视网膜黄斑色素的密度[9]。揭示了视网膜黄斑色素的化学组成与本质及与人类饮食的关系。在经典的眼科学及眼解剖学专著中，阐述黄斑色素的结构成分及分布的内容有限，故本文中更多的相关内容主要来源于近些年的研究文献。

（一）视网膜黄斑色素

1. 结构成分与来源

黄斑色素（macular pigment，MP）主要分布在视网膜黄斑区，由两种类胡萝卜素即叶黄素（lutein）和玉米黄素（zeaxanthin）构成[9]。在人类，MP 的构成和浓度个体差异很大[1]。

叶黄素和玉米黄素主要来源于膳食，由膳食摄入的叶黄素和玉米黄素被吸收入血后，分布在身体不同的组织器官中，并能经血-视网膜屏障进入并分布在整个视网膜，以黄斑区的含量和浓度最高。叶黄素和玉米黄素在黄斑区的总浓度大约为 1 mmol/L，远高于它们在血清、肝、肾等其他组织器官中的浓度（0.1～3.0 μmol/L）[10]。有研究显示，叶黄素在黄斑区的浓度可达到其在血清中浓度的 500～1000 倍[11]。提示视网膜黄斑区可能是叶黄素及玉米黄素的靶组织，在该区域可能存在某些调节叶黄素和玉米黄素摄取、固定或储存的特异基因或结合蛋白[12-13]。

2. 组织分布

关于 MP 在视网膜黄斑区组织结构中分布的具体位置，目前尚不十分明确。有研究认为，MP 主要存在于形成 Helen 纤维的视锥细胞的轴突内以及内丛状层和视杆细胞的外节内[10]。也有人认为，MP 在外核层与外丛状层浓度最高，且存在于节细胞及双极细胞内[1]。关于 MP 在黄斑区的组织分布，有待进一步的研究证实。

3. 主要功能

MP 的功能主要是通过叶黄素与玉米黄素的功能体现的。临床研究证明，MP 对视网膜具有保护作用，特别是能预防年龄相关性黄斑变性（age-related macular degeneration，AMD）。尽管 AMD 的致病机制尚未完全明了，但氧化应激是其致病因素之一。早在 1982 年，德国科学家就发现人视网膜中的黄斑色素具有抗氧化作用[14]。后来的研究又证实，黄斑色素能有效地滤过蓝光，减少视网膜的光损伤[15]。

视网膜是耗氧量极高的组织，其感光细胞层具有较高的氧分压。在视杆细胞外节中富含长链多不饱和脂肪酸（polyunsaturated fatty acids，PUFA），如二十二碳六烯酸。加之，视网膜黄斑区长期暴露于可见光的生理特性，视网膜中的光敏分子吸收光子后，受到激发产生自由基，极易发生脂质过氧化反应，对视网膜和光感细胞造成过氧化损伤[16]。

MP 主要通过以下两种方式在光损伤中对视网膜发挥保护作用：一是对蓝光的滤过作用，通过吸收、滤过蓝光，减少对视网膜黄斑的光氧化损伤。二是作为抗氧化剂，淬灭活性氧自由基，抵御自由基对视网膜的氧化损伤。有研究证实，MP 的含量与 RPE 中光毒性荧光团 A2E 等的含量呈负相关[17]，MP 能够通过抑制 A2E 等光毒性荧光团，保护细胞色素氧化酶免受永久损伤[18]。

（二）叶黄素与玉米黄素在视网膜的分布特点

叶黄素与玉米黄素是同分异构体，虽然他们在结构上极其相似，但在视网膜中的分布确有着各自的特点与规律。

1. 叶黄素 / 玉米黄素在视网膜分布与视细胞的关系

在视网膜中，叶黄素和玉米黄素的分布与视锥细胞和视杆细胞的分布密切相关。叶黄素的浓度在视网膜黄斑周边部较高，该区域为视杆细胞最密集的区域，然后其含量随着距中心凹距离渐远而递减。玉米黄素的浓度在视网膜黄斑中心凹最高，该区域为视锥细胞最密集的区域，在黄斑中心凹中央处仅有视锥细胞[19-20]。研究者还发现，从黄斑中心凹到视网膜周边部，叶黄素与玉米黄素的比值与视杆细胞和视锥细胞的比值呈线性相关[10]。

故有人推论，玉米黄素选择性分布在视锥细胞中，而叶黄素只分布在视杆细胞中。然而，这种假设被后来的研究所推翻，因发现在无视杆细胞存在的黄斑中心凹同时存在叶黄素和玉米黄素。采用灵长类动物研究证实，在松鼠猴和恒河猴的视网膜黄斑中心，存在高浓度的叶黄素和玉米黄素[21]。

2. 叶黄素 / 玉米黄素在视网膜分布的比值

自然界、人体内及视网膜黄斑区叶黄素和玉米黄素的浓度和比值存在着一定的变化规律。在自然界，叶黄素的分布比较广泛，其含量远高于玉米黄素，而玉米黄素的来源比较有限。在天然植物中，叶黄素与玉米黄素的含量比为 12～63：1[22]，叶黄素的含量高于玉米黄素数十倍。在人血清中，叶黄素与玉米黄素的浓度比为 5～10：1[22-23]，二者比值的差距缩小。而在视网膜黄斑区，叶黄素与玉米黄素的浓度比为 1：2，在黄斑中心凹的中央处叶黄素与玉米黄素的浓度比是 1：2.4[24]。即玉米黄素的含量和浓度及与叶黄素的比值从食物→人血清→视网膜黄斑区→黄斑中心凹中央处，逐级浓缩和提高，特别在高视敏度的视网膜黄斑中心凹的中央处，玉米黄素的含量反而是叶黄素的 2～4 倍，而叶黄素主要分布在黄斑区中心凹的周围[25]。

综上所述，叶黄素与玉米黄素经食物进入人体后主要浓集于视网膜，且二者在视网膜及黄斑区的分布与视锥细胞及视杆细胞的分布相一致，尤其是玉米黄素在视网膜黄斑区的分布和含量均占据重要地位。由此推测：①视网膜及黄斑区可能是叶黄素和玉米黄素的靶组织；②在视网膜，叶黄素的分布与视杆细胞的相一致，玉米黄素的分布与视锥细胞相一致，二者之间可能还存在着更为深刻的内部关系；③玉米黄素在视觉维护中可能发挥不可忽视的重要的作用。

相关研究结果证实了这一推测。当采用氘化玉米黄素喂养鹌鹑 12 周，质谱分析显示，在视网膜中发现 94% 的氘化玉米黄素[26]，摄入的玉米黄素经吸收后主要集中在了视网膜。在人群干预研究中，分别用叶黄素、玉米黄素、叶黄素 + 玉米黄素，对受试对象实施干预一年，结果发现，叶黄素 + 玉米黄素组对提高视网膜黄斑色素密度（MPOD）的效果最佳[27]，提示叶黄素与玉米黄素不仅在结构上相似，相依而存，难以分离，在构成视网膜黄斑色素和功能上也相辅相成。

（三）叶黄素与玉米黄素在视网膜的转运机制

叶黄素和玉米黄素转运至视网膜及黄斑区的机制，目前尚不十分明确。

一些研究认为，人体摄入的叶黄素和玉米黄素经吸收进入血液后，经载脂蛋白 E 的 HDL 亚型转运至视网膜，它可能是叶黄素的特定载体[28]。血液中的叶黄素进入视网膜由特定的 xanthophylⅡ 结合蛋白（XBP）介导，叶黄素结合蛋白在视网膜捕获叶黄素过程中起着重要的作用[29,31]。叶黄素及玉米黄素在血浆中的浓度为 0.1～0.6 μmol/L，但在视网膜黄斑区中心凹的浓度超过其 1000 倍[11,30]，说明视网膜存在着对二者选择性摄取的机制。

有研究显示，叶黄素和玉米黄素能被视网膜 RPE 摄取，通过 SR-BI 依赖的途径转运[31]。视网膜存在的叶黄素特异结合蛋白 HR-LBP 与玉米黄素特异结合蛋白 GSTP1，在捕获叶黄素和玉米黄素的过程中起重要作用[32]。最早曾认为，与叶黄素在视网膜沉积和固定相关的是存在于中心凹轴突层的微管蛋白（tubulin），后来发现它可结合多种类胡萝卜素，缺乏结合叶黄素的特异性[33]。近些年，从中心凹 Henle 纤维膜分离纯化出一种特异性叶黄素结合蛋白（谷胱苷肽 S-转移酶 Pi 亚型，GSTPI），它具有特异性结合叶黄素的能力，可能与叶黄素和玉米黄素的沉积和固定有关[32,34]。

近些年，从人类眼球中发现的 HR-LBP，其大小约为 29 kDa[35]。已有培养出的 ARPE-19 细胞系，其具有与活体视网膜相似的分化结构和功能特性，并成功地应用于科学研究中。

三、黄斑色素密度的评价指标与影响因素

目前，能准确反映视网膜 MP 含量或浓度的指标是黄斑色素密度（macular pigment optical density，MPOD）[36]。通过测量 MPOD，不仅能鉴定视网膜 MP 含量或浓度，了解视网膜黄斑区的形态、结构与功能状况；而且，有助于观察和研究 MP 与相关疾病的关系，进行疾病的综合诊断和早期预防与控制[37]。

（一）评价指标

MPOD 的测量方法主要有直接测量和间接测量两类。直接测量需要离体视网膜，除对捐献者的视网膜进行实验室研究外，无法应用于活体检测与评价。具有可行性和应用价值的是根据 MP 对光谱的吸收特性（在可见光范围内其吸收峰值在 460 nm 左右）[19]，依其光学密度（physical density）进行检测。

目前，尚无统一的 MPOD 的测定方法，常用的方法有自体荧光光谱测定法、眼底光谱反射测定法、激光扫描检眼镜法及拉曼共振分光测量法[38-42]，这些方法的基本原理相近，且结果具有可比性[43]，其中比较常用的是自体荧光光谱测定法。

1. 自体荧光光谱测定法

自体荧光光谱测定法（autofluorescence spectrometry）利用 RPE 中脂褐质自身荧光的特性。在活体中，脂褐素自身荧光的激发波段是 400~590 nm，发射波段是 520~800 nm。MP 使黄斑区脂褐质自身荧光的激发光谱与视网膜周边区不同。根据这两个区域激发光波长比值的对数反映 MPOD[43]。黄斑区对光的吸收特性还可通过自身荧光的眼底图像反映，该法如果结合激光扫描检影镜，效果会更好。

该方法是客观的检查方法，具有操作快、非侵入性、可重复性好等优点。但该方法可能受脂褐质发光团在视网膜上的分布及均一性的影响，且测定时被检查者需要散瞳，需要具有相应的仪器设备，仅适用于具备一定条件的实验室操作。

2. 眼底光谱反射测定法

眼底光谱反射测定法（spectral fundus reflectometry）利用 MP 对光的吸收特性，通过眼底图像来量化 MPOD。通常是用一台基于 TV 的眼底反射成像仪，在可见光范围内，以连续的窄幅光进行激发测量，最后对数字化的眼底图像进行分析。该法测得的 MPOD 的范围与其他方法测得的结果基本相符，被认为是一种比较可靠的测量方法。

该法亦存在一定缺陷，如血红蛋白与黑色素对短波长光也有吸收，对测量产生一定的干扰；该法只能测得 MPOD 的相对值；另外，光线在眼内的散射往往会影响测量，尤其是对老年人。

3. 激光扫描检眼镜法

激光扫描检眼镜法（scanning laser ophthalmoscope）与眼底光谱反射测定法的原理类同，但它是以分离的激光激发波长对眼底进行光栅扫描，产生关于 MP 和感光色素空间分布的详细信息。

该法的精确性高于眼底光谱反射测定法。但是，使用该法的前提是视网膜结构正常，如眼底已存在病变，则不适用该法。

4. 拉曼共振分光测量法

拉曼共振散射分光测量法（resonance Raman scattering）利用拉曼效应来测量 MPOD。根据 MP 的分子结构特性，采用单色激光束能够激发出具有特征性的拉曼信号，这些信号来自 MP P- 共轭分子碳骨架的单键与双键的弹性振动。利用分光计对拉曼信号进行整合分析，测量 MPOD。该法主要是测定 MP 中心 1mm 的色素密度，且拉曼信号随年龄的增加而降低。

本方法具有灵敏快速、非侵入性的、重复性好和评价客观的优势，并可用于视网膜疾病患者的测量。但该法测量 MP 与年龄间的关系时，需要对随年龄增加出现不透明视觉介质进行矫正，且对眼部组织它的参数不能量化，因此会出现误差。

准确测量 MPOD 是研究其生理作用的前提，但在以上各种测量方法中，没有一种方法是完美无缺的。所以，在测量 MPOD 之前，熟悉和了解各种测定方法的优势和缺陷，根据实验条件选择适宜的测量方法极为重要。

（二）影响因素

视网膜 MPOD 受多种因素的影响，如膳食叶黄素/玉米黄素的摄入量、年龄、性别、遗传、疾病、虹膜的颜色及环境因素等，其中对 MPOD 影响最大的是膳食叶黄素/玉米黄素的摄入量。

1. 膳食叶黄素摄入量

人类能通过摄入富含叶黄素与玉米黄素的膳食而增加 MP 的积累。增加膳食叶黄素与玉米黄素的摄入量，其在血清中的水平升高，视网膜中 MPOD 增加。能降低 AMD 的发病风险[44]，且对视觉功能的改善具有积极的意义[40]，并发现受损的视网膜组织能得到一定的修复[45, 29]。视网膜中 MPOD 与血浆中叶黄素的含量相关，血浆中叶黄素的含量与叶黄素的摄入量呈正相关[46-48]。因此，个体之间 MPOD 的差异，主要源于其膳食叶黄素/玉米黄素摄入量的差异。研究者对受试对象进行了为期 15 周的菠菜和玉米的前瞻性干预研究，干预后有 70% 的受试对象 MPOD 和血浆叶黄素与玉米黄素浓度均显著增加；15% 的受试对象 MPOD 未见改变，但血浆叶黄素和玉米黄素浓度显著增加；另外 15% 的受试对象两者均无改变[49]。对于 MPOD 增高的人群，在停止膳食调整数月后，其 MPOD 仍持续在高于基线的水平。分析 MPOD 的变化需要经历一个漫长的阶段和时间。

2. 叶黄素的额外补充

叶黄素制剂的额外补充，对于膳食叶黄素摄入量较低或者有特殊需要的人群而言，可能是一条捷径。研究发现，成人每天补充叶黄素 10～20 mg，连续 180 天，血清叶黄素浓度和视网膜 MPOD 均明显增加[27]。一项为期 12 个月随机双盲空白对照研究中，给 AMD 患者 10 mg/d 叶黄素，视网膜 MPOD 比对照组高出 50%，对比敏感度和视觉明显改善，而空白对照组的对比敏感度和视觉没有明显变化[50]。当研究者采用拉曼光谱法测定正常对照组、AMD 干预组及 AMD 对照组 MPOD 水平时，发现未服用叶黄素/玉米黄素的 AMD 对照组，视网膜 MPOD 比正常对照组低 32%；而每日服用叶黄素 4 mg，连续服用 3 个月的 AMD 干预组，MPOD 显著高于 AMD 对照组，其 MPOD 几乎已接近正常水平[51]。

上述研究，不仅表明叶黄素及玉米黄素补充能明显增加 MPOD，而且也证实人体 MPOD 下降是罹患 AMD 的危险因素，同时说明即使已经罹患 AMD，也能通过叶黄素补充提高其 MPOD 水平。

3. 其他因素

其他因素对 MPOD 的影响，是一个比较复杂的问题，目前的资料有限，尚难明确。有研究者对影响美国人群 MPOD 的相关因素进行的横断面调查，结果显示，MPOD 除与叶黄素补充量显著相关外，与性别、虹膜颜色、吸烟未发现相关性[52]。但亦有不同的研究结果，Hammond 等应用视觉电生理方法，分析性别对 MPOD 的影响，结果显示，在排除膳食叶黄素和玉米黄素的摄入量及其血浆浓度等因素的影响后，男性视网膜 MPOD 比女性高 38%[53]。关于年龄对 MPOD 的影响，有研究表明，2 岁以后及正常成年人的 MPOD 与叶黄素/玉米黄素的比值，不再随年龄显著改变[54]。

综上所述，关于视网膜 MPOD 影响的诸因素中，除叶黄素与玉米黄素摄入量得到更多的肯定外，其他因素尚难以确定。

（张秋香　林晓明）

参考文献

[1] 刘祖国, 颜建华. 眼科临床解剖学[M]. 济南: 山东科学技术出版社, 2009.
[2] Stephen J.Ryan, David R. Hinton. 黎晓新, 赵家良译. 视网膜[M]. 4 版. 天津: 天津科技翻译出版公司, 2012.
[3] 李美玉, 王宁利. 眼解剖与临床[M]. 北京: 北京大学医学出版社, 2003.
[4] 李秋明, 郑广瑛. 眼科应用解剖学[M]. 郑州: 郑州大学出版社, 2002.
[5] 倪逴. 眼的应用解剖学[M]. 上海: 上海科学技术出版社, 1982.
[6] 肖仁度. 实用眼科解剖学[M]. 太原: 山西人民出版社, 1983.
[7] 魏文斌. 合理应用黄斑部形态与功能检查, 提高黄斑疾病的诊治水平[J]. 眼科, 2006, 15(4): 227-229.
[8] Wald G. Human vision and the spectrum[J]. Science, 1945, 101: 653-658.
[9] Bone RA, Landrum JT, Tarsis SL. Preliminary identification of the human macular pigment[J]. Vision Res,

1985, 25: 1531-1535.

[10] Bone RA, Landrum JT, Friedes LM, et al. Distribution of lutein and zeaxanthin stereoisomers in the human retina[J]. Exp Eye Res, 1997, 64(2): 211-218.

[11] Landrum JT, Bone RA. Lutein, zeaxanthin, and the macular pigment[J]. Arch Biochem Biophys, 2001, 385: 28-40.

[12] Wang Y, Connor SL, Wang W, et al. The selective retention of lutein, meso-zeaxanthin and zeaxanthin in the retina of chicks fed a xanthophyll-free diet[J]. Exp Eye Res, 2007, 84: 591-598.

[13] Johnson EJ, Neuringer M, Russell RM, et al. Nutritional manipulation of primate retinas, III: Effects of lutein or zeaxanthin supplementation on adipose tissue and retina of xanthophyll-free monkeys[J]. Invest Ophthalmol Vis Sci, 2005, 46: 692-702.

[14] Kirschfeld K. Carotenoid pigments: their possible role in protecting against photooxidation in eyes and photoreceptor cells[J]. Proc R Soc Lond B Biol Sci, 1982, 216: 71-85.

[15] Junghans A, Sies H, Stahl W. Macular pigments lutein and zeaxanthin as blue light filters studied in liposomes[J]. Arch Biochem Biophys, 2001, 391: 160-164.

[16] Nilsson SE. From basic to clinical research: A journey with the retina, the retinal pigment epithelium, the Cornea, age-related macular degeneration and hereditary degenerations, as seen in the rear view mirror[J]. Acta Ophthalmol Scand, 2006, 84(4): 452-465, 451.

[17] Bhosale P, Serban B, Bernstein PS. Retinal carotenoids can attenuate formation of a2E in the retinal pigment epithelium[J]. Arch Biochem Biophys, 2009, 483(2): 175-181.

[18] Sparrow JR, Wu Y, Nagasaki T, et al. Fundus autofluorescence and the bisretinoids of retina[J]. Photochem Photobiol Sci, 2010, 9(11): 1480-1489.

[19] Snodderly DM, Auran JD, Delori FC. The macular pigment. II. Spatial distribution in primate retinas[J]. Invest Ophthalmol Vis Sci, 1984, 25: 674-685.

[20] Widomska J. Location of macular xanthophylls in the most vulnerable regions of photoreceptor outer-segment membranes[J]. Arch Biochem Biophys, 2010, 504: 61-66.

[21] Snodderly DM, Handelman GJ, Adler AJ. Distribution of individual macular pigment carotenoids in central retina of macaque and squirrel monkeys[J]. Invest Ophthalmol Vis Sci, 1991, 32: 268-279.

[22] Chung HY, Ferreira AL, Epstein S, et al. Site-specific concentrations of carotenoids in adipose tissue: relations with dietary and serum carotenoid concentrations in healthy adults[J]. Am J Clin Nutr, 2009, 90: 533-539.

[23] Loane E, Nolan JM, Beatty S. The respective relationships between lipoprotein profile, macular pigment optical density, and serum concentrations of lutein and zeaxanthin[J]. Invest Ophthalmol Vis Sci, 2010, 51: 5897-5905.

[24] Bone RA, Landrum JT, Fernandez L, et al: Analysis of the macular pigment by HPLC: retinal distribution and age study[J]. Invest Ophthalmol Vis Sci, 1988, 29: 843–849.

[25] Lien EL, Hammond BR. Nutritional influences on visual development and function[J]. Prog Retin Eye Res, 2011, 30: 188-203.

[26] Bhosale P, Serban B, Zhao da Y, et al. Identification and metabolic transformations of carotenoids in ocular tissues of the Japanese quail Coturnix japonica[J]. Biochemistry, 2007, 46: 9050-9057.

[27] Schalch W, Cohn W, Barker FM, et al. Xanthophyll accumulation in the human retina during supplementation with lutein or zeaxanthin-the LUXEA(Lutein Xanthophyll Eye Accumulation) study[J]. Arch Biochem Biophys, 2007, 458: 128-135.

[28] Shanmugaratnam J, Berg E, Kimerer L, et al. Retinal Muller glia secrete apolipoproteins E and J which are efficiently assembled into lipoprotein particles[J]. Brain Res Mol Brain Res, 1997, 50(1-2): 113-120.

[29] Loane E, Nolan JM, O'Donovan O, et al. Transport and retinal capture of lutein and zeaxanthin with reference to age-related macular degeneration[J]. Surv Ophthalmol, 2008, 53(1): 68-81.

[30] Wang W, Connor SL, Johnson EJ, et al. Effect of dietary lutein and zeaxanthin on plasma carotenoids and their transport in lipoproteins in age-related macular degeneration[J]. Am J Clin Nutr, 2007, 85: 762-769.

[31] During A, Doraiswamy S, Harrison EH. Xanthophylls are preferentially taken up compared with beta-carotene by retinal cells via a SRBI-dependent mechanism[J]. J Lipid Res, 2008, 49: 1715-1724.

[32] Bhosale P, Bernstein PS. Vertebrate and invertebrate carotenoid-binding proteins[J]. Arch Biochem Biophys, 2007, 458: 121-127.

[33] Bernstein PS, Balashov NA, Tsong ED, et al. Retinal tubulin binds ,acular carotenoids[J]. Invest Ophthalmol Vis Sci, 1997, 38(1): 167-175.

[34] Bhosale P, Larson AJ, Frederick JM, et al. Identification and characterization of a Pi isoform of glutathione S-transferase (GSTP1) as a zeaxanthin-binding protein in the macula of the human eye[J]. J Biol Chem, 2004, 279: 49447-49454.
[35] Bhosale P, Li B, Sharifzadeh M, et al. Purification and partial characterization of a lutein-binding protein from human retina[J]. Biochem, 2009, 48: 4798-4807.
[36] Kinkelder R, Veen RL, Verbaak FD, et al. Macular pigment optical density measurements: evaluation of a device using heterochromatic flicker photometry[J]. Eye (Lond), 2011, 25: 105-112.
[37] Nolan JM, Kenny R, O'Regan C, et al. Macular pigment optical density in an ageing Irish population: the Irish longitudinal study on ageing[J]. Ophthalmic Res, 2010, 44: 131-139.
[38] Gellermann W, Bernstein PS. Noninvasive detection of macular pigments in the human eye[J]. J Biomed Opt, 2004, 9(1): 75-85.
[39] Yang B, Liu LQ, Yap MKH. Recent advance of methods for macular pigment optical density measurement[J]. Int J Ophthalmol, 2008, 8(1): 110-112.
[40] Bernstein PS, Delori FC, Richer S, et al. The value of measurement of macular carotenoid pigment optical densities and distributions in age-related macular degeneration and other retinal disorders[J]. Vision Res, 2010, 50: 716-728.
[41] Margraina TH, Boultona M, Marshallb J, et al. Do blue light filters confer protection against age-related macular degeneration?[J]. Progress in Retinal and Eye Research, 2004, 23: 523–531.
[42] 杨必, 刘陇黔, 叶健雄. 黄斑色素密度检测方法的新进展[J]. 国际眼科杂志, 2008, 8(1): 110-112.
[43] Howells O, Eperjesi F, Bartlett H. Measuring macular pigment optical density in vivo: a review of techniques[M]. Graefes Arch Clin Exp Ophthalmol, 2011.
[44] Nolan JM, Loughman J, Akkali MC, et al. The impact of macular pigment augmentation on visual performance in normal subjects: COMPASS[J]. Vision Res, 2011, 51: 459-469.
[45] Chucair AJ, Rotstein NP, Sangiovanni JP, et al. Lutein and zeaxanthin protect photoreceptors from apoptosis induced by oxidative stress: relation with docosahexaenoic acid[J]. Invest Ophthalmol Vis Sci, 2007, 48: 5168-5177.
[46] Broekmans WM, Berendschot TT, Klopping-Ketelaars IA, et al. Macular pigment density in relation to serum and adipose tissue concentrations of lutein and serum concentrations of zeaxanthin[J]. Am J Clin Nutr, 2002, 76: 595-603.
[47] Beatty S, Nolan J, Kavanagh H, et al. Macular pigment optical density and its relationship with serum and dietary levels of lutein and zeaxanthin[J]. Arch Biochem Biophys, 2004, 430(1): 70-76.
[48] Adam J. Wenzel, Joseph P. Sheehan, Joanne D. Burke, et al. Lefsrud and Joanne Curran-Celentano. Dietary intake and serum concentrations of lutein and zeaxanthin, but not macular pigment optical density, are related in spouses[J]. Nutr Res, 2007, 27(8): 462-469.
[49] Hammond BR, Johnson EJ, Russell RM, et al. Dietary modification of human macular pigment density[J]. Invest Ophthalmol Vis Sci, 1997, 38: 1795-1801.
[50] Richer S, Stiles W, Statkute L, et al. Double-masked, placebo-controlled, randomized trial of lutein and antioxidant supplementation in the intervention of atrophic age-related macular degeneration: the Veterans LAST study (Lutein Antioxidant Supplementation Trial)[J]. Optometry, 2004, 75(4): 216-230.
[51] Bernstein PS, Zhao DY, Wintch SW, et al. Resonance Raman measurement of macular carotenoids in normal subjects and in age-related macular degeneration patients[J]. Ophthalmolo, 2002, 109: 1780-1787.
[52] Iannaccon A, Mura M, Gallaher KT, et al. Macular pigment optical density in the elderly: findings in a large biracial Midsouth population sample[J]. Invest Ophthalmol Vis Sci, 2007, 48: 1458-1465.
[53] Hammond BR Jr, Curran-Celentano J, Judd S, et al. Sex differences in macular pigment optical density: relation to plasma carotenoid concentrations and dietary patterns[J]. Vision Res, 1996, 36: 2001-2012.
[54] Landrum JT, Bone RA, Chen Y, et al. Carotenoids in the human retina[J]. Pure Appl Chem, 1999, 71: 2237-2244.

第二节 滤过蓝光

光波经视器官（眼）的屈光系统后到达视网膜，在通过屈光介质（角膜、房水、晶状体、玻璃体等）时，大部分短波长的光如紫外光能被吸收和滤过，而可见光能通过屈光介质到达视网膜。其中，对视网膜有损伤作用的蓝光能被视网膜中的叶黄素和玉米黄素吸收。因叶黄素、玉米黄素的最大吸收波长恰能覆盖蓝光的波谱范围，从而能有效吸收、滤过蓝光，保护视网膜细胞免被蓝光损伤，维持其结构完整和视觉功能正常。

一、概述

早在 17 世纪，英国科学家牛顿首先揭示了光的色学性质，他用实验证明太阳光是各色光的混合光，并发现光的波长决定光的颜色[1]。后来的研究，陆续发现和定义了可见光及可见光中各单色光的波长，蓝光即为可见光中的单色光。

（一）可见光

可见光（visible light）是经人的视器官（眼）能够感知和看见的电磁波。人的视觉实质上是对可见光的感觉和认知，可见光是视觉产生的前提，且在视觉形成过程起着关键性作用。

1. 定义

可见光指能被人的视器官（眼）感知的波长在 400~760 nm（或 380~780 nm）的电磁波[2]。波长大于 760 nm 的为红外线，小于 400 nm 的为紫外线[2]。

在可见光范围内，不同波长的光能引起人的视器官不同的颜色感觉。波长与颜色的对应关系为：400~430 nm 紫色，430~450 nm 蓝色，450~500 nm 青色，500~570 nm 绿色，570~600 nm 黄色，600~630 nm 橙色，630~760 nm 红色[2]。各种颜色的光都是单色光，在两个相邻的颜色之间有一系列的过渡色。我们曾经见到过的雨后天晴时天空中彩虹的光谱（赤橙黄绿青蓝紫），就包括了所有单一波长的可见光，即为纯粹的单色光。

现有教材和专著对可见光和各种单色光的波谱范围界定不一致，因目前尚无统一的可见光波谱标准，事实上也很难界定其精确的范围。因为，人的视器官（眼）可以感知的电磁波长，个体差异很大，且受多种个体和环境因素的影响。有的人能感知波长 400~760 nm 的电磁波，有的人则能感知 380~780 nm 的电磁波，且个体之间视器官对色差的感知也有一定差异。

2. 可见光的特性[2-3]

光有互补性，不同颜色的单色光按一定比例混合可得到白光，如蓝光和橙光混合、青光和黄光混合都可得到白光。相邻两侧的单色光或与其他单色光混合能复制出不同颜色的光，如黄光和红光混合得到橙色光，红光和绿光混合得到黄色光等[2-3]。三种单色光，能按不同比例混合成各种颜色光，这三种单色光称为三原色光，光学中的三原色为红、绿、蓝。当太阳光照射到某物体时，其中某波长的光被物体吸取后，该物体显示的颜色（反射光）为被吸收波长光的补色，如物体吸取了波长为 400~435 nm 的紫光，则物体呈现的是黄绿色。

3. 可见光的来源

可见光包括自然光和人造光。无论自然光还是人造光均来自于发光体，任何自身能够发光的物体为发光体，又称其为光源。自然光源主要来自于太阳，其他能产生自然光的还有萤火虫、夜明珠、水母等，但除太阳光外，其他自然光很少能作为人类工作和生活的光源。

人造光源是通过人类的科学技术手段制造的光源，主要有钨丝白炽灯、日光灯、水银灯、高压氙灯、手电等。无论是自然光源还是人造光源，发射的可见光谱都是连续的。

在自然界，太阳辐射经色散分光后根据电磁波的波长，分为无线电波、红外线、可见光、紫外线、X 射线、γ 射线等。太阳辐射 99.9% 的能量集中在紫外线（100～400 nm）、可见光（400～760 nm）和红外线（760 nm～1 mm）光谱区。

（二）蓝光与来源

1. 定义

蓝光（blue light）为单色光，是可见光中波长为 430～450 nm 波段的电磁波。

2. 蓝光的来源

从光学原理分析，凡是可见光中具有波长为 430～450 nm 波段的光即为蓝光的来源，包括自然光源和人造光源。自然光源中蓝光主要来源于太阳光。人造光源比较复杂，包括各种灯光（如白炽灯、日光灯、水银灯、高压氙灯）与现代化设备光源（如平板显示器、液晶显示器、大屏手机等的背景光源），以及各种装饰光源产生的白亮光、人工白昼等，这些人造光源通过电子流激发的光中含有高能量的短波长蓝光[2]。

（三）视器官屈光系统与光波滤过

人的视觉是由视器官（眼）的屈光系统和感光系统经过精密的加工和调节过程产生。

1. 屈光系统的构成与视觉产生路径

视器官的屈光系统是由角膜、房水、晶状体、玻璃体，以及辅助的瞳孔、睫状体、巩膜等构成，也称为眼的光学成像系统。

角膜、房水、晶状体、玻璃体等透明组织是眼睛的屈光介质。外界光源的光波通过屈光介质进入眼底，并在瞳孔、睫状体等的配合和调节下，在巩膜的支撑和保护下，使光在视网膜的感光层聚焦，形成清晰的物像。视网膜感受光的刺激，经感光系统将光能转变成神经冲动，经过视神经、视交叉、视束等传至大脑枕叶视中枢完成视觉过程，使人产生视觉[3]。

2. 屈光系统与光波滤过

光波需要通过多层屈光介质，如角膜、房水、晶状体、玻璃体等，最后到达视网膜。光波在通过各屈光介质时，屈光介质对不同波长的光波有吸收和滤过作用，其中大部分短波长的紫外线被吸收和滤过，只有很少部分的紫外线可达到视网膜。

人的角膜几乎能吸收全部波长＜295nm 的紫外线（为 UV-B 的低波段），而晶状体可吸收一部分波长＜400nm 的紫外线（为 UV-A），仅有少部分的近紫外线（部分 UV-A）能到达视网膜[4]。晶状体对光波的透过能力随年龄的增加而下降，在新生儿、儿童及少年近紫外线可到达视网膜及视网膜色素上皮细胞层；在正常成年人，波长在 320～340 nm 的紫外线能到达视网膜者不足 1%，360 nm 的紫外线仅有 2% 的人能到达视网膜[5-6]。当晶状体的颜色随年龄的增长而逐渐发黄后，甚至可吸收和遮挡可见光中的部分蓝光。

可见光和红外线几乎能全部透过眼的屈光介质而到达视网膜，视网膜对可见光中短波长的蓝光敏感性明显高于红光和绿光等波段。因此，在可见光中，以短波长蓝光对视网膜的损伤最大[4]。

二、蓝光对视网膜的损伤

蓝光的波长与紫外光接近，它是所有能到达视网膜的可见光中能量最高、潜在危害性最大的一种光波，它能引起视网膜色素上皮和感光细胞损伤与凋亡。此外，视网膜容易被蓝光损伤亦与视网膜的组织结构特征密切相关。

（一）视网膜组织结构特征

视网膜的组织结构与其他组织比具有特殊之处，这些特征使其容易被短波长的光尤其是蓝光损伤。

1. 线粒体丰富

视网膜细胞线粒体丰富，尤其是视网膜色素上皮细胞（retinal pigment epithelium，RPE）和光感受器细胞中含较多的线粒体，代谢活跃，其中的线粒体呼吸链在能量代谢过程中需要高浓度的氧[7]。

2. 富氧环境

正常情况下，视网膜色素上皮细胞、光感受器细胞处在一个富氧环境，具有较高的氧分压和氧张力[8]。

3. 富含多不饱和脂肪酸

光感受器细胞外节是体内长链多不饱和脂肪酸含量最高的组织，极易受自由基攻击，引起连锁反应。且感光细胞中含有多量视紫红质，能吸收大量的光子[7-8]。

4. 光能负荷大

视器官的屈光系统有很强的聚焦作用，能将入射光束汇聚成很小的光斑，照射在视网膜，尤其是黄斑区，使视网膜黄斑区单位面积上接受的光能负荷较大，其损伤的能量阈值仅为角膜的十分之一[9]。

视网膜组织结构的上述特点，正是发生氧化反应的重要条件，当被一定频率的光子和氧分子作用时，极易发生光化学反应，产生过氧化产物。在 RPE 中的脂褐质即为氧化代谢产物，并随年龄增加而逐渐积累。

(二)视网膜蓝光损伤的表现

蓝光导致视网膜损伤的主要部位,已被研究证实是 RPE、光感受器细胞(视锥细胞与视杆细胞)、Müller 细胞及视网膜细胞的线粒体[10-11]。损伤的主要表现为导致细胞凋亡、细胞线粒体损伤及自由基产生和脂质过氧化[12, 16-20]。

1. 视网膜细胞凋亡

蓝光能诱导视网膜 RPE 和光感受器细胞的损伤与凋亡[11-15]。细胞凋亡是蓝光介导的视网膜损伤的重要表现之一[13]。细胞凋亡又称细胞程序性死亡,是细胞受到内源性或外源性因素刺激后触发细胞内死亡程序而导致的细胞死亡过程,该过程受基因控制。有研究认为,在视网膜光损伤过程中,RPE 细胞的改变最早发生,光感受器细胞的改变为继发性[16]。

(1) RPE 细胞　研究者采用蓝光照射离体培养的人 RPE 时,引起了 RPE 细胞损伤,出现细胞凋亡并继发坏死,损伤程度与光照强度和光照时间呈正相关[17-18]。研究者还观察到,蓝光照射导致 RPE 细胞线粒体的渗透性发生改变,出现水肿,染色质边集、浓缩,并发现这些改变可能是因抑制了人 RPE 细胞 bc1-2 的表达[15-19]。损伤过程与线粒体膜电位降低,细胞色素 C 释放有关。RPE 损伤遏制了其正常功能,特别其血-视网膜屏障功能[19-20]。

(2) 光感受器细胞　研究者采用超微结构、原位切口末端标记(TUNEL)及免疫组化技术观察蓝光对大鼠视网膜光感受器细胞的影响。结果显示,蓝光能特异性引起光感受器细胞凋亡和光感受器细胞内 C-fos 蛋白表达的上调,蓝光照射后外核层细胞开始出现凋亡,24 小时达峰值,大量光感受器细胞出现核固缩,并可见凋亡小体形成[21]。

2. 线粒体损伤

人体生理活动所需要的能量,绝大部分是在细胞内的线粒体代谢生成,但线粒体也是产生自由基的主要场所。线粒体内含有多种酶(如细胞色素氧化酶、钠钾 ATP 酶、黄素氧化酶、NADH 脱氢酶等),当一定照度的蓝光作用于视网膜细胞,能抑制细胞色素氧化酶活性,启动细胞凋亡程序;并降低钠、钾 ATP 酶的活性,使得 Na^+、K^+、Cl^- 在细胞内外重分布,细胞内 Na^+ 增加,渗透压增高,线粒体膜通透性增大,水分进入细胞内,出现水肿,线粒体和细胞的代谢和功能异常[22-23]。

3. 产生自由基

蓝光暴露能诱发光氧化反应,促使视网膜细胞产生自由基,如 ROS、过氧化氢及羟自由基等,诱导氧化应激状态,使正常的氧化还原状态失去平衡。其结果,一方面,导致脂质过氧化物的产生和增加,如 RPE 内的脂褐质增多和集聚;另一方面,诱发细胞内生物大分子如 mRNA 及蛋白质的损伤,最终又导致 RPE 及感光细胞的氧化损伤和凋亡[24]。

三、叶黄素滤过蓝光作用与机制

叶黄素的最大吸收波长在蓝光波长范围内,能较强的吸收、滤过蓝光,对视网膜细胞特别是光感受器细胞起到保护作用[25-30]。

（一）叶黄素最大吸收波长与蓝光滤过

研究证实，凡具有共轭多烯链的类胡萝卜素对可见光都有吸收作用，其吸收光谱的最大波长取决于多烯链的共轭长度[26-27]。Junghans A 等研究了不同的类胡萝卜素对光波的吸收作用，结果表明，在类胡萝卜素中叶黄素和玉米黄素的光吸收作用更强[28]。在叶黄素的分子中，其多烯链由 9 个共轭双键构成，在乙醇中叶黄素、玉米黄素的最大吸收波长分别为 445 nm、450nm，在蓝光的波谱范围（430～450nm）内，叶黄素的吸收光谱恰能有效覆盖蓝光的波谱范围，故能有效地吸收、过滤高能量的蓝光，犹如蓝光滤过器，减少视网膜的氧化损伤，并允许其他波长的光通过[26, 28]。

（二）叶黄素的分布与蓝光滤过

叶黄素主要分布和积累在由光感受器细胞轴突组成的 Henle 纤维层中，而这些细胞轴突覆盖在光感受器细胞上[29]。按视网膜的结构方式，光波在到达视网膜上敏感的光感受器细胞前，必须先通过叶黄素的最高聚集区域，从而叶黄素在人眼视网膜内部形成蓝光过滤器，在蓝光到达视网膜感光细胞之前将其吸收，犹如太阳镜一样，使光损伤降至最低，从而对视网膜发挥重要的保护作用[28, 30]。

此外，有学者认为，不同波长的光折射时会产生光学系统的色差，重叠图像使图像清晰度降低，当叶黄素滤过了蓝光后，减少因不同波长光折射时产生的光学系统色差，从而提高视网膜所形成图像的清晰度，起到改善视觉功能的作用[31]。

（三）叶黄素对蓝光损伤的保护作用

研究结果已证实，视网膜中较高浓度的叶黄素能抑制蓝光诱导的感光细胞凋亡[32]。灵长类动物具有与人类相似的视网膜结构，研究者采用蓝光诱导恒河猴眼部发生光化学损伤，结果发现，喂养缺乏叶黄素和玉米黄素饲料长大的恒河猴，其视网膜损伤程度显著重于正常对照组；当给予叶黄素和玉米黄素缺乏的恒河猴补充叶黄素和玉米黄素连续 22～28 周后，视网膜的损伤得以恢复[33]。临床观察亦发现，在 AMD 患者的眼底病变中，黄斑中心凹处较少发生玻璃膜疣侵袭，可能与黄斑中心凹黄斑色素浓度即叶黄素与玉米黄素的浓度最高，能有效地滤过蓝光，减少光损伤有关[34-35]。叶黄素干预研究发现，对人群实施叶黄素连续干预 180 天，结果干预组受试对象血清叶黄素浓度和视网膜 MPOD 均明显增加，且能减少蓝光进入光感受器、Bruch 膜、视网膜上皮和其他易受损的组织[36]。

（四）叶黄素对视网膜蓝光损伤保护作用的机制

研究证实，叶黄素不仅能通过猝灭 ROS，减少氧化代谢产物丙二醛（malondialdehyde，MDA）及核因子-κB（NF-κB）的含量，从而减少视网膜的氧化损伤[37]；而且，能降低光氧化毒性代谢产物 A2E 的产生，从而保护 DNA 免受损伤[38]。

叶黄素对视网膜细胞蓝光损伤的保护机制，比较公认的主要有以下三方面：①对高能量光子的滤过作用。叶黄素能吸收近于紫外光的高能量光子，滤过损害光感受器和视网膜色素上皮的有害光,如短波可见光。②清除自由基作用。叶黄素作为较强的抗氧化剂能清除自由基和游离基,遏制由于新陈代谢和光线所致的组织损伤过程,保护视网膜神经细胞与黄斑区。③叶黄素能有效地逆转神经细胞信号转导减退引起的视功能退化,提高视觉系统的信号传导[39-40]。

(邹志勇　林晓明)

参考文献

[1] Haynes WM, Editor-in-Chief. CRC Handbook of Chemistry and Physics 93th Edition [M]. Abingdon: Taylor & Francis Inc, 2012.
[2] 赵凯华. 新概念物理教程-光学[M]. 北京: 高等教育出版社, 2005.
[3] 王育良, 李凯. 眼视光学[M]. 北京: 人民军医出版社, 2008.
[4] Ham WT, Mueller HA, Ruffolo JJ, et al. Sensitivity of the retina to radiation damage as a function of wavelength[J]. Photobiol, 1979, 29(4): 736-743.
[5] 何世坤, 赵明威, 陈有信. 视网膜色素上皮基础与临床[M]. 北京: 科学出版社, 2005.
[6] Tasma W, Jaeger EA. Duane's Clinical Ophthalmology[M]. Philadelphia: Lippincott-Raven, 1995.
[7] 李美玉, 王宁利. 眼解剖与临床[M]. 北京: 北京大学医学出版社, 2003.
[8] 李秋明, 郑广瑛. 眼科应用解剖学[M]. 郑州: 郑州大学出版社, 2002.
[9] Margrain TH, Boulton M, Marshall J, et al. Do blue light filters confer protection against age-related macular degeneration?[J]. Prog Retin Eye Res, 2004, 23(5): 523-531.
[10] Szczesny P J, Walther P, Muller M. Light damage in rod outer segments: The effects of fixation on ultrastructural alterations[J]. Curr Eye Res, 1996,15(8) : 807 - 814.
[11] van Best J A, Putting B J, Oosterhuis J A, et al. Function and morphology of the retinal pigment epithelium after light-induced damage[J]. Microsc Res Tech, 1997,36(2) : 77 - 88.
[12] Wu J, Seregard S, Spangberg B. Blue light induced apoptosis in rat retina[J]. Eye, 1999, 13(Pt 4): 577-583.
[13] Wu J, Gorman A, Zhou X, Sandra C, Chen E. Involvement of caspase-3 in photoreceptor cell apoptosis induced by in vivo blue light exposure[J]. Invest Ophthalmol Vis Sci, 2002, 43(10): 3349- 3354.
[14] Seiler MJ, Liu OL, Cooper NG. Selective photoreceptor damage in albino rats using continuous blue light: a protocol useful for retinal degeneration and transplantation research[J]. Graefes Arch Clin Exp Ophthalmol, 2000, 238(7): 599-607.
[15] Dorey CK, Delorl FC, Akeo K. Growth of cultured RPE and endothelial cells is inhibited by blue light but not green[J].Curr Eye Res, 1990, 9 (6): 549-559.
[16] Seko Y, Pang J,Tokoro T, et al. Blue light-induced apoptosis in cultured retinal pigment epithelium cells of the rat[J]. Graefes Arch Clin Exp Ophthalmol, 2001, 239(1): 47-52.
[17] Moreira H, de Queiroz JM Jr, Liggett PE, et a1. Corneal toxicity study of two perjluorocarbon liquids in rabbit eyes[J].Cornea, 1992,11(5): 376-379.
[18] 蔡善君, 严密, 张军军. 蓝光诱导体外培养的人视网膜色素上皮细胞凋亡[J]. 中华眼底病杂志, 2005, 21(6): 384-387.
[19] 陈晓莉, 唐罗生, 姜德咏. 蓝光对离体培养人视网膜色素上皮细胞结构、吞噬功能及bc1-2表达的影响[J]. 医学临床研究,2005,22(11): 1567-1569
[20] Van Best JA, Putting BJ, Oosterhuis JA, et al. Function and morphology of the retinal pigment epithelium after light-induced damage[J]. Microsc Res Tech, 1997, 36(2): 77-88.
[21] 张洁, 唐罗生. 蓝光诱导的光感受器细胞凋亡与c-Fos蛋白的表达[J].国际眼科杂志,2005, 5(1): 70-73
[22] Thompson CL, Rickman CB, Shaw SJ, et al. Expression of the blue-light receptor cryptochrome in the human retina[J]. Invest Ophthalmol Vis Sci, 2003, 44(10): 4515- 4521.
[23] Yang JH, Basinger SF, Gross RL, et al. Blue light-induced generation of reactive oxygen species in photoreceptor ellipsoids requires mitochondrial electron transport[J]. Invest Ophthalmol Vis Sci, 2003, 44(3):

1312-1319

[24] Augustin AJ, Dick HB, Offermann I, et al. The significance of oxidative mechanisms in diseases of the retina[J]. Klin Monatsbl Augenheilkd, 2002, 219(9): 631- 643

[25] Ruddock KH. The effect of age upon colour vision. II. Changes with age in light transmission of the ocular media[J]. Vision Res, 1965, 5(1): 47-58.

[26] Krinsky NI, Landrum JT, Bone RA. Biologic mechanisms of the protective role of lutein and zeaxanthin in the eye[J]. Annu Rev Nutr, 2003, 23: 171-201.

[27] Palozza P. Prooxidant actions of carotenoids in biologic systems[J]. Nutr Rev, 1998, 56(9): 257-265.

[28] Junghans A, Sies H, Stahl W. Macular pigments lutein and zeaxanthin as blue light filters studied in liposomes[J]. Arch Biochem Biophys, 2001, 391(1): 160–164.

[29] Sujak A, Gabrielska J, Grudzinski W, et al. Lutein and zeaxanthin as protectors of lipid membranes against oxidative damage: the structural aspects[J]. Arch Biochem Biophys, 1999, 371(1): 301-307.

[30] Stringham J, Hammond BR. Macular pigment and visual performance under glare conditions[J]. Optom Vis Sci, 2008, 85(2): 82-88.

[31] Wooten BR, Hammond BR. Macular pigment: influences on visual acuity and visibility[J]. Prog Retin Eye Res, 2002, 21(2): 225-240.

[32] Thomson LR, Toyoda Y, Langner A, et al. Elevated retinal zeaxanthin and prevention of light-induced photoreceptor cell death in quail[J]. Invest Ophthalmol Vis Sci, 2002, 43(11): 3538-3549.

[33] Johnson EJ, Neuringer M, Russell RM, et al. Nutritional manipulation of primate retinas, III: Effects of lutein or zeaxanthin supplementation on adipose tissue and retina of xanthophyll-free monkeys[J]. Invest Ophthalmol Vis Sci, 2005, 46(2): 692-702.

[34] Sommerburg OG, Siems WG, Hurst JS, et al. Lutein and zeaxanthin are associated with photoreceptors in the human retina[J]. Curr Eye Res, 1999, 19(6): 491-495.

[35] Beatty S, Koh H, Phil M, et al. The role of oxidative stress in the pathogenesis of age-related macular degeneration[J]. Surv Ophthalmol, 2000, 45(2): 115-134.

[36] Schalch W, Cohn W, Barker FM, et al. Xanthophyll accumulation in the human retina during supplementation with lutein or zeaxanthin -the LUXEA (LUtein Xanthophyll Eye Accumulation) study[J]. Arch Biochem Biophys, 2007, 458(2): 128-135.

[37] Muriach M, Bosch-Morell F, Alexander G, et al. Lutein effect on retina and hippocampus of diabetic mice[J]. Free Radic Biol Med, 2006, 41(6): 979-984.

[38] Kim SR, Nakanishi K, Itagaki Y, et al. Photooxidation of A2-PE, a photoreceptor outer segment fluorophore, and protection by lutein and zeaxanthin[J]. Exp Eye Res, 2006, 82(5): 828-839.

[39] Joseph JA, Shukitt-Hale B, Denisova NA, et al. Reversals of age-related declines in neuronal signal transduction, cognitive, and motor behavioral deficits with blueberry, spinach, or strawberry dietary supplementation[J]. J Neurosci, 1999, 19(18): 8114-8121.

[40] Stahl W, Sies H. Effects of carotenoids and retinoids on gap junctional communication[J]. Biofactors, 2001, 15(2-4): 95-98.

第三节 抗氧化作用

叶黄素的分子结构决定了它的抗氧化活性。在人体内，叶黄素是较强的抗氧化剂，能淬灭单线态氧、清除自由基和阻止脂质过氧化的发生，从而防止氧化应激对组织细胞的损伤，对机体起着保护作用，并预防和控制与氧化应激损伤相关的疾病。

一、氧化应激与自由基

（一）氧化应激

氧化应激（oxidative stress，OS）是指机体受到有害刺激时，体内产生过多的高活性分子，如活性氧自由基（reactive oxygen species，ROS）和活性氮自由基（reactive nitrogen species，RNS），使体内氧化程度超出氧化物的清除能力，呈现促氧化状态，导致氧化系统和抗氧化系统失衡，引起组织和细胞的损伤[1]。氧化应激是自由基在体内产生的一种负面作用，能对人体几乎所有的组织器官造成伤害，进而诱发慢性疾病及衰老效应。

除氧化应激外，人体还存在还原应激的状况[2]，如在缺氧状态下，一些酶类能产生大量的还原剂，导致氧过度还原，形成超氧阴离子基团（$O_2 \cdot^-$），同样能对人体造成损伤。

（二）自由基和非自由基氧化物

自由基和非自由基氧化物是导致氧化应激的化学物质，能引起机体氧化应激性损伤和相关疾病的发生。

1. 自由基

自由基是指原子外层存在不配对电子的原子或原子团。根据其组成，可分为 ROS 和 RNS 等。常见的自由基类型见表 5-3-1。

表 5-3-1 体内常见的自由基类型

名称	结构式	描述
烷基自由基	$-\overset{\mid}{\underset{\mid}{C}}\cdot$	在碳原子上存在不配对电子的自由基，通常和氧快速反应生成烷氧基
超氧阴离子 过氧羟基自由基	$O_2 \cdot^-$ $HO_2 \cdot$	最常见的氧自由基，以超氧阴离子及其质子化状态存在
烷氧基	$RO_2 \cdot$, $RO \cdot$	以氧为核心的自由基，可由烷基自由基和氧反应生成，或有机氧化物（LOOH）断裂生成
羟自由基	$\cdot OH$	具有高活性，能与各类型的分子反应
一氧化氮和二氧化氮	$\cdot NO$, $\cdot NO_2$	一氧化氮由左旋精氨酸生成，$\cdot NO$ 与氧生成二氧化氮
巯基和硫醇自由基	$RS \cdot$, $RSS \cdot$	一组在硫原子上存在不配对电子的自由基
过渡金属	Cu、Fe 等	能够改变氧化分子中的单个原子，使其接受或提供不配对电子，从而催化自由基反应

（引自：Halliwell B，Gutteridge JMC. Free Radicals in Biology and Medicine. New York：Oxford University Press, 1999.）

（1）ROS　有代表性的是超氧阴离子自由基（$O_2^{·-}$），由三线态的氧分子（$^3O_2$）单电子还原生成。生成过程受一些重要物质的调节，其中有酶类物质，如NAD（P）H氧化酶和黄嘌呤脱氢酶；或者非酶类的还原反应产物，如线粒体电子传递链中的半-泛醌化合物[3]。机体内的 $O_2^{·-}$ 可经超氧化物歧化酶（superoxide dismutase，SOD）催化生成非自由基性质的过氧化氢（H_2O_2），也可经非酶转化生成 H_2O_2 和单线态氧（$^1O_2$）。在过渡金属（如亚铁或亚铜离子）的作用下，H_2O_2 被转化生成高反应性的羟自由基（·OH）。另外，H_2O_2 能被酶类如过氧化氢酶（catalase，CAT）或谷胱甘肽过氧化物酶（glutathione peroxidase，GSH-Px）转化生成水。

（2）RNS　氮自由基（NO·）是高等生物中一氧化氮合酶（Nitric oxide synthase，NOS）催化左旋精氨酸末端鸟嘌呤上的氮原子氧化而生成[4]。在不同的环境中，NO能被转化生成多种其他的反应性氮簇，包括硝基阳离子（NO^+）、硝基阴离子（NO^-）或过氧化亚硝酸盐阴离子（$ONOO^-$）。

2. 非自由基氧化物

机体内，除自由基外，非自由基氧化物对氧化应激的发生亦有重要影响。其中，最有代表性的是过氧化氢（H_2O_2）。其主要来源于氧分子经过氧化物酶，如GSH-Px催化生成，或 $O_2^{·-}$ 在线粒体内经SOD催化产生。常见的非自由基氧化物见表5-3-2。

表5-3-2　常见的非自由基氧化物

名称	结构式	描述
过氧化氢	H_2O_2	具有扩散能力的弱氧化剂，可能参与细胞内信号传递过程，当存在过渡金属时，能生成·OH
次氯酸盐，次氯酸	^-OCl，HOCl	弱酸，强氧化剂，能与铁-硫簇、蛋白硫醇盐、亚铁血红素、氨基酸残基（胱氨酸、蛋氨酸）以及谷胱甘肽中的金属离子反应，能生成次级产物，包括氯胺、氨基酸来源的醛类
臭氧	O_3	强氧化剂，能攻击蛋白质和脂类，副产物包括单线态氧
单线态氧	$^1O_2$	能与其他分子发生化学反应或者传递能量，能与碳原子不饱和双键反应
过氧化亚硝酸盐	$ONOO^-$，ONOOH	由 $O_2^{·-}$ 与·NO反应生成，其质子化状态具有高度活性，$ONOO^-$ 与 CO_2 反应产生硝化、硝基化以及氧化的分子
三氧化二氮，硝基氯化物，亚硝基硫醇	ROONO，N_2O_3，NO_2Cl 和 NO_2^+，RSNO	其他活性氮自由基，N_2O_3 是主要的硝基化分子通过RS·与·NO反应生成，或者硫醇与更高级的氮氧化物反应生成，亚硝基硫醇是弱氧化剂

（引自：Halliwell B，Gutteridge JMC. Free Radicals in Biology and Medicine. New York：Oxford University Press，1999.）

（三）自由基的来源与代谢

人体内，自由基产生的部位主要在细胞内的线粒体。

1. ROS的来源与代谢

（1）来源　人体内，ROS主要在细胞内的线粒体产生。ROS具有代表性的是超氧阴离子（$O_2^{·-}$）。正常情况下，O_2 在线粒体有氧呼吸过程中得到四个电子，被还原生成水。但依然有少量的 O_2 被单电子还原生成 $O_2^{·-}$。

（2）代谢　$O_2^{·-}$ 能在线粒体内被SOD催化生成稳定的 H_2O_2。H_2O_2 能被线粒体中的酶类清除，如 GSH-Px / glutathione reductase 系统及硫氧还原蛋白氧化酶 / 硫氧还蛋白还原酶系统。H_2O_2 能透过线粒体膜，扩散到细胞内，然后被细胞质中的抗氧化系统清除。线粒体所产生的 H_2O_2 还能作为信号分子，影响细胞质中多种信号转导过程，如控制细胞周期、应激反应、能量代谢、氧化还原平衡，以及激活线粒体解偶联反应等[5]。

此外，还原型尼克酰胺腺嘌呤二核苷酸（NADPH）能够还原线粒体中的硫氧还蛋白和谷胱甘肽，对清除 H_2O_2 亦很重要。因此，细胞中 NAPDH 的水平与线粒体抗氧化能力紧密相关[6]。

在线粒体内，部分 H_2O_2 还能被 NADH/NADP 转氢酶还原。NADH/NADP 转氢酶具有质子泵的作用，能利用有氧呼吸过程中产生的 H^+ 还原 $NADP^+$，生成 NADPH。这一过程将线粒体耦合和线粒体膜电势能联系起来。因此，如果线粒体缺乏充分耦合或膜电势能下降，转氢酶将无法产生 NADPH，导致 H_2O_2 清除率降低而出现氧化损伤。

线粒体中的 $NADP^+$ 池也能被异柠檬酸脱氢酶还原（图 5-3-1，彩图见书末）。在低密度脂蛋白受体（low-density lipoprotein receptor，LDL-R）敲除的高胆固醇血症小鼠中，添加异柠檬酸盐能够纠正线粒体氧化还原反应失衡，降低 H_2O_2 的水平。如 H_2O_2 未被线粒体中的抗氧化系统还原，将通过金属催化反应产生羟自由基 $HO^·$。$HO^·$ 具有高度的反应活性，通常被认为是一种重要的损害分子。当线粒体内具备成熟而有效的 H_2O_2 清除系统，同时存在金属螯合机制时，能防止这种自由基的形成。使用铁螯合剂能预防 ROS 生成过度导致的线粒体损伤和渗透性增加[7]。线粒体内 ROS 的代谢过程见图 5-3-1。

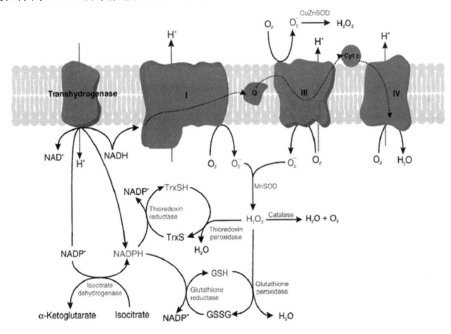

图 5-3-1 线粒体内 ROS 的代谢过程

Transhydrogenase：转氢酶。Isocitrate transhydrogenase：异柠檬酸转氢酶。Tthioredoxin reductase：硫氧还蛋白还原酶。Thioredoxin peroxidase：硫氧还蛋白过氧化物酶。Catalase：过氧化氢酶。Glutathion peroxidase：谷胱甘肽过氧化物酶。Glutathione reductase：谷胱甘肽还原酶

（引自：Kowaltowski AJ，de Souza-Pinto NC，Castilho RF，et al. Mitochondria and reactive oxygen species[J]. Free Radic Biol Med，2009，47（4）：333-343.）

2. RNS 的来源与代谢

（1）来源　RNS 具有代表性的是一氧化氮自由基（$NO^·$），也主要来源于线粒体。$NO^·$ 通

过一氧化氮合酶类（nitric oxide synthase，NOS）催化形成，该类酶包括神经元型一氧化氮合酶（neuronal nitric oxide synthase，nNOS），内皮型一氧化氮合酶（endothelial nitric oxide synthase，eNOS）和诱导型一氧化氮合酶（inducible nitric oxide synthase，iNOS）三种类型[4]。这些酶以左旋精氨酸（L-argnine）为底物，NADPH为电子来源，在Ca^{2+}和还原型硫醇的催化下生成$NO^{·}$。事实上，$NO^{·}$亦是生物系统中公认的信号转导分子，在线粒体中具有很多已知的底物，包括亚铁血红素和巯基[8]。

（2）代谢　线粒体内存在蛋白质和脂类，成为$NO^{·}$攻击的目标。电子传递链中的亚铁血红素和金属酶类能被$NO^{·}$亚硝基化。$NO^{·}$能可逆地亚硝基化细胞色素氧化酶C，调节呼吸链电子传递过程[9]。高浓度的$NO^{·}$还能够亚硝基化含氧、氮或硫的氨基酸侧链，改变其功能，参与缺血过程的保护作用[10]。

此外，$NO^{·}$与$O_2^{·-}$反应生成高活性过氧化亚硝酸盐（$ONOO^-$），导致蛋白质的氧化和亚硝基化。在线粒体内，$ONOO^-$聚集能促进线粒体蛋白质和脂类的广泛修饰，导致线粒体内膜渗透性增加和功能障碍[11]。

3. 其他类型自由基

（1）碳酸盐自由基（$CO_3^{·-}$）　碳酸盐自由基是由$ONOO^-$和碳酸氢盐作用而生成，二者存在于多种生物学反应中。当体内碳酸氢盐浓度高达毫摩尔水平时，能产生大量的$CO_3^{·-}$，发挥重要的生理学作用[12]。

（2）单线态氧（$^1O_2$）　$^1O_2$能损伤机体细胞的线粒体和DNA[13]，$^1O_2$通过诱导线粒体膜渗透性的改变，使线粒体受损，引起细胞凋亡。皮肤在日光（紫外线）照射下的损伤过程，即为光反应产生的$^1O_2$导致的氧化损伤[13]。

二、氧化应激损伤与疾病

氧化应激过程能损伤机体组织细胞，导致正常细胞功能障碍或细胞凋亡。几乎人体所有的器官和组织细胞都能遭受氧化应激损伤，严重者能导致疾病的发生。氧化应激是多种疾病发生的共同病理生理基础，如恶性肿瘤、糖尿病、动脉粥样硬化、慢性炎症、人类免疫缺陷病毒（HIV）感染、缺血再灌注损伤以及呼吸睡眠暂停综合征等。

氧化应激导致的疾病大致分为两类：一类，被称为"线粒体氧化应激"类疾病，如糖尿病和癌症等。表现在系统性巯基/二硫化物氧化还原状态的改变和血糖过高。因体内80%的血浆葡萄糖储存于骨骼肌细胞中[14]，故骨骼肌细胞的线粒体可能是ROS产生和累积的主要部位。此时，氧化应激状态如得不到及时纠正与治疗，终将导致骨骼肌的萎缩。另一类，被称为"炎症氧化应激"类疾病，如动脉粥样硬化、慢性炎症等。表现在NAD（P）H氧化酶受细胞因子或其他化合物刺激，活性过度增加。此时，细胞质内ROS水平升高或谷胱甘肽水平变化，均可能引起细胞信号转导途径或基因表达障碍的病理变化，如细胞黏附因子表达改变等。

（一）恶性肿瘤

目前，认为ROS是潜在的致癌因素，它能通过影响氧化还原信号传导和放大过程，引致突变，诱发和促进肿瘤的发生[15-16]。研究发现，结肠息肉患者在接受N-乙酰半胱氨酸抗氧化治疗后，发生恶性变的风险显著降低[17]。即使是正常的细胞，当暴露于H_2O_2或$O_2^{·-}$后，也会导致其发生增殖现象及生长相关基因的表达[18-19]。此外,有些类型癌症的细胞也能产生大量的 ROS。在转化表型相关的一些基因表达后,包括 H-Ras^{v12} 或 mox1,ROS 产生随之增加[20]。在肿瘤细胞中,ROS 能诱导细胞发生不可控制的增殖;而在正常细胞中,ROS 能诱导细胞老化。因此,ROS 产生增加,可能是细胞癌变的必要条件。

(二)糖尿病

糖尿病(diabetes mellitus,DM)患者的高血糖能导致体内 ROS 生成增多,促发氧化应激,并激活对其敏感的信号系统,进一步加重胰岛素抵抗和引发糖尿病并发症[21]。高血糖能通过多种机制导致机体 ROS 水平升高,如它能使线粒体复合体 Ⅱ 部位 ROS 产生增加[22-23]。采用特定方法,控制线粒体 ROS 产生,如控制包括蛋白激酶 C 或 NF-κB 激活及高级糖化终产物的形成,能阻止部分糖尿病患者并发症的发生[23]。

同时,氧化应激容易损伤胰岛 B 细胞,因为在 B 细胞内抗氧化酶水平较低,故对 ROS 较为敏感。ROS 不仅能直接损伤胰岛 B 细胞,促进 B 细胞凋亡,还能通过影响胰岛素信号转导通路,间接抑制 B 细胞功能。B 细胞受损后,胰岛素分泌水平降低,加剧血糖波动,使机体难以控制餐后血糖的升高,对细胞造成更严重的损害。

此外,糖尿病患者可因葡萄糖自动氧化而生成糖化血红蛋白,该过程伴有大量超氧化物的生成[24]。高级糖基化终产物与相应的细胞表面受体作用,刺激 ROS 的产生,降低细胞内谷胱甘肽的水平[25]。抗氧化剂能缓解糖尿病并发症,如内皮细胞功能失调或血小板的聚集、增加等。

(三)动脉粥样硬化

动脉粥样硬化(atherosclerosis,AS)的病理过程伴随 ROS 的过度产生[26],同时,氧化应激又加速了 AS 的过程。氧化应激能诱导蛋白激酶的表达,如黏附斑激酶和细胞间黏附分子,包括 ICAM-1[27],促进单核细胞和 T 淋巴细胞黏附到血管壁上,启动 AS 的发生程序。

氧化应激促进 LDL 氧化为 ox-LDL,后者刺激内皮细胞分泌多种炎性因子,诱导单核细胞黏附、迁移进入动脉内膜,转化成巨噬细胞。同时,ox-LDL 还能诱导巨噬细胞表达清道夫受体,促进其摄取脂蛋白形成泡沫细胞,最终导致粥样斑块的形成[28]。

氧化应激能导致 T 细胞信号转导加强,使一些自身免疫成分参与到 AS 过程中[29]。研究者从高胆固醇症兔子的主动脉弓中,分离到的 T 细胞表达热休克蛋白 hsp65,与人类 hsp60 有超过 50% 的序列相同。氧化应激刺激 Hsp65/60 表达,在其他自身免疫性疾病中也存在,例如类风湿关节炎。

(四)神经退行性疾病

唐氏综合征(down's syndrome,又称 21 三体综合征)是最常见的基因导致的精神异常,通常与成年后阿尔茨海默病的发生有关。采用来源于唐氏综合征患儿的神经皮质细胞进行培养,结果发现,其细胞内 ROS 的水平是正常儿童神经皮质细胞内 ROS 水平的 3~4 倍[30]。当用 ROS 清除剂或过氧化氢酶处理后,能预防培养的唐氏综合征神经皮质细胞的老化。由于 Cu/Zn-SOD 基因位于 21q22.1 处[31],其在唐氏综合征中的变异可能是导致唐氏综合征一些临床特征的原因。在患者的多种细胞中,Cu/Zn-SOD 含量均增加,包括红细胞、血小板、成纤维细胞、淋巴细胞和脑部。这种增加能导致过氧化氢产生增多,破坏了 ROS 水平的稳定和平衡[32]。

阿尔茨海默病(Alzheimer's disease,AD)的特异性病变为患者大脑内出现淀粉样老年斑

（senile plaque，SP）和神经纤维缠结（neurofibrillary tangles，NFT）。在 AD 患者的脑部，脂质过氧化反应显著增强，脑脊液中过氧化物增多，提示其体内 ROS 产生增加，并在 AD 病理过程中起着重要作用。此外，ROS 还能够介导 β 淀粉样蛋白的损伤[33]。

肌萎缩侧索硬化（amyotrophic lateral sclerosis，ALS）是一种神经退行性疾病，影响脊髓和脑部初级运动神经元的功能。10% 的病例存在常染色体显性遗传。接近 1/5 家庭的 ALS 患者 Cu/Zn-SOD 基因携带变异，表明 ROS 参与其发病过程。在携带 SOD 基因变异的转基因小鼠中[34]，出现了与家族性 ALS 患者相似的症状。Cu/Zn-SOD 基因变异能激活凋亡基因 Caspase-1 和 Caspase-3，从而引发神经元死亡[35]。

（五）类风湿关节炎

类风湿关节炎（rheumatoid arthritis，RA）是系统性的自身免疫性疾病，以关节慢性炎症伴随 T 细胞浸润和 T 细胞激活为特点。炎症部位产生的自由基，对该病的发生起着决定性作用。从类风湿关节炎患者的关节液中分离的 T 细胞，细胞内的 GSH 水平下降，GSH 水平的变化导致 T-细胞激活连接蛋白（adaptor protein linker for T-cell activation，LAT）位置的变化。氧化还原信号途径异常表达，能引起单核细胞和淋巴细胞结合一些黏附因子，包括 ELAM-1、VCAM-1、ICAM-1 和 ICAM-2，这些因子趋化浸润类风湿关节炎患者的滑膜[36]。尽管滑膜癌症的概率很少，但发生转化的细胞（单核细胞和淋巴细胞）不断进入类风湿关节炎的滑膜，加重关节的病变。

（六）缺血 – 再灌注损伤

缺血 - 再灌注（ischemia-reperfusion）指组织器官缺血后重新得到血液再灌注。各种原因导致的组织血液灌流量减少，都会发生细胞缺血性损伤。临床上，通常采用多种治疗方法和手段，如动脉搭桥术、溶栓疗法、导管技术、心脏外科体外循环等，使组织器官重新得到血液再灌注，以改善病变。但缺血 - 再灌注具有两面性，多数情况下，能使缺血的组织和器官功能结构得到修复，患者病情得到控制。但是，部分患者缺血 - 再灌注后，组织器官的损伤反而加重，被称为缺血 - 再灌注损伤。

缺血 - 再灌注损伤（ischemia-reperfusion injury）是心肌梗死、器官移植和休克过程中发生的严重并发症，过量的 ROS 被认为是缺血 - 再灌注损伤发生的机制之一。在小鼠的缺血再灌注损伤实验中发现，NAD（P）H 氧化酶为该病理生理过程中导致 ROS 过度产生的关键酶类[37]。

中性粒细胞是缺血 - 再灌注损伤过程中主要的效应细胞，抑制其黏附至内皮细胞上能够缓解损伤过程[38]。抗氧化治疗能够缓解中性粒细胞黏附至内皮细胞和缺血后中性粒细胞介导的心脏损伤。同时，在大鼠的缺血 - 再灌注损伤过程中，采用合成的模拟 SOD 治疗能缓解组织的损伤程度。

三、叶黄素的抗氧化作用

正常人体内存在抗氧化防御系统，以清除自由基并应对氧化应激的损伤，维持机体的氧化与抗氧化平衡。根据抗氧化剂的性质，分为酶类抗氧化系统和非酶类抗氧化系统[39]。酶类抗氧化系统由体内的抗氧化酶构成，包括 SOD、CAT、GSH-Px 等。非酶类抗氧化系统由抗氧化剂构成，主要包括抗氧化营养素，如维生素 C、维生素 E、硒等；某些植物化学物，如类胡萝卜素（番茄红素、叶黄素、β-胡萝卜素、虾青素等）、花色苷、原花青素及谷胱甘肽等。他们分别通过不同的抗氧化机制，发挥着抗氧化作用。

叶黄素是非酶类抗氧化剂，具有淬灭 ROS，阻止脂质过氧化反应的发生，保护机体组织细胞免受氧化应激的损伤[39]。

（一）叶黄素结构与抗氧化作用

叶黄素的抗氧化活性是由其分子结构决定的。叶黄素分子的多烯链上有 9 个共轭双键，分子两端的紫罗酮环上各结合一个羟基，共轭双键能为淬灭自由基反应提供电子，两端的紫罗酮环上的羟基增加了分子的极性，影响其在生物膜结构中存在的位置和形式，对其抗氧化能力产生进一步的作用和影响[40]。

（二）叶黄素在膜结构中存在的形式与抗氧化能力

类胡萝卜素的抗氧化能力，在一定程度上受其在膜结构中存在的形式（如方向和位置）的影响[41]。

非极性类胡萝卜素，如番茄红素、β-胡萝卜素位于膜结构疏水层的深处，与磷脂双分子层长轴垂直存在。这种存在方式，使磷脂分子间无法紧密相连，分子密度下降。研究发现，当二棕榈酰卵磷脂膜中加入 2.5 mol% 的番茄红素，X 线衍射图显示，脂酰链峰密度下降；电子顺磁共振（electron paramagnetic resonance，EPR）显示，番茄红素对膜结构产生一定的干扰作用[42]。

叶黄素为极性类胡萝卜素，其极性末端延伸与磷脂膜头部区域相接触，常以跨膜形式存在，对膜结构顺序性的干扰小于非极性类胡萝卜素[43]。在膜结构中，极性类胡萝卜素能减少磷脂酰胆碱膜的流动性并增加磷脂膜疏水侧和中心区域的有序性，故能减少膜对自由基的通透性，增强其抗氧化能力[44]。玉米黄素像"铆钉"一样穿过膜结构[43]，叶黄素是玉米黄素的同分异构体，与玉米黄素比，其对膜结构的影响更大。叶黄素的一个末端基团能发生轻微的修饰作用，其 ε-环上的双键位于 C4' 和 C5' 之间，而玉米黄素 ε-环上的双键在 C5' 和 C6' 之间。因这个差异，叶黄素分子的 ε-环能围绕 C6'-C7' 单键相对自由地转动。因此，叶黄素 ε-环上的羟基能够垂直或者平行于膜平面[43]，使叶黄素更像一个非极性类胡萝卜素在膜中存在，并将羟基隐藏在膜内部，故其对膜结构的影响大于玉米黄素。叶黄素结构上这个 3'R 烯丙基羟基增加了其抗氧化能力[45]，见图 5-3-2 所示。

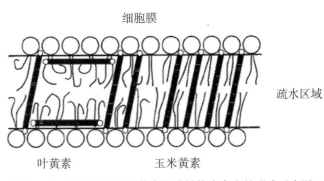

图 5-3-2 叶黄素和玉米黄素在膜结构中存在的形式示意图

类胡萝卜素的抗氧化效果可能还与其对膜结构的干扰程度密切相关。研究发现，虾青素能使膜中脂质过氧化减少41%，并能维持膜结构。相反，其他的类胡萝卜素因能干扰膜磷脂双分子层，又表现出一定地促氧化活性。其中番茄红素最明显（119%），其后为β-胡萝卜素（87%）、玉米黄素（21%）和叶黄素（18%）。除虾青素外，叶黄素抗氧化效果最好[46]。这得益于其极性和羟基的存在。研究发现，维护膜结构的严整（有序性），可控制自由基在膜中的扩散而减少过氧化。

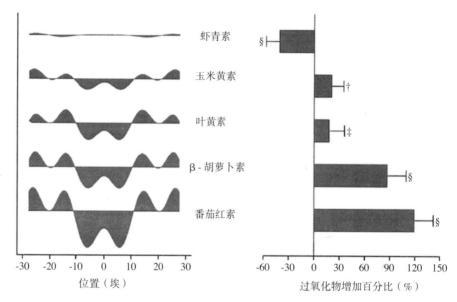

图 5-3-3　膜结构改变和过氧化物产生之间的关系

测定相对电子密度作为膜结构改变的指标。类胡萝卜素浓度均为 10 μmol/L，孵育时间 48 小时（引自：McNulty H, Jacob R F, Preston R, et al. Biologic activity of carotenoids related to distinct membrane physicochemical interactions[J].Am J Cardiol, 2008, 101（10A）: 20D-29D.）

此外，自身氧化的速度也影响其抗氧化效果。研究发现，番茄红素和β-胡萝卜素自身氧化的速度较快，活性很强，淬灭自由基的同时也生成了自身的自由基，导致促氧化状态[47]。而叶黄素相对较为稳定，能够更好地发挥抗氧化作用。

（三）叶黄素抗氧化活性与影响因素

1.叶黄素的抗氧化活性

叶黄素的抗氧化活性能通过其阳离子还原电位直接反映，也能根据其与维生素 C 的反应速度间接反映。

（1）叶黄素阳离子还原电位　类胡萝卜素的抗氧化能力常通过其阳离子还原电位（CAR·$^+$/CAR）（E_0）来评价。在类胡萝卜素中，番茄红素的阳离子还原电位最低，抗氧化能力最强；β-胡萝卜素的阳离子还原电位最高，抗氧化能力最弱[48]；叶黄素的阳离子还原电位与玉米黄素和虾青素相近。常见类胡萝卜素阳离子还原电位见表 5-3-3。

表 5-3-3　常见类胡萝卜素的阳离子的还原电位

类胡萝卜素阳离子	E_0（CAR·$^+$/CAR）(mV)
β-胡萝卜素阳离子	1060
叶黄素阳离子	1041
玉米黄素阳离子	1031
虾青素阳离子	1030
番茄红素阳离子	980

（引自：Böhm F, Edge R, Truscott TG. Interactions of dietary carotenoids with singlet oxygen ($^1O_2$) and free radicals: potential effects for human health. Acta Biochim Pol, 2012, 59(1)：27-30.）

类胡萝卜被氧化生成阳离子自由基后，在体内存在时间较长，如果不能及时清除将会导致一些生物大分子的氧化，例如色氨酸和胱氨酸在 pH=7 的情况下，$E7$ 分别为 930 mV 和 940 mV，能被类胡萝卜素阳离子氧化，而引起蛋白质的损伤[49]。因此，尽管类胡萝卜素被认为是抗氧化剂，但在特定条件下，也能从抗氧化剂变为促氧化剂量，损伤组织细胞，有害健康。

（2）叶黄素阳离子与维生素 C 的反应速度类　胡萝卜素（包括叶黄素）的抗氧能力还能通过其阳离子与维生素 C 反应的速度来评价。类胡萝卜素阳离子与维生素 C 反应，能从维生素 C 分子中获取电子，再次还原为类胡萝卜素[49]。其反应式为：

Carotenoid·$^+$ + AscH$_2$ → Carotenoid + AscH·$^+$ + H$^+$

不同类胡萝卜素与维生素 C 反应的速率见表 5-3-4。

表 5-3-4　常见类胡萝卜素阳离子与维生素 C 的反应常数

类胡萝卜素阳离子	反应常数（$K_q/10^8 M^{-1}S^{-1}$）
番茄红素	1.3
β-胡萝卜素	3.5
玉米黄素	7.7
隐黄质	8.2
角黄素	11
叶黄素	13
虾青素	13
8-阿朴-胡萝卜醛	15

（引自：Böhm F, et al. Interactions of dietary carotenoids with singlet oxygen ($^1O_2$) and free radicals: potential effects for human health. Acta Biochim Pol, 2012, 59(1)：27-30.）

表 5-3-4 表明，在常见类胡萝卜素中，番茄红素与维生素 C 反应常数最低，速度最慢，表明其阳离子还原能力最低，番茄红素本身还原性和抗氧化性最强。8-阿朴-胡萝卜素醛反应速度最快，说明其阳离子还原能力最高，8-阿朴-胡萝卜素本身还原性和抗氧化活性比较低。叶黄素与维生素 C 的反应速度与 8-阿朴-胡萝卜素醛接近，表明其体外抗氧化能力并不十分突出。

类胡萝卜素的抗氧化活性不仅取决于其淬灭或清除氧自由基的能力，还取决于自身氧化后所生成的类胡萝卜素阳离子的寿命和反应性。对于一些强氧化自由基如 NO_2·，类胡萝卜素与其作用所产生的阳离子自由基本身是强氧化剂，并存在时间较长。为避免来自这些分子的氧化损伤，需要高浓度的维生素 C 使类胡萝卜素阳离子自由基被还原为类胡萝卜素，并消除相应的氧化损伤。

2. 影响因素

叶黄素的抗氧化活性与多种因素有关，如浓度、温度、氧分压及其他抗氧化剂的存在等，均会对叶黄素的抗氧化效果产生一定的影响。

（1）浓度　叶黄素只有在适当的浓度下，才能发挥最佳抗氧化效果。浓度过高时，叶黄素在脂质膜中会聚合/堆积，引起性质改变，导致抗氧化效率降低[43]。叶黄素聚合后，其对光的吸收峰也会发生偏移，滤过蓝光的效果也相应下降。叶黄素的聚合程度，受浓度和温度的双重影响[50]。

研究发现，叶黄素/玉米黄素在相对较低的浓度下，如 10 mol/L 时就会形成聚集。叶黄素多聚体在 2~3 mol/L 时，其聚合程度达到最大值。玉米黄素浓度为 70 μmol/L 时，完全丧失了淬灭单线态氧的能力。相比之下，叶黄素比玉米黄素聚集的能力更强，在浓度相同时，叶黄素单体比玉米黄素少 10%~30%[50]。因此，叶黄素是容易自身聚集的类胡萝卜素，过高剂量的摄入和补充，反而会影响其抗氧化效果。

（2）氧分压　类胡萝卜素的抗氧化活性与系统中的氧分压有关。研究发现，在低氧分压的部位（机体大部分组织在生理情况下均处于这种状态），β-胡萝卜素能抑制氧化反应；而在高氧分压条件下，β-胡萝卜素将由起初的抑制氧化反应转变为促氧化作用[51]。这种促氧化作用，可能与摄入高剂量 β-胡萝卜素补充剂出现的不良反应相关。尽管，叶黄素还未发现这种促氧化作用的报道，但依然需要引以注意。

（3）与其他抗氧化剂的联合作用　叶黄素的抗氧化活性还与其他抗氧化剂的联合作用有关。叶黄素与其他结构不同的抗氧化剂之间存在协同作用，能增强叶黄素的抗氧化能力。例如，维生素 C 是人体内最有效的水溶性抗氧化剂，能为脂质系统中的叶黄素发挥再生器的作用。在研究抗氧化剂联合应用的效果时，在多层脂质膜中，观察类胡萝卜素混合体对硫代巴比妥酸反应产物形成的抑制作用，结果显示，联合应用比单个化合物的抗氧化效率更高，特别在联合应用中有叶黄素或番茄红素时，协同作用最佳[52]。表明联合应用的效果大于单一抗氧化剂作用之和。联合抗氧化剂这种强大的保护作用，可能与不同类胡萝卜素在膜结构中的不同位置有关。因此，在补充叶黄素的同时，补充水溶性抗氧化剂，可能抗氧化效果更佳。

四、叶黄素抗氧化作用的机制

叶黄素主要参与淬灭 ROS、RNS、单线态氧（$^1O_2$）和羟基自由基（·OH）。同时，叶黄素还是光致敏分子的有效淬灭剂，光致敏分子参与自由基和单线态氧形成过程[53]。

（一）物理性淬灭与化学反应

叶黄素与单线态氧反应主要为物理性淬灭过程，通过在两个分子间能量的直接传递而实现[54]。单线态氧的能量被传递到叶黄素分子中，形成基线态的氧和三线态的叶黄素。叶黄素不再继续化学反应，而是通过与周围溶剂的作用将能量释放到周围环境。而叶黄素与活性氧的反应为化学反应，占次要位置，约占总淬灭率的 0.05%[55]。由于叶黄素在物理淬灭单线态氧或活化光感物质过程中能保持完整，故其在这个过程中能够循环进行。

（二）共轭双键的作用

类胡萝卜素物理淬灭作用的效率与其结构中所含共轭双键的数目有关，共轭双键的数目决定反应中产生的类胡萝卜素三线态能量的水平。对大多数类胡萝卜素而言，分子结构中有 11 个共轭双键时产生的三线态能量水平最低，而效率最高。叶黄素分子多烯链上有 9 个共轭双键，其淬灭单线态氧（$^1O_2$）的能力低于分子结构中有 11 个共轭双键的番茄红素。另外，叶黄素两端存在的紫罗酮环能使平面结构中的双键丢失，与分子中无环状结构的类胡萝卜素比，产生的三线态能量水平会少量增加。因此，叶黄素淬灭单线态氧的能力低于无环状结构但有多个共轭双键的其他类胡萝卜素（如番茄红素）[48]。

（三）其他

在氧化应激过程产生的多种自由基中，叶黄素对羟基自由基（·OH）的灭活效率最高。·OH在脂质过氧化过程产生，淬灭·OH能阻断引起脂质膜损害的反应。因为叶黄素的亲脂性特征及其对·OH的特异性淬灭作用，故在保护细胞膜和脂蛋白中具有十分重要的作用[56]。

叶黄素能通过形成自由基加合物，有效地灭活羟基自由基，发挥抗氧化效果。人体内叶黄素被氧化后，形成多种氧化产物，包括环氧叶黄素等[57]。当氧化产物累积到一定程度，可能会产生一些生物学效应而影响信号转导途径，影响机体氧化还原水平[58]。

（徐贤荣）

参考文献

[1] Sies H. Oxidative stress: introductory remarks[M]. Oxidative Stress, ed. H. ebS. New York: Academic. Vol. . 1985: 1-8.

[2] Wendel A. Measurement of in vivo lipid peroxidation and toxicological significance.[J]. Free Radic Biol Med,1987, 3: 355-358.

[3] Steinbeck MJ, Khan AU,Karnovsky MJ. Extracellular production of singlet oxygen by stimulated macrophages quantified using 9,10-diphenylanthracene and perylene in a polystyrene film[J]. J Biol Chem,1993, 268(21): 15649-15654.

[4] Palmer RM, Rees DD, Ashton DS, et al. L-arginine is the physiological precursor for the formation of nitric oxide in endothelium-dependent relaxation[J]. Biochem Biophys Res Commun,1988,153(3): 1251-1256.

[5] Facundo HT, de Paula JG, Kowaltowski AJ. Mitochondrial ATP-sensitive K+ channels are redox-sensitive pathways that control reactive oxygen species production[J]. Free Radic Biol Med,2007, 42(7): 1039-1048.

[6] Rydstrom J. Mitochondrial NADPH, transhydrogenase and disease[J]. Biochim Biophys Acta,2006, 1757(5-6): 721-726.

[7] Kakhlon O, Manning H, Breuer W, et al. Cell functions impaired by frataxin deficiency are restored by drug-mediated iron relocation[J]. Blood,2008, 112(13): 5219-5227.

[8] Moncada S and Higgs A. The L-arginine-nitric oxide pathway[J]. N Engl J Med,1993, 329(27): 2002-2012.

[9] Cleeter MW, Cooper JM, Darley-Usmar VM, et al. Reversible inhibition of cytochrome c oxidase, the terminal enzyme of the mitochondrial respiratory chain, by nitric oxide. Implications for neurodegenerative diseases[J]. FEBS Lett,1994, 345(1): 50-54.

[10] Ferdinandy P ,Schulz R. Nitric oxide, superoxide, and peroxynitrite in myocardial ischaemia-reperfusion injury and preconditioning[J]. Br J Pharmacol,2003,138(4): 532-543.

[11] Gadelha FR, Thomson L, Fagian MM, et al. Ca^{2+}-independent permeabilization of the inner mitochondrial

membrane by peroxynitrite is mediated by membrane protein thiol cross-linking and lipid peroxidation[J]. Arch Biochem Biophys,1997, 345(2): 243-250.

[12] Medinas DB, Cerchiaro G, Trindade DF, et al. The carbonate radical and related oxidants derived from bicarbonate buffer[J]. IUBMB Life,2007, 59(4-5): 255-262.

[13] Berneburg M, Grether-Beck S, Kurten V, et al. Singlet oxygen mediates the UVA-induced generation of the photoaging-associated mitochondrial common deletion[J]. J Biol Chem,1999, 274(22): 15345-15349.

[14] Kahn CR. Banting Lecture. Insulin action, diabetogenes, and the cause of type II diabetes[J]. Diabetes,1994, 43(8): 1066-1084.

[15] Dreher D, Junod AF. Role of oxygen free radicals in cancer development[J]. Eur J Cancer,1996, 32A(1): 30-38.

[16] Ha HC, Thiagalingam A, Nelkin BD, et al. Reactive oxygen species are critical for the growth and differentiation of medullary thyroid carcinoma cells[J]. Clin Cancer Res,2000, 6(9): 3783-3787.

[17] Estensen RD, Levy M, Klopp SJ, et al. N-acetylcysteine suppression of the proliferative index in the colon of patients with previous adenomatous colonic polyps[J]. Cancer Lett,1999, 147(1-2): 109-114.

[18] Amstad P, Crawford D, Muehlematter D, et al. Oxidants stress induces the proto-oncogenes, C-fos and C-myc in mouse epidermal cells[J]. Bull Cancer,1990, 77(5): 501-502.

[19] Burdon RH. Superoxide and hydrogen peroxide in relation to mammalian cell proliferation[J]. Free Radic Biol Med,1995, 18(4): 775-794.

[20] Irani K, Xia Y, Zweier JL, et al. Mitogenic signaling mediated by oxidants in Ras-transformed fibroblasts[J]. Science,1997,275(5306): 1649-1652.

[21] Haidara MA, Yassin HZ, Rateb M, et al. Role of oxidative stress in development of cardiovascular complications in diabetes mellitus[J]. Curr Vasc Pharmacol,2006,4(3): 215-227.

[22] Baynes JW. Role of oxidative stress in development of complications in diabetes[J]. Diabetes,1991,40(4): 405-412.

[23] Nishikawa T, Edelstein D, Du XL, et al. Normalizing mitochondrial superoxide production blocks three pathways of hyperglycaemic damage[J]. Nature,2000,404(6779): 787-790.

[24] Wolff SP, Jiang ZY, and Hunt JV. Protein glycation and oxidative stress in diabetes mellitus and ageing[J]. Free Radic Biol Med,1991, 10(5): 339-352.

[25] Yan SD, Schmidt AM, Anderson GM, et al. Enhanced cellular oxidant stress by the interaction of advanced glycation end products with their receptors/binding proteins[J]. J Biol Chem,1994, 269(13): 9889-9897.

[26] Auch-Schwelk W, Bossaller C, Claus M, et al. Local potentiation of bradykinin-induced vasodilation by converting-enzyme inhibition in isolated coronary arteries[J]. J Cardiovasc Pharmacol,1992, 20 Suppl 9: S62-67.

[27] Chien S, Li S, Shyy YJ. Effects of mechanical forces on signal transduction and gene expression in endothelial cells[J]. Hypertension,1998, 31(1 Pt 2): 162-169.

[28] Kinscherf R, Claus R, Wagner M, et al. Apoptosis caused by oxidized LDL is manganese superoxide dismutase and p53 dependent[J]. Faseb J,1998,12(6): 461-467.

[29] Sigal LH. Basic science for the clinician 44: atherosclerosis: an immunologically mediated (autoimmune?) disease[J]. J Clin Rheumatol,2007, 13(3): 160-168.

[30] Busciglio J, Yankner BA. Apoptosis and increased generation of reactive oxygen species in Down's syndrome neurons in vitro[J]. Nature,1995, 378(6559): 776-779.

[31] Sinet PM, Couturier J, Dutrillaux B, et al.[Trisomy 21 and superoxide dismutase-1 (IPO-A). Tentative localization of sub-band 21Q22.1][J]. Exp Cell Res,1976, 97: 47-55.

[32] BLADIER C, DE HAAN JB, KOLA I. Antioxidant and Redox Regulation of Genes[M]. Oxid Med Cell Longev, ed. Sen CK SH, and Baeuerly PA., Orlando: Academic , 2012, 2000: 425-429.

[33] Behl C, Davis JB, Lesley R, et al. Hydrogen peroxide mediates amyloid beta protein toxicity[J]. Cell,1994, 77(6): 817-27.

[34] Rosen DR. Mutations in Cu/Zn superoxide dismutase gene are associated with familial amyotrophic lateral sclerosis[J]. Nature,1993, 364(6435): 362.

[35] Pasinelli P, Houseweart MK, Brown RH, Jr., et al. Caspase-1 and -3 are sequentially activated in motor neuron death in Cu,Zn superoxide dismutase-mediated familial amyotrophic lateral sclerosis[J]. Proc Natl Acad Sci U S A,2000,97(25): 13901-13906.

[36] ROY S, SEN CK, PACKER L. Determination of cell-cell adhesion in response to oxidants and antioxidants[M].

In: Methods in Enzymology: Oxidants and Antioxidants., San Diego, CA: Academic. 1999: 395–401.
[37] Ozaki M, Deshpande SS, Angkeow P, et al. Inhibition of the Rac1 GTPase protects against nonlethal ischemia/reperfusion-induced necrosis and apoptosis in vivo[J]. Faseb J,2000, 14(2): 418-429.
[38] Thiagarajan RR, Winn RK, Harlan JM. The role of leukocyte and endothelial adhesion molecules in ischemia-reperfusion injury[J]. Thromb Haemost,1997, 78(1): 310-314.
[39] Darvin ME, Haag SF, Meinke MC, et al. Determination of the influence of IR radiation on the antioxidative network of the human skin[J]. J Biophotonics,2011, 4(1-2): 21-29.
[40] Alves-Rodrigues A, Shao A. The science behind lutein[J]. Toxicol Lett,2004,150(1): 57-83.
[41] van de Ven M, Kattenberg M, van Ginkel G, et al. Study of the orientational ordering of carotenoids in lipid bilayers by resonance-Raman spectroscopy[J]. Biophys J,1984, 45(6): 1203-1209.
[42] Socaciu C, Jessel R, and Diehl HA. Carotenoid incorporation into microsomes: yields, stability and membrane dynamics[J]. Spectrochim Acta A Mol Biomol Spectrosc,2000, 56(14): 2799-2809.
[43] Gruszecki WI.The Photochemistry of Carotenoids[M]Frank HA YA, Britton G, Cogdell RJ, Editor. 1999, Kluwer Academic: Dordrecht, Netherlands. 363–379.
[44] Subczynski WK, Markowska E, Sielewiesiuk J. Spin-label studies on phosphatidylcholine-polar carotenoid membranes: effects of alkyl-chain length and unsaturation[J]. Biochim Biophys Acta,1993,1150(2): 173-81.
[45] Krinsky NI, Landrum JT, Bone RA. Biologic mechanisms of the protective role of lutein and zeaxanthin in the eye[J]. Annu Rev Nutr,2003, 23: 171-201.
[46] McNulty H, Jacob RF, Mason RP. Biologic activity of carotenoids related to distinct membrane physicochemical interactions[J]. Am J Cardiol,2008, 101(10A): 20D-29D.
[47] Woodall AA, Britton G, and Jackson MJ. Carotenoids and protection of phospholipids in solution or in liposomes against oxidation by peroxyl radicals: relationship between carotenoid structure and protective ability[J]. Biochim Biophys Acta,1997, 1336(3): 575-586.
[48] Bohm F, Edge R, and Truscott TG. Interactions of dietary carotenoids with singlet oxygen (1O2) and free radicals: potential effects for human health[J]. Acta Biochim Pol,2012, 59(1): 27-30.
[49] Costanzo F, Sulpizi M, Della Valle RG, et al. The oxidation of tyrosine and tryptophan studied by a molecular dynamics normal hydrogen electrode[J]. J Chem Phys,2011, 134(24): 244508.
[50] Sujak A, Okulski W, Gruszecki WI. Organisation of xanthophyll pigments lutein and zeaxanthin in lipid membranes formed with dipalmitoylphosphatidylcholine[J]. Biochim Biophys Acta,2000,1509(1-2): 255-263.
[51] Zhang P, Omaye ST. DNA strand breakage and oxygen tension: effects of beta-carotene, alpha-tocopherol and ascorbic acid[J]. Food Chem Toxicol,2001, 39(3): 239-246.
[52] Stahl W, Junghans A, de Boer B, et al. Carotenoid mixtures protect multilamellar liposomes against oxidative damage: synergistic effects of lycopene and lutein[J]. FEBS Lett,1998, 427(2): 305-308.
[53] Young AJ, Lowe GM. Antioxidant and prooxidant properties of carotenoids[J]. Arch Biochem Biophys,2001, 385(1): 20-27.
[54] Stahl W, Sies H. Physical quenching of singlet oxygen and cis-trans isomerization of carotenoids[J]. Ann N Y Acad Sci,1993, 691: 10-19.
[55] Stahl W, Sies H. Antioxidant activity of carotenoids[J]. Mol Aspects Med,2003, 24(6): 345-351.
[56] Sies H, Stahl W. Vitamins E and C, beta-carotene, and other carotenoids as antioxidants[J]. Am J Clin Nutr,1995, 62(6 Suppl): 1315S-1321S.
[57] Czeczuga-Semeniuk E ,Wolczynski S. Identification of carotenoids in ovarian tissue in women[J]. Oncol Rep, 2005, 14(5): 1385-1392.
[58] Kim JH, Na HJ, Kim CK, et al. The non-provitamin A carotenoid, lutein, inhibits NF-kappaB-dependent gene expression through redox-based regulation of the phosphatidylinositol 3-kinase/PTEN/Akt and NF-kappaB-inducing kinase pathways: role of H(2)O(2) in NF-kappa B activation[J]. Free Radic Biol Med,2008, 45(6): 885-896.

第四节 免疫保护作用

免疫保护是叶黄素的间接作用。在叶黄素的生物学作用中,如构成视网膜黄斑色素、滤过蓝光和抗氧化作用,这些是叶黄素直接作用的结果,即由叶黄素的分子结构、理化性质或其自身特性决定的生物学效用。而叶黄素对免疫组织的保护作用主要是通过其抗氧化作用而显现的。

关于叶黄素免疫保护作用的文献十分有限,现有文献更多的主要基于叶黄素能效地淬灭 ROS,维持机体氧化-抗氧化系统的平衡,使免疫细胞免受自由基的损伤,从而保护免疫细胞结构的完整和功能的正常。

一、免疫保护与活性氧自由基

免疫系统是机体抵御有害因子(包括外来和自身产生的)侵袭的重要屏障,能使人体抵抗各种疾病(传染性疾病、非传染性疾病、肿瘤等)而维持健康。在免疫保护机制中,ROS 具有双重作用,它既在机体免疫保护机制中发挥重要作用,但过度反应又能诱导免疫细胞的氧化损伤。

(一)免疫保护作用

免疫是机体防护各种有害因素的一道重要防线,是机体的一种保护性反应,其作用是识别和排除抗原性异物,维护机体的生理平衡和稳定。

免疫对机体的保护作用主要包括免疫防护、自身稳定和免疫监视作用。正常情况下,机体通过免疫防护作用,抵御病原微生物的侵害与中和毒素,预防各种感染、传染或非传染性疾病。通过自身稳定作用,经常不断地清除损伤或衰老的自身细胞,维护体内生理平衡。并通过免疫监视作用,发现、杀伤和清除体内经常出现的突变细胞、肿瘤细胞等少量异常细胞,预防肿瘤的发生。

(二)活性氧自由基的双重作用

如前所述,ROS 在免疫保护机制中具有双重作用。

免疫系统能产生 ROS,它是杀伤和清除外来有害物质,维护机体生理平衡和稳定的重要物质。免疫系统包括特异性免疫系统(又称获得性免疫系统)和非特异性免疫系统(又称为先天性免疫系统)两个部分。在特异性免疫系统中,免疫活性细胞(T 淋巴细胞和 B 淋巴细胞)受到外界刺激后,如病原微生物入侵时,能够持续产生和释放 ROS[1]。ROS 能攻击并损伤外来微生物细胞膜、细胞内蛋白质和核酸,杀灭病原微生物[2]。在非特异性免疫系统中,辅助性免疫细胞(巨噬细胞或中性粒细胞)能通过吞噬和后续的呼吸爆发,产生大量 ROS 来损伤抗原[3]。外界抗原被巨噬细胞或中性粒细胞吞噬后,激活细胞内烟酰胺腺嘌呤二核苷酸(NADP)氧化酶,使氧分子产生大量的超氧阴离子自由基($O_2^{\cdot-}$)。$O_2^{\cdot-}$ 随后被超氧化物歧化酶(SOD)转化为过氧化氢[4]。中性粒细胞含髓过氧化物酶,将过氧化氢转化为强大的杀菌物质,氯氧负离子(OCl^-)[5]。巨噬细胞不含有髓过氧化物酶,但是能够通过髓过氧化物酶依赖的机制产生其他来源于氧的自由基,包括 $OH^{\cdot}$。

在免疫反应中,如果ROS过度,或与清除系统失去平衡,也能损伤免疫细胞,诱导组织损伤。

二、叶黄素的免疫保护作用

叶黄素是ROS的有效淬灭剂,能够保护免疫细胞免受氧化损伤。叶黄素的免疫保护作用主要表现在以下方面。

(一)调控ROS水平

有证据表明,叶黄素素对免疫的作用,可能是通过至少是部分通过灭活ROS而实现。

ROS能损伤各种类型的细胞,在免疫细胞的膜结构(包括细胞膜和细胞器膜)中富含不饱和脂肪酸,对ROS诱导的氧化应激十分敏感[6]。因此,氧化应激能引发免疫细胞中不饱和脂肪酸的过氧化反应而使细胞结构损伤,导致免疫功能异常或障碍。

叶黄素通过有效地淬灭ROS,维持机体氧化-抗氧化系统的平衡,从而保护免疫细胞结构的完整和功能的正常。

在机体内,叶黄素能被血液循环中的淋巴细胞摄取,并进入细胞核和细胞器(如线粒体及微粒体)中,叶黄素在线粒体中的含量最多[7]。线粒体是细胞能量代谢和氧化反应的主要细胞器,线粒体内电子转运系统利用氧总量的85%来生成ATP,是ROS最重要的来源[8]。故叶黄素在线粒体中的存在是其调控ROS水平,发挥免疫调控作用的有力证明。在细胞与细胞器内,叶黄素能淬灭过量的ROS,抵御氧化损伤,维持其正常结构与功能。

(二)增强免疫反应

有研究证实,增加实验动物食物中叶黄素的摄入量,能刺激和增强机体迟发型超敏反应(delayed type hypersensitivity,DTH),且Th和B淋巴细胞亚型增加,血清IgG的浓度升高,并能增强刀豆蛋白A(ConA)诱导的淋巴细胞增殖反应[9]。同时,叶黄素和玉米黄素能增强小鼠脾T淋巴细胞抗体应答反应[10]。另外,从蚕丝中提取的叶黄素,能够增强小鼠先天性免疫应答反应,增强NK细胞活性,增加CD_3^+、CD_4^+细胞数量以及IFN-γ和IL-2的表达,而从万寿菊中提取的叶黄素则未观察到该种效果[11]。表明叶黄素能通过增强机体免疫反应,发挥免疫保护作用。但不同来源的叶黄素作用效果的差异可能与其结构有关,如万寿菊中的叶黄素主要为叶黄素酯,其活性低于叶黄素单体。

(三)抑制癌细胞

叶黄素的免疫保护作用还表现在对乳腺癌细胞的选择性抑制。研究者将乳腺癌细胞移植到BALB/c小鼠体内,观察叶黄素对乳腺癌细胞增殖的影响。结果发现,叶黄素能抑制小鼠乳腺癌细胞的生长,促进癌细胞的凋亡,并抑制小鼠血淋巴细胞的凋亡[12-13]。表明叶黄素能选择性地作用于乳腺癌细胞,诱导癌细胞的凋亡,并保护免疫细胞,发挥其抑制癌症的作用。亦有研究证实,叶黄素有选择性诱导人乳腺癌细胞凋亡的作用,而对正常人乳腺细胞无明显影响[14]。

(四)抑制补体系统

叶黄素能影响补体成分的表达,从而抑制先天性免疫系统所介导的炎症过程。Tian等采用 10mg/d 叶黄素对志愿者进行为期 1 年的干预，与基线水平相比，志愿者血浆补体因子 D、补体成分 C5a、C3d 水平分别下降 51%、36% 和 9%，而对照组中仅补体因子 D 水平出现较小幅度下降[15]。

尽管很多研究报道了叶黄素对免疫系统的作用，但在对禽类的研究发现，叶黄素对金翅雀免疫功能未见显著作用[16]，对鸡还会加重肝的负担，升高血清转氨酶水平[17]。这些研究提示，叶黄素对免疫功能的作用可能存在种属差异性。

三、叶黄素免疫保护作用的机制

关于叶黄素免疫保护作用的机制，尚不十分清楚和确定，有以下几种认识。

（一）调控免疫细胞基因表达

叶黄素能上调大鼠脾细胞中的 *pim-1* 基因，而 β-胡萝卜素、虾青素则没有该作用[18]。*Pim-1* 基因是在正常淋巴细胞中表达，参与造血细胞增殖、分化和凋亡过程[19]，提示叶黄素可能通过调控造血细胞基因而发挥作用。在后续的研究中，研究者探讨了叶黄素调节肿瘤免疫的机制，发现乳腺癌小鼠与正常小鼠比较，总 T 淋巴细胞、Th 细胞和 Tc 细胞受到抑制，而 IL-2Rα$^+$T 细胞和 B 细胞增加，叶黄素能预防因肿瘤导致的淋巴细胞亚群的改变[20]。此外，叶黄素在肿瘤小鼠脾细胞中增加 IFN-γ mRNA 的表达，但减少 IL-10 的表达，这些改变与叶黄素抑制肿瘤细胞生长同时发生[20]。IFN-γ 具有多种肿瘤调节功能，它由激活的 T 淋巴细胞和 NK 细胞产生，并具有潜在地诱导巨噬细胞激活的作用[21-22]。而 IL-10 能抑制 IFN-γ 的产生、抗原递呈与巨噬细胞产生 IL-1、IL-6 以及 TNFα 的作用[23-24]。

（二）调控凋亡基因表达

研究发现，叶黄素能抑制乳腺癌生长，增加抑癌基因 *p53* 和 *BAX* mRNA 的表达，减少原癌基因 *Bcl-2* 的表达，增加肿瘤中 *BAX*：*Bcl-2* 的比率[14]。

在人类乳腺癌细胞中也观察到叶黄素的这种特异的选择性作用。抑癌基因 *p53* 能诱导细胞周期发生停滞，赢得 DNA 修复或细胞凋亡的时间，减少变异的累积，发挥抑癌作用。该途径与线粒体无关，故与 ROS 也无关。另一方面，Bcl-2 作为一个凋亡抑制因子受到 *p53* 的负向调节。Bcl-2 存在于线粒体外层膜中并能预防细胞色素 C 的释放。当 BAX 易位到线粒体上后，与 Bcl-2 结合激活，诱导细胞色素 C 的释放，激活 *caspase* 基因，引发凋亡。

凋亡对于维持细胞功能和健康十分重要。不受控制的增殖将会导致癌症和自身免疫性疾病，而过度的细胞凋亡能导致神经退行性疾病和获得性免疫缺陷综合征（AIDS）。上述三种基因在凋亡过程中具有重要作用，叶黄素可能是通过调节凋亡相关基因的表达，促进异常细胞和突变细胞的凋亡，来发挥抑制肿瘤的免疫调节作用。

除上述机制外，叶黄素还可能通过调节膜流动性和细胞间的连接来影响免疫功能。

总之，叶黄素对调控免疫应答的作用在于维持细胞内和细胞外环境的平衡，这个结果不仅取决于叶黄素的水平，还在于细胞的类型和种属。尽管目前的研究提供了叶黄素免疫保护作用的相关依据，但是阐明其作用的分子机制还需要更多的研究证据。

（徐贤荣）

参考文献

[1] Devadas S, Zaritskaya L, Rhee SG, et al. Discrete generation of superoxide and hydrogen peroxide by T cell receptor stimulation: selective regulation of mitogen-activated protein kinase activation and fas ligand expression[J]. J Exp Med,2002, 195(1): 59-70.

[2] Fazal N. The role of reactive oxygen species (ROS) in the effector mechanisms of human antimycobacterial immunity[J]. Biochem Mol Biol Int,1997, 43(2): 399-408.

[3] Werling D, Hope JC, Howard CJ, et al. Differential production of cytokines, reactive oxygen and nitrogen by bovine macrophages and dendritic cells stimulated with Toll-like receptor agonists[J]. Immunology, 2004, 111(1): 41-52.

[4] Buettner GR. Superoxide dismutase in redox biology: the roles of superoxide and hydrogen peroxide[J]. Anticancer Agents Med Chem,2011, 11(4): 341-346.

[5] Rosen H, Klebanoff SJ, Wang Y, et al. Methionine oxidation contributes to bacterial killing by the myeloperoxidase system of neutrophils[J]. Proc Natl Acad Sci U S A,2009, 106(44): 18686-18691.

[6] Meydani SN, Wu D, Santos MS, et al. Antioxidants and immune response in aged persons: overview of present evidence[J]. Am J Clin Nutr,1995, 62: 1462S-1467S.

[7] Park JS, Chew BP, Wong TS, et al. Dietary lutein uptake by blood and leukocytes in domestic cats[J]. FASEB J,1999, 13: A552.

[8] Kowaltowski AJ, de Souza-Pinto NC, Castilho RF, et al. Mitochondria and reactive oxygen species[J]. Free Radic Biol Med,2009, 47(4): 333-343.

[9] Kim HW, Chew BP, Wong TS, et al. Modulation of humoral and cell-mediated immune responses by dietary lutein in cats[J]. Vet Immunol Immunopathol,2000,73(3-4): 331-341.

[10] Jyonouchi H, Sun S, Mizokami M, et al. Effects of various carotenoids on cloned, effector-stage T-helper cell activity[J]. Nutr Cancer,1996, 26(3): 313-324.

[11] Promphet P, Bunarsa S, Sutheerawattananonda M, et al. Immune enhancement activities of silk lutein extract from Bombyx mori cocoons[J]. Biol Res, 2014, 47(1): 1-10.

[12] Park JS, Chew BP, Wong TS. Dietary lutein from marigold extract inhibits mammary tumor development in BALB/c mice[J]. J Nutr,1998, 128(10): 1650-1656.

[13] Chew BP, Brown CM, Park JS, et al. Dietary lutein inhibits mouse mammary tumor growth by regulating angiogenesis and apoptosis[J]. Anticancer Res,2003, 23(4): 3333-3339.

[14] Sumantran VN, Zhang R, Lee DS, et al. Differential regulation of apoptosis in normal versus transformed mammary epithelium by lutein and retinoic acid[J]. Cancer Epidemiol Biomarkers Prev,2000,9(3): 257-263.

[15] Tian Y, Kijlstra A, Van der Veen R L P, et al. The effect of lutein supplementation on blood plasma levels of complement factor d, c5a and c3d[J]. PloS one, 2013, 8(8): e73387.

[16] Sild E, Sepp T, Männiste M, et al. Carotenoid intake does not affect immune-stimulated oxidative burst in greenfinches[J]. J Exp Biol, 2011, 214(Pt 20): 3467-3473.

[17] Rajput N, Naeem M, Ali S, et al. The effect of dietary supplementation with the natural carotenoids curcumin and lutein on broiler pigmentation and immunity[J]. Poult Sci, 2013, 92(5): 1177-1185.

[18] Park JS, Chew BP, Wong TS, et al. Dietary lutein but not astaxanthin or beta-carotene increases pim-1 gene expression in murine lymphocytes[J]. Nutr Cancer,1999, 33(2): 206-212.

[19] Li J, Hu XF, Loveland BE, et al. Pim-1 expression and monoclonal antibody targeting in human leukemia cell lines[J]. Exp Hematol,2009, 37(11): 1284-1294.

[20] Cerveny CG, Chew BP, Park JS, et al. Dietary lutein inhibits tumor growth and normalizes lymphocyte subsets in tumor-bearing mice[J]. FASEB J,1999, 13: A210.

[21] Zhao L, Gao X, Peng Y, et al. Differential modulating effect of natural killer (NK) T cells on interferon-gamma production and cytotoxic function of NK cells and its relationship with NK subsets in Chlamydia muridarum infection[J]. Immunology,2011, 134(2): 172-184.

[22] Grimaldi LM ,Martino G. Effect of interferon gamma on T lymphocytes from patients with multiple sclerosis[J]. Mult Scler,1995, 1 Suppl 1: S38-43.

[23] Fiorentino DF, Zlotnik A, Mosmann TR, et al. IL-10 inhibits cytokine production by activated macrophages[J]. J

Immunol,1991, 147(11): 3815-2822.

[24] Pitt JM, Stavropoulos E, Redford PS, et al. Blockade of IL-10 signaling during bacillus Calmette-Guerin vaccination enhances and sustains Th1, Th17, and innate lymphoid IFN-gamma and IL-17 responses and increases protection to Mycobacterium tuberculosis infection[J]. J Immunol,2012, 189(8): 4079-4087.

第六章

叶黄素与相关疾病

摘 要

叶黄素的结构与理化性质是决定其生物学作用的基础,而其生物学作用又赋予叶黄素在相关疾病的预防与控制中特有的作用和效果,尤其是对光损伤和氧化损伤相关的疾病。叶黄素涉及光损伤与氧化损伤的疾病主要见于视网膜光损伤、年龄相关性黄斑变性、年龄相关性白内障、紫外线皮肤光损伤等,而涉及氧化损伤的疾病有动脉粥样硬化、阿尔茨海默病与癌症等。在这些疾病的预防和控制中,叶黄素发挥着积极的作用与效果。

视器官(眼)的主要功能是在光下视物。当光照的强度与光照的时间或其积累效应超出了视器官的生理极限与承受力时,将导致视疲劳以致视网膜的损伤,严重时能诱发相关眼病。由于视器官的屈光系统能自行将光线聚焦于黄斑,故光损伤主要发生在视网膜黄斑部。光损伤中最常见的是光化学损伤,在非职业性接触人群中最常见的致伤光源是可见光。能导致视网膜损伤的可见光波段在 400~500 nm,蓝光的波长为 430~450 nm,是所有能到达视网膜的可见光中能量最高、潜在危害性最大的一种光。叶黄素的吸收光谱(最大吸收波长为 445 nm)恰能有效覆盖蓝光的波谱范围,犹如蓝光滤过器有效地吸收、滤过高能量的蓝光,预防光损伤相关眼病。同时,叶黄素是较强的抗氧化剂,能淬灭与清除光氧化反应过程产生的单线态氧和自由基,保护视网膜神经细胞与黄斑区。

年龄相关性黄斑变性(AMD)是由中心视网膜及以下的结构(视网膜色素上皮和脉络膜)功能障碍所导致的进行性视力下降,为 65 岁以上人群最常见的致盲性眼病。多项研究显示,膳食叶黄素摄入量、血清叶黄素浓度与视网膜 MP 浓度或 MPOD 呈正相关,而与 AMD 的患病率呈负相关,膳食叶黄素摄入量和机体叶黄素水平较高的人群,罹患 AMD 的风险较低。叶黄素对 AMD 的作用机制,比较公认的是叶黄素对高能量光子的滤过作用和抗氧化损伤作用。近年提出,叶黄素与细胞信号转导和加强细胞间隙连接通讯的机制,尚有待进一步证实。

年龄相关性白内障(ARC)是发生在屈光介质—晶状体的病变,因晶状体浑浊并影响视器官的成像质量,导致视力障碍和失明。ARC 是因一系列复杂原因导致晶状体混浊的最后阶段,其中光辐射和氧化损伤是主要的环境诱发因素。叶黄素主要分布在人晶状体的皮质和上皮组织中,是晶状体中唯一的类胡萝卜素。它能削减光敏物质,滤过有害光辐射的相关波段,有效地阻止晶状体的光辐射损伤和氧化损伤,预防和延缓 ARC 的发生。叶黄素对 ARC 作用的机制,认为与其抗氧化作用与光滤过作用相关。

动脉粥样硬化(AS)是心脑血管疾病的病理基础,使动脉弹性减低、管腔变窄,当进展至阻塞动脉腔时,将导致该动脉所供应的组织或器官(心脏、脑等)缺血,进而发生梗死,临床上最常见的并发症是冠心病、心肌梗死和脑卒中。近年研究发现,在人血浆中,叶黄素主要存在于 HDL-C 中，有 52% 的叶黄素与 HDL-C 结合转运，只有少量的叶黄素存在于 LDL-C 中。提示 HDL-C 改善血脂和对 AS 及心血管疾病的有益作用，与 HDL-C 中含有较多的叶黄素可能有关。多项研究显示，膳食叶黄素摄入量与血清叶黄素水平呈正相关，而与 AS 发病率呈显著负相关。膳食叶黄素摄入量（如蔬菜摄入量）较高的人群发生 AS 的风险显著降低，且发生缺血性脑卒中的风险亦下降。且叶黄素能使 AS 斑块损伤面积分别减少 44% 和 43%。叶黄素对 AS 作用的机制，可能与改善血脂、抗氧化损伤特别是血管内皮细胞的氧化损伤、影响细胞因子和免疫分子的表达以及影响细胞信号转导系统等机制相关，并能改善动脉内皮细胞表面的黏附分子水平。

近年随着臭氧层的破坏，到达地球表面的紫外线（UV）增强，UV 皮肤光损伤的发生率呈上升趋势。过度的 UV 照射能导致皮肤损伤，常见的有 UV 红斑、日晒黑化、光老化、光敏反应、光致癌作用以及光诱导的炎症反应。多项研究结果证实，叶黄素分布于人体皮肤，在人类皮肤光损伤防护中具有特殊的意义和重要性。一方面，叶黄素具有吸收可见光的作用，能通过吸收到达皮肤的蓝光减少其诱导的损伤；另一方面，叶黄素具有吸收 UV 和其他短波长光的作用，从而减少 UV 和可见光对皮肤的损伤。在皮肤中，叶黄素能通过物理淬灭自由基的方式发挥抗氧化作用。在这个过程中，激发态氧分子中的能量被转移到叶黄素分子中，叶黄素通过分子的旋转和振动，将能量通过热能的形式散发到周围环境，自身重新回到基态。在物理淬灭自由基的过程中，叶黄素分子结构没有被破坏，能循环作用，进入下一个循环继续发挥萃灭自由基的功效。

癌症是一类严重威胁人类生命和健康的疾病，多项研究结果显示，膳食叶黄素的摄入量、血液和组织中叶黄素的浓度显著正相关，并与人类某些癌症的发病风险成负相关，叶黄素对乳腺癌、肺癌、结直肠癌、上消化道癌、宫颈癌、子宫内膜癌、卵巢癌、肾癌及皮肤癌可能具有保护作用。提示叶黄素在预防人类某些癌症的发生和发展中具有一定的效果。其作用机制主要与其抗氧化活性和免疫保护等生物学作用相关。但在多项研究中，除了叶黄素与结、直肠癌关系的结果比较一致外，与其他癌症的关系的结果尚不一致。叶黄素对结、直肠癌的作用机制，主要通过影响机体炎症水平，抑制肠道局部组织癌前病变的进展和增强机体免疫力的作用结果。

阿尔茨海默病（AD）又称老年性痴呆，是一种渐进性、获得性神经系统退行性疾病。AD 的病理改变以神经炎性斑和 β-淀粉样蛋白沉积、神经元纤维缠结及神经元丢失等为特征。多项研究结果证实，机体叶黄素水平与认知功能和 AD 密切相关。叶黄素能通过血-脑屏障，被脑组织优先摄取，是人脑中含量最高的类胡萝卜素。人脑中叶黄素占类胡萝卜素总量在老年人为 31%，而在婴儿为 58%，接近老年人的两倍。叶黄素不仅是人脑内含量最高的类胡萝卜素，也在生命早期脑神经发育中占据重要地位。研究表明，婴儿膳食中叶黄素含量仅占类胡萝卜素总量的 12%，而在婴儿的脑中叶黄素含量占类胡萝卜素总量的 58%。提示脑组织对叶黄素具有独特的摄取和蓄积的能力。膳食叶黄素摄入量、血清叶黄素浓度及大脑中叶黄素含量与认知功能下降程度呈负相关；在 AD 患者中，血清和大脑中叶黄素水平显著降低；叶黄素为人脑中唯一的与所有认知功能指标持续相关的类胡萝卜素；补充适宜剂量的叶黄素能改善认知功能。关于其作用机制，就目前的资料分析，主要通过抗氧化和抗炎作用、对神经细胞传导速度和对细胞信号转导通路的调控而发挥作用的。在对叶黄素与 AD 的研究中，依然存在着未知领域，尚需进一步的研究和探索。

第一节 视网膜光损伤

外界的光波通过视器官（眼）的屈光系统在视网膜感光层聚焦，形成清晰的物像；感光细胞能将这种光信号转换成神经冲动，经双极神经元及神经节细胞等传导至大脑皮质视中枢形成视觉。但当光照强度与光照时间超出了视网膜的承受力与生理极限，这种长期超负荷积累的后果，将导致视疲劳以致视网膜的损伤。不仅影响正常的视功能，严重时能诱发相关眼病，甚至失明。研究证实，叶黄素能吸收近于紫外光的高能量光子，其最大吸收波长恰能覆盖到达视网膜的蓝光波谱范围，通过吸收、滤过蓝光等短波长的光，有效地减少光氧化损伤，对视网膜起到保护作用。

一、概　述

早在1916年，Verhoeff等就提出可见光对视网膜有损伤作用，并发现在角膜和晶状体尚未见损伤时，视网膜已经发生了一定程度的损伤[1]。为了验证光波对视网膜的损伤作用，生理学家制作了一个亮度较强的光源，在光源前放置一组包括绿色、蓝色和紫色的滤光片，分别通过不同颜色的滤光片注视光源各30秒，结果他感受到后像作用或相对盲点，且持续时间长达8个月[2]。后来的动物实验证实，光能导致大鼠视网膜细胞的损伤和组织学变化[3]，并随光强度的增加及光照时间的延长出现视细胞超微结构的破坏、细胞凋亡和细胞核的消失[4]。

（一）定义与分类

1. 定义

目前，对视网膜光损伤尚无统一的定义。一般认为，由于自然光源或人造光源的强度、光照时间超出了视网膜的承受力，导致视网膜神经细胞的损伤、凋亡及功能异常称为光损伤。由于视器官的屈光系统能自行将光线聚焦于黄斑，故光损伤主要发生在视网膜黄斑部[5]。

2. 分类

视网膜光损伤主要分为三类，即热损伤、机械损伤和光化学损伤。

（1）热损伤　较长波段的可见光及红外线（550～1400 nm）被组织吸收后转化为热能，引起视网膜局部温度升高，导致视细胞中包括酶系统在内的蛋白质变性与损伤[6]。

（2）机械损伤　高能量激光在极短时间内作用于靶组织后引起电离效应，形成等离子体，借助等离子体迅速膨胀，产生震荡冲击波，干扰组织细胞的正常结构与功能，导致视网膜发生机械损伤，如Q开关或YAG（钇铝石榴石晶体）激光[6]。

（3）光化学损伤　近紫外线及短波长可见光（400～500 nm）的照射，未引起视网膜局部温度明显的升高，而是引起原子或分子的能量状态改变而引发连锁的化学反应，导致细胞结构破坏[7]。光化学损伤在视网膜光损伤中具有普遍性和重要性，在人群中较常见，应引以关注。

（二）不同光源所致视网膜损伤

不同的光源具有不同的波长，其对视网膜损伤的程度和表现各有不同。

1. 可见光对视网膜的损伤

人的视器官能感知的可见光波长范围是 400～760 nm（或 380～780 nm）。一般波长＜400 nm 的可见光能被屈光介质吸收，导致视网膜损伤的可见光波段在 400nm～500nm。蓝光的波长（430～450 nm）与紫外线的波长很近，它是所有能达到视网膜的可见光中能量最高、潜在危害性最大的一种光。蓝光能诱导视网膜色素上皮（retinal pigment epithelium，RPE）细胞产生代谢产物——脂褐素和 A2E[8]，直接或间接地引发脂质过氧化反应，损伤 RPE 和感光细胞，导致视网膜细胞凋亡。

（1）常见可见光致伤光源　高强度的可见光引起的视网膜损伤多见于日光性视网膜炎、雪盲及电光性眼炎等。低、中强度的可见光长期、长时间暴露也可损伤视网膜。一些眼科常用的诊疗仪器，如裂隙灯、间接检眼镜、手术显微镜等亦为致伤光源。日常超负荷、重复的光暴露亦能引起视网膜光损伤的累积效应，达一定程度时，引发慢性损伤表现。如前所述，光损伤主要是对视网膜黄斑部的损伤，也是 AMD 发病的危险因素之一[5,9]。

（2）损伤表现　轻者自觉症状仅有余像，数十分钟或数小时内可恢复正常。损伤较重者可导致黄斑水肿，引起视力模糊和视物变形，最后形成中心暗点[10]。急性期亦见黄斑水肿，数周后消退。急性反应过后，黄斑中心凹呈不规则光反射，黄斑部色素紊乱，环绕中心凹呈斑驳样改变，最后形成瘢痕组织。有时出现与视网膜病变位置相应的视力下降和视野缺损。

视觉电生理检查是敏感的诊断方法，此时可出现全视野闪光视网膜电图（electroretinogram，ERG）异常，表现为振幅降低，峰时延迟，局部 ERG 的反应振幅降低。部分黄斑病变可引起图像视觉诱发电位（visual evoked potential，VEP）峰时延迟和振幅降低[10]。

2. 红外线对视网膜的损伤

红外线指波长为 780～1000 nm 的电磁波。任何热源均可产生红外线，常与可见光伴随存在。红外线主要损伤晶状体和视网膜黄斑部，如红外线白内障是玻璃工人、冶炼工人和铸造工人等的职业性眼病。

（1）常见红外线致伤光源　自然界的红外线，如太阳、恒星、行星，其中太阳光是最常见的红外线来源，红外线约占太阳光的60%。人为红外线，如闪光灯、气灯、喷气式飞机、火箭和高热物体等。工业生产中的红外线，如高温炉火、强烈的弧光、电焊及氧乙炔焊光，长期从事炼钢、化铁、溶铜、锻压等工人也有较高的黄斑灼伤发病率[10]。远红外线几乎完全被角膜与房水吸收，800～900 nm 的近红外线可穿透组织 3～8cm，引起视网膜损伤。

红外线所致的视网膜损伤为热损伤。波长＞780 nm 的红外线以损伤 RPE 为主[10]，不仅对视网膜有热损伤作用，还具有增强短波光光化学损伤的作用[11]。RPE 轻度损伤可主动修复和再生，如果损伤严重则不能再生，还会影响视细胞的存活性。较严重的红外线损伤，可导致黄斑部视网膜组织凝固性坏死。

（2）损伤表现　可分为高强度急性暴露灼伤和低强度慢性累积灼伤两种类型[10]。①高强度急性暴露灼伤：主要见于日蚀性视网膜病变及强烈弧光灼伤。该型损伤发病急，最初为眩光、畏光，继而有闪光幻觉、色觉及形觉异常，中心暗点或暗影，视物模糊。轻者黄斑区变暗，中心反光可见，数周后暗区消退，视力恢复。重症灼伤可见黄斑灰白色水肿，中心反光消失，外周发暗，黄斑有出血斑点。晚期黄斑囊样变性，甚至是黄斑裂孔或视网膜脱离，视力不能恢复。②低强度慢性累积灼伤：多见于长期受红外线辐射的工人，无明显自觉症状，但黄斑部色素紊乱和有黄白色不规则点、斑状硬性或软性渗出。同时，中心反光暗淡，甚至消失，视力、视野可能有轻度改变。

视觉电生理检查，表现为全视野闪光 ERG 正常，局部黄斑 ERG 为相位延迟，振幅降低；严重者波形消失，图像 ERG 的振幅降低，峰时延迟。重症灼伤导致视力不可逆损害时，图像 VEP 表现为峰时延迟和振幅降低。

3. 紫外线对视网膜的损伤

紫外线（ultraviolet rays，UV）按波长分为三类：长波紫外线（UVA），波长 320~400 nm，主要通过光增敏剂产生化学效应而损伤组织；中波紫外线（UVB），波长 280~320 nm，可直接作用于蛋白质核酸等大分子，影响细胞生物功能；短波紫外线（UVC），波长<280 nm，通过损伤 DNA 和其他核酸成分杀伤细胞，其破坏力最强。太阳产生的 UVC 能被大气臭氧层吸收，很少到达地面。但是，人类接触 UVC 主要源自人工光源（如杀菌灯等）的错误使用或事故导致。

（1）常见紫外线致伤光源　主要来源于太阳辐射和人工光源（如电焊弧光、水银蒸汽弧光、钨弧光及杀菌灯等）。正常人的视网膜，不易受到近 UV 的损伤，因对视网膜威胁最大的近 UV 可被晶状体吸收。但在无晶状体眼与普通人工晶状体以及年幼者的晶状体，因无法有效滤过近 UV，加上人工晶体有聚光作用，极易导致视网膜损伤。普通人工晶体植入后发生黄斑囊样水肿的比率明显高于可吸收紫外线的人工晶状体眼，视力也低于后者[10]。UV 主要损伤光感受器细胞，它是通过增敏剂产生光化学效应而损伤组织，也可直接作用于蛋白质和核酸大分子，影响细胞生物功能。

（2）损伤表现　UV 对视网膜的损伤分为三个阶段：第一阶段，主要由紫外线作用于视网膜组织产生自由基而引起；第二阶段，由吞噬细胞浸润损伤部分，通过产生氧自由基，吞噬消化细胞碎片，同时也损伤正常的光感受器；第三阶段，吞噬细胞仍留在视网膜内，光氧化反应慢性迁延，从而损伤光感受器的核层和外段[10]。无晶状体眼和普通人工晶状体眼，在紫外线照射下可发生中心暗点和中心视力下降，眼底表现为黄斑部囊样水肿，黄斑中心凹反光消失，进一步发展可表现为黄斑部色素紊乱。

视觉电生理检查表现为全视野闪光 ERG 和图像 ERG 正常，局部 ERG 表现为振幅降低。但眼电图（electro-oculogram，EOG）和视觉 VEP 检查无临床意义。

4. 激光对视网膜的损伤

激光波长范围较广，既包括紫外线，也包括可见光和红外线，具有单色性、方向性、相干性极好等特点，具有重要的应用价值[10]。激光既可以治疗某些眼病，也可以造成各种眼组织损伤。激光的作用依赖于靶组织的特性，一般来说紫外线和远红外线激光主要作用于角膜，可见光及近红外线激光主要作用于视网膜。

损伤表现：激光对视网膜的损伤可分为急性激光损伤和慢性激光损伤。

（1）急性激光损伤　主要由于意外事故引起，多见于在工作场所不戴防护眼镜者。临床表现为主观感觉中心视力明显下降，眼前出现暗点，甚至失明[10]。眼底镜检查可观察到黄斑区明显水肿，按损伤程度分为Ⅰ至Ⅳ级。

(2)慢性激光损伤　主要见于长期从事激光职业的工作者,由于工作中缺乏必要的保护措施或不遵守操作规则,使眼部反复受到激光照射而造成黄斑病变。其临床表现为视力逐渐下降,眼底表现为黄斑区色素紊乱,中心反光暗淡或消失,偶有大小不规则的黄白点。出血、水肿、裂孔一般很少见。

激光所致视网膜损伤光凝斑较小,故视觉电生理检查为全视野闪光 ERG 多表现正常。局部 ERG 是比较敏感的诊断指标[10],对急性激光损伤 I 级和 II 级损伤,局部 ERG 反应振幅轻度降低,急性激光损伤 III 级和 IV 级损伤,局部 ERG 振幅显著降低,其振幅大小和损伤程度有关。严重者,局部 ERG 无波型,图像 VEP 表现为峰时延迟,振幅降低直至反应消失。

(三)视网膜光损伤的影响因素

视网膜光损伤的影响因素主要来源于动物实验的数据,因为这一伤害性实验研究,从伦理和道德上均不能应用人体研究,故很难直接获得人体数据。

基于相关动物实验研究结果与数据,Kremers 等将视网膜光损伤分为两类:其一,被相对短时间的光暴露(48小时)所致的损伤,表现为视网膜色素上皮和视细胞的丧失。其二,由低强度、长时间光暴露产生的损伤,主要特点是弥漫性视细胞丧失和 RPE 细胞的保存[12]。第二类光损伤可能与激素有关,性成熟增加了大鼠视网膜对长期低强度光暴露的易感性。

视网膜光损伤的影响因素主要包括光暴露强度和时间、波长、光暴露方式等。

1. 光暴露强度和时间

光强度越大,光暴露时间越长,视网膜光损伤的程度越严重。研究者较系统地研究了不同波长、不同强度的光对大鼠视网膜光损伤的程度,结果发现,波长 320～440 nm 范围内的可见光,强度为 $1\ J/cm^2$ 时,首先在视细胞外核层、内外节出现固缩的视细胞;在光强度接近 $2\ J/cm^2$ 时,几乎所有的视细胞固缩,内外节的厚度减少,视细胞从 RPE 细胞微绒毛收缩,在视细胞层出现碎片及吞噬细胞;当光强度达到 $2.5\ J/cm^2$ 时,视细胞从外核层外层消失,吞噬细胞出现有丝分裂,RPE 细胞肿胀;当光强为 $10\ J/cm^2$ 时,大多数视细胞丧失,外核层、内外节明显含有碎片和吞噬细胞,许多 RPE 细胞顶端黑色素分布丧失[13]。

2. 光的波长

不同波长的光可作用于视网膜不同靶组织,导致的损伤也不尽相同。长波近红外光主要损伤 RPE 细胞,近紫外光不仅能损伤 RPE 细胞还能使感光细胞受到损伤,而黄绿光主要由视紫红质吸收从而导致感光细胞层损伤。感光细胞的外节盘膜中含有大量的视紫质,故外节损伤最重。蓝光可导致更严重的视网膜光损伤[14]。

3. 光暴露的方式

间歇性光暴露较持续性光暴露对视网膜神经细胞的损伤更大。相同强度和时间的光暴露采用间歇性蓝光或绿光暴露,能使猴视网膜的视锥细胞凋亡,当采用持续性蓝光或绿光暴露,视锥细胞的凋亡数较前者少。

4. 组织吸收状况

不同区域的视网膜组织对光暴露易感性不同。在大鼠,视网膜的中上区域对光暴露更加敏感[15]，在维生素 A 缺乏的大鼠视网膜鼻下区对光暴露敏感[16]。而 Noell 观察到视网膜周边及锯齿缘部视细胞对光损伤有较大的抵抗能力[7]。

5. 视网膜的暗适应

暗适应可加重光损伤的程度。研究发现，在相同条件下，光暴露前暗适应两周的大鼠，能引致视网膜更加严重的光损伤程度。

6. 环境温度及体温

体温升高，视网膜对光损伤的易感性提高。在相同条件下，大鼠体温（直肠）越高，光暴露造成视网膜电图 a 波严重丧失的持续时间明显缩短[3]。随着温度的升高（35～40℃），光化学损伤的阈值下降。大鼠体温（直肠）每增加 1℃，视网膜光损伤的阈值下降 0.067 个对数单位[17]。

7. 年龄与种属

动物研究发现，在相同的光暴露条件下，大鼠光损伤程度随年龄的增长而增加。7 周龄大鼠较 3～4 周龄大鼠光损伤的程度更严重，短期强光暴露对白化病大鼠视网膜功能完整性的影响依赖受试动物的年龄[18]。

动物的种属差异、基因差异导致了对光的敏感程度也各不相同。仓鼠较兔和猫敏感性更高，猴和兔的光损伤阈值要显著地高于大鼠[7]。

此外，动物自身保护性的逃避反应引起闭眼睑或躲避光源、机体的营养状况、受试动物的激素水平、光照过程中等，任何一个因素的改变均能影响光损伤的结果。

（四）视网膜光损伤发生的机制

在视网膜光损伤中具有普遍性和重要性的是光化学损伤。目前，认为光化学损伤的机制主要为光诱导的自由基损伤和脂质过氧化学说[19-20]。正常情况下，视网膜色素上皮细胞、视杆细胞、视锥细胞处在一个高张氧环境，而且感光细胞外节盘膜中富含长链多不饱和脂肪酸——二十二碳六烯酸，虽然，多不饱和脂肪酸对感光细胞具有保护作用，但对过氧化反应十分敏感[21]。研究表明，一定频率的光子和氧分子在视网膜外层可促发光动力反应，产生单线态氧（$^1O_2$）、过氧化氢（H_2O_2）与羟基自由基（·OH）等一系列自由基[22]，这些自由基除损伤蛋白质及核酸外，还能作用于视细胞的线粒体、内质网膜的多不饱和脂肪酸，发生过氧化反应，最终导致呼吸链生理功能降低。此外，脂质过氧化产物中的醛类化合物具有细胞毒性，如丙二醛可作为交联剂与蛋白质、核酸等含氧化合物反应，使其发生交联而丧失功能。

可见光中的紫光和蓝光对视网膜的损伤作用最大[23]。波长在 400～500 nm 的紫光和蓝光，波长越短，光子能量增强，对视网膜的损伤程度越重。视杆细胞外节中的感光色素——视紫红质，与光损伤的发生密切相关。视紫红质是由顺 - 视黄醛和视蛋白结合而成，其光化学循环见图 6-1-1[24]。视黄醛（retinoid）常被称为 A2E（N-retinyl-N-retinylidene ethanolaminel），A2E 有两个吸收峰，一个在紫外光区 335 nm 处，一个在蓝光区 435 nm 处。在无光暴露的条件下，A2E 对视网膜色素上皮细胞几乎无毒性。在光暴露条件下，尤其是蓝光暴露时产生毒性[25]。蓝光对视网膜的损伤是一个连锁反应，首先由于 A2E 在蓝光区有吸收峰，故蓝光能激发 A2E 使其释放出自由基离子；自由基离子继续损伤视网膜色素上皮，引起视网膜色素上皮的萎缩，进一步引起感光细胞的凋亡[8]。感光细胞的凋亡能导致视力和视觉功能逐渐下降，甚至完全丧失。

（五）视器官光损伤防护系统

视器官具有光损伤防护系统，主要包括屈光介质和视网膜，他们能通过不同机制对光损伤起着一定的抵御和防护作用。

在视器官，光波首先通过屈光介质，然后到达视网膜。

1.屈光介质

屈光介质（角膜、房水、晶状体、玻璃体等）对一定波长的紫外线有吸收、滤过的作用。只有很少波段的紫外线能够到达视网膜[7,13]。参见第五章第二节。

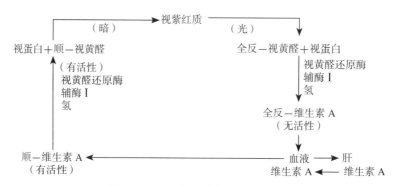

图 6-1-1　视紫红质光化学循环表
（引自：赵堪兴，杨培增.眼科学.8版.北京：人民卫生出版社，2013.）

2.视网膜

视网膜自身亦具有一定的抗氧化能力，在一定程度上有抵御光化学损伤的作用。

在视网膜感光细胞外节盘膜上有超氧化物歧化酶（superoxide dismutase，SOD），能将氧自由基转化为 O_2 和 H_2O。谷胱甘肽过氧化物酶存在于 RPE 细胞内，可拮抗脂质过氧化物和过氧化氢的形成[26]。另外，视网膜内还有小分子抗氧化剂，包括水溶性维生素 C 和脂溶性维生素 E 等。在 RPE 细胞和脉络膜黑色素细胞内存在大量的黑色素，能吸收多余的能量，并淬灭光化学反应产生的 ROS 和其他自由基等，使视网膜免受光毒性的影响。

但也有人认为，在频繁受蓝光和近紫外线照射时，黑色素本身也有细胞毒性[27]。

脉络膜与 RPE 内的黑色素在吸收光能量后可产生热量。由于 RPE 细胞紧邻脉络膜，脉络膜血液循环丰富，约占眼部血流的 85%[6]。因此，脉络膜的作用之一是消散 RPE 细胞吸收光能后产生的热量，从而保护 RPE 细胞。

二、叶黄素与视网膜光损伤

叶黄素对视网膜光损伤的防护作用主要基于其生物学功能中的滤过蓝光和抗氧化损伤作

用而实现的，其他的为辅助作用。

（一）叶黄素/玉米黄素在视网膜的分布

在人体内，叶黄素/玉米黄素（zeaxanthin）被吸收入血后，能通过血-脑屏障，聚积在视网膜的黄斑区。叶黄素/玉米黄素共同构成黄斑色素，存在于视网膜的内丛状层和光感受器细胞的轴突内。黄斑是视网膜上视觉最敏锐的部位，此处黄斑色素的浓度最高，但黄斑色素没有视觉功能，其主要作用是吸收、滤过蓝光，并通过抗氧化作用，保护视网膜神经细胞免被光氧化损伤，以维持人的正常视觉。

在视网膜，叶黄素/玉米黄素的分布具有一定的特点，在黄斑的外周区域，叶黄素与玉米黄素的含量比值为2∶1；而在黄斑中心凹，叶黄素与玉米黄素的含量比值为1∶2.4[28]。

（二）叶黄素对视网膜光损伤的保护作用

视网膜光损伤研究对受试对象具有伤害性，故只能采用动物模型进行。由于缺乏相关动物模型，使得相关研究进展缓慢。1966年，Noell等最早建立了视网膜光损伤动物模型，并提出：一定强度的光波即使低于热损伤阈值，也能引起实验动物视网膜损伤[3]。该动物模型的建立，极大地推动了叶黄素与视网膜光损伤的相关性研究。

1. 细胞培养与动物实验

2000年，Suter等进行的体外细胞培养，结果显示，蓝光照射能引起人视网膜色素上皮细胞损伤，且损伤程度与光照强度和光照时间呈正相关；研究还发现，聚积在视网膜黄斑区的叶黄素，能抑制蓝光诱导的视网膜细胞凋亡[5]。第二年，Junghans等证实，黄斑中叶黄素和玉米黄素在脂质体中具有蓝光滤过作用，其滤过蓝光效果的顺位是叶黄素＞玉米黄素＞β-胡萝卜素＞番茄红素[29]。

2002年，Thomson等研究发现，采用叶黄素/玉米黄素喂养的鹌鹑，在视网膜叶黄素/玉米黄素富集，并能抑制由光损伤导致的感光细胞凋亡[30]。2006年，Kim等研究证实，叶黄素能淬灭单线态氧，减少在蓝光诱导下光毒性代谢产物A2E的产生，从而抵御蓝光对视细胞DNA的损伤作用[8]。同年，Muriach等，采用富含叶黄素的饲料喂养小鼠，并检测小鼠视网膜中氧化代谢产物丙二醛（MDA）、谷胱甘肽过氧化物酶（GPx）及核因子κB（NF-κB）的含量。结果发现，叶黄素能明显降低视网膜的氧化损伤程度[31]。上述研究显示，无论实验动物的视网膜有无黄斑，给予实验动物饲喂叶黄素后，均能有效地防护视网膜的氧化损伤。

2008年，笔者及同事采用玻璃体腔注射途径分别给予各实验组大鼠不同剂量的叶黄素，采用蓝光损伤装置建立视网膜光损伤大鼠模型，并制备眼球壁石蜡切片，显微镜下观察视网膜形态变化，测量其外核层厚度，并计数凋亡细胞，比较不同剂量叶黄素对视网膜蓝光损伤的作用与效果。显微镜下观察结果，给予不同剂量的叶黄素组大鼠与模型对照组比，视网膜结构层次分明，细胞排列整齐，视网膜外核层厚度显著高于模型对照组（图6-1-2和表6-1-1，彩图见书末）。外核层主要为感光细胞视锥细胞与视杆细胞的细胞核与细胞体，表明叶黄素对蓝光导致的视网膜感光细胞的损伤具有明显的保护作用[32]。

表 6-1-1　叶黄素对大鼠视网膜光损伤后外核层（ONL）厚度的影响（$\bar{x} \pm s$）[32]

组别	n	ONL（mm）
正常对照组	8	21.25 ± 1.04
模型对照组	8	3.25 ± 1.48[a]
溶剂对照组	8	3.25 ± 0.89[a]
叶黄素低剂量组	8	15.00 ± 5.58[a, b]
叶黄素中剂量组	8	11.75 ± 4.20[a, b]
叶黄素高剂量组	7	14.75 ± 3.96[a, b]

a. 与正常对照组相比 $P<0.01$；b. 与溶剂对照组和模型对照组相比 $P<0.01$

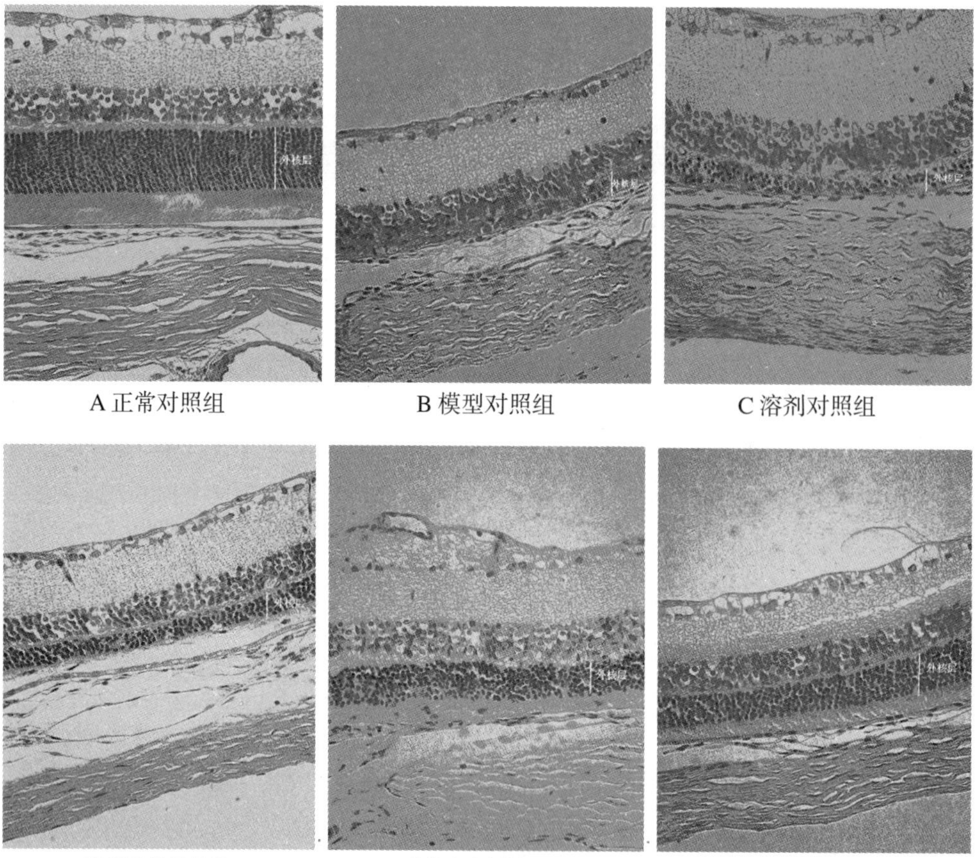

A 正常对照组　　B 模型对照组　　C 溶剂对照组

D 叶黄素低剂量组　　E 叶黄素中剂量组　　F 叶黄素高剂量组

图 6-1-2　叶黄素对光损伤大鼠视网膜形态结构的影响（HE 染色，×400）（显微镜下拍摄）[32]

随后，作者徐贤荣等进一步研究发现，各剂量叶黄素组大鼠视网膜中氧化代谢产物丙二醛（MDA）含量明显减少，但超氧化物歧化酶（SOD）和谷胱甘肽过氧化物酶（GSH-Px）的活性在各组间未见明显差别；并发现，c-fos 蛋白的表达显著降低，但 nNOS 的表达未观察到显著差异[33]。提示，叶黄素可能通过淬灭氧自由基，抑制脂质过氧化和 c-fos 基因的表达，从而对大鼠视网膜光损伤发挥保护作用。

2. 流行病学与临床研究

在过去的 20 年间，多名学者进行了叶黄素与视网膜光损伤相关疾病的流行病学研究。

1994 年，Seddon 等首次提出叶黄素和玉米黄素与 AMD 的发病率存在负相关性[34]，并推测叶黄素与 AMD 的发生存在关联。而 AMD 的发生在很大程度上可能与光暴露造成损伤不断累积的结果有关。目前，上述理论已获得业内公认，至少光损伤的积累效应是 AMD 的危险因素之一。

1998 年，Hammond 等研究了老年受试对象视网膜黄斑色素密度与视觉功能的关系，结果发现，视网膜中叶黄素浓度较高的受试对象，其明视功能和暗视功能以及视敏度显著高于视网膜叶黄素浓度较低者[35]。Bone 等曾对视器官捐献者视网膜中叶黄素/玉米黄素含量进行测定，结果发现，视网膜叶黄素和玉米黄素浓度高的人群与浓度低的人群相比，患 AMD 的风险降低 82%[36]。随后，在 2004 年和 2006 年的两项研究均发现，具有较高 AMD 发生风险的患者，视网膜黄斑色素的水平也偏低，AMD 患者的视网膜叶黄素/玉米黄素的含量显著下降，同时 AMD 的患病风险与视网膜叶黄素浓度呈显著的负相关[38-39]。结果均表明，机体叶黄素水平与 AMD 的发生密切相关，而 AMD 在一定程度上与光暴露导致的损伤累积效应相关。在 2007 年，Bhosale 等亦对 147 名眼球捐献者的视网膜黄斑区进行研究与比较，发现生前曾进行叶黄素补充的人，其视网膜黄斑色素密度显著高于未补充叶黄素的人[40]。该研究结果与之前研究报道一致。多名学者研究观察了叶黄素/玉米黄素的膳食摄入量与血清中的浓度及在视网膜中浓度的关系，结果显示，膳食叶黄素/玉米黄素摄入量较高者，其血清叶黄素/玉米黄素浓度及视网膜黄斑色素密度也较高[36-38, 40]。

上述研究结果表明，膳食叶黄素/玉米黄素摄入量与视网膜黄斑色素密度存在正相关，视网膜中叶黄素/玉米黄素浓度或黄斑素色密度较高时，对改善视觉功能、预防 AMD 的发生具有积极的作用。这种作用并非是叶黄素或玉米黄素直接对视觉的作用，而是因为叶黄素/玉米黄素对损伤视网膜有害因素如光氧化损伤、自由基损伤等的抵御作用，保护了视网膜结构完整，而维持了其功能正常。

3. 人群干预研究

虽然，流行病学调查与临床研究表明，叶黄素与视网膜光损伤相关疾病之间的关系，但不能证实二者之间的因果关系。为了进一步研究证实，一些学者进行了叶黄素的干预研究，观察补充叶黄素与视网膜 MPOD 及对视网膜光损伤相关疾病的作用与效果。

Seddon 等研究显示，每日摄入约含 6 mg 叶黄素的果蔬，可使 AMD 患病率降低 57%，受试者经常食用较高量的菠菜后，AMD 的患病率降低了 86%[34]。2004 年，Richer 等采用随机双盲安慰剂对照的方法，对萎缩性 AMD 患者实施了叶黄素干预研究，受试对象每日口服叶黄素 10 mg，连续 12 个月，结果显示，干预组视网膜 MPOD 比对照组增加 50%，同时，视觉功能指标对比敏感度、视力等明显改善，而对照组的视功能指标未见明显改变[41]。3 年后，Schalch 等进行了类似的叶黄素干预研究，受试对象每日口服叶黄素 10～20 mg，连续 180 天，分别于干预前后检测受试对象 MPOD，结果显示，叶黄素干预后血清叶黄素浓度和视网膜 MPOD 均明显增加，并发现叶黄素减少了蓝光进入光感受器、Bruch 膜、视网膜色素上皮和其他易受损的组织中[42]。结果显示，叶黄素干预不仅提高了机体叶黄素水平，而且具有滤过蓝光，减轻了视网膜组织的损伤程度，保护视网膜。

日本学者曾对受试对象实施了叶黄素补充剂干预研究，每日口服含 6mg 的叶黄素补充剂，连续1年，每3个月或6个月检测MPOD、对比敏感度和视敏度；结果显示，叶黄素干预组受试对象视功能指标对比敏感度和视敏度显著提高，但MPOD未见明显改变[43]，显示叶黄素补充对改善视功能发挥了一定作用，但其作用的机制尚不清楚。近年，Berrow等采用随机对照方法对早期AMD患者实施叶黄素干预研究，受试对象每日服用含有12mg叶黄素的复合维生素，连续40周，每20周检测一次多焦视网膜电图（multifocal electroretinogram，mfERG），在干预结束20周后再次检测；结果显示，在40周干预期内，两组受试对象的眼底指标未见统计学差异，但在干预结束20周后，干预组受试对象mfERG R3N2和R4P1部位反应时增加，mfERG振幅在R1、R3和R4部位出现下降趋势[44]。

上述研究结果表明，叶黄素具有吸收和滤过到达视网膜光波的作用，减轻和缓解视网膜的光损伤，降低相关疾病发生的风险。但对此尚存在不一致的研究报告。

Bartlett等为进一步验证叶黄素与视功能的关系，采用随机对照的方法，对健康受试对象实施了9~18个月的叶黄素干预研究，受试者每日服用含有叶黄素6mg的复合维生素，连续9个月，在干预结束时检测受试对象的视觉功能指标远视力、视敏度、对比敏感度和眩光恢复时间；结果显示，各组受试对象视功能指标均未出现统计学差异，其中29名受试对象继续延长叶黄素干预9个月，干预结束后受试对象视功能指标仍未出现统计学差异[45]。该结果提示，对于视觉功能正常者很难观察到相关指标的变化，或者在正常范围内的视觉功能指标，即使稍有变化，也很难观察到显著性结果。

三、叶黄素对视网膜光损伤防护作用的机制

叶黄素对视网膜光损伤防护作用的机制，主要通过以下三方面实现。

（一）对高能量光子的滤过

叶黄素分子结构中的共轭多烯链使其对可见光有吸收作用，其吸收光谱的峰值波长与多烯链的共轭程度有关。叶黄素能吸收近于紫外光的高能量光子，滤过损伤感光细胞和RPE的短波可见光，有效地减少视网膜的氧化损伤，对视网膜起到保护作用。常见对视网膜损伤最大的短波可见光主要为蓝光，在蓝光诱导下，增加ROS产生，直接或间接地导致视网膜结构中的多不饱和脂肪酸发生脂质过氧化反应，RPE产生代谢产物——脂褐素和A2E，从而损伤视细胞并导致其凋亡。而叶黄素的最大吸收波长恰处于蓝光的波长范围，在视网膜内形成蓝光过滤器，减少蓝光到达光感受器及视网膜神经细胞的概率，对视网膜细胞起到保护作用[46]。另外，也有学者认为，视网膜黄斑色素可削弱蓝光，减少由于不同波长的光折射时产生的光学系统色差，从而改善视网膜所形成图像的清晰度[47]。

（二）清除自由基作用

叶黄素是较强的抗氧化剂，能清除自由基和游离基，遏制由于新陈代谢和短波光所致的组织损伤过程，保护视网膜神经细胞与黄斑区。早在1970年，研究者就发现β-胡萝卜素具有猝灭单线态氧的能力[48]。随着研究的不断深入，发现大多数类胡萝卜素都具有抗氧化能力。叶黄素分子中含有9个共轭双键，而且末端基团上带有羟基，这些共轭双键容易失去一个电子，而阻断自由基链式传递。此外，叶黄素可与细胞膜上的脂类结合，有效地抑制脂类的氧化反应，减轻氧化产物对视网膜的毒害，达到保护视网膜组织的作用。早在1982年，Kirschfeld

就提出人视网膜中的黄斑色素具有抗氧化功能[49]。体外试验已证实，叶黄素具有猝灭单线态氧，清除自由基的作用。同时，研究发现，人视网膜黄斑中心附近和周边区域分离的杆状细胞外部片段均存在叶黄素[50]。在人体内，多数组织中氧分压相对较低，一般为 30 mmHg 或更低，但视网膜组织代谢旺盛，需氧量高，氧化还原反应活跃，氧分压可达 50 mmHg，叶黄素能使视网膜的氧分压降低 40% 以上[51]。

（三）提高视觉系统的信号转导

叶黄素能改善细胞间隙连接通讯，从而提高视觉功能。研究表明，摄入叶黄素含量丰富的食物（如菠菜、草莓等），能有效逆转神经细胞信号转导减退引起的视功能退化，提高视觉系统的信号转导[52]。叶黄素对光损伤的保护作用，通过调节细胞信号转导而实现，c-fos 基因所编码的 c-fos 蛋白是活化的激活蛋白 1（AP-1）因子的组成成分之一，其表达增加在视网膜急性光损伤中发挥着重要作用[53]。动物实验研究发现，c-fos 基因敲除大鼠对光损伤的抵抗能力显著增强，并且其作用不能被 AP-1 因子中其他成分所替代[54]。上述研究提示，叶黄素可能通过一些通路，调节细胞内的信号转导，抑制 c-fos 基因的表达，从而增强视网膜对光损伤的抵抗能力，特别蛋白激酶途径（PKC）或者 PI3K/Akt 途径可能与该作用相关联。

四、视网膜光损伤的预防

随着现代科学技术的发展，现代电子设备高度发达，人类的生活和工作模式发生了很大变化。更多的人长时间工作或消遣在电子荧屏前，对人视器官的负荷增加。因此，加强对视网膜的保护和视网膜光损伤的预防显得尤为重要，将对预防相关眼病的发生具有重要的意义。

（一）减少裸眼光负荷

在日常工作和生活中，人们经常接触各种波长的光，为减少视网膜光负荷和避免光损伤，应注意个人用眼卫生。生活与工作环境不使用强光源，不用裸眼直视光源，如太阳光、激光、日蚀或人工灯源，以减少强光的垂直照射；避免在强光下看书、写字；户外工作或活动尤其是太阳辐射较强的夏天，应佩戴太阳镜；持续荧屏前工作者，注意间歇式休息眼睛。从事某些特殊工种者应佩戴保护措施，如电焊工应戴防护面罩。

（二）增加富含抗氧化剂膳食的摄入

增加深色蔬菜和水果的摄入，深色蔬菜和水果不仅含有丰富的维生素和矿物质，还富含各种抗氧化物，如维生素 C 类胡萝卜素、原花青素等，它们是人体非酶抗氧化系统的主要构成成分和来源，具有淬灭单线态氧，清除氧自由基，防止脂质过氧化和自由基介导的视网膜光化学损伤的作用。

（三）增加膳食叶黄素和玉米黄素的摄入

叶黄素和玉米黄素共同构成视网膜黄斑色素的主要成分，具有滤过蓝光和抗氧化作用，能保护视网膜免受光氧化损伤。每日平均膳食摄入达 6 mg 的叶黄素/玉米黄素，对视网膜及黄斑区具有较好的保护作用[55]。特别应重视从膳食中摄入富含叶黄素的食物。

近些年，有研究者提出，低氧预适应的理论。研究发现，通过建立成年大鼠的缺氧模型，低氧诱导因子-1α（hypoxia inducible factor -1α，HIF-1α）诱导的低氧可促使促红细胞生成素（erythropoietin，EPO）、成纤维因子-2（fibroblast growth factor 2，FGF-2）、血管内皮生长因子（vascular endothelial growth factor，VEGF）表达，并且可抑制 Caspase-1 激活，对视网膜光损伤引起的形态和功能的改变有保护作用[56, 57]，但具体的作用机制有待于进一步研究。该方法仅用于实验研究和动物实验，其对人体的安全性有待商榷。

（邹志勇　汪明芳）

参考文献

[1] Verhoeff FH, Bell L. The pathological effects of radiant energy upon the eye[J]. Proc Am Acad Arts Sci, 1916, 51: 629-818.
[2] 刘世全,张惠蓉. 视网膜变性的防治研究[D]. 北京: 北京医科大学,1999.
[3] Noell WK, Walker VS, Kang BS, et al. Retinal damage by light in rats[J]. Invest Ophthalmol, 1966, 5: 450-473.
[4] O'Steen WK, Anderson KV, Shear CR. Photoreceptor degeneration in albino rats: dependency on age[J]. Invest Ophthalmol, 1974, 13: 334-339.
[5] Suter M, Reme C, Grimm C, et al. Age-related macular degeneration. The lipofusion component N-retinyl-N-retinylidene ethanolamine detaches proapoptotic proteins from mitochondria and induces apoptosis in mammalian retinal pigment epithelial cells[J]. J Biol Chem, 2000, 275: 39625-39630.
[6] 何世坤, 赵明威, 陈有信. 视网膜色素上皮基础与临床[M]. 北京: 科学出版社, 2005.
[7] Noell WK. Possible mechanisms of photoreceptor damage by light in mammalian eyes[J]. Vision Res, 1980, 20: 1163-1171.
[8] Kim SR, Nakanishi K, Itagaki Y, et al. Photooxidation of A2-PE, a photoreceptor outer segment fluorophore, and protection by lutein and zeaxanthin[J]. Exp Eye Res, 2006, 82: 828-839.
[9] Ma L, Lin XM. Effects of lutein and zeaxanthin on aspects of eye health[J]. J Sci Food Agric, 2010, 90: 2-12.
[10] 李海生, 潘家普. 视觉电生理的原理与实践[M]. 上海: 上海科学普及出版社,2002.
[11] Michels M, Dawson WW, Feldman RB, et al. Infrared. An unseen and unnecessary hazard in ophthalmic devices[J]. Ophthalmology, 1987, 94: 143-148.
[12] Kremers JJ, van Norren D. Retinal damage in macaque after white light exposures lasting ten minutes to twelve hours[J]. Invest Ophthalmol Vis Sci, 1989, 30: 1032-1040.
[13] Gorgels TG, van Norren D. Ultraviolet and green light cause different types of damage in rat retina[J]. Invest Ophthalmol Vis Sci, 1995, 36: 851-863.
[14] Ham WT, Jr., Mueller HA, Williams RC, et al. Ocular hazard from viewing the sun unprotected and through various windows and filters[J]. Appl Opt, 1973, 12: 2122-2129.
[15] Howell WL, Rapp LM, Williams TP. Distribution of melanosomes across the retinal pigment epithelium of a hooded rat: implications for light damage[J]. Invest Ophthalmol Vis Sci, 1982, 22: 139-144.
[16] Carter-Dawson L, Kuwabara T, Bieri JG. Intrinsic, light-independent, regional differences in photoreceptor cell degeneration in vitamin A-deficient rat retina[J]s. Invest Ophthalmol Vis Sci, 1982, 22: 249-252.
[17] Friedman E, Kuwabara T. The retinal pigment epithelium. IV. The damaging effects of radiant energy[J]. Arch Ophthalmol, 1968, 80: 265-279.
[18] Malik S, Cohen D, Meyer E, et al. Light damage in the developing retina of the albino rat: an electroretinographic study[J]. Invest Ophthalmol Vis Sci, 1986, 27: 164-167.
[19] Yusifov EY, Kerimova AA, Mustafa A, et al. Light exposure induces antioxidant enzyme activities in eye tissues of frogs[J]. Pathology, 2000, 7(3): 203-207.
[20] Tanito M, Ogawa Y, Yoshida Y, et al. Overoxidation of peroxiredoxins in vivo in cultured human umbilical vein endothelial cells and in damaging light-exposed mouse retinal tissues[J]. Neurosci Lett, 2008, 437(1): 33-37.
[21] Bazan NG. Cell survival matters: docosahexaenoic acid signaling, neuroprotection and photoreceptors[J]. Trends Neurosci, 2006, 29: 263-271.
[22] Spikes JD, Macknight ML. Photodynamic effects on molecules of biological importance: amino acids, peptides

and proteins[J]. Res Prog Org Biol Med Chem, 1972, 3: 124-136.
[23] Sparrow JR, Cai B. Blue light-induced apoptosis of A2E-containing RPE: involvement of caspase-3 and protection by Bcl-2. Invest[J]. Ophthalmol, Vis, Sci., 2001, 42: 1356-1362.
[24] 赵堪兴, 杨培增. 眼科学[M]. 8版. 北京: 人民卫生出版社, 2013.
[25] Wenzel A, Grimm C, Samardzja M, et al. Molecular mechanisms of light-induced photoreceptor apoptosisand neuroprotection for retinal degeneration[J]. Prog Retin Eye Res, 2005, 24(2): 275-306.
[26] Bensinger RE, Crabb JW, Johnson CM. Purification and properties of superoxide dismutase from bovine retina[J]. Exp Eye Res, 1982, 34: 623-634.
[27] Tasma W, EA. J. Duane's Clinical Ophthalmology[M]. Philadelphia: Lippincott-Raven, 1995.
[28] Bone RA, Landrum JT, Fernandez L, et al. Analysis of the macular pigment by HPLC: retinal distribution and age study[J]. Invest Ophthalmol Vis Sci, 1988, 29: 843-849.
[29] Junghans A, Sies H, Stahl W. Macular pigments lutein and zeaxanthin as blue light filters studied inliposomes[J]. Arch Biochem Biophys, 2001, 391(2): 160-4.
[30] Thomson LR, Toyoda Y, Langner A, et al. Elevated retinal zeaxanthin and prevention of light-induced photoreceptor cell death in quail[J]. Invest Ophthalmol Vis Sci, 2002, 43: 3538-3549.
[31] Muriach M, Bosch-Morell F, Alexander G, et al. Lutein effect on retina and hippocampus of diabetic mice[J]. Free Radic Biol Med, 2006, 41: 979-984.
[32]]汪明芳, 张纯, 林晓明. 叶黄素对大鼠视网膜蓝光光损伤的保护作用[J]. 卫生研究, 2008, 4: 409-412.
[33] 徐贤荣, 林晓明. 叶黄素对大鼠视网膜蓝光损伤防护作用机制研究[J]. 卫生研究, 2010, 39: 689-692.
[34] Seddon JM, Ajani UA, Sperduto RD, et al. Dietary carotenoids, vitamins A, C, and E, and advanced age-related macular degeneration[J]. Eye Disease Case-Control Study Group. Jama, 1994, 272: 1413-1420.
[35] Hammond BR, Jr., Wooten BR, Snodderly DM. Preservation of visual sensitivity of older subjects: association with macular pigment density[J]. Invest Ophthalmol Vis Sci, 1998, 39: 397-406.
[36] Bone RA, Landrum JT, Dixon Z, et al. Lutein and zeaxanthin in the eyes, serum and diet of human subjects[J]. Exp Eye Res, 2000, 71: 239-245.
[37] Curran-Celentano J, Hammond BR, Ciulla TA, et al. Relation between dietary intake, serum concentrations, and retinal concentrations of lutein and zeaxanthin in adults in a Midwest population[J]. Am J Clin Nutr, 2001, 74: 796-802.
[38] Beatty S, Nolan J, Kavanagh H, et al. Macular pigment optical density and its relationship with serum and dietary levels of lutein and zeaxanthin[J]. Arch Biochem Biophys, 2004, 430: 70-76.
[39] Trumbo PR, Ellwood KC. Lutein and zeaxanthin intakes and risk of age-related macular degeneration and cataracts: an evaluation using the Food and Drug Administration's evidence-based review system for health claims[J]. Am J Clin Nutr, 2006, 84: 971-974.
[40] Bhosale P, Zhao da Y, Bernstein PS. HPLC measurement of ocular carotenoid levels in human donor eyes in the lutein supplementation era[J]. Invest Ophthalmol Vis Sci, 2007, 48: 543-549.
[41] Richer S, Stiles W, Statkute L, et al. Double-masked, placebo-controlled, randomized trial of lutein and antioxidant supplementation in the intervention of atrophic age-related macular degeneration: the Veterans LAST study (Lutein Antioxidant Supplementation Trial)[J]. Optometry, 2004, 75: 216-230.
[42] Schalch W, Cohn W, Barker FM, et al. Xanthophyll accumulation in the human retina during supplementation with lutein or zeaxanthin - the LUXEA (LUtein Xanthophyll Eye Accumulation) study[J]. Arch Biochem Biophys, 2007, 458: 128-135.
[43] Sasamoto Y[1], Gomi F, Sawa M, et al. Effect of 1-year lutein supplementation on macular pigment optical density and visual function[J]. Graefes Arch Clin Exp Ophthalmol. 2011, 249(12): 1847-54.
[44] Berrow EJ, Bartlett HE, Eperjesi F, et al. The effects of a lutein-based supplement on objective and subjective measures of retinal and visual function in eyes with age-related maculopathy - a randomised controlled trial[J]. Br J Nutr, 2013, 109(11): 2008-14.
[45] Bartlett HE, Eperjesi F. A randomised controlled trial investigating the effect of lutein and antioxidant dietary supplementation on visual function in healthy eyes[J]. Clin Nutr, 2008, 27(2): 218-27.
[46] Krinsky NI, Johnson EJ. Carotenoid actions and their relation to health and disease[J]. Mol Aspects Med, 2005, 26: 459-516.
[47] Wooten BR, Hammond BR. Macular pigment: influences on visual acuity and visibility[J]. Prog Retin Eye Res, 2002, 21: 225-240.

[48] Foote CS, Chang YC, Denny RW. Chemistry of singlet oxygen. X. Carotenoid quenching parallels biological protection[J]. J Am Chem Soc, 1970, 92: 5216-5218.

[49] Kirschfeld K. Carotenoid pigments: their possible role in protecting against photooxidation in eyes and photoreceptor cells[J]. Proc R Soc Lond B Biol Sci, 1982, 216: 71-85.

[50] Sommerburg O, Keunen JE, Bird AC, et al. Fruits and vegetables that are sources for lutein and zeaxanthin: the macular pigment in human eyes[J]. Br J Ophthalmol, 1998, 82: 907-910.

[51] Beatty S, Koh H, Phil M, et al. The role of oxidative stress in the pathogenesis of age-related macular degeneration[J]. Surv Ophthalmol, 2000, 45: 115-134.

[52] Stahl W, Sies H. Effects of carotenoids and retinoids on gap junctional communication[J]. Biofactors, 2001, 15: 95-98.

[53] Joseph JA, Shukitt-Hale B, Denisova NA, et al. Reversals of age-related declines in neuronal signal transduction, cognitive, and motor behavioral deficits with blueberry, spinach, or strawberry dietary supplementation[J]. J Neurosci, 1999, 19: 8114-8121.

[54] Chiti Z, North RV, Mortlock KE, et al. The S-cone electroretinogram: a comparison of techniques, normative data and age-related variation[J]. Ophthalmic Physiol Opt, 2003, 23: 370-376.

[55] Rhodes DG, Clemens JC, Goldman JD, et al. 2009-2010 what we eat in America, NHANES tables 1-36[EB]. Food surveys research group. Available at: http: //www.ars.usda.gov/Services/docs.htm?docid=18349.

[56] Organisciak DT, Darrow RM, Barsalou L, et al. Susceptibility to retinal light damage in transgenic rats with rhodopsin mutations[J]. Invest Ophthalmol Vis Sci, 2003, 44: 486-492.

[57] Grimm C, Wenzel A, Groszer M, et al. HIF-1-induced erythropoietin in the hypoxic retina protects against light-induced retinal degeneration[J]. Nat Med, 2002, 8: 718-724.

第二节　年龄相关性黄斑变性

年龄相关性黄斑变性（age-related macular degeneration，ARMD），又称为老年性黄斑变性（aging macular degeneration，AMD），是多发生在50岁以上人群的视网膜黄斑区的退行性病变。AMD的发病率随着年龄的增长而上升，是65岁以上人群最常见的致盲性眼病[1-2]，在欧美等西方国家已取代白内障成为老年人致盲的首要疾病[3]。

AMD的致盲性是不可逆的，直接影响着患者的生活质量和自理能力。随着人类平均寿命的延长及人口结构的老龄化，AMD将可能成为一个严重的公共健康问题[4]。

AMD的病因和发病机制十分复杂，至今难以定论。目前，在临床上对该病仍无有效的治疗方法，主要采取对症治疗，延缓AMD的进展[5]。近些年来，一些学者认为AMD的发生与视网膜黄斑区的氧化损伤密切相关，特别是光氧化损伤[6]。叶黄素作为视网膜黄斑色素的结构成分，通过其抗氧化损伤的生物学作用和光吸收的特性，可能在一定程度上预防和延缓AMD的发生与发展[7,8]。对此，取得了更多的学者和研究者的共识。

一、概　述

目前，全球约有5000万人罹患AMD，其中140万患者已出现严重的视力损害或失明[4]。在美国，约200万人罹患AMD，175万人患有严重的AMD[9]。在Beaver Dam进行的一项15年眼病队列研究显示，美国人群早期AMD累计发病率为14.3%，晚期AMD累计发病率为3.1%，其中75~86岁人群早期AMD累计发病率达24.4%，并预计到2025年75岁以上人群AMD的发病率将上升至54%[10]。

亚洲人群AMD的总体患病率较西方国家人群低，一项Meta分析结果显示，在40~79岁亚洲人早期AMD的患病率为6.8%，晚期AMD的患病率为0.56%[11]。近期，一项来自新加坡眼科研究所（Singapore Eye Research Institute，SERI）的研究报告，调查了3172名来自中国、马来西亚和印度3个民族的新加坡40岁及以上人群AMD的患病率，对受试者进行了系统地眼科、视网膜检查和实验室检查，用新加坡2010年成人作为标准人群计算年龄标准化发病率估计值，结果显示，该人群AMD的标化发病率为7.0%，3个亚洲人种群的年龄标准化发病率类似，分别为中国人7.3%，马来西亚人7.7%，印度人5.7%[12]。

我国学者对北京市4439名40岁以上人群的流行病学调查结果，AMD患病率在40~49岁为0.76%，50~59岁为1.69%，70~79岁为3.45%，75岁以上达4.5%[13]。在40岁以上人群中，年龄每增加10岁，其患病率成倍增长。关于AMD的患病率，因对其分类的定义与年龄分组不一致，故上述不同研究得到的各型AMD患病率有所差异。

虽然，我国AMD的总体患病率较西方国家低，但由于我国人口基数大，随着人口年龄结构的老化，AMD带来的疾病负担和社会问题应引起足够的重视。

（一）定义

AMD是主要发生在50岁以上人群的、具有共同特点的一组疾病，由中心视网膜及以下的结构（视网膜色素上皮和脉络膜）功能障碍所导致的进行性视力下降[14-15]。具有以下一个或多个特点：玻璃膜疣形成，视网膜色素上皮异常（脱色素或色素增生），脉络膜毛细血管地图样萎缩，新生血管性（渗出性）黄斑病变[16]。

虽然该病在各种族和民族的人群均可发生，但多见于浅肤色人种和人群，尤其是 60~70 岁及以上的人群，双眼可同时或先后发病[16-17]。

（二）分型

根据中华医学会眼科学会眼底病学组制订的《老年性黄斑变性临床诊断标准》，AMD 分为萎缩型和渗出型两类[5, 18]。

1. 萎缩型

萎缩型又称干性或非渗出性 AMD。其特点是：患者多在 45 岁以上，双眼常同时发病，视力下降缓慢；脉络膜毛细血管萎缩，玻璃膜增厚和 RPE 萎缩，导致感光细胞变性，引起中心视力减退。萎缩型可分两期，即早期和晚期，早期以 RPE 退变为主，晚期出现密集融合的玻璃膜疣或大片的视网膜色素上皮（retinal pigment epithelium，RPE）脱离，出现中心视力严重减退。

2. 渗出型

渗出型亦称湿性，或盘状（Kuhnt Junius）AMD。本型特点：患者亦多在 45 岁以上，双眼先后发病，视力下降较快；RPE 下有新生血管膜存在，从而引起一系列渗出、出血、瘢痕改变。渗出型可分三期，即早期、中期和晚期，早期即出现中心视力明显下降，到中期和晚期，视力急剧下降和进一步损害。

国际上将 AMD 分为 5 期 12 个级别（详见诊断标准）。

（三）临床表现

由于 RPE 细胞生理性吞噬视网膜感光细胞外节盘后，消化残余的代谢产物不断从 RPE 细胞内排泄至 Bruch 膜处堆积起来，形成玻璃膜疣（drusen）[5]。黄斑变性前期的突出表现即为大量玻璃膜疣的存在。具有危险因素的玻璃膜疣的特征为：①玻璃膜疣数量不断增加；②玻璃膜疣不断融合增大；③玻璃膜疣色素不断增加。具有以上特征的玻璃膜疣存在时，引发 AMD 的危险性加大。

不同类型的 AMD 临床表现亦不相同。

1. 萎缩型[5]

萎缩型临床上分为早、晚两期。

（1）早期（萎缩前期） 以 RPE 退变为主。多无明显视觉异常或仅有中心视力轻度减退，个别患者可有视物变形、色觉异常。中心视野可检出 5°~10°中心比较性暗点。Amsler 方格表检查常为阳性。检眼镜下见黄斑区色素脱失及增殖，中心反射不清或消失，可见散在的玻璃膜疣，边界清晰。

荧光素眼底血管造影，可见黄斑区有透见荧光（窗样缺损）及低荧光（色素遮挡）。后期玻璃膜疣着色呈高荧光。

（2）晚期（萎缩期） 中心视力严重减退，有绝对性中心暗点。

眼底病变加重，密集融合的玻璃膜疣或大片的RPE脱离，最后趋于吸收萎缩，留下黄斑部的RPE萎缩区，其内有散在椒盐样斑点，也可见到金属样反光。

荧光素眼底血管造影，可见RPE萎缩所致的窗样缺损。如时间持久，RPE萎缩区内出现脉络膜毛细血管萎缩、闭塞。荧光造影可见此处呈现低荧光区，其中有残留的粗大脉络膜血管。

2. 渗出型[5]

渗出型临床上分为早、中、晚三期。

（1）早期（渗出前期）　中心视力明显下降，Amsler方格表阳性，与病灶相应处能检出中央比较性暗点。检眼镜下黄斑区色素脱失和增生，中心光反射不清或消失，玻璃膜疣有融合。

荧光素眼底血管造影发现玻璃膜疣及色素脱失处早期显高荧光，其增强、减弱、消退与背景荧光同步（窗样缺损）。在造影后期玻璃膜疣着色也显高荧光。

（2）中期（渗出期）视力急剧下降。

检眼镜下见黄斑区出现浆液性或（和）出血性盘状脱离。重者视网膜下血肿，视网膜出血及玻璃体出血。

荧光素眼底血管造影可见黄斑区有视网膜下新生血管，荧光素渗漏明显。出血病例有遮蔽荧光的低荧光。

（3）晚期（结瘢期）　渗出和出血逐渐吸收，并为瘢痕组织所替代。视力进一步下降。

检眼镜下可见瘢痕形成，在斑块表面及其边缘可见出血斑及色素斑。

荧光素眼底血管造影表现为浅色的瘢痕呈现假荧光，色素增殖处荧光被遮蔽。如瘢痕边缘或瘢痕间有新生血管，则有逐渐扩大的大片高荧光。

渗出性AMD有少数病眼并不是结瘢后病情就停止进行，而在原来瘢痕的边缘上又出现新的新生血管，再经历渗出、出血、吸收、结瘢的过程，使原来的瘢痕进一步扩大。

（四）诊断标准

AMD的诊断标准有国内的《老年性黄斑变性临床诊断标准》[18]和国际认可的修订后AREDS诊断标准[19-20]，国际认可的分级标准将AMD分为5期12级。

1期：无玻璃膜疣或少于10个小玻璃膜疣（直径<63 μm），且无色素异常。

2期：多于10个小玻璃膜疣或少于15个中玻璃膜疣（直径63~124 μm），或有黄斑区色素异常。

2a. 玻璃膜疣。

2b. 视网膜色素上皮异常（色素沉着过度或不足）。

2c. 玻璃膜疣和视网膜色素上皮异常同时存在。

3期：多于15个中玻璃膜疣，或至少有1个大的玻璃膜疣（直径>125 μm），或有未累及黄斑中心凹的地图状萎缩。

3a. 无玻璃膜疣性视网膜色素上皮脱离（RPED）。

3b. 存在玻璃膜疣性视网膜色素上皮脱离（融合的玻璃膜软疣直径≥500 μm）。

4期：存在累及黄斑中心凹有地图状萎缩，或未累及中心凹的地图状萎缩直径≥350 μm。

5期：非玻璃膜疣性视网膜色素上皮脱离、视网膜上皮浆液性或出血性脱离、脉络膜新生血管、视网膜下和视网膜色素上皮下纤维血管性增殖或盘状瘢痕。

5a. 未伴随脉络膜新生血管的视网膜上皮浆液性脱离。

5b. 脉络膜新生血管或盘状瘢痕。

（五）病因与危险因素

目前认为，AMD 是由环境因素和遗传因素共同作用所导致的病症。相关的危险因素主要包括不可控制因素，如年龄、性别、种族、遗传等；可控危险因素，如长期慢性光损伤、膳食营养、吸烟、饮酒、肥胖等。其中，膳食因素被认为是除吸烟外与 AMD 发病相关的重要因素，通过膳食适当补充相关营养素可预防和延缓 AMD 的发生和发展。

1. 不可控性危险因素

（1）年龄 大量研究证实，年龄是 AMD 发生发展明确而独立的危险因素。各型 AMD 的患病率、发病率和进展都随着年龄的增加而升高。60 岁以后，每增加 10 岁，中晚期 AMD 发病率加倍[13]。可能随着年龄的增长，一方面，视网膜的氧化损伤逐渐积累更为严重；另一方面，RPE 细胞生理功能逐渐下降，吞噬消化视网膜感光细胞外节代谢产物的能力减弱，使代谢产物堆积在 Bruch 膜内层，形成玻璃膜疣，并引起感光细胞和脉络膜毛细血管等邻近组织的损害。

（2）性别 性别是否为 AMD 的危险因素尚存在着争议。一般认为，性别与 AMD 的发病率关系不大，男性和女性 AMD 的发病率没有显著差别。国外多数研究表明，女性患病率略高于男性，如从美国的第三次全国健康和营养研究（The Third National Health and Nutrition Examination Survey，NHANES Ⅲ）中发现，不考虑种族和年龄，女性比男性 AMD 的患病率高[21]。

（3）种族与虹膜颜色 种族是决定 AMD 发生的重要因素。白色人种 AMD 的患病率高于黑色人种。在巴尔的摩眼部调查中，白种人双眼失明的原因中，AMD 占 30%，而在黑人中极少见[15]。

虹膜颜色：相关研究对虹膜颜色和 AMD 的关系尚无明确结论。一些研究发现，深颜色虹膜是保护因素，因在深颜色的虹膜中，黑色素水平较高，黑色素有捕获自由基和抑制血管形成的作用，能保护视网膜抵御光氧化损伤[15]。

（4）遗传 家族聚集性和双生子研究均表明，遗传因素在 AMD 的发生与发展过程起重要作用[22]。渗出型 AMD 患者的直系亲属患该病的风险比对照组高 3 倍[17]。双胞胎研究显示，单卵双生子的两个个体，患 AMD 的一致性为 37%；而双卵双生子的两个个体，患 AMD 的一致性为 19%；家系分析表明，AMD 的变异型大约有 56% 可归因于单基因分离[17,23]。

（5）白内障和白内障手术 AMD 的患者同时患有白内障时，手术后视功能和生活质量好转，但白内障手术的病史会增加晚期 AMD 发生的风险[15]。因为，浑浊的晶体能遮挡紫外线对视网膜的损伤，白内障手术后这种遮挡作用消失，且手术后的炎性反应可能使早期 AMD 进展到晚期 AMD，尤其是无晶体眼使 AMD 的风险增加 2 倍[15]。目前，随着科技的发展，已经有能够阻隔短波光的人工晶体。

2. 可控性危险因素

在一定程度上，高血压或高脂血症这些并存疾病也可认为是环境因素，它们可能在疾病发展过程起重要作用。

（1）膳食与抗氧化剂 膳食中的抗氧化剂（β-胡萝卜素、维生素 C、维生素 E 和锌）能降低 AMD 的患病风险，减少早期 AMD 玻璃膜疣的生成，延缓 AMD 的进展和病程[24-26]。大型病例-对照研究显示，膳食类胡萝卜素摄入量越高的人群，发生 AMD 的危险性越低，最高摄入量与最低摄入量人群相比，危险性下降43%，尤其是叶黄素/玉米黄素的相关性最强[27]。美国进行的AREDS（Age-Related Eye Disease Study）结果显示，连续5年摄入抗氧化补充剂可有效降低25%的AMD发生率，且从早期AMD发展至晚期的风险降低28%[28]。虽然对此亦有不同报道[29]，但多数研究证实，抗氧化剂能通过抑制光氧化损伤，控制AMD的进展[25, 26]。研究者根据不同营养素的生化功能及其与AMD的相关性，建立多因素评分系统给AMD患者评分，结果显示，膳食中富含维生素C、维生素E、锌、叶黄素、DHA和EPA的AMD患者发展为晚期的可能性更小[30]。

（2）光暴露　已取得共识的是，增加视网膜光照度与发生晚期AMD的可能性呈正相关，但流行病学证据仅适度支持这一假说。在Beaver Dam眼科研究中，对每天在规定时间内暴露于夏日阳光超过5小时的参与者，与暴露时间不到2小时的参与者，经随访10年后比较，发生视网膜色素聚集和早期AMD的危险性增加，相对比分别为3.17和2.14[31]。年轻时有10个以上严重日晒斑的人似乎比仅有1个或没有日晒斑的人更易发生直径250μm以上的玻璃膜疣[31]。经常在户外日光下工作或长期接触强烈日光的职业人群，AMD发病率高于室内工作或很少接触强烈日光的职业人群[32]。上述研究结果表明，光暴露是发生AMD的危险因素。

增加光照强度诱发AMD的机制是基于氧化应激损伤，尤其是活性氧中间产物（reactive oxygen intermediate，ROI）对细胞膜的明显毒性作用。ROI包括过氧化氢、单线态氧及其他短暂存在的离子，均为细胞膜代谢的副产物[33]。该效应在实验动物和ABCR基因缺陷或与ABCR相关的调节蛋白缺陷的人体上得到了进一步证实[34]。长期少量ROI的聚集效应会通过脂质过氧化、线粒体、DNA损伤及诱导凋亡途径对视网膜和色素上皮产生破坏作用[17, 33]。食物中的天然抗氧化剂，能通过清除自由基及其他中间物，缓解光氧化损伤[29]。

（3）吸烟　采用系统综述和Meta分析的资料显示，吸烟是AMD重要的、独立的危险因素。吸烟者患AMD的风险是不吸烟者的2~3倍，且危险性随吸烟时间的增加而递增[35-38]。吸烟可能与增加体内氧化应激、诱发溶酶体膜和RPE细胞氧化损伤，进而引起脉络膜供血减少和新生血管增加有关[38]。吸烟还可能导致炎症和免疫功能异常，患AMD的吸烟者，玻璃膜疣中急性反应期凝结蛋白、免疫球蛋白和HLA-DR等蛋白水平较高，表明吸烟和体液免疫可能在AMD发病过程中起一定作用[39]。

（4）饮酒　饮酒与AMD发病风险的关系尚难定论。系统综述和Meta分析显示，在涉及136 946人的队列研究中，大量饮酒与早期AMD的风险增加有关，AMD的患病率有随酒精摄入量的增加呈线性升高的趋势[40]。

（5）肥胖　与肥胖相关的高血糖、高血脂、高血压患者患AMD的风险较高[41]。Nolan等对828名爱尔兰健康人群的研究发现，BMI与黄斑色素密度呈显著负相关（$P=0.028$）[42]。

（6）药物　服用某些药物可能会增加或降低AMD的发病危险[35]。抗高血压药物，尤其是β受体阻断剂能轻度增加AMD的发病危险；而女性雌激素替代疗法、三环抗抑郁药可能对AMD有部分保护作用[43]。

其他：AMD的相关危险因素还包括肥胖、高脂血症、高血压、眼部炎症和全身炎症等。

（六）发病机制

AMD的发病机制尚不确定，近年来，国内外学者提出多种假说，其中遗传与基因、视网膜氧化损伤及RPE细胞衰老等机制被更多学者认可，也可能存在几种机制的交互作用。

1. 遗传与基因

AMD 的家庭聚集性调查和病例对照的分子遗传学研究表明，遗传因素在 AMD 的发生与发展过程起着重要的作用[22, 44]。

研究者用限制性片段长度多态性（Restriction Fragment Length Polymorphism，RFLP）技术、聚合酶链反应及特异序列寡核苷酸探针等技术，已发现多个 AMD 潜在的致病基因，包括补体因子 H（CFH）、补体因子 B（CFB）、PLEKHA1/ARMS2（LOC 387715）和 HTRA1 等[22, 45-46]，这些基因可能涉及光受体代谢、光传导通路、视网膜结构成分等。因此，认为 AMD 可能是一个复杂的多基因、多遗传因子疾病。

研究者对人群进行高分辨率基因组易感基因位点扫描发现，易感位点位于染色体 1q31、5p、9q 和 17q25[47]。专门对脉络膜新生血管（CNV）患者进行再一次分析又得到另外的证据，易感位点在染色体 2p（10cM）和 22q（25cM）[17, 48]。E-FEMP1（含 EGF 腓骨蛋白样胞外基质蛋白）基因编码一种弹性蛋白相关蛋白，腓骨蛋白-3，该基因的精氨酸突变为色氨酸，被认为可导致 Malattia Leventinese 患者大量玻璃膜疣聚集在视网膜上[49]。Malattia Leventinese 是一种遗传性黄斑变性，其表型特征与晚期非渗出型 AMD 接近。

2. 氧化损伤

视网膜组织细胞的氧化损伤与抗氧化系统的功能受损是 AMD 发生的重要机制之一。

AMD 的病理变化与氧化代谢产物 ROS（如 $^1O_2$，O_2^{-}，·OH 等）的积累与作用密切相关[50]。视网膜组织容易被氧化损伤，长期暴露于光辐射及 ROS 的作用，引起细胞脂质过氧化反应，损伤细胞 DNA 和溶酶体的完整性[51]。随着氧化损伤的不断累积，RPE 细胞的生理作用下降，吞噬、消化感光细胞代谢产物的能力减弱，代谢产物在 Bruch 膜内层堆积，形成玻璃膜疣，并能引起感光细胞和脉络膜毛细血管等邻近组织的损伤[52]。

同时，视网膜的长期光暴露能诱导 RPE 细胞产生脂褐素，其为 RPE 细胞内脂类和蛋白组成的能自发荧光的聚集体，在黄斑中心凹周围的 RPE 细胞内脂褐素最为密集[51]。脂褐素是氧化损伤的产物，也是 AMD 早期生化改变过程中的物质。N-亚视黄醛-N-视黄基-乙醇胺（N-retinyl-N-retinyli-dene ethanol-amine，A2E）是脂褐素的核心成分和主要光敏生色基团，不仅具有自发荧光的特性，而且具有光毒性。能进一步诱导 ROS 的产生，促使脂质过氧化反应，损伤细胞结构和溶酶体的完整性，从而诱导 RPE 细胞凋亡[53, 55-56]。A2E 在低浓度下引起细胞凋亡，高浓度下则可溶解细胞膜。研究发现，在 AMD 患者视网膜的地图状萎缩区的周边存在较多的脂褐素，提示在 RPE 中，脂褐素与 A2E 的过度累积，可能在 AMD 地图状萎缩的发展过程和发病机制中起重要作用[54, 57]。

3. RPE 衰老机制

在衰老机制中，一方面是随着年龄的增长，光暴露与光损伤的积累更久；另一方面，RPE 细胞内脂褐素随年龄增加而增多，并随 RPE 细胞老化逐渐积累，这些改变在短波光（如蓝光）照射下更明显[53]。RPE 细胞衰老性变化表现为吞噬功能下降、数量减少，随年龄的增长，紫褐素积聚增加，胞内 A2E 光氧化产物增多，导致脂褐素吸收光谱和自发荧光的变化。

一些研究认为，在正常人，视网膜感光细胞外节进行周期性更新，从外节脱落的代谢产物被 RPE 细胞吞噬和消化，以维持视器官内环境的稳定和正常视功能[52]。但随着年龄增加和老化，RPE 清除感光细胞代谢产物的能力降低，代谢产物堆积在 RPE 和脉络膜毛细血管之间的 Bruch 膜内层，使 Bruch 膜增厚，导致玻璃膜疣的形成，进而累及相应的感光细胞和脉络膜毛细血管，并继发邻近组织的损害和萎缩，进一步诱导 RPE 萎缩[4]。

同时，RPE 细胞吞噬光感受器外节可产生大量 H_2O_2，并作为代偿过程上调过氧化氢酶和金属蛋白酶的表达。体外试验，以 H_2O_2 处理 RPE 细胞，可诱导线粒体 DNA 损伤、氧化还原功能下降、凋亡基因 P_{53} 和 P_{21} 表达上升，抗凋亡蛋白 bcl-2 表达下降，导致 RPE 细胞凋亡，使 RPE 细胞屏障保护功能丧失[58-59]。

机体内存在的抗氧化酶系统和抗氧化营养素[60]，能抑制脂质过氧化物的产生，阻止氧化连锁反应[61-62]。

二、叶黄素与年龄相关性黄斑变性

近些年来，关于叶黄素与 AMD 的相关性，研究文献和报告较多。为了探究叶黄素与 AMD 罹患风险的关联，相关领域的学者们通过流行病学研究与人群干预研究，特别在近几年，进行了较大规模的人群干预研究。更多的研究结果肯定了叶黄素在预防和控制 AMD 的发生和发展中的重要贡献，但仍存在着不一致的研究结果。

（一）流行病学研究

在国际上，一些较大规模的人群流行病学研究（包括横断面调查、队列研究与病例-对照研究）的结果显示，膳食叶黄素摄入量、血清叶黄素浓度与 MPOD 呈正相关，而与 AMD 的患病率存在负相关；膳食叶黄素摄入量和机体叶黄素水平较高的人群，罹患 AMD 的风险较低。

1.膳食叶黄素摄入量与 AMD

早在 1992—1994 年开始的著名的 Blue Mountains 项目，Tan 等对澳大利亚人群进行了为期 10 年的队列研究，比较了不同的抗氧化剂与 AMD 发病的关系；研究中，对 3654 名 49 岁以上的受试对象进行了基线膳食抗氧化剂和抗氧化补充剂的摄入量调查，随后进行跟踪研究，并于 5 年和（或）10 年后对其中的 2454 名受试对象进行了眼底检查，并对眼底相进行分级，分析基线抗氧化剂摄入量与 AMD 患病率的相关性；结果显示，叶黄素/玉米黄素摄入量较高（0.942 mg/d）的人群患 AMD 的风险比摄入量较低的人群下降了 65%（RR，0.35；95% CI，0.13~0.92），而叶黄素中等摄入量（0.743 mg/d）的人群眼底形成玻璃膜疣的风险也有下降趋势（$P=0.013$），结果表明，较高的膳食叶黄素/玉米黄素摄入量能降低患 AMD 的罹患风险[26]。

2007 年，Sangiovanni 等，在美国进行的一项较大人群的年龄相关性眼病的研究（age-related eye disease study，AREDS）中，研究者为了观察膳食叶黄素/玉米黄素及其他类胡萝卜素、抗氧化营养素（维生素 A、维生素 E 及维生素 C）的摄入量与 AMD 患病风险之间的关系；对 4519 名 60~80 岁的受试对象进行了横断面研究，根据眼底彩色相将 AMD 患者按进展程度分为 4 个病例组和一个对照组（15 个以下的小玻璃膜疣），并采用半定量膳食频率表进行膳食调查，比较上述膳食抗氧化剂摄入量较高的人群和摄入量较低的人群眼底病变程度；结果表明，膳食叶黄素/玉米黄素摄入量与患湿性 AMD、地图状萎缩和较大玻璃膜疣的可能性均呈负相关，OR 值分别为 0.65（95% 置信区间：0.45~0.93）、0.45（95% 置信区间：0.24~0.86）和 0.73

（95% 置信区间：0.56~0.96），能使患湿性 AMD、地图状萎缩和较大玻璃膜疣罹患风险分别下降了 35%、55% 和 27%，而其他类胡萝卜素及维生素 A、维生素 E、维生素 C 与 AMD 未见相关性[63]。

在美国进行的类胡萝卜素与年龄相关眼病研究（carotenoids in age-related eye disease study，CAREDS）中，Moeller 等对 1787 名 50~79 岁的美国女性进行了膳食叶黄素摄入量与 AMD 患病风险的队列研究，观察叶黄素/玉米黄素摄入量较高的人群和摄入量较低的人群，4~7 年后 AMD 的患病风险（采用荧光素眼底造影诊断技术）；结果显示，中期 AMD 的患病率在两个人群之间未见统计学差异，进一步分析叶黄素/玉米黄素摄入量较为稳定的 75 岁以下女性，发现其发病风险下降了 43%，该结果表明，富含叶黄素/玉米黄素的膳食可能保护 75 岁以下的女性避免患中期 AMD[64]。

同样，Seddon 等在对 356 名美国的 55~80 岁进展期 AMD 患者和 520 名对照进行研究，结果显示，叶黄素摄入量与 AMD 的患病风险显著相关，叶黄素摄入量较高的人群患 AMD 的风险比叶黄素摄入量较低的人群下降了 57%，而维生素 A、维生素 C、维生素 E 的摄入量与 AMD 的发病风险未发现显著关联，并通过对该人群摄入的膳食种类和摄入量进行调查和比较发现，菠菜摄入量高的人群渗出性 AMD 的患病风险下降了 86%，而菠菜是叶黄素含量很高的食物，提示叶黄素可能具有预防 AMD 发生和发展的作用[65]。

上述进行的较大人群的研究结果证实，膳食叶黄素/玉米黄素摄入量在降低 AMD 发病风险中具有明显的作用。

2. 血清/浆叶黄素浓度与 AMD

血清/浆叶黄素浓度直接反映机体内叶黄素的水平，对评价叶黄素与 AMD 的相关性和罹患风险具有更直接的意义。

在美国的第三次全国健康和营养调查（The Third National Health and Nutrition Examination Survey，NHANES Ⅲ）中，为探究膳食和血清叶黄素/玉米黄素与 AMD 的关系，调查和检测了 8222 名 40 岁以上人群膳食和血清叶黄素/玉米黄素的浓度；结果显示，膳食叶黄素/玉米黄素的摄入量与早期 AMD 的眼底特征性病变（玻璃膜疣或色素异常）呈负相关，但相关性在不同年龄和种族间存在差异，研究者在调整了年龄、性别、饮酒、高血压、吸烟和 BMI 后，发现年龄最低组中叶黄素/玉米黄素水平较高的人群，发生早期 AMD 眼底特征性病变的风险与概率最低[66]。

在法国完成的 POLA 研究中，研究者采用高效液相色谱法检测了 899 名 60 岁以上法国南部居民血浆叶黄素/玉米黄素和其他类胡萝卜素浓度；结果发现，血浆叶黄素/玉米黄素总浓度较高者（>0.56 μmol/L）比血浆叶黄素/玉米黄素总浓度较低者（<0.25 μmol/L）患 AMD 的风险降低 79%（95% 置信区间是 0.05~0.79），而血清玉米黄素浓度较高者比较低者患 AMD 的风险降低 93%（95% 置信区间是 0.01~0.58），该结果提示，叶黄素类对人群预防 AMD 的发生具有明显的保护作用，且玉米黄素具有更强的保护作用[67]。

美国的眼病病例对照研究项目（eye disease case-control study，EDCCS），是最早采用病例-对照的研究方法，分析血清叶黄素浓度与 AMD 之间的关系，研究中比较了 421 名湿性 AMD 患者和 615 名对照人群血清类胡萝卜素（包括叶黄素）、维生素 C、维生素 E 和硒浓度；结果显示，血清类胡萝卜素水平与湿性 AMD 患病风险呈显著的负相关，血清类胡萝卜素浓度较高的人群（≥0.668 μmol/L）比浓度较低的人群（≤0.247 μmol/L）患晚期 AMD 的风险降低

70%，病例和对照人群的血清维生素 C、维生素 E 和硒的浓度之间未见显著差异[68]。

在其他国家和其他相关的研究中，也获得了与上述相似的结果。Gale 等，对英国 380 名老年人群进行的血浆叶黄素/玉米黄素浓度与 AMD 风险的病例-对照研究，在调整了其他与 AMD 相关的因素后，血浆玉米黄素水平与 AMD 的患病风险呈负相关[69]。Snellen 等的研究也得到了与上述研究相同的结果，并显示，叶黄素摄入量与湿性 AMD 患病风险存在显著的剂量反应关系[70]。

上述的在美国、法国、英国等国家的几项具有较大影响的人群研究显示，血清叶黄素/玉米黄素水平能降低 AMD 患病风险，叶黄素/玉米黄素对预防 AMD 的发生具有明显的保护作用，有的研究结果还显示，玉米黄素具有更强的保护作用[67]。

3. 视网膜黄斑色素密度与 AMD

叶黄素与玉米黄素共同构成视网膜黄斑色素（macular pigment，MP），视网膜黄斑色素密度（macular pigment optical density，MPOD）是反映视网膜 MP 含量及浓度的指标[71]。通过测量 MPOD，不仅能反映视网膜 MP 含量或浓度，而且，有助于了解黄斑区的形态与结构[72]。

研究显示，AMD 患者的 MPOD 显著低于非 AMD 对照人群[73]，MPOD 越高的人群患 AMD 的风险越低[74-75]。Bernstein 等，采用拉曼光谱法测定了 AMD 患者和非 AMD 对照组人群 MPOD，发现未服用叶黄素时，AMD 患者 MPOD 水平比非 AMD 对照组人群低 32%，但在规律性服用叶黄素（4mg/d），连续 3 个月后，AMD 患者的 MPOD 水平显著提高，并到达非 AMD 对照人群水平[76]。该结果表明，人体 MPOD 下降是罹患 AMD 的危险因素，通过膳食补充叶黄素能提高其 MPOD 水平，降低罹患 AMD 的风险。

Bone 等，通过检测与分析 AMD 与非 AMD 眼球捐献者的视网膜中的黄斑色素浓度，观察叶黄素/玉米黄素与 AMD 患病风险的相关性；研究者对 56 名 AMD 眼球捐献者与 56 名非 AMD 眼球捐献者的视网膜进行了研究，将视网膜分为中心区域、中间区域和周边区域，分别包含视角的 0°~5°、5°~19°和 19°~38°，采用 HPLC 法检测与分析不同区域中叶黄素/玉米黄素的含量；结果显示，AMD 视网膜黄斑区的三个不同区域叶黄素/玉米黄素浓度均低于非 AMD 视网膜，二者的差异在中心区域最显著，在校正了年龄和性别后，黄斑周边区域叶黄素浓度最高组比最低组患 AMD 的风险降低 82%（95% 置信区间是 0.05~0.64）[77]。进一步证明，AMD 患者视网膜黄斑区中心凹叶黄素/玉米黄素水平显著低于非 AMD 的视网膜，提示叶黄素有益于预防 AMD 的发生和延缓 AMD 的进展。

以上流行病学研究的数据与资料表明，膳食叶黄素摄入量、血清叶黄素浓度、MPOD 与罹患 AMD 的风险呈负相关，并进一步显示，叶黄素是人体抵御 AMD 的重要保护因素。

（二）人群干预研究

一般认为，黄斑的代谢比较缓慢，叶黄素干预对 AMD 的影响，在有效剂量下，需要较长时间才能观察到效果，干预时间至少需要在 6 个月或以上。目前，人群干预的时间多为 6 个月、1 年、2 年，最长时间为美国实施了人群干预长达 5 年的研究。干预的时间越长，可能会观察到短期内难以观察到的效果，但对研究中的质量控制和人群样本量的保持则要求更高，难度更大。

2007 年，在 Schalch 等的叶黄素干预研究中，给予受试对象每天口服叶黄素 10mg，连续 180 天，干预前后采用异色闪烁光度计测量 MPOD；结果显示，叶黄素干预组的受试对象

MPOD 显著增加，且光感受器、Bruch 膜、RPE 和其他易受损组织的损伤程度明显减轻[78]。第二年，Huang 等的研究显示，对 60 岁以上 AMD 患者采用叶黄素/玉米黄素及 ω-3 脂肪酸干预，每日服用叶黄素 10mg 和玉米黄素 2mg，连续 6 个月；结果显示，其血清叶黄素/玉米黄素及 MPOD 水平显著增高，并发现机体叶黄素水平的增长不受多不饱和脂肪酸 DHA 或 EPA 的影响[79]。

近年，Weigert 等，在奥地利完成的一项随机双盲安慰剂对照研究中，研究者对招募的 126 名 AMD 受试对象实施叶黄素干预 6 个月，在干预开始的 1~3 个月，受试对象每天服用叶黄素 20 mg，在干预的第 4~6 个月服用叶黄素的剂量改为 10 mg，并在干预前、后检测受试对象的 MPOD、采用 ETDRS 表检查视力、采用微视野仪测定视敏感度，结果显示，叶黄素干预组 MPOD 显著增加，但视敏感度和视力未见明显变化[80]。

同样，连续干预时间为 6 个月，研究者给予干性 AMD 受试对象服用叶黄素 8mg/d，干预后视敏感度显著改善[81]。在 Falsini B 等的研究中，AMD 受试对象每日服用叶黄素 15 mg/d 和玉米黄素 1 mg/d，采用共焦视网膜电图测量振幅改变，发现干预组振幅上升 0.36，而非干预组未显著改变[82]。

在上述为期 6 个月的短期干预研究中，采用的叶黄素干预剂量分别为 8mg、10 mg、15 mg、20mg，结果显示，对增加 MPOD，改善视功能和局部受损程度，显现了一定作用。

在以下的干预研究中，干预时间均为 12 个月及以上的相对更长时间的干预研究。

在德国，Arnold 等进行的一项为期 12 个月的随机双盲安慰剂对照研究，共募集了 172 名干性 AMD 患者，随机分为安慰剂对照组、干预 1 组（叶黄素 10mg+玉米黄素 1mg+DHA100mg 和 EPA 30mg）、干预 2 组（叶黄素 20mg + 玉米黄素 2mg+ DHA200mg 和 EPA 60mg），最终有 145 名受试对象自始至终完成了干预；结果显示，血浆叶黄素浓度和 MPOD 在服用干预剂 1 个月后均显著上升，并维持稳定[83]。该研究主要拟观察叶黄素类与多不饱和脂肪酸组合作用的效果，但遗憾的是，研究中未能检测视觉功能指标。

Richer 等曾分别在 1999 年、2004 年和 2011 年，对叶黄素进行了系列干预研究。最早，曾对 14 名男性 AMD 受试者给予富含叶黄素的菠菜进行膳食干预，每周 4~7 次，每次 5 盎司菠菜，观察 AMD 受试者视觉功能的变化；结果显示，干预后 71% 的受试对象视力得以改善，60% 的受试对象视功能明显改善[84]。随后，他们又采用随机双盲空白对照研究的方法，对干性 AMD 受试对象实施了为期 12 个月的干预研究，将受试对象随机分为 3 组，即对照组（给予安慰剂）、干预 1 组（叶黄素 10mg）、干预 2 组（叶黄素 10 mg+ 抗氧化剂 + 维生素矿物质混合物），每日 1 次。结果显示，干预组 MPOD 较干预前提高 50%，视力与视觉功能指标对比敏感度亦显著改善[85]。在 2011 年，Richer 等再次进行的 ZVF（visual function study）研究显示，对早期干性 AMD 患者分别给予口服叶黄素 9 mg/d、玉米黄素 8mg/d、叶黄素 9 mg + 玉米黄素 8mg/d，连续干预 1 年后，各组 MPOD 均显著增加，且视力、对比敏感度、眩光恢复时间等也明显改善[86]。Richer 等的一系列干预研究证实，无论膳食干预还是叶黄素补充剂干预，无论是单一的叶黄素干预还是叶黄素与玉米黄素或与其他抗氧化剂组合干预，叶黄素的干预剂量均在 9~10mg，对提高 MPOD，改善视力和视觉功能显示了明显效果。

本项目组马乐、黄旸木等，采用随机双盲安慰剂对照方法，对早期 AMD 实施连续 12 个月的叶黄素干预研究，将 108 名早期 AMD 受试对象随机分为叶黄素低剂量组（10mg）、叶黄素高剂量组（20 mg）、叶黄素/玉米黄素组（叶黄素 10mg+ 玉米黄素 10mg）和安慰剂对照组；结果显示，叶黄素干预后血清叶黄素浓度和 MPOD 较干预前显著提高，视觉功能指标对比敏感度与多焦视网膜电生理特征峰反应振幅密度值有明显提高,提示叶黄素对早期 AMD 患者视功能具有保护作用[87]。

黄昀木等继对早期 AMD 叶黄素干预 1 年后,实施了连续 2 年的叶黄素干预研究,分别于干预前、干预中及干预后检测血清叶黄素、MPOD 及视觉功能指标;结果显示,叶黄素干预后,各干预组血清叶黄素浓度和 MPOD 较干预前显著提高,视觉功能指标对比敏感度有明显改善,进一步证明了上述结果,且各指标的基线水平越低,干预后的改善越明显。

近年,在意大利完成的一项多中心随机 2 年的干预研究,主要观察了叶黄素与其他类胡萝卜素补充剂对 AMD 受试对象视力和视觉功能的影响,研究中 145 名 AMD 受试对象被随机分为 2 组,一组为干预组:叶黄素 10 mg+ 玉米黄素 1 mg+ 虾青素 4 mg+ 抗氧化剂 / 维生素配方组,另一组为空白对照组,连续 2 年;结果显示,叶黄素与抗氧化剂复合干预组的视力检测结果明显提高,对比敏感度和 NEI VFQ-25 问卷的得分也更高,提示 AMD 患者在补充叶黄素、玉米黄素的同时补充其他抗氧化剂和营养素,对维持/改善视力和视觉功能具有明显的作用[88]。

其他相关干预研究也证实,早、中期 AMD 患者给予叶黄素干预后,能明显改善受试对象的视觉功能[89]。

在爱尔兰的一项干预研究中,Sabour-Pickett S 等为观察叶黄素、玉米黄素和内消旋玉米黄素干预对早期 AMD 患者 MPOD 和视功能的影响,将早期 AMD 受试对象随机分为 3 组,组 1:叶黄素 20 mg+ 玉米黄素 2 mg。组 2:内消旋玉米黄素 10mg+ 叶黄素 10 mg+ 玉米黄素 2 mg。组 3:内消旋玉米黄素 17mg + 叶黄素 3 mg+ 玉米黄素 2 mg,每日 1 次口服,连续 12 个月。结果显示,服用叶黄素和玉米黄素的同时,给予较高浓度的内消旋玉米黄素,能更显著地改善 MPOD 和对比敏感度[90]。

但也有一些研究与上述研究结果不一致,给予 AMD 患者实施叶黄素干预后,未发现明显的效果,特别是美国在 AREDS 项目研究的基础上,进行了 AREDS 2 连续 5 年的干预研究,结果为阴性[91]。

此外,在 Rosenthal 等对 45 名 AMD 患者进行叶黄素干预 6 个月后发现,2.5mg、5mg、10mg 组血清叶黄素分别上升了 2、2.9、4 倍,其血清叶黄素浓度增长趋势特征与 AMD 的严重程度未见相关性[92]。在 Weigert 等对 126 名 AMD 患者服用叶黄素 10～20mg,连续 6 个月后,MPOD 增加 27.9%,但视力和视功能均未见显著改善[80]。

综上所述,人群干预的研究结果表明,一定剂量的叶黄素连续干预 6 个月以上,能提高机体血清叶黄素浓度,增加视网膜 MPOD,改善早期 AMD 患者的视觉功能,并能延缓早期 AMD 的进展,对预防 AMD 发生的风险和控制早期 AMD 的进展具有积极的意义。

但研究中出现的阴性结果,提醒我们,干预研究比较复杂,受多方面因素的影响和制约,如干预的人群特征、干预的时间、干预的剂量、几种不同成分的配伍等,这些因素均会直接影响干预的结果。关于叶黄素干预对 AMD 效果的最终结论,尚有待于进一步的研究证实。

三、叶黄素对年龄相关性黄斑变性预防与治疗的机制

事实上,叶黄素对 AMD 预防与治疗的机制,与其对视网膜光损伤防护作用的机制类似。比较公认的是叶黄素对高能量光子的滤过作用和抗氧化损伤作用。近年提出,叶黄素与细胞信号转导和加强细胞间隙连接通讯的机制,尚有待进一步证实。

（一）对高能量光子的滤过

叶黄素能通过吸收近于紫外光的高能量光子，滤过损害视网膜细胞和光感受器的短波可见光，对视网膜起着保护作用。

蓝光是对视网膜潜在危害最大的可见光，且蓝光能透过视器官多层屈光介质，如角膜、房水、晶状体、玻璃体等，到达视网膜，损伤 RPE 和感光细胞[93]。叶黄素通过有效地吸收、滤过高能量的蓝光，减少蓝光到达光感受器的概率，起到保护视网膜细胞的作用[94, 8]。叶黄素能在可见光到达光感受器及 RPE 细胞和脉络膜血管层前，吸收滤过 40% 的蓝光[95]，因此，叶黄素能削弱蓝光的强度，减少光子激发自由基的产生，从而对抵御视网膜细胞光损伤和维持正常视觉具有十分重要的作用。

AMD 患者早期出现的光感受器细胞凋亡，在富含叶黄素/玉米黄素的黄斑中心区进展最为缓慢[96]，提示叶黄素/玉米黄素可能预防光诱导的视锥细胞凋亡，从而保护感光细胞。研究发现，视网膜玉米黄素浓度与光诱导的感光细胞凋亡程度呈显著负相关[97]，用玉米黄素喂养鹌鹑 6 个月后，能有效地抑制光诱导的感光细胞凋亡，表明玉米黄素在预防感光细胞凋亡，延缓 AMD 的发展进程中具有独特的作用[98]。

另外，叶黄素还可能通过减弱蓝光强度，有效降低视网膜 40%～90% 的氧分压[33]。

（二）抗氧化损伤作用

视网膜组织结构特点为耗氧量高，视细胞中富含线粒体，代谢旺盛，特别在感光细胞外节是体内长链多不饱和脂肪酸（PUFA）含量最高的组织，因此，长期暴露于光辐射（尤其是蓝光）极易发生氧化应激反应[44]，导致视网膜的氧化损伤[99-100]。同时，氧化应激反应产生 ROS，介导和增强脂质过氧化物反应，并促使溶酶体破裂、DNA 断裂，诱发细胞凋亡[101]。

叶黄素分子的结构特征，使其具有较强的抗氧化活性[61]。叶黄素主要参与淬灭 ROS、RNS、单线态氧（$^1O_2$）和羟基自由基（·OH），抑制膜磷脂过氧化、减少脂褐素的形成，发挥抗氧化作用，降低氧化应激对黄斑区的损害[67]，从而预防和控制 AMD 的发生和发展。

叶黄素和玉米黄素主要分布于视网膜杆细胞外节及晶状体皮质外层，正是最容易受到氧化损伤的部位。Khachik 等对人视网膜黄斑中心附近和周边区域分离的杆状细胞外部片段进行分析，发现这些细胞结构中存在非食物源的叶黄素氧化代谢产物，从而验证叶黄素在体内具有抗氧化作用[102]。

（三）逆转细胞信号转导及加强细胞间隙连接通讯

一些研究显示，叶黄素具有逆转神经细胞信号转导，改善 AMD 导致的视功能退化，并能加强细胞间隙连接通讯，改善视觉系统信号转导，从而提高视觉功能[103-104]。但当前研究尚属起步阶段，其确切的作用机制与临床应用价值有待进一步明确。

（黄旸木　张秋香　林晓明）

参考文献

[1] Gehrs KM, Anderson DH, Johnson LV, et al. Age-related macular degeneration-emerging pathogenetic and therapeutic concepts[J]. Ann Med, 2006, 38: 450-471.

[2] Jager RD, Mieler WF, Miller JW. Age-related macular degeneration[J]. N Engl J Med, 2008, 358: 2606-2617.

[3] Resnikoff S, Pascolini D, Etya'Ale D, et al. Global data on visual impairment in the year 2002. Bull World Health Organ, 2004, 82(11): 844-851.

[4] Chopdar A, Chakravarthy U, Verma D. Age related macular degeneration[J]. BMJ, 2003, 326 (7387): 485-488.

[5] 刘家琦, 李凤鸣. 实用眼科学[M]. 3版. 北京: 人民卫生出版社, 2012.

[6] Leonard A. Levin, Daniel M. Albert. 张丰菊, 宋旭东译.眼科疾病的发病机制与治疗[M]. 北京: 北京大学医学出版社, 2012.

[7] Sujak A, Gabrielska J, Grudzinski W, et al.Lutein and zeaxanthin as protectors of lipid membranes against oxidative damage: the structural aspects[J]. Arch Biochem Biophys, 1999, 371: 301-307.

[8] Junghans A, Sies H, Stahl, W. Macular pigments lutein and zeaxanthin as blue light filters studied in liposomes. Arch. Biochem[J]. Biophys, 2001, 391: 160–164.

[9] Friedman DS, O'Colmain BJ, Muñoz B, et al. Prevalence of age-related macular degeneration in the United States[J]. Arch Ophthalmol, 2004, 122: 564-572.

[10] Klein R, Klein BE, Knudtson MD, et al. Fifteen-year cumulative incidence of age-related macular degeneration: the Beaver Dam Eye Study[J].Ophthalmol, 2007, 114(2): 253-262.

[11] Kawasaki R, Yasuda M, Song SJ, et al. The prevalence of age-related macular degeneration in Asians: a systematic review and Meta-analysis[J]. Ophthalmol, 2010, 117(5): 921-927.

[12] Ming C G, Shyong E T, Kawasaki R, et al. Prevalence of and Risk Factors for age-related macular degeneration in a multiethnic Asian cohort[J]. Arch Ophthalmol, 2012, 130(4): 480-486.

[13] Li Y, Xu L, Jonas JB, et al. Prevalence of age-related maculopathy in the adult population in China: The Beijing eye study[J]. Am J Ophthalmol, 2006,142 (5): 788-793.

[14] Bird AC, Bressler NM, Bressler SB, et al. The international ARM Epidemiological Study Group. An international classification and grading system for age- related maculopathy and Age-related macular degeneration[J]. Surv Ophthalmol, 1995, 39: 367-374.

[15] Stephen J. Ryan. 黎晓新, 赵家良. 视网膜[M]. 4版. 天津: 天津科技翻译出版公司, 2011年.

[16] 赵家良.眼科疾病临床诊疗规范教程[M]. 北京: 北京大学医学出版社, 2007.

[17] Ambati J, Ambati BK,Yoo SH et al. Age-related macular degeneration: etiology, pathogenesis, and therapeutic strategies[J]. Surv Ophthalmol, 2003, 48: 257-293.

[18] 全国眼底病研究协作组.老年性黄斑变性临床诊断标准[J]. 实用眼科杂志, 1986, 4: 701.

[19] Age-Related Eye Disease Study Research Group. The Age-Related Eye Disease Study (AREDS): design implications. AREDS report no. 1[J]. Control Clin Trials, 1999, 20: 573-600.

[20] Davis MD, Gangnon RE, Lee LY, et al. The Age-Related Eye Disease Study severity scale for age-related macular degeneration: AREDS Report No. 17[J]. Arch Ophthalmol, 2005, 123: 1484-1498.

[21] Klein R, Rowland ML, Harris MI. Racial/ethnic differences in age- related maculopathy: third national health and nutrition examination survey[J]. Ophthalmology, 1995, 102: 371-381.

[22] Gorin MB. A clinician's view of the molecular genetics of age-related maculopathy[J]. Arch Ophthalmol, 2007, 125: 21-29.

[23] Flower RW. Experimental studies of indocyanine green dye-enhanced photocoagulation of choroidal neovascularization feeder vessels[J]. Am J Ophthalmol, 2000, 129: 510-512.

[24] van Leeuwen R, Boekhoorn S, Vingerling JR, et al. Dietary intake of antioxidants and risk of age-related macular degeneration[J]. JAMA, 2005, 294(24): 3101-3107.

[25] Chiu CJ, Taylor A. Nutritional antioxidants and age-related cataract and maculopathy[J]. Exp Eye Res, 2007, 84(2): 229-245.

[26] Tan JS, Wang JJ, Flood V, et al. Dietary antioxidants and the long-term incidence of age-related macular degeneration: the blue mountains eye study[J]. Ophthalmol, 2008, 115(2): 334-341.

[27] Seddon JM, Ai UA, Sperduto RD, et al. Dietary carotenoids, vitamins A, C, and E, and advanced age-related macular degeneration. Eye Disease Case-Control Study Group[J]. JAMA, 1994, 272: 1455-1456.

[28] Group AREDS. A randomized, placebo-controlled, clinical trial of high-dose supplementation with vitamins C and E, beta carotene, and zinc for age-related macular degeneration and vision loss: AREDS Report No. 8[J]. Arch Ophthalmol, 2001, 119(10): 1417-1436.

[29] Chong EW, Wong TY, Kreis AJ, et al. Dietary antioxidants and primary prevention of age related macular degeneration: systematic review and meta-analysis[J]. BMJ, 2007, 335(7623): 755.

[30] Chiu CJ, Milton RC, Klein R, et al. Dietary compound score and risk of age-related macular degeneration in the age-related eye disease study[J]. Ophthalmol, 2009, 116(5): 939-946.

[31] Tomany SC, Cruickshank KJ, Klein R, et al. Sunlight and the 10-year incidence of age- related maculopathy: The Beaver Dam Eye Study[J]. Arch Ophthalmol, 2004, 122: 750-757.

[32] Evereklioglu C, Er H, Doganay S, et al. Nitric oxide and lipid peroxidation are increased and associated with decreased antioxidant enzyme activities in patients with age-related macular degeneration[J]. Doc Ophthalmol, 2003, 106: 129-136.

[33] Beatty S, Koh HH, Phil M, et al. The role of oxidative stress in the pathogenesis of Age-related macular degeneration[J]. Surv Ophthalmol, 2000, 45(2): 115-134.

[34] Radu RA, Mata NL, Nusinowitz S, et al. Treatment with isotretinoin inhibits degeneration[J]. Proc Natl Acad Sci USA, 2003, 100: 4245-4344.

[35] Tomany SC, Wang JJ, Van Leeuwen R, et al. Risk factors for incident age-related macular degeneration: pooled findings from 3 continents[J]. Ophthalmol, 2004, 111: 1280-1287.

[36] Cong R, Zhou B, Sun Q, et al. Smoking and the risk of age-related macular degeneration: a meta-analysis[J]. Ann Epidemiol, 2008, 18(8): 647-656.

[37] Kevin WT, Jerry R. Smoking and age-related macular degeneration: biochemical mechanisms and patient support[J]. Optometry & Vision Science, 2012, 89(11): 1662-1666.

[38] Thornton J, Edwards R, Mitchell P, et al. Smoking and age-related macular degeneration: a review of association[J]. Eye (Lond), 2005, 19(9): 935-944.

[39] Tsoumakidou M, Demedts IK, Brusselle GG, et al. Dendritic cells in chronic obstructive pulmonary disease: new players in an old game[J]. Am J Respir Crit Care Med, 2008, 177(11): 1180-1186.

[40] Chong EW, Kreis AJ, Wong TY, et al. Alcohol Consumption and the risk of age-related macular degeneration: a systematic review and meta-analysis[J]. Am J Ophthalmol, 2008, 145: 707–715.

[41] CAPT. Risk factors for choroidal neovascularization and geographic atrophy in the complications of age-related macular degeneration prevention trial[J]. Ophthalmol, 2008, 115(9): 1471-1479.

[42] Nolan JM, Stack J, O' Donovan DO, et al. Risk factors for age-related maculopathy are associated with a relative lack of macular pigment[J]. Exp Eye Res, 2007, 84(1): 61-74.

[43] van Leeuwen R, Tomany SC, Wang JJ, et al. Is medication use associated with the incidence of early age-related maculopathy? Pooled findings from 3 continents[J]. Ophthalmol, 2004, 111: 1169-1175.

[44] Nilsson SE. From basic to clinical research: a journey with the retina, the retinal pigment epithelium, the cornea, age-related macular degeneration and hereditary degenerations, as seen in the rear view mirror[J]. Acta Ophthalmol Scand, 2006, 84(4): 452-465, 451.

[45] Klein RJ, Zeiss C, Chew EY, et al. Complement factor H polymorphism in age-related macular degeneration[J]. Science, 2005, 308: 385-389.

[46] Yang Z, Camp NJ, Sun H, et al. A variant of the HTRA1 gene increases susceptibility to age-related macular degeneration[J]. Science, 2006, 314: 992-993.

[47] Weeks DE, Conley YP, Tsai HJ, et al. Age- related maculopathy: an expanded genome-wide scan with evidence of susceptibility loci within the 1q31 and 17q25 regions[J]. Am J Ophthalmol, 2001, 132: 682-692.

[48] Abecasis GR, Yashar BM, Zhao Y, et al. Age-related macular degeneration: a high-resolution genome scan for susceptibility loci in a population enriched for late-stage disease[J]. Am J Hum Genet, 2004, 74: 482-494.

[49] Marmorstein LY, Munier FL, Arsenijevic Y, et al. Aberrant accumulation of EFEMP1 underlies drusen formation in malattia leventinese and age-related macular degeneration[J]. Proc Natl Acad Sci USA, 2002, 99: 13067-13072.

[50] Bindewald A, Schmitz-Valckenberg S, Jorik JJ, et al. Classification of abnormal fundus autofluorescence patterns in the junctional zone of geographic atrophy in patients with age-related macular degeneration[J]. Br J Ophthalmol, 2005, 89: 874-878.

[51] Schmitz-Valckenberg S, Bultmann S, Dreyhaupt J, et al. Fundus autofluorescence and fundus perimetry in the

junctional zone of geographic atrophy in patientswith age-related macular degeneration[J]. Invest Ophthalmol Vis Sci, 2004, 45: 4470-4476.
[52] Sparrow JR, Boulton M. RPE lipofuscin and its role in retinal pathobiology[J]. Exp Eye Res, 2005, 80: 595-606.
[53] Rozanowska M, Pawlak A, Rozanowski B, et al. Age-related changes in the photoreactivity of retinal lipofuscin granules: role of chloroform-insoluble components[J]. Invest Ophthalmol Vis Sci, 2004, 45(4): 1052-1060.
[54] Holz FG, Pauleikhoff D, Klein R, et al. Pathogenesis of lesion in late age-related macular disease[J]. Arch Ophthalmol, 2004, 137: 504-510.
[55] Sparrow JR, Zhou J, Ben-Shabat S, et al. Involvement of oxidative mechanisms in blue-light-induced damage to A2E-laden RPE[J]. Invest Ophthalmol Vis Sci, 2002, 43: 1222-1227.
[56] Kanofsky JR, Sima PD, Richter C, et al. Singlet-oxygen generation from A2E[J]. Photochem Photobiol, 2003, 77: 235-242.
[57] Holz FG, Bindewald-Wittich A, Fleckenstein M, et al. Progression of geographic atrophy and impact of fundus autofluorescence patterns in Age-related macular degeneration[J]. Am J Ophthalmol, 2007, 143: 463-472.
[58] Bailey TA, Kanuga N, Romero IA, et al. Oxidative stress affects the junctional integrity of retinal pigment epithelial cells[J]. Invest Ophthalmol Vis Sci, 2004, 45: 675-684.
[59] Liang FQ, Godley BF. Oxidative stress-induced mitochondrial DNA damage in human retinal pigment epithelial cells: a possible mechanism for RPE aging and age-related macular degeneration[J]. Exp Eye Res, 2003, 76: 397-403.
[60] Moriarty-Craige SE, Ha KN, Sternberg P Jr, et al. Effects of long-term zinc supplementation on plasma thiol metabolites and redox status in patients with age-related macular degeneration[J]. Am J Ophthalmol, 2007, 43: 206-211.
[61] Alves-Rodrigues A, Shao A. The science behind lutein[J]. Toxicol Lett, 2004, 150(1): 57-83.
[62] Krinsky NI, Johnson EJ. Carotenoid actions and their relation to health and disease[J]. Mol Aspects Med, 2005, 26: 459-516.
[63] Sangiovanni JP, Chew EY, Clemons TE, et al. The relationship of dietary carotenoid and vitamin A, E, and C intake with age-related macular degeneration in a case-control study: AREDS Report No. 22[J]. Arch Ophthalmol, 2007, 125(9): 1225-1232.
[64] Moeller SM, Parekh N, Tinker L, et al. Associations between intermediate age-related macular degeneration and lutein and zeaxanthin in the Carotenoids in Age-related Eye Disease Study (CAREDS): ancillary study of the Women's Health Initiative[J]. Arch Ophthalmol, 2006, 124(8): 1151-1162.
[65] Seddon JM, Ajani UA, Sperduto RD, et al. Dietary carotenoids, vitamins A, C, and E, and advanced age-related macular degeneration[J]. JAMA, 1994, 272: 1413-1420.
[66] Mares-Perlman JA, Fisher AI, Klein R, et al. Lutein and zeaxanthin in the diet and serum and their relation to age-related maculopathy in the third national health and nutrition examination survey[J]. Am J Epidemiol, 2001, 153(5): 424-432.
[67] Delcourt C, Carriere I, Delage M, et al. Plasma lutein and zeaxanthin and other carotenoids as modifiable risk factors for age-related maculopathy and cataract: the POLA Study[J]. Invest Ophthalmol Vis Sci, 2006, 47(6): 2329-2335.
[68] Eye Disease Case-Control Study Group. Antioxidant status and neovascular age-related macular degeneration[J]. Arch Ophthalmol, 1993, 111(1): 104-109.
[69] Gale CR, Hall NF, Phillips DIW, et al. Lutein and zeaxanthin status and risk of age-related macular degeneration[J]. Invest Ophthalmol Vis Sci, 2003, 44: 2461-2465.
[70] Snellen ELM, Verbeek ALM, van den Hoogen GWP, et al. Neovascular age-related macular degeneration and its relationship to antioxidant intake[J]. Acta Ophthalmol Scand, 2002, 80 : 368-371.
[71] Kinkelder R, Veen RL, Verbaak FD, et al. Macular pigment optical density measurements: evaluation of a device using heterochromatic flicker photometry[J]. Eye (Lond), 2011, 25: 105-112.
[72] Nolan JM, Kenny R, O'Regan C, et al. Macular pigment optical density in an ageing Irish population: the Irish longitudinal study on ageing[J]. Ophthalmic Res, 2010, 44: 131-139.
[73] Raman R, Biswas S, Vaitheeswaran K, et al. Macular pigment optical density in wet age-related macular degeneration among indians[J]. Eye (Lond), 2012, 26(8): 1052-1057.
[74] Haddad WM, Souied E, Coscas G, et al. Macular pigment and age-related macular degeneration. Clinical Implications[J]. Bull Soc Belge Ophtalmol, 2006, (301): 15-22.

[75] Beatty S, Murray IJ, Henson DB, et al. Macular pigment and risk for age-related macular degeneration in subjects from a northern european population[J]. Invest Ophthalmol Vis Sci, 2001, 42(2): 439-446.

[76] Bernstein PS, Zhao DY, Wintch SW, et al. Resonance raman measurement of macular carotenoids in normal subjects and in age-related macular degeneration patients[J]. Ophthalmol, 2002, 109(10): 1780-1787.

[77] Bone RA, Landrum JT, Mayne ST, et al. Macular pigment in donor eyes with and without AMD: a case-control study[J]. Invest Ophthalmol Vis Sci, 2001, 42: 235-240.

[78] Schalch W, Cohn W, Barker FM, et al. Xanthophyll accumulation in the human retina during supplementation with lutein or zeaxanthin-the LUXEA (LUtein Xanthophyll Eye Accumulation) study[J]. Arch Biochem Biophys, 2007, 458: 128-135.

[79] Huang LL, Coleman HR, Kim J, et al. Oral supplementation of lutein/zeaxanthin and omega-3 long chain polyunsaturated fatty acids in persons aged 60 years or older, with or without AMD[J]. Invest Ophthalmol Vis Sci, 2008, 49(9): 3864-3869.

[80] Weigert G, Kaya S, Pemp B, et al. Effects of lutein supplementation on macular pigment optical density and visual acuity in patients with age-related macular degeneration[J]. Invest Ophthalmol Vis Sci, 2011, 52(11): 8174-8178.

[81] Cangemi FE. Tozal Study: an open case control study of an oral antioxidant and omega-3 supplement for dry AMD[J]. BMC Ophthalmol, 2007, 7: 3.

[82] Falsini B, Piccardi M, Iarossi G, et al. Influence of short-term antioxidant supplementation on macular function in age-related maculopathy: a pilot study including electrophysiologic assessment[J]. Ophthalmol, 2003, 110(1): 51-60, 61.

[83] Arnold C, Winter L, Frohlich K, et al. Macular xanthophylls and omega-3 long-chain polyunsaturated fatty acids in age-related macular degeneration: a randomized trial[J]. JAMA Ophthalmol, 2013, 131(5): 564-572.

[84] Richer S. ARMD-pilot (case series) environmental intervention data[J]. J Am Optom Assoc, 1999, 70: 24-36.

[85] Richer S, StilesW, Statkute L, et al. Double-masked, placebo-controlled, randomized trial of lutein and antioxidant supplementation in the intervention of atrophic age-related macular degeneration: the VeteransLAST study (Lutein Antioxidant Supplementation Trial)[J]. Optometry, 2004, 75: 216-230.

[86] Richer SP, Stiles W, Graham-Hoffman K, et al. Randomized, double-blind, placebo-controlled study of zeaxanthin and visual function in patients with atrophic age-related macular degeneration: the zeaxanthin and visual function study[J]. Optometry, 2011, 82(11): 667-680.

[87] Le Ma, Shao-Fang Yan, Yang-Mu Huang, et al. Effect of lutein and zeaxanthin on macular pigment and visual function in patients with early age-related macular degeneration[J]. Am Academy of Ophthalmol, 2012, 119: 2290-2297

[88] Piermarocchi S, Saviano S, Parisi V, et al. Carotenoids in Age-related Maculopathy Italian Study (CARMIS): two-year results of a randomized study[J]. Eur J Ophthalmol, 2012, 22(2): 216-225.

[89] Parisi V, Tedeschi M, Gallinaro G, et al. Carotenoids and Antioxidants in Age-Related Maculopathy Italian Study: Multifocal Electroretinogram Modifications After 1 Year[J]. Ophthalmol, 2008, 115(2): 324-333.

[90] Sabour-Pickett S, Beatty S, Connolly E, et al. Supplementation with three different macular carotenoid formulations in patients with early age-related macular degeneration[J]. Retina, 2014, 34: 1757-1766.

[91] Group. TAED. Lutein + zeaxanthin and omega-3 fatty acids for age-related macular degeneration: the Age-Related Eye Disease Study 2 (AREDS2) randomized clinical trial[J]. JAMA, 2013, 309(19): 2005-2015.

[92] Rosenthal JM, Kim J, de Monasterio F, et al. Dose-ranging study of lutein supplementation in persons aged 60 years or older[J]. Invest Ophthalmol Vis Sci, 2006, 47: 5227-5233.

[93] Wang Z, Dillon J, Gaillard ER. Antioxidant properties of melanin in retinal pigment epithelial cells[J]. Photochem Photobiol, 2006, 82(2): 474-479.

[94] Krinsky N I, Landrum J T, Bone R A. Biologic mechanisms of the protective role of lutein and zeaxanthin in the eye[J]. Annu Rev Nutr, 2003, 23: 171-201.

[95] Snodderly DM, Auran JD, Delori FC. The Macular Pigment. Ii. Spatial distribution in primate retinas[J]. Invest Ophthalmol Vis Sci, 1984, 25(6): 674-685.

[96] Marmor MF, Mcnamara JA. Pattern dystrophy of the retinal pigment epithelium and geographic atrophy of the macula[J]. Am J Ophthalmol, 1996, 122(3): 382-392.

[97] Thomson LR, Toyoda Y, Langner A, et al. Elevated retinal zeaxanthin and prevention of light-induced photoreceptor cell death in quail[J]. Invest Ophthalmol Vis Sci, 2002, 43(11): 3538-3549.

[98] Thomson LR, Toyoda Y, Delori FC, et al. Long term dietary supplementation with zeaxanthin reduces photoreceptor death inlight-damaged japanese quail[J]. Exp Eye Res, 2002, 75(5): 529-542.

[99] Stahl W, Sies H. Physical quenching of singlet oxygen and cis-trans isomerization of carotenoids[J]. Ann N Y Acad Sci, 1993, 691: 10-19.

[100] Goralczcyk R, Barker F, Froescheis O, et al. Ocular safety of lutein and zeaxanthin in a longterm study in Cynomolgous monkeys[J]. Assoc Res Vision Ophthalmol, 2002, 43: 2546.

[101] Wassell J, Davies S, Bardsley W, et al. The photoreactivity of the retinal age pigment lipofuscin[J]. J Biol Chem, 1999, 274(34): 23828-23832.

[102] Khachik F, Bernstein PS, Garland DL. Identification of lutein and zeaxanthin oxidation products in human and monkey retinas[J]. Invest Ophthalmol Vis Sci, 1997, 38: 1802-1811.

[103] Stahl W, Sies H. Effects of carotenoids and retinoids on gap junctional communication[J]. Biofactors, 2001, 15: 95-98.

[104] Joseph JA, Shukitt-Hale B, Denisova NA, et al. Reversals of age-related declines in neuronal signal transduction, cognitive, and motor behavioral deficits with blueberry, spinach, or strawberry dietary supplementation[J]. J Neurosci, 1999, 19: 8114-8121.

第三节 年龄相关性白内障

年龄相关性白内障（age-related cataract，ARC）又称为老年性白内障（senile cataract），是白内障中最常见的一种，多见于50岁以上人群[1]。虽然，白内障与AMD同样是致盲性眼病，但二者有着本质的区别：一是，白内障病变发生在屈光介质——晶状体，而AMD病变发生在眼底视网膜黄斑部；二是，白内障导致的失明能通过晶状体摘除联合人工晶状体植入手术而重现视觉和光明，而AMD导致的失明至今尚未发现能够恢复视觉的方法和手段。

尽管，白内障能够通过手术植入人工晶体，但因手术费用昂贵，且需要一定的技术条件，尚难以解决白内障这一全球化问题。此外，手术亦存在并发症和术后晶状体组织残留发生再次浑浊的风险[1-3]。目前，尚无公认的药物治疗该病，故预防及延缓晶状体浑浊的发生，能有效地降低白内障的患病率。

近些年来，一些研究发现，膳食叶黄素的摄入量、血清叶黄素水平与ARC的发生呈现负相关。且实施不同剂量的叶黄素干预后，可能有益于预防ARC的发生和延缓ARC的进展，降低其发病的风险[4-5]。但对此尚存在争议[64]。

一、晶状体

ARC是发生在晶状体的病变，了解晶状体的组织结构与特点、生理功能及老化过程，对进一步的预防十分重要。

（一）组织结构与代谢特点

1. 组织结构

晶状体（lens）是形似双凸透镜的富有弹性的透明体，其前面的曲率半径约10mm，后面的曲率半径约6mm，屈光力为16~19D。晶状体是屈光介质的重要组成部分，其位于虹膜之后，玻璃体之前，由晶状体囊、晶状体上皮、晶状体细胞与晶状体悬韧带构成[1-2]。

晶状体囊（lens capsule）：包围整个晶状体的囊，是一层透明的厚的基底膜，具有弹性，它包绕着晶状体上皮及晶状体细胞。

晶状体上皮（lens epithelium）：位于前囊及赤道部囊下，新生晶状体细胞的表面为单层上皮细胞。

晶状体细胞（lens cells）：晶状体细胞较长，常称其为晶状体纤维（lens fibers），细胞的横切面为六边形。成人晶状体有2100~2300个晶状体细胞。

晶状体悬韧带（zonules）：连接晶状体赤道部和睫状体的纤维组织，用以保持晶状体的位置。

2. 特点

晶状体与人体其他组织器官不同，有其独特之处。

（1）透明性　晶状体为透明性组织，其细胞排列整齐、水分含量恒定，能透过80%的

400~1400nm 的电磁波[1]。

（2）无血管　晶状体内无血管，营养物质和代谢产物通过周围的房水进行交换。

（3）耗氧量低　晶状体生长缓慢，耗氧量低，只需很少的能量来维持其透明度和细胞的生长。在晶状体组织中，上皮相对耗氧量最大，皮质次之，晶状体囊和核基本不消耗氧[1-2]。

（4）供能途径　晶状体内氧含量低，85%的葡萄糖代谢通过糖酵解途径，在能量不足时能够维持晶状体的透明度[1-2]。

（5）钾含量高　晶状体钾含量较高，房水和玻璃体钠含量较高，前囊上皮细胞维持这一梯度，通过 Na^+-K^+，ATP 酶泵将钠主动转运出晶状体。当晶状体代谢受损时，钠和水蓄积在晶状体内，使晶状体失去了钾、谷胱甘肽、氨基酸和肌醇[3]。

（二）生理功能

晶状体具有屈光成像、调节焦距和透光的功能[1-2]。

1. 屈光成像　当眼球处于松弛状态时，晶状体的弯曲度下降，使远距物体的平行光聚焦在视网膜的光感受器上，以成像作用。

2. 调节焦距　晶状体通过弯曲度的变化，改变屈光力以调节焦距，使物体在视网膜上清晰地成像。如视近物时，晶状体的弯曲度增加，使眼的屈光力增加，以看清近距离的物体；当视远物时，晶状体的弯曲度减小，以看清远距离的物体。

3. 吸收和透过光波　晶状体为透明性组织，能透过一定波长的光波，是视器官的重要屈光介质。

（三）晶状体的老化

晶状体随年龄的增长逐渐发生老化，主要表现在以下几方面：

1. 透明度降低

随年龄增长，晶状体的透明度逐渐降低。年幼者，晶状体光透射力强，能透过 400~1400 nm 的可见光和红外光。中年后，晶状体的颜色逐渐变黄，对光特别是 350~500 nm 短波光的吸收增加，能减少蓝光和紫光到达视网膜的量，犹如天然滤片[1,6]。

2. 厚度和硬度增加

随年龄增长，晶状体含水量减少，中央区最明显；弹性下降，厚度、硬度及重量相应增加；睫状肌肌力减弱，因而老年人眼的调节力下降，发生老视[1,6]。

3. 代谢的变化

晶状体内钠、钙离子浓度增加，钾及磷酸盐含量减少。晶状体总蛋白量、不溶性蛋白或硬蛋白的比例增加，可溶性蛋白比例减少，晶状体纤维硬化。晶状体各种酶系统、氨基酸、RNA 及蛋白-掺合系统的活性下降。

晶状体的老化，在影响视物清晰度和视力的同时，也减少和滤过了到达视网膜短波长的可见光。

二、年龄相关性白内障概述

在国、内外，白内障是首要的致盲性眼病。目前，全世界约有 3500 万白内障致盲患者，预计到 2015 年，白内障致盲人数将达 5000 万[7]。白内障失明患者主要分布在亚洲和非洲国家，其次分布在南美和中东国家[8]。在南非农村贫困地区，每年新发白内障致盲患者约 2.7 万人[9]。即使在美国，每年进行白内障摘除手术亦超过 54 万例，相关医疗支出超过 35 亿美元[10]。在中国，北京郊区的一项抽样调查显示，30 岁以上人群白内障的患病率为 11%～36%，女性略高于男性；40 岁以上人群患病率为 18.6%；50 岁以上人群患病率达 23.3%[11]。白内障患病率在中国南部低纬度地区（如广东 0.69%）、高原地区（如西藏 1.04%）明显高于北方高纬度地区（如黑龙江 0.26%）[12]。且 ARC 的发病率不仅随年龄的增加而升高，且随晶状体的增龄性改变而增加[13]。

（一）定义

白内障的诊断标准仍存在一些争议，故至今尚无统一的定义。通常认为，白内障是指因晶状体浑浊并影响视器官的成像质量，使视力发生障碍的疾病。无论晶状体本身或晶状体囊的混浊都称为白内障。

在白内障中最常见的是 ARC。通过裂隙灯检查发现，大约 96% 的 60 岁以上老年人晶状体均存在不同程度或不同形式的浑浊[1]。不过，多数病例病情进展缓慢，且不影响视力。而部分因晶状体混浊而影响视力的病例，其诊断才具有临床意义。

（二）分类

白内障的分类方法有多种，最常见的是按病因和浑浊部位分类。

1. 按病因分类

先天性白内障：出生时已存在影响视力的晶状体浑浊，或晶状体的浑浊随年龄增长而加重，逐渐影响视力，其发病率约为 4%，约占新生盲的 30%。

后天性白内障：指生后全身或局部眼病、营养代谢异常、中毒变性及外伤等原因所致的晶状体浑浊，最常见的是 ARC。

2. 按浑浊部位分类

皮质性白内障（cortical cataract）：浑浊自周边部浅层皮质开始，逐渐向中心部扩展，占据大部分皮质区。按其发展过程可分为四期：初发期、肿胀期、成熟期和过熟期。该型白内障最常见，占 ARC 的 65%～70%。

核性白内障（nuclear cataract）：浑浊发生在晶状体的中心区核区，发病较早，一般 40 岁左右开始，该型占 ARC 的 25%～35%。

囊膜下性白内障（subcapsular cataract）：以囊膜下浅层皮质浑浊为主要特点的白内障类型，浑浊多位于后囊膜下，相对前两种比较少见，仅占 ARC 的 5%。

在西方人口中，核性白内障较常见。在亚洲人口中，最常见的是皮质性白内障。

（三）临床表现

白内障主要表现为视力障碍，通常为双眼并发，但两眼发病可有先有后。

1. 视力障碍

患者自觉眼前有固定不动的黑影，呈渐进性、无痛性视力减退。视力障碍出现时间因晶状体浑浊部位不同而异，周边部轻度混浊可不影响视力，如在中央部混浊，可严重影响视力。当晶状体混浊明显时，视力可下降到仅有光感。

2. 屈光改变

核性白内障患者晶状体核屈光指数增加，晶状体屈折力增强，将产生核性近视。如果晶状体混浊程度不一，还可能出现晶状体性散光。

3. 视功能改变

有的患者出现对比敏感度下降，单眼复视或多视，一些患者会出现畏光和眩光。晶状体混浊可使患者产生不同程度的视野缺损，色觉改变。

晶状体混浊可在肉眼、聚光灯或裂隙灯显微镜下观察并定量。不同类型的白内障具有其特征性的混浊表现。

目前，白内障的治疗尚无肯定的药物，仍以手术治疗为主。

（四）诊断标准

目前，我国进行白内障流行病学调查时，主要参照以下三个标准[1]进行诊断。

1. 世界卫生组织（World Health Organization，WHO）盲与低视力标准

盲：矫正视力＜0.05。低视力：≥0.05～＜0.3。

2. WHO与美国国家眼科研究所诊断标准

1982年，WHO与美国国家眼科研究所提出，视力＜0.7晶状体浑浊，而无其他导致视力下降的眼病，作为白内障诊断标准。

3. 特定年龄段标准

为调查某一年龄段的白内障患病情况而制定的标准。如年龄≥50岁，晶状体浑浊，而无其他导致视力下降的眼病等。采用这种方法调查的结果仅说明特定年龄段白内障患病状况。

（五）危险因素

ARC的确切病因至今尚未完全清楚，可能是多种因素作用的结果。目前，比较公认的危险因素主要包括以下几方面：

1. 年龄

随着年龄的增长，晶状体逐渐老化，晶状体核的不透明性和硬度均逐渐增加[14]。当核浑

浊的程度产生对视觉影响,就被称为核硬化性白内障。核性白内障的形成是老化改变的一种加速或是加重,故年龄是 ARC 的重要危险因素。ARC 多发生在 40 岁以上人群,患病率随年龄增加而上升。白内障性盲的患病率在 45~64 岁人群为 16.7/10 万,但在 85 岁以上人群为 487.5/10 万[15]。目前,ARC 的发病年轻化,40 岁以下人群的发病率亦有上升趋势。

2. 紫外线辐射

晶状体浑浊与长期紫外线(ultraviolet,UV)暴露密切相关。人类紫外线辐射主要源自于日光中的紫外线,尤其是中波紫外线(UV-B,波长 280~320 nm)。已经证实,人一生中的高强度日光暴露会增加皮质性白内障发生的风险。白内障罹患风险与 UV-B 暴露呈剂量反应关系,UV-B 高暴露人群皮质型白内障发生的相对危险性是 UV-B 低暴露人群的 3 倍[16],囊膜下白内障年平均 UV-B 累积暴露剂量显著高于对照组[17]。对此亦有不同的报告,认为男性每年 UV-B 累积暴露剂量与皮质混浊呈正相关,而与囊膜下白内障发生的危险性未见显著相关[18]。日光暴露发生单纯囊膜下白内障的危险性显著增高,但强日光暴露与皮质型白内障的罹患风险未见显著相关[19]。日光照射导致白内障的机制,与 UV-B 容易穿透角膜被晶状体吸收,参与晶状体的氧化反应,引致晶状体上皮、晶状体蛋白和晶状体膜光氧化损伤,从而导致晶状体的混浊[20-21]。

3. 氧化损伤

白内障均涉及晶状体细胞和(或)晶状体蛋白的损伤,从而导致光散射的增加和浑浊的发生[1-3]。这些损伤大部分是因直接或间接地氧化或自由基产生的,当晶状体内的酶系统、蛋白质和生物膜抵抗氧化侵袭的能力不足时,一些氧化损伤因素如光、电磁波、微波辐射等激发 ROS 产生并参与氧化反应,损伤晶状体,引发白内障。当晶状体中具有足够的酶类与非酶类抗氧化物质,能增强对这些损伤的抵抗作用。

4. 氧

在人体内,晶状体处在低氧环境中,保护其成分免受氧化损伤。氧对晶状体存在一定毒性,接触高浓度的氧会导致晶状体核浑浊[3]。正常大气压下,吸入 100% 浓度的氧气可使眼内氧浓度明显增加,在高压氧治疗时,患者需要吸入 2 倍或更高倍数大气压的纯氧,晶状体周围氧浓度明显增加。如高压氧治疗时间延长,晶状体的屈光力将增加,出现"近视漂移"症状的发生,治疗中止后,这种效应也将消失。如果高压氧治疗持续超过 1 年,晶状体核性浑浊加重或发生核性白内障[3,22]。上述研究表明,接触高氧浓度会加速晶状体的硬化、出现近视漂移和核性白内障,继发于高压氧治疗的这些病理性变化,比正常老化过程中的发生更为迅速。

5. 抗氧化营养素

体内的抗氧化系统,包括抗氧化酶类(如超氧化物歧化酶、过氧化氢酶、谷胱甘肽过氧化物酶)与非酶类(抗氧化营养素与其他膳食成分)。抗氧化营养素主要为维生素 E、维生素 C、维生素 A、硒及某些 B 族维生素;其他膳食成分指膳食中具有抗氧化作用的植物化学物,如叶黄素、玉米黄素、某些类胡萝卜素及越橘中的花青素等;它们有保护晶状体免受氧化损伤的作用[23-25]。但目前的研究结果尚不一致,有研究发现,男性抗氧化维生素的摄入量与 ARC 的发生呈负相关,然而对于女性人群这种关系并不显著[26]。

6. 疾病

某些疾病是 ARC 的危险因素，比较公认的是糖尿病。糖尿病患者群 ARC 发病率明显高于非糖尿病人群，并随着血糖水平的增高，白内障的发病风险也有增高趋势[27]，且糖尿病患者发生 ARC 的年龄明显提前。在年龄小于 65 岁的糖尿病患者中，患 ARC 的危险性较非糖尿病人群增加 3~4 倍[28]。

7. 药物

一些药物可能会对白内障的罹患产生影响，全身或局部长期应用大剂量糖皮质激素，可产生后囊膜下浑浊，其形态与放射性白内障相似。其他药物还有别嘌呤醇、酚（吩）噻嗪、胆碱酯能化合物、二甲基硫氧化物和光致敏剂等[29-30]。白内障的发生与用药剂量和持续时间有关，用药剂量越大，持续时间越长，白内障发生风险就越高。

关于药物对 ARC 影响的资料尚不充足，需要进一步的研究依据。

8. 遗传因素

基于家族史和双胞胎人群 ARC 患病率的研究显示，有白内障家族史的人群，白内障的患病率显著高于无白内障家族史的人群，且发现单卵双生子的白内障临床表现存在高度一致性[31]。有近一半皮质性白内障的发生和至少 1/3 核性白内障的发生与遗传因素有关[32-33]。可能与遗传因素决定的某些酶缺乏和活性低下有关[34]。如果识别出导致白内障发生的基因，将对各型 ARC 的预防起到重要作用。

9. 吸烟

相关研究认为，吸烟是核性白内障的危险因素，吸烟累积剂量与核性或后囊下白内障发生的危险性增加有关，但与皮质性白内障的罹患风险关系不大[35]。戒烟后，核性白内障的罹患风险也呈下降趋势。认为可能烟草中含有损伤机体抗氧化系统的物质，能直接损伤晶状体蛋白，使其变性。

10. 酒精

研究发现，不饮酒和酗酒人群发生白内障的危险性比偶尔饮酒者要高[36]。一项前瞻性研究发现，每天饮酒者白内障相对危险性为 1.31，囊膜下白内障的相对危险性为 1.38，酗酒者罹患核性、皮质性和囊膜下白内障的风险均显著上升[37]。饮酒导致白内障的机制尚不清楚，有学者认为，乙醇在体内可转化为乙醛，乙醛易与晶体蛋白反应，使晶状体产生混浊[38]。

11. 其他

性别、血压、激素水平及受教育程度等也与 ARC 的发生相关。有研究认为，患 ARC 的危险性女性高于男性，但认为性别可能与白内障的类型相关，仅在皮质性白内障女性的发病率高于男性[39]。此外，女性在绝经期后，使用雌激素能降低白内障的罹患风险，特别是皮质性白内障[40]。

全球范围的流行病学研究已明确了各型 ARC 的危险因素，认为皮质性白内障多与高强度日光暴露、糖尿病相关；核性白内障常与吸烟、营养不良、居住在温热地带有关；囊膜下性白内障与糖尿病、免疫抑制剂、眼内激素的使用、头部放射治疗相关[3]。

（六）发病机制

ARC 的发病机制涉及自由基导致的氧化损伤、蛋白质损伤、钙代谢紊乱及细胞凋亡过程。

1. 氧化损伤

氧化损伤在晶状体老化浑浊过程中起主导作用，它是白内障形成尤其是 ARC 形成的重要机制之一。机体在氧化应激状态产生的自由基，与周围的生物分子发生一系列连锁反应，毒害细胞及损伤组织，尤其是富含不饱和脂肪酸的细胞膜对氧化反应更为敏感[41]。

各种理化因素、代谢异常时，均可诱发自由基生成及剧增，并通过不同途径导致其在晶状体的聚积并损害周围组织[42]。自由基在晶状体生成途径主要有：①波长为 320～400nm 的紫外线（UV）绝大部分被晶状体吸收，其放射的能量到达晶状体上皮细胞，产生光化学反应，光解晶状体细胞内的色氨酸和黄色素等光敏剂，产生 N-甲酰犬尿氨酸和其他光化学产物和活性氧自由基[43]；②晶状体通过自发产生或自然氧化形成自由基，特别是还原性单糖发生的自氧化过程产生大量的自由基；③晶状体正常代谢过程发生的氧化或酶促反应也会产生氧自由基。

自由基最先损伤的靶组织是晶状体上皮细胞，其次是晶状体纤维。出现蛋白质和脂质因过氧化而发生交联、变性，并聚积成大分子，引起晶状体浑浊。晶状体浑浊的加重与晶状体内还原性谷胱甘肽的减少及胞内重要抗氧化剂的氧化形式增加有关[44]。晶状体上皮细胞是抗氧化损伤的活性中心，主要通过两条途径发挥抗氧化作用：一是还原型谷胱甘肽（GSH）、抗坏血酸和维生素 E 等抗氧化剂清除自由基作用；二是晶状体的抗氧化酶系统，主要是谷胱甘肽过氧化物酶（GSHpx-1）、过氧化氢酶（CAT）和超氧化物歧化酶（SOD）清除自由基的作用。

随年龄的增长，进入晶状体核内的还原型谷胱甘肽减少，其他抗氧化系统功能也随之相应减弱，蛋白质遭受氧化损伤的风险增加，ARC 发生的危险性上升。

2. 蛋白质损伤

人晶状体中，蛋白质分为水溶性与非水溶性两大类。水溶性蛋白质包括 α-、β- 和 γ- 晶状体蛋白质[45]。α- 晶状体蛋白是由 αA、αB 亚基组成的四聚体蛋白质。α- 晶状体蛋白能够抑制热诱导 β- 和 γ- 晶体蛋白的变性，还能抑制其他晶状体蛋白和晶状体中酶的化学修饰和热凝聚，起着保护酶活性的作用，对于维持晶状体的透明性具有重要意义[46]。

同时，α- 晶体蛋白对糖基化诱导的 GSH、6- 磷酸葡萄糖脱氢酶（6-phosphate dehydrogenase，G6PD）、苹果酸盐脱氢酶（malate dehydrogenase，MDH）、CAT、SOD 等的失活具有保护作用[47]。α- 晶状体蛋白的作用随年龄增高而减弱，导致晶状体蛋白质凝聚和保护酶活性的丧失，进而造成晶状体代谢障碍，导致 ARC 的发生[48-49]。

3. 钙代谢紊乱

Ca^{2+} ATP 酶和 Na^+-K^+, ATP 酶在外界因素作用下，能改变其对钙离子的转运以及生理代谢作用。作为晶状体代谢的主要离子之一，钙在维持晶状体透明性方面具有重要作用。若钙代谢紊乱可能引起白内障，ARC 的罹患风险随晶体内钙浓度的升高而增加。高钙可影响晶状体细胞膜的通透性，抑制 Na^+-K^+, ATP 酶的活性，并通过钙调蛋白影响膜蛋白，使其开放钾钠离子通道，影响细胞正常代谢功能。而低钙则会激活内肽酶水解，使 Na^+-K^+，ATP 酶活性升高，破坏晶状体细胞膜的完整性[50]。

4. 细胞凋亡

晶状体上皮细胞凋亡在白内障的发生发展过程中起着重要作用。研究表明，氧化作用、紫外线照射、钙离子浓度增高等因素均可通过不同机制诱发晶状体上皮细胞发生凋亡。各型白内障患者有 4%～41.8% 的晶状体上皮细胞凋亡，而非白内障患者的晶状体上皮细胞仅发现极少量的凋亡细胞[51-52]。离体试验亦发现，晶状体上皮细胞内 Ca^{2+} 浓度增加能触发上皮细胞凋亡，并随之发生一系列生化改变，导致细胞骨架和晶状体蛋白变性，孵育的晶状体也随之混浊，进而白内障形成[53-54]。

原癌基因 c-fos 的表达与被过氧化物、紫外线照射、钙霉菌素以及光化学损伤诱导的晶状体上皮细胞凋亡密切相关。有研究发现，随着晶状体上皮细胞 c-fos 基因表达增强，凋亡细胞数目显著增加，提示 c-fos 基因参与了晶状体上皮细胞凋亡[55]。

三、叶黄素与年龄相关性白内障

ARC 是因一系列复杂原因导致晶状体混浊的最后阶段，其中光辐射和氧化损伤是主要环境诱发因素。叶黄素主要位于人晶状体的皮质和上皮组织中，是晶状体中唯一的类胡萝卜素[56]，能减少光敏物质，有效地阻止晶状体的光辐射和氧化损伤，缓解其浑浊发生过程，预防和延缓 ARC 的发生。目前，国外已有较多的相关流行病学和人群干预研究报告，但无论流行病学还是人群干预，均有不一致的研究报道。因我国和亚洲的相关研究较少，故亚洲人的相关资料和数据十分有限。

（一）流行病学研究

叶黄素与 ARC 的流行病学调查和研究，相继在美国、欧洲、澳洲等国家完成，特别是在美国已完成的几项较大规模的流行病学研究均显示，叶黄素能降低 ARC 的罹患风险，叶黄素摄入量和在血清中的水平与 ARC 存在负相关关系。

1999 年，Lyle 等在美国 Beaver Dam 进行的一项抗氧化剂摄入量与核性 ARC 危险性的 5 年队列研究，研究对象的年龄为 43～84 岁，在 1354 人中有 246 人至少有一只眼睛被诊断为白内障。结果显示，在叶黄素摄入量最高的 1/5 人群中进展为白内障的可能性仅为叶黄素摄入量最低的 1/5 人群的一半（95% 的可信区间为 0.3～0.8）；叶黄素是与核性白内障罹患风险唯一相关的类胡萝卜素；且核性白内障与维生素 C 和维生素 E 的摄入量的相关性并不明显[57]。

1999 年，在美国还进行了两项较大的流行病学调查，即分别对女性和男性较大人群的类胡萝卜素与白内障患病风险的前瞻性研究。在护士健康研究（Nurse's Health Study，NHS）项目中，对 77466 名 45～71 岁的女护士进行了调查，在控制了年龄、吸烟和其他潜在的白内障的危险因素后，结果显示，叶黄素/玉米黄素摄入量最高的 1/5 人群比摄入量最低的 1/5 人群患白内障的风险降低了 22%，其中，菠菜（富含叶黄素）摄入量与白内障患病风险降低的相关程度更显著，表明摄入富含叶黄素/玉米黄素丰富的食物能减少白内障患病风险和缓解患白内障的严重程度[58]。在对 36644 名 45～75 岁的男性进行的调查结果显示，较高的叶黄素/玉米黄素摄入量能降低晶状体混浊风险 19%[59]。上述的较大人群流行病学研究中，女性和男性的研究结果相一致，并建议通过增加膳食中蔬菜和水果的摄入量来增加叶黄素/玉米黄素的摄入量，以预防 ARC 及其患病风险。

2008 年，美国的类胡萝卜素与年龄相关性眼病研究（carotenoids in age-related eye disease study，CAREDS）项目组，进行的一项有 1802 名、年龄为 50～79 岁女性参加的年龄相关性核性白内障与叶黄素/玉米黄素的相关性研究[60]。结果显示，高膳食叶黄素/玉米黄素摄入水平组，核性白内障的患病率比叶黄素/玉米黄素低摄入水平组降低了 23%（年龄调整后的比值比为 0.77；95% 可信区间，0.62～0.96）；且膳食与血清叶黄素/玉米黄素水平最高的 1/5 人群与最低的 1/5 人群比较，患核性白内障的可能性降低 32%[60]。结果表明，摄入富含叶黄素/玉米黄素的膳食，能适度减低老年女性核性白内障的发生率，补充叶黄素可能有益于预防 ARC 的发生和延缓白内障的进展。

在前述的 NHS 项目的基础上，Christen 等在 2008 年发表对美国 35551 名 45 岁以上妇女进行了为期 10 年的前瞻性队列研究报告。在 10 年随访研究中，共有 2031 名受试对象出现了白内障；研究进一步分析膳食类胡萝卜素、维生素 C 和维生素 E 等抗氧化剂的摄入量与白内障危险性关系，结果显示，膳食摄入叶黄素/玉米黄素摄入水平最高的 1/5 人与最低 1/5 人群比较，在 10 年内发生白内障的相对危险度为 0.82（95% 可信区间：0.71～0.95），提示膳食叶黄素/玉米黄素较高摄入水平与降低 ARC 的发病风险密切相关[61]。

在澳大利亚和法国的人群研究数据和资料，支持了上述的研究结果。

2006 年，在澳大利亚进行的墨尔本视觉障碍项目（Melbourne Visual Impairment Project，MVIP）横断面研究中，采用整群随机抽样的方法，募集当地年龄≥40 岁的永久居住的居民 3271 名，分别进行生活方式问卷调查、膳食 FFQ 调查、晶状体检查和白内障的诊断与分类及分级，采用 Logistic 回归分析每天叶黄素/玉米黄素的摄入量与 ARC 患病风险的关系，结果显示，高膳食叶黄素/玉米黄素摄入量与核性白内障的患病率呈负相关[62]。

同年，在法国南部进行的一项对年龄≥60 岁的 899 人的队列研究，通过问卷调查、血清学检验和眼科视觉功能、晶状体及眼底检查，观察血清叶黄素/玉米黄素及其他类胡萝卜素与 ARC 的相关性，在对其他危险因素调整后，发现血清中叶黄素/玉米黄素浓度最高的 1/5 人群患白内障的风险显著低于血浆叶黄素/玉米黄素浓度最低的 1/5 人群，提示叶黄素/玉米黄素特别是玉米黄素对 ARC 具有保护作用[63]。

总之，上述的流行病学研究结果表明，叶黄素与 ARC 的发生密切相关，增加叶黄素的摄入量有益于 ARC 的预防，但也有部分研究结果不一致。

2001 年，Jacques 等对波士顿地区 478 名 53～73 岁非糖尿病且未被诊断为白内障的妇女随访 13～15 年，每 2 年发放和回收膳食频率调查问卷（包括 130 个条目），计算该人群膳食营养素和营养补充剂的摄入量，结果显示，与摄入量最低的 1/5 人群相比，维生素 C（$P<0.001$）、维生素 E（$P=0.02$）、核黄素（$P=0.005$）、叶酸（$P=0.009$）、β-胡萝卜素（$P=0.04$）、叶黄素/玉米黄素（$P=0.03$）摄入量最高的 1/5 人群发生核性白内障的风险显著降低，但排除年龄、吸烟年限、高血压、BMI、强光暴露和酒精摄入等因素后，进一步分析只有维生素 C（$P=0.003$）与白内障发生的风险降低仍有统计学差异，结果未发现叶黄素/玉米黄素摄入量与核性白内障发病风险之间的关联[64]。

（二）干预研究

为了进一步证实叶黄素与 ARC 发病风险间的关系，一些研究者，进行了叶黄素干预研究，特别是近年来，在美国进行了较大人群的连续 5 年的干预研究，以从更深层次探究二者间的关系，验证二者间是否存在因果关系，明确叶黄素在 ARC 的预防与控制中是否有效。而干预研究的结果依然不完全一致。

Olmedilla 等于 2001 年对确诊为 ARC 的患者实施叶黄素干预研究，采用复合叶黄素胶囊给予受试对象口服，每粒胶囊内含有全反式叶黄素 12 mg、顺式叶黄素 3mg、α-生育酚 3.3mg，每周服用 3 次，每次 1 粒，连续干预 13 个月。研究中，采用 HPLC 法测定受试对象血清叶黄素浓度，并检测视力和视功能指标。结果显示，干预组血清叶黄素浓度明显升高，在干预后 3~6 个月达到峰值，ARC 患者的视力和视觉功能指标眩光敏感度有明显改善；同时，在干预期间未观察到不良反应，如高胡萝卜素血症、胡萝卜素黄皮病等[4]。

2 年后，Olmedilla 等继续进行了相关研究，他们采用随机双盲对照方法对诊断为 ARC 的患者实施叶黄素干预研究，将 ARC 患者随机分为叶黄素组（15mg/d）、α-生育酚组（100 mg/d）与安慰剂对照组，服用方法依然为每周服用 3 次，每次 1 粒，干预时间为连续 2 年；干预过程中，每 3 个月检测血清叶黄素与 α-生育酚浓度（采用 HPLC 法），眼科检查视觉功能（视力和眩光敏感度）及血液生化指标；结果显示，叶黄素干预组血清叶黄素水平显著升高，视力与眩光敏感度显著改善，对比敏感度也较干预前呈上升趋势，对照组及维生素 E 干预组的视功能并未见显著改变[5]。研究表明，增加叶黄素的摄入量，可能提高 ARC 患者视功能水平，对 ARC 具有明显的改善效果。

但对此尚存在不一致的研究报告，在美国进行的较大人群、连续 5 年的干预研究结果亦为阴性[65]，故认为目前尚无足够的证据证明叶黄素/玉米黄素干预与 ARC 相关。

2013 年，美国的年龄相关眼病研究 2（Age-Related Eye Disease Study，AREDS 2）项目组报道了叶黄素/玉米黄素与 ARC 治疗的多中心随机双盲对照研究的 5 年结果，显示膳食叶黄素/玉米黄素摄入量较高或血清叶黄素/玉米黄素浓度较高，可能对 ARC 的进展具有一定的保护作用，但未发现补充叶黄素/玉米黄素对 ARC 手术、皮质或后囊下的 ARC 浑浊的进展或视力缺失有明显改善效果[65]。

目前，关于叶黄素与 ARC 研究的数据和资料尚有限，关于叶黄素/玉米黄素补充剂对相对营养不足的人群是否有效，尚需进一步的研究论证，尤其是需要亚洲和中国人群的数据与资料来进行论证。

四、叶黄素对年龄相关性白内障预防与治疗的机制

关于叶黄素对预防与治疗 ARC 作用的机制，主要基于其生物学功能中的抗氧化作用与光滤过作用。

（一）抗氧化

在视器官，氧对晶状体具有一定毒性，故正常时人晶状体处于低氧环境，以保护其成分免受氧化损伤。但在光照射和光敏氧化过程中，产生大量的单线态氧和 ROS，能对晶状体上皮细胞产生不可逆的损害。过量的单线态氧和 ROS 能直接或间接地通过导致脂质过氧化、蛋白质变性及 DNA 损伤，诱导晶状体上皮细胞凋亡[66]。在膜结构的疏水性脂质双层中，亲水性膜蛋白脂类过氧化物的形成，可能是膜功能异常和通透性增加的原因，最终能导致晶体蛋白的正常三维结构完全丧失，诱发白内障的形成[67]。

叶黄素能有效地抑制氧化反应，特别是脂质过氧化反应，减少晶状体上皮细胞由 H_2O_2 介导的氧化损伤，稳定细胞膜的结构和正常功能[67-68]。通过其抗氧化作用，能防止光诱导的过氧化降解反应，阻止氧化后蛋白聚合物的形成，清除或中和晶状体的氧化产物，防止晶体蛋白质、膜蛋白质氧化形成高分子蛋白聚合物，减少蛋白的交联或降解，保护膜蛋白质的稳定，抵御因氧化损伤导致白内障形成[66]。

此外，叶黄素可与晶状体蛋白中赖氨酸残基结合，避免葡萄糖与赖氨酸的非酶性糖基化反应，增加葡萄糖-6-磷酸脱氢酶 mRNA 的表达和核糖体 18S rRNA 的表达，防止晶体蛋白聚合物形成[66]。

同时，叶黄素对晶状体上皮细胞的增殖与移行具有抑制作用，可能对后发性白内障具有防控效果[69]。

（二）光滤过

叶黄素具有光滤过的作用，能吸收和滤过对视器官和组织细胞损伤较大的短波长的光，如部分 UV 和可见光中的蓝光，减少其损伤晶状体的概率，抑制光诱导的光敏氧化反应，避免晶状体蛋白的损伤，对晶状体起到保护作用[70]。在离子辐射和 UV 照射引起的氧化损伤中，叶黄素不仅可阻止产生自由基的反应链，对次级自由基的灭活作用更大。在细胞培养中，发现蓝光诱导产生的晶状体上皮细胞破坏后，通过电镜可观察到光感受器细胞视杆细胞外节膜盘叠状结构解离、内节线粒体肿胀、核固缩，光感受器细胞核膜皱缩内陷，染色质向中央聚集，细胞核发生碎裂，具有细胞凋亡的主要形态特征[71]。叶黄素可抵御短波光（蓝光、UV）对晶状体上皮细胞的辐射程度，阻遏光化学产物介导的链式反应引致的氧化损伤和细胞凋亡的发生[72]。

（邹志勇　林晓明）

参考文献

[1] 刘家琦, 李凤鸣. 实用眼科学[M]. 3版. 北京: 人民卫生出版社, 2010.

[2] 赵家良. 眼科疾病临床诊疗规范教程[M]. 北京: 北京大学医学出版社, 2007.

[3] Lenin LA, Albert DM, 张丰菊, 宋旭东译. 眼科疾病的发病机制与治疗[M]. 北京: 北京大学医学出版社, 2012.

[4] Olmedilla B, Granado F, Blanco I, et al. Lutein in patients with cataracts and age-related macular degeneration: a longterm supplementation study[J]. J Sci Food Agr, 2001, 81(9): 904-909.

[5] Olmedilla B, Granado F, Blanco I, et al. Lutein, but not, supplementation improves visual function in patients with age-related cataracts: a 2-y double-blind, placebo-controlled pilot study[J]. Nutr, 2003, 19(1): 21-24.

[6] HeysKR, CramSL, Truscott RJ. Massive increase in the stiffness of the human lens nucleus with age: the basis for presbyopia?[J]Mol Vis, 2004,10: 956-963.

[7] Richter GM, Chung J, Azen SP, et al. Prevalence of visually significant cataract and factors associated with unmet need for cataract surgery: Los Angeles Latino Eye Study[J]. Ophthalmology, 2009,116: 2327-2335.

[8] Hashemi H, Hatef E, Fotouhi A, et al. The prevalence of lens opacities in Tehran: the Tehran Eye Study[J]. Ophthalmic Epidemiol, 2009,16: 187-192.

[9] Cook CD, Evans JR, Johnson GJ. Is anterior chamber lens implantation after intracapsular cataract extraction safe in rural black patients in Africa? A pilot study in KwaZulu-Natal[J].South Africa. Eye (Lond), 1998, 12: 821-825.

[10] Adamsons I, Muñoz B, Enger C, et al. Prevalence of lens opacities in surgical and general populations[J]. Arch

Ophthalmol,1991, 109: 993-997.
[11] Zhang JS, Xu L, Wang YX, et al. Five-year incidence of age-related cataract and cataract surgery in the adult population of greater Beijing: the Beijing Eye Study[J]. Ophthalmology,2011, 118: 711-718.
[12] Li T, He T, Tan X, et al. Prevalence of age-related cataract in high-selenium areas of China[J]. Biol Trace Elem Res, 2009, 128: 1-7.
[13] Wong TY, Klein BE, Klein R, et al. Refractive errors and incident cataracts: the Beaver Dam Eye Study[J]. Invest Ophthalmol Vis Sci ,2001, 42: 1449-1454.
[14] HeysKR,CramSL,Truscott RJ. Massive increase in the stiffness of the human lens nucleus with age: the basis for presbyopia?[J].Mol Vis,2004, 10: 956-963.
[15] Klein BE, Howard KP, Lee KE, et al. The relationship of cataract and cataract extraction to age-related macular degeneration: the Beaver Dam Eye Study[J]. Ophthalmology, 2012, 119: 1628-1633.
[16] Zhang J, Yan H, Löfgren S, et al. Ultraviolet radiation-induced cataract in mice: the effect of age and the potential biochemical mechanism[J]. Invest Ophthalmol Vis Sci, 2012, 53: 7276-7285.
[17] Abraham AG, Cox C, West S. The differential effect of ultraviolet light exposure on cataract rate across regions of the lens[J]. Invest Ophthalmol Vis Sci, 2010, 51: 3919-3923.
[18] Andley UP, Malone JP, Townsend RR. Inhibition of lens photodamage by UV-absorbing contact lenses[J]. Invest Ophthalmol Vis Sci, 2011, 52: 8330-8341.
[19] Klein BE, Lee KE, Danforth LG, et al. Selected sun-sensitizing medications and incident cataract[J]. Arch Ophthalmol,2010, 128: 959-963.
[20] Neale RE, Purdie JL, Hirst LW, et al. Sun exposure as a risk factor for nuclear cataract[J]. Epidemiology,2003, 14: 707-712.
[21] Edwards KH, Gibson GA. Intraocular lens short wavelength light filtering[J]. Clin Exp Optom, 2010,93: 390-399.
[22] PalmquistBM,PhilipsonB,Barr PO. Nuclear cataract and myopia during hyperbaric oxygen therapy[J].Br J Ophthalmol, 1984, 68: 113-117.
[23] Chiu CJ, Morris MS, Rogers G, et al. Carbohydrate intake and glycemic index in relation to the odds of early cortical and nuclear lens opacities[J]. Am J ClinNutr.2005, 81: 1411-1416.
[24] Klein BE, Knudtson MD, Lee KE, et al. Supplements and age-related eye conditions the beaver dam eye study[J]. Ophthalmology.2008,115: 1203-1208.
[25] Yan H, Harding JJ. Carnosine protects against the inactivation of esterase induced by glycation and a steroid[J]. BiochimBiophysActa. 2005, 1741: 120-126.
[26] Mares-Perlman JA, Lyle BJ, Klein R, et al. Vitamin supplement use and incident cataracts in a population-based study[J]. Arch Ophthalmol.2000, 118: 1556-1563.
[27] Klein R, Lee KE, Gangnon RE, et al. The 25-year incidence of visual impairment in type 1 diabetes mellitus the wisconsin epidemiologic study of diabetic retinopathy[J]. Ophthalmology.2010,117: 63-70.
[28] Glover SJ, Burgess PI, Cohen DB, et al. Prevalence of diabetic retinopathy, cataract and visual impairment in patients with diabetes in sub-Saharan Africa[J]. Br J Ophthalmol.2012, 96: 156-161.
[29] Klein BE, Knudtson MD, Brazy P, et al. Cystatin C, other markers of kidney disease, and incidence of age-related cataract[J]. Arch Ophthalmol.2008,126: 1724-1730.
[30] Klein BE, Klein R, Lee KE, et al. Statin use and incident nuclear cataract[J]. JAMA.2006, 295: 2752-2758.
[31] Iyengar SK, Klein BE, Klein R, et al.Identification of a major locus for age-related cortical cataract on chromosome 6p12-q12 in the Beaver Dam Eye Study[J]. Proc Natl Acad Sci USA, 2004, 101: 14485-14490.
[32] Hammond CJ, Duncan DD,Snieder H,et al.The heritability of age-related cortical cataract: the Twin Eye Study[J]. Invest Ophthalmol Vis Sci,2001, 42: 601-605.
[33] Hammond CJ,Snieder H, Spector TD, et al. Genetic and environmental factors in age-related nuclear cataracts in monozygotic and dizygotic twins[J]. N Engl J Med, 2000, 342: 1786-1790.
[34] Klein BE, Klein R, Lee KE, et al. Risk of incident age-related eye diseases in people with an affected sibling : The Beaver Dam Eye Study[J]. Am J Epidemiol,2001, 154: 207-211.
[35] Hiller R, Sperduto RD, Podgor MJ, et al. Cigarette smoking and the risk of development of lens opacities. The Framingham studies[J]. Arch Ophthalmol,1997, 115: 1113-1118.
[36] Kanthan GL, Mitchell P, Burlutsky G, et al. Alcohol consumption and the long-term incidence of cataract and cataract surgery: the Blue Mountains Eye Study[J]. Am J Ophthalmol,2010, 150: 434-440.

[37] Manson JE, Christen WG, Seddon JM, et al. A prospective study of alcohol consumption and risk of cataract[J]. Am J Prev Med, 1994, 10: 156-161.

[38] Lindblad BE, Håkansson N, Philipson B, et al.Alcohol consumption and risk of cataract extraction: a prospective cohort study of women[J]. Ophthalmology.2007, 114: 680-685.

[39] Harper JM, Wolf N, Galecki AT, et al. Hormone levels and cataract scores as sex-specific, mid-life predictors of longevity in genetically heterogeneous mice[J]. Mech Ageing Dev, 2003, 124: 801-810.

[40] Klein BE, Klein R, Lee KE. Incidence of age-related cataract over a 10-year interval: the Beaver Dam Eye Study[J]. Ophthalmology,2002, 109: 2052-2057.

[41] Truscott RJ. Age-related nuclear cataract-oxidation is the key[J]. Exp Eye Res. 2005, 80: 709-725.

[42] West SK, Longstreth JD, Munoz BE, et al. Model of risk of cortical cataract in the US population with exposure to increased ultraviolet radiation due to stratospheric ozone depletion[J]. Am J Epidemiol,2005, 162: 1080-1088.

[43] Klein BE, Klein R, Lee KE, et al. Markers of inflammation, vascular endothelial dysfunction, and age-related cataract[J].Am J Ophthalmol,2006, 141: 116-122.

[44] Truscott RJW. Age-related nuclear cataract – oxidation is the key[J]. Exp Eye Res,2004, 80: 709-725

[45] Augusteyn RC. Alpha-crystallin: a review of its structure and function[J]. Clin Exp Optom,2004, 87: 356-366.

[46] Lampi KJ, Kim YH, Bachinger HP, et al. Decreased heat stability and increased chaperone requirement of modified human betaB1-crystallins[J]. Mol Vis, 2002 , 8: 359-366.

[47] Andley UP. Effects of alpha-crystallin on lens cell function and cataract pathology[J]. Curr Mol Med,2009, 9: 887-892.

[48] Andley UP, Hamilton PD, Ravi N. Mechanism of insolubilization by a single-point mutation in alphaA-crystallin linked with hereditary human cataracts[J]. Biochemistry,2008, 47: 9697-9706.

[49] Andley UP. The lens epithelium: focus on the expression and function of the alpha-crystallinchaperones[J]. Int J Biochem Cell Biol, 2008,40: 317-323.

[50] Lin D, Barnett M, Grauer L, et al. Expression of superoxide dismutase in whole lens prevents cataract formation[J]. Mol Vis, 2005,11: 853-858.

[51] Li WC, Kusza KJR, unn K, et al. Lens epithelial cell apopotosis appears to be a common cellular basis for non-ongenital cataract development in humans and animals[J]. Cell Biol, 1995,130: 169-181.

[52] Li WC, Spector A. Lens epithelial cell apoptosis is an early event in the development of UBV2 induced cataract[J]. Free Radic Biol Med, 1996, 20: 301-307.

[53] Lee EH, Wan XH, Song J, et al. Lens epithelial cell death and reduction of anti-apoptotic protein Bcl-2 in human anterior polar cataracts[J]. Mol Vis, 2002 ,8: 235-240.

[54] Hiller R, Sperduto RD, Reed GF, et al. Serum lipids and age-related lens opacities: a longitudinal investigation: the Framingham Studies[J]. Ophthalmology,2003,110: 578-583.

[55] Mihara E, Miyata H, Nagata M, et al. Lens epithelial cell damage and apoptosis in atopic cataract: Gistopathological and immunohistochemical studies[J]. Jpn J Ophthalmol, 2000,44: 695-696.

[56] Itagaki S, Ogura W, Sato Y, et al. Characterization of the Disposition of lutein after i.v. Administration to rats[J]. Biol Pharm Bull, 2006,29(10): 2123-2125

[57] Lyle BJ, Mares-Perlman JA, Klein BE, et al. Antioxidant intake and risk of incident age-related nuclear cataracts in the Beaver Dam Eye Study[J]. Am J Epidemiol,1999,149: 801-809.

[58] Chasan-Taber L, Willett WC, Seddon JM, et al. A prospective study of carotenoid and vitamin A intakes and risk of cataract extraction in US women[J].Am J Clin Nutr, 1999,70(4): 509-516.

[59] Brown L, Rimm EB, Seddon JM, et al. A prospective study of carotenoid intake and risk of cataract extraction in US men[J]. Am J Clin Nutr 1999,70 (4): 517-524.

[60] CAREDS Study Group. Associations between age-related nuclear cataract and lutein and zeaxanthin in the diet and serum in the Carotenoids in the Age-Related Eye Disease Study, an Ancillary Study of the Women's Health Initiative[J]. Arch Ophthalmol, 2008,126(3): 354-364.

[61] Christen WG, Liu S, Glynn RJ, et al. Dietary carotenoids, vitamins C and E, and risk of cataract in women: a prospective study[J]. Arch Ophthalmol ,2008,126(1): 102-109.

[62] Vu HT, Robman L, Hodge A, et al. Lutein and zeaxanthin and the risk of cataract: The Melbourne Visual Impairment Project[J]. Invest Ophthalmol Vis Sci ,2006,47: 3783-3786.

[63] Delcourt C, Carrière I, Delage M, et al. Plasma lutein and zeaxanthin and other carotenoids as modifiable risk factors for age-related maculopathy and cataract[J]. The POLA Study[J]. Invest Ophthalmol Vis Sci,2006,47:

2329-2335.

[64] Jacques PF, Chylack LT Jr, Hankinson SE, et al. Long-term nutrient intake and early age-related nuclear lens opacities[J]. Arch Ophthalmol, 2001,119(7): 1009-1019.

[65] Age-related eye disease study 2(AREDS2) research group. Lutein/zeaxanthin for the treatment of age-related cataract: AREDS randomized trial report no.4[J]. JAMA Ophthalmol,2013, 131(7): 843-850.

[66] Hayashi R, Hayashi S, Arai K, et al. Effects of antioxidant supplementation on mRNA expression of glucose-6-phosphate dehydrogenase,β-actin and 18S rRNA in the anterior capsule of the lens in cataract patients[J].Exp Eye Res, 2012,96(1): 48-54.

[67] Gao S, Qin T, Liu Z, et al. Lutein and zeaxanthin supplementation reduces H_2O_2-induced oxidative damage in human lens epithelial cells[J]. Mol Vis, 2011,17: 3180-3190.

[68] Hammond BR Jr, Wooten BR, Snodderly DM. Density of the human crystalline lens is related to the macular pigment carotenoids, lutein and zeaxanthin[J]. Optom Vis Sci, 1997,74: 499-504.

[69] 徐志蓉,胡义珍,陈雯,等.叶黄素对牛晶状体上皮细胞增殖及迁移的影响[J].眼视光学杂志, 2008,10(2): 131-134.

[70] Wisniewska A, Subczynski WK. Accumulation of macular xanthophylls in unsaturated membrane domains[J]. Free Radic Biol Med, 2006,40: 1820-1826.

[71] Sparrow JR, Miller AS and Zhou J. Blue light-absorbing intraocular lens and retinal pigment epithelium protection in vitro[J]. J Cataract Refract Surg. 2004,30: 873-878.

[72] Holz FG, Pauleikhoff D, Klein R, et al. Pathogenesis of lesion in late age-related macular disease[J]. Arch Ophthalmol,2004, 137: 504-510.

第四节　动脉粥样硬化

动脉粥样硬化（atherosclerosis，AS）是心脑血管疾病的病理基础，只有预防与控制 AS 的发生与发展，才能有效地降低心脑血管疾病的患病率。

近些年来，随着对叶黄素研究的深入，叶黄素与 AS 的关系引起了人们的关注。一些研究表明，膳食叶黄素的摄入量和血清叶黄素水平与 AS 的发生呈负相关[1-3]，采用叶黄素干预能改善 AS 发生的相关风险[4]，提示叶黄素在预防 AS 的发生和控制其进展中可能具有一定的作用。

一、概述

（一）定义

AS 是动脉的病理改变，病变主要累及大动脉（又称弹性动脉，如主动脉）和中等管径的动脉（又称为弹力肌型动脉，如冠状动脉和脑动脉等）。受累动脉的内膜先后有多种病理改变且合并存在，包括局部有脂质和复合糖类积聚，出血和血栓形成，纤维组织增生和钙沉着，并有动脉中层的病变[5]。在动脉内膜积聚的脂质，外观呈黄色粥样，故称为 AS。

AS 使动脉弹性减低、管腔变窄，当进展至阻塞动脉腔时，将导致该动脉所供应的组织或器官缺血或坏死，如心脏、脑等多个器官组织供血不足，进而导致缺血或梗死，临床上最常见的并发症是冠心病、心肌梗死和脑卒中。

AS 的病程较长，最早可始于儿童期，在成年期进展，在中老年期出现明显的临床症状，自然病程可超过 40 年[6]。其并发症导致的致残率和死亡率居高不下，是危害人类健康的重大疾病。

（二）病理表现

AS 按进展其病理改变主要为脂纹、纤维斑块、粥样斑块和继发病变。最常发生在腹主动脉，其次为冠状动脉，然后是颈动脉和脑动脉。

1. 脂纹

脂纹（fatty streak）是 AS 的早期病变，肉眼见黄色针头大小的斑点或长短不一的条纹，条纹宽 1~2mm，长 1~5cm，平坦或微隆起[12]。脂纹最早可出现在儿童和青少年时期，甚至有的人在 10 岁之前就已逐步形成[13-14]。脂纹是一种可逆性变化，并非所有脂纹都发展为纤维斑块。

2. 纤维斑块

脂纹能进一步发展成纤维斑块（fibrous plaque），肉眼可见血管内膜散在不规则隆起的斑块，初始为灰黄色，后因斑块表层胶原纤维的增多及玻璃样变而呈瓷白色，状如凝固的蜡烛油，斑块可融合[12]。纤维斑块可起于 15~30 岁，并在人的一生中持续发展[14]。

3. 粥样斑块

粥样斑块（atheromatous plaque）也称粥瘤（atheroma），是 AS 的典型病变。肉眼可见动脉内膜面有灰黄色斑块，既向内膜表面隆起，又向深部压迫中膜。斑块上薄壁纤维帽形成，并容易破裂[16]，纤维帽下方有多量黄色粥糜样物。一般在 55 岁以上人群中开始出现进展性 AS 斑块。

4. 继发病变[5]

常见继发病变有斑块内出血、斑块破裂、血栓形成、钙化及动脉瘤形成。

（1）斑块内出血在粥样斑块边缘可出现壁薄的新生血管，在血流动力的作用下，常出现破裂，导致壁内或斑块内出血。出血可形成血肿，使斑块更加隆起。

（2）斑块破裂斑块的纤维帽破裂，粥样物自裂口进入血液，遗留粥样斑块溃疡。

（3）血栓形成病灶处的内皮损伤和粥样斑块溃疡，使动脉壁内胶原纤维暴露，血小板在局部聚集形成血栓，加重血管阻塞。如斑块脱落，可形成栓子，导致栓塞。

（4）钙化钙盐沉着于纤维帽及粥样斑块溃疡病灶内，严重者，其硬如石。

（5）动脉瘤形成严重的粥样斑块处可引起相应局部中膜的萎缩和弹性下降，在血管内压力作用下，动脉管壁局限性扩张，形成动脉瘤。动脉瘤主要见于腹主动脉，可于腹部触及搏动性的肿块，听到杂音，并可因其破裂发生致命性大出血。

（三）诊断标准

目前，将颈总动脉内中膜厚度作为判定 AS 的指标之一。颈总动脉内中膜增厚的判定标准：参照中国血管病变早期检测技术应用指南[17]，取颈总动脉分叉处近端后壁 1.5cm 处测量颈总动脉内中膜厚度，若该处存在粥样硬化斑块病变则取病变近端 1.5cm 处测量，判定标准见表 6-4-1。

表 6-4-1　颈总动脉内中膜厚度正常值及增厚判定标准

年龄	颈总动脉内中膜厚度正常值	内中膜厚度增厚判定标准
20～39 周岁	<0.65 mm	大于该年龄段正常值即为内中膜厚度增厚
40～59 周岁	<0.75 mm	
>60 周岁	<0.85 mm	

（引自：龚兰生，刘力生，管珩，等. 中国血管病变早期检测技术应用指南（2011 第二次报告）[J]. 心血管病学进展，2011，32(3): 318-323.）

（四）发病机制

AS 发生的机制有多种学说，近年来损伤应答学说和炎症学说[10]得到了学术界的普遍认可。

1. 血管内皮细胞受损

血管内皮细胞受损是 AS 首先发生的病变。随之内皮细胞的通透性增加，血循环中的白细胞穿过内皮并在组织内聚集，这是机体炎症条件下出现的重要改变[18]。一些炎症因子，如肿瘤坏死因子 α（TNF-α）、干扰素 -γ（IFN-γ）等能改变细胞表面黏附分子受体的分布，阻止 F- 肌动蛋白应激纤维的形成[19]，促进白细胞的趋化。炎症细胞黏附和炎症介质的相互影响，改变细胞的联接结构[20]，进一步增加血管内皮的通透性。多种因素，如机械性、血流动力学、低氧和吸烟等均可引起内皮细胞的损伤。

2. 血管内皮细胞表面黏附分子的激活和趋化因子的表达

炎症因子诱导内皮细胞表达内皮细胞-白细胞黏附分子（ELAM）和血管细胞黏附分子1（VCAM-1），包括白介素1（IL-1）、肿瘤坏死因子α（TNF-α）和干扰素γ（IFN-γ）。IL-1和TNF-α刺激血管内皮细胞表达细胞黏附分子（ICAM-1、ICAM-2、VCAM-1）、E选择素（E-selectin）和P选择素（P-selectin）。炎症条件下，血管细胞表面能表达趋化因子，特别是白介素8（IL-8）、巨噬细胞趋化因子1（MCP-1），趋化单核细胞黏附和迁移到受损血管壁内膜下。其他一些趋化因子，能趋化激活的T淋巴细胞，并在粥样斑块中表达[21]，促进T细胞渗透进入斑块并激活，增进动脉粥样硬化的进展。

3. 巨噬细胞趋化和泡沫细胞形成

单核细胞在内皮细胞黏附分子的作用下，黏附于内皮细胞表面并进入内皮下，转变成巨噬细胞，吞噬脂质尤其是ox-LDL后转变为泡沫细胞，成为AS早期病变的脂纹、脂斑的主要成分。该过程是AS过程中的重要步骤。

炎性细胞因子能影响细胞表面的多种清道夫受体（scavenger receptor）的表达，如IFN-γ通过上调SR-PSOX来诱导泡沫细胞的形成[22]，而后者是磷脂酰丝氨酸和ox-LDL的清道夫受体，参与ox-LDL的摄取和巨噬细胞形成泡沫细胞的过程。TGF-β能通过上调ABCA1和apoE来促进斑块内脂质的溢出。此外，IFN-γ抑制巨噬细胞诱导的LDL氧化[23]，而TNF-α、IL-4和IL-13能促进细胞诱导的氧化能力[24]，加速动脉粥样硬化的进展。

4. 细胞外基质重塑

AS形成期间产生的炎性细胞因子和抗炎性细胞因子与其他细胞因子、生长因子和氧化型脂质作用，诱导细胞外基质发生重塑。IL-1和TNF-α能够较弱地促进平滑肌细胞产生Ⅰ型和Ⅲ型胶原蛋白，TGF-β是胶原蛋白合成的潜在诱导物。而IFN-γ能抑制胶原蛋白的合成[25]。

AS形成过程中，基质金属蛋白酶家族（MMPs）在细胞外基质的重塑过程中起主导作用[26]。在炎症性细胞因子占优势的斑块中，细胞基质降解和合成之间的不平衡将会导致纤维帽形成或斑块破裂。

5. 斑块内新生血管形成

AS斑块形成后，组织内细胞缺血缺氧，诱导新生血管的形成，导致斑块变脆，容易破裂出血。炎症反应的正向和负向调节因子对新生血管的形成作用很大。一方面，多数促炎症因子和促粥样硬化调节因子促进新生血管的形成，同样参与到缺血性损伤的过程。另一方面，大多数的抗炎和抗粥样硬化介质抑制新生血管的形成[27]。另外，eNOS是一个潜在的抗血管形成介质，能够抑制AS的发展[28]。但在病理条件下，eNOS促进超氧化物的产生，可能会加速动脉粥样硬化[29]。

AS斑块病理检查表明，斑块内出血会使稳定性的斑块变成高危的不稳定斑块[30]。斑块内的新生血管被T淋巴细胞浸润，表明T细胞来源的细胞因子在斑块内血管的形成中发挥主要的作用[31]。

6. 细胞凋亡和粥样物质形成

AS 的形成与发展过程一直伴随着细胞凋亡，斑块脂核中主要为凋亡的巨噬细胞。巨噬细胞的凋亡会导致脂核的增大，而斑块平滑肌细胞凋亡会导致纤维帽变薄，促进其破裂[32]。凋亡过程同样受炎症的控制，在炎性细胞和细胞因子丰富的区域凋亡比较严重，而在抗炎性因子为主的区域凋亡则轻得多[33-34]。在斑块中，炎症和凋亡过程可能相互促进，导致凋亡状况不断加重。

7. 斑块破裂和血栓形成

炎症影响斑块破裂和血栓形成过程。血管内皮细胞的抗血栓成分受 IL-1、TNF-α 以及内毒素的影响[35]。它们通过降低凝血因子和蛋白 C 受体的基因转录，增加组织凝血活性并抑制血栓蛋白 C 系统诱导的抗凝血活性。下调蛋白 C 途径会限制蛋白 C 的激活并促进血栓形成。凝血调节蛋白在内皮上具有直接的抗炎活性，抑制 MAPK 和 NF-κB 途径[36]，激活蛋白 C 能抑制单核细胞中的 NF-κB。另一方面，炎性因子改变了纤维溶解性成分，减少组织纤维蛋白溶解酶原激活物（tPA），增加了组织纤溶酶原激活抑制物（PAI-1）的产生[37]。PAI-1 水平在炎症后上升，并影响血栓的清除。此外，炎症介质，如 IL-6 能增加血小板的产生和血栓形成[38]。

（五）危险因素

AS 的发生与多种因素有关，主要见于以下方面。

1. 血脂异常

血脂异常是 AS 的独立危险因素。血浆总胆固醇、三酰甘油（甘油三酯）、LDL-C、VLDL-C 水平与 AS 的发病率呈正相关。血胆固醇降低的程度与冠心病发生率之间存在着量-效关系，血总胆固醇每下降 1%，冠心病发生率约降低 2%[7]。

2. 高血压

高血压（hypertension）能促进 AS 的发生和发展。据统计，高血压者患冠状 AS 的风险比血压正常者高 4 倍；与同年龄、同性别的非高血压人群相比，高血压患者 AS 发病更早，病变更重[8]。高血压和 AS 常相伴而生，互相影响。

3. 糖尿病及高胰岛素血症

糖尿病是 AS、冠心病、脑卒中和外周血管疾病的独立危险因素，糖尿病患者患 AS 远高于非糖尿病患者。糖尿病所致的脂质代谢异常是血管病变的主要原因之一[9]。2 型糖尿病的特征性血脂谱为富含三酰甘油的血浆脂蛋白增加，如血浆 VLDL、LDL 增加，血浆 HDL 降低，因而引起及促进了 AS 的发生[10]。

高胰岛素血症（hyperinsulinemia）是血液中胰岛素浓度超过正常水平，高胰岛素血症与 AS 发生密切相关[9-10]。血浆胰岛素水平越高，冠心病的发病率及死亡率越高，高胰岛素血症和胰岛素抵抗引起 AS 的可能机制是：①引起血脂紊乱；②引起血管舒张功能不良；③高胰岛素血症刺激动脉壁平滑肌细胞增生迁移；④导致血管内皮细胞障碍等[9-10]。

4. 吸烟

吸烟是心血管疾病独立的危险因素危险度随吸烟量而增加。吸烟者血液中 CO 浓度升高，易引起血管内皮缺氧性损伤，并刺激内皮细胞释放生长因子如血小板源性生长因子（PDGF），诱导中膜平滑肌细胞向内膜迁移增生[11]，进而引发 AS 的发生。

5. 肥胖

肥胖尤其是男性腹型肥胖与心脑血管疾病的发生密切相关。因肥胖者体内脂肪组织增加，血三酰甘油和胆固醇水平明显增高，促进 AS 的发生和发展。

6. 酒精

饮酒尤其是过量饮酒是高血压及心脑血管疾病的重要危险因素，严重者可导致脑出血的发生。

7. 体力活动

经常性适度的体力活动，能预防心脑血管疾病。运动能加速体内氧化产能，促进脂肪分解，消耗体内储存的糖原，抑制糖原转化为脂肪，降低血三酰甘油和总胆固醇水平，升高 HDL，预防 AS 的发生。

8. 其他危险因素[5,17]

（1）年龄　冠心病多在中老年人中发病，但 AS 早期的动脉壁脂纹可发生在年轻时期，并随着年龄的增长，AS 的发病率呈快速上升趋势。

（2）性别　女性在绝经期前，冠状 AS 的发病率低于同年龄的男性。但在绝经期后，性别差异消失，且 AS 的患病率迅速上升，可能与女性体内的雌激素影响脂类代谢有关。

（3）遗传　家族性高胆固醇血症、高脂血症等患者 AS 的发病率显著高于无家族史者。目前，已知有 200 余种基因可能与脂质的吸收和代谢相关。

（4）高同型半胱氨酸血症　血中同型半胱氨酸的升高可能与遗传基因有关。高同型半胱氨酸血症可引起血管内皮损伤，促进 AS 的发生。

二、叶黄素与动脉粥样硬化

在人体内，叶黄素的含量仅次于番茄红素，居于类胡萝卜素的第二位[39]。随着对叶黄素研究的深入，近年研究发现，叶黄素对 AS 的发生与控制具有一定的作用。叶黄素不仅能通过其较强的抗氧化作用控制血管内皮细胞的氧化损伤，还能通过调节血脂和细胞信号转导途径发挥作用。但对此亦有不同的报道。

目前，国内外关于叶黄素与 AS 的研究与文献远少于叶黄素与 AMD。为了能较清晰地介绍国内外关于叶黄素与 AS 研究的结果和证据，现从流行病学研究、临床研究和动物实验几方面分别阐述。

（一）流行病学研究

1. 膳食叶黄素与 AS

流行病学研究表明，膳食叶黄素的摄入量与血清叶黄素水平呈正相关，而与动脉粥样硬化的发病率呈显著负相关[40]。叶黄素摄入量较高的人群发生 AS 的风险显著降低[1]，且发生缺血性脑卒中的风险亦下降，而膳食 α-胡萝卜素及 β-类胡萝卜素的摄入量与脑卒中未发现相关性[2]。一些研究显示，在深绿色蔬菜摄入量高的人群，心血管疾病的发病率显著低于摄入量低的人群[41]。叶黄素摄入量高的人群发生冠状动脉病变的风险显著降低，且发生脑血管疾病的风险明显下降[42]。在芬兰的一项研究显示，叶黄素和玉米黄素与蛛网膜下腔出血风险下降相关（RR：0.47。95%CI：0.24，0.93）[43]。深绿色蔬菜对心血管系统的保护作用，其中富含叶黄素是主要缘由之一，深绿色蔬菜是叶黄素的主要膳食来源，特别在某些深色叶菜类，如菠菜、芹菜叶、韭菜、香菜中含有丰富的叶黄素。

对此亦有不同的报道，Knekt P 等完成的包含 9 个前瞻性的队列研究分析，结果发现，补充较高剂量的维生素 C，能显著降低冠心病的发生风险，而较高的类胡萝卜素（包括叶黄素）摄入量降低冠心病风险的作用较小[44]。

2. 血清叶黄素与 AS

关于血清叶黄素与 AS 的关系，在前述的前瞻性分析中，未发现高基线血清 α-胡萝卜素和 β-胡萝卜素、叶黄素或番茄红素浓度对心肌梗死有保护作用。但发现在吸烟和既往吸烟的人群中，高基线血清 β-胡萝卜素水平与心肌梗死风险减少相关[3]。对吸烟者，低血清 β-胡萝卜素、番茄红素、叶黄素和玉米黄素水平与其后续心肌梗死患病风险增加有关[45]。有研究者检测了脑卒中及冠心病患者血清类胡萝卜素与叶黄素的浓度，结果发现，基线 α-胡萝卜素和 β-胡萝卜素以及番茄红素与缺血性脑卒中患者风险呈负相关[46]，而冠心病患者血浆中叶黄素浓度，显著低于正常人群[47]，提示血浆叶黄素水平可能是心血管疾病的保护性因素。

颈动脉内中膜厚度常作为观测动脉病变的重要指标，通过采用颈动脉多普勒彩色超声检查，得到颈动脉内中膜厚度，并依此获知人体动脉和心血管系统病变信息。Dwyer 等，在为期 18 个月的"Los Angeles Atherosclerosis Study"队列研究显示，基线血清叶黄素浓度高（＞800 nmol/L）的人群，颈动脉内中膜厚度在 18 个月后几乎无变化（变化 0.004±0.005 mm）；而血清叶黄素浓度低（＜180 nmol/L）的人群，颈动脉内中膜厚度在 18 个月后增加了 0.021 mm[48]，并发现血清叶黄素浓度每增加 1 μmol/L，颈动脉内中膜厚度将减少 3.2 μm[49]。近年，一项对新加坡的华人进行的相关研究，结果发现，血清叶黄素水平与急性心肌梗死发病风险呈负相关，血清叶黄素水平最高的 2/5 人群与最低的 1/5 人群相比，风险下降 42%，且呈现趋势性变化[50]。

2011 年，本书作者邹志勇等，首先采用颈总动脉内中膜厚度（intima-media thickness，IMT）检测，将中老年受试对象分为早期 AS 组和非 AS 对照组，再进行膳食调查和血清学检验，进行早期 AS 与叶黄素相关性的横断面调查；随后，采用随机双盲安慰剂对照的方法对早期 AS 人群实施叶黄素干预，将早期 AS 受试对象随机分为安慰剂对照组（服用安慰剂）、叶黄素组（叶黄素 20mg）、复合叶黄素组（叶黄素 20mg+番茄红素 20mg），每日 1 次，连续 12 个月；结果显示，早期 AS 人群血清叶黄素水平显著低于非 AS 的对照人群，且血清叶黄素与颈总动脉 IMT 呈适度的负相关（r=-0.256，P<0.05）；干预后，血清叶黄素水平显著升高，但叶黄素组受试对象颈总动脉 IMT 未见显著下降，而复合叶黄素组受试对象颈总动脉 IMT 显著低于干预前[51]。该研究结果表明，血清叶黄素水平是 AS 的保护因素，同时，进一步说明叶黄素与其他抗氧化剂联合应用能取得较单一应用更理想的效果。

（二）临床研究

叶黄素与 AS 的相关临床研究文献十分有限。本书作者徐贤荣等，在先前研究的基础上，分析了受试对象的血清学指标，并进行了分子机制研究，结果显示，叶黄素干预至第 12 周时，早期 AS 人群血清 LDL、三酰甘油（甘油三酯）水平明显下降，且血清炎性细胞因子及巨噬细胞趋化因子 1（MCP-1）、白介素 6（IL-6）含量显著降低，进一步分析发现，血清叶黄素水平与血清 LDL 之间呈显著负相关[4]。该结果提示，叶黄素可能通过调节脂代谢，抑制炎性细胞因子的表达发挥作用。

叶黄素对不同的人群均显示了其有效性，新生儿每日摄入 0.28 mg 叶黄素能增加机体抗氧化活性，降低氧化应激水平[52]。绝经前期的妇女，摄入富含叶黄素的鸡蛋后（0.6mg 叶黄素 + 玉米黄素），血清叶黄素水平升高，并能改善血脂状况，降低导致 AS 发生的危险性[53]。对健康非吸烟者，叶黄素干预能减少单核细胞表面功能性分子的表达，抑制其趋化过程，而在相关的研究中未观察到番茄红素具有相同效果[54]。

（三）动物实验

2011 年，Kim 采用豚鼠进行叶黄素与 AS 关系研究，首先建立高胆固醇豚鼠模型，并给予实验动物饲喂叶黄素（0.1 g/100g），连续 12 周，结果发现，与空白对照组比较，叶黄素显著降低了豚鼠血清 ox-LDL、丙二醛和胆固醇的水平，在进行主动脉组织病理学检查时，给予叶黄素补充组豚鼠动脉内皮厚度未显著增加，炎性细胞因子水平也低于对照组[55]。表明叶黄素能预防与抑制高胆固醇血症动物 AS 的发生与进展。Dwyer 等的研究也证实了上述的实验结果，他给予 apoE 基因敲除或 LDL 受体缺失的小鼠喂饲叶黄素后，能使小鼠 AS 斑块损伤面积分别减少 44% 和 43%[48]。后来的研究也发现，叶黄素与低水平的鱼油存在协调作用，能减少实验鹌鹑 AS 斑块的面积，降低机体内炎症水平[56]。

动物实验研究还显示，叶黄素（0.2 mg/kg）能提高缺血性脑卒中模型小鼠的存活率，降低血管梗死的面积和神经元的损伤，进一步研究其机制，发现叶黄素组小鼠大脑硝基酪氨酸水平降低，NF-κB、环氧化酶 2（COX-2）表达下降，Bcl-2 抗凋亡蛋白表达增加[57]。叶黄素能减少小肠缺血性坏死的大鼠模型，小肠缺血 - 再灌注性损伤，抑制小肠绒毛脱落，减少氧化应激过程，从而对小肠具有保护作用[58]。此外，叶黄素还能缓解视网膜缺血 - 再灌注损伤模型小鼠视网膜神经节细胞层的破坏，减少细胞凋亡[59]。

总之，上述研究表明，叶黄素对血管具有保护作用，能拮抗血管壁损伤，降低 AS 发生的风险，进而降低 AS 的并发症心脑血管疾病的发生。

三、叶黄素对动脉粥样硬化预防与治疗的机制

叶黄素对 AS 预防与治疗的机制，是通过改善血脂、抗氧化损伤、影响细胞因子和免疫分子的表达以及影响细胞信号转导系统等机制，来改善动脉内皮细胞表面的黏附分子水平，预

防和控制 AS 的发生。

（一）改善血脂

高脂血症是 AS 发生的重要危险因素，改善血脂对预防和控制 AS 病情十分关键。

在人体内，叶黄素对血脂的影响，可能与其在血浆脂蛋白中的分布相关。在人血浆中，叶黄素主要存在于 HDL-C 中，有 52% 的叶黄素与 HDL-C 结合转运，只有少量的叶黄素存在于 LDL-C 中。提示 HDL-C 改善血脂和对 AS 及心血管疾病的有益作用，与 HDL-C 中含有较多的叶黄素有关[60]。

血清 LDL-C 升高是 AS 的危险因素之一，LDL 能经氧化修饰为 ox-LDL，是 AS 发生的启动因子[61]。相关研究显示，叶黄素能通过控制 LDL 的氧化进程，减少血清 LDL 氧化为 ox-LDL 的水平，抑制 AS 发生的启动过程[62-63]。同时，叶黄素能明显降低血胆固醇在动脉壁中的沉积[55]。另外，有研究发现，叶黄素能增加 LDL 受体的活性，显著降低人主动脉内皮细胞表面的黏附分子水平，阻断巨噬细胞趋化、LDL-C 沉积等 AS 病理过程中的关键步骤[39]。

（二）抗氧化损伤

如前所述，叶黄素具有很强的抗氧化能力，它能抵御 ROS 对细胞膜结构和 DNA 的氧化损伤，从而保护血管内皮细胞，维持血管壁的正常结构与完整性，在动脉粥样硬化早期即发挥保护作用（详见第五章第三节）。

（三）影响细胞因子和免疫分子表达

AS 发生的机制，已经被公认是一种免疫炎性相关疾病，其发生的过程即为慢性炎症增生过程。炎性细胞因子和免疫分子的表达是 AS 发生过程中炎症反应持续和扩展的重要原因。叶黄素能通过抑制不同种类炎性细胞因子和免疫分子的表达，控制炎症的扩展，阻碍 AS 发生的进程。

研究者将叶黄素与培养的内皮细胞一起孵育时，观察到叶黄素能显著减少内皮细胞表面黏附分子的表达，并且叶黄素能明显抑制 LDL 介导的单核细胞对人主动脉内皮细胞的黏附，并呈现剂量-反应关系[42]。复合叶黄素补充剂（40% 叶黄素，60% 玉米黄素）能降低促炎性细胞因子（IL-1β、IL-6、IFN-γ）的水平，并能够提高抗炎性细胞因子（IL-4、IL-10）的水平[64-65]。含叶黄素的植物提取物能抑制炎症的相关细胞因子（IL-6、TNF-α）及促炎症的酶类（iNOS 和 COX-2），并对这些因子的 mRNA 表达的抑制作用呈剂量-反应关系[66]。

（四）影响细胞信号转导

机体氧化-还原状态的失衡亦是 AS 发生的诱因之一。氧化-还原状态的改变与细胞信号的转导及放大密切相关。叶黄素能调控氧化-还原信号途径，通过阻断信号传导过程而发挥作用。它能抑制核转录因子（nuclear factor kappa B，NF-κB）和细胞外信号调节激酶（extracellular signal-regulated kinase，ERK）的激活[67]，减少炎症的扩大和氧化-还原稳态失衡的加剧。此外，叶黄素能促进过氧化物酶体增殖激活受体（peroxisome proliferator-activated receptor，PPAR）α 和 β 的表达，促进其对 LDL 的摄取而发挥作用[68]。且多项研究均证实，叶黄素能通过影响 NF-κB 途径和环氧合酶-2（COX-2）的表达而发挥作用[66,69-70]。

综上所述，叶黄素能通过多种机制保护血管内皮细胞，预防 AS 的发生，既能通过本身的抗氧化作用，保护一些重要的生物分子，也能够通过调节免疫炎症分子的表达，调控信号通路途径而发挥抗氧化作用。然而，目前的研究的资料有限，主要集中在体外研究和动物实验中，大型的人群干预试验依然较少，这些机制还需要进一步的研究加以证实。

（徐贤荣　邹志勇）

参考文献

[1] Daviglus ML, Orencia AJ, Dyer AR, et al. Dietary vitamin C, beta-carotene and 30-year risk of stroke: results from the Western Electric Study[J]. Neuroepidemiology,1997,16(2): 69-77.

[2] Ascherio A, Rimm EB, Hernan MA, et al. Relation of consumption of vitamin E, vitamin C, and carotenoids to risk for stroke among men in the United States[J]. Ann Intern Med,1999,130(12): 963-970.

[3] Hak AE, Stampfer MJ, Campos H, et al. Plasma carotenoids and tocopherols and risk of myocardial infarction in a low-risk population of US male physicians[J]. Circulation,2003,108(7): 802-807.

[4] Xu XR, Zou ZY, Xiao X, et al. Effects of lutein supplement on serum inflammatory cytokines, ApoE and lipid profiles in early atherosclerosis population[J]. J Atheroscler Thromb,2013, 20(2): 170-177.

[5] 王宏宇. 血管病学[M]. 北京: 人民军医出版社, 2006.

[6] Lopez AD, Mathers CD, Ezzati M, et al. Global and regional burden of disease and risk factors, 2001: systematic analysis of population health data[J]. Lancet, 2006, 367(9524): 1747-1757.

[7] Scandinavian Simvastatin Survival Study Group.Randomised trial of cholesterol lowering in 4444 patients with coronary heart disease: the Scandinavian Simvastatin Survival Study (4S)[J]. Lancet,1994, 344(8934): 1383-1389.

[8] Hollander W. Role of hypertension in atherosclerosis and cardiovascular disease[J]. Am J Cardiol,1976, 38(6): 786-800.

[9] 迟家敏. 实用糖尿病学[M]. 3版. 北京: 人民卫生出版社,2009.

[10] 许曼音. 糖尿病学[M]. 2版. 上海: 上海科学技术出版社, 2010.

[11] Pestana IA, Vazquez-Padron RI, Aitouche A, et al. Nicotinic and PDGF-receptor function are essential for nicotine-stimulated mitogenesis in human vascular smooth muscle cells[J]. J Cell Biochem, 2005, 96(5): 986-995.

[12] Rosenfeld ME. An overview of the evolution of the atherosclerotic plaque: from fatty streak to plaque rupture and thrombosis[J]. Z Kardiol,2000, 89 Suppl 7: 2-6.

[13] Strong JP, Malcom GT, McMahan CA, et al. Prevalence and extent of atherosclerosis in adolescents and young adults: implications for prevention from the Pathobiological Determinants of Atherosclerosis in Youth Study[J]. JAMA,1999, 281(8): 727-735.

[14] Pathobiological Determinants of Atherosclerosis in Youth (PDAY) Research Group. Natural history of aortic and coronary atherosclerotic lesions in youth. Findings from the PDAY Study. Pathobiological Determinants of Atherosclerosis in Youth (PDAY) Research Group[J]. Arterioscler Thromb,1993, 13(9): 1291-1298.

[15] Eggen DA ,Solberg LA. Variation of atherosclerosis with age[J]. Lab Invest,1968, 18(5): 571-579.

[16] Cheruvu PK, Finn AV, Gardner C, et al. Frequency and distribution of thin-cap fibroatheroma and ruptured plaques in human coronary arteries: a pathologic study[J]. J Am Coll Cardiol,2007, 50(10): 940-949.

[17] 龚兰生, 刘力生, 管珩,等.中国血管病变早期检测技术应用指南（2011 第二次报告)[J]. 心血管病学进展,2011, 32(3): 318-323.

[18] Bazzoni G ,Dejana E. Endothelial cell-to-cell junctions: molecular organization and role in vascular homeostasis[J]. Physiol Rev,2004, 84(3): 869-901.

[19] Cain RJ, Vanhaesebroeck B, and Ridley AJ. The PI3K p110alpha isoform regulates endothelial adherens junctions via Pyk2 and Rac1[J]. J Cell Biol,2010, 188(6): 863-76.

[20] Huang L, Garcia G, Lou Y, et al. Anti-inflammatory and renal protective actions of stanniocalcin-1 in a model of anti-glomerular basement membrane glomerulonephritis[J]. Am J Pathol,2009, 174(4): 1368-1378.

[21] Rotondi M, Lazzeri E, Romagnani P, et al. Role for interferon-gamma inducible chemokines in endocrine autoimmunity: an expanding field[J]. J Endocrinol Invest,2003, 26(2): 177-180.
[22] Wuttge DM, Zhou X, Sheikine Y, et al. CXCL16/SR-PSOX is an interferon-gamma-regulated chemokine and scavenger receptor expressed in atherosclerotic lesions[J]. Arterioscler Thromb Vasc Biol,2004, 24(4): 750-755.
[23] Gieseg SP, Crone EM, Flavall EA, et al. Potential to inhibit growth of atherosclerotic plaque development through modulation of macrophage neopterin/7,8-dihydroneopterin synthesis[J]. Br J Pharmacol,2008, 153(4): 627-635.
[24] Mozaffarian D, Pischon T, Hankinson SE, et al. Dietary intake of trans fatty acids and systemic inflammation in women[J]. Am J Clin Nutr,2004, 79(4): 606-612.
[25] Amento EP, Ehsani N, Palmer H, et al. Cytokines and growth factors positively and negatively regulate interstitial collagen gene expression in human vascular smooth muscle cells[J]. Arterioscler Thromb Haemost, 82 Suppl,1991, 11: 1074-1079.
[26] Newby AC. Dual role of matrix metalloproteinases (matrixins) in intimal thickening and atherosclerotic plaque rupture[J]. Physiol Rev,2005, 85(1): 1-31.
[27] Epstein SE, Stabile E, Kinnaird T, et al. Janus phenomenon: the interrelated tradeoffs inherent in therapies designed to enhance collateral formation and those designed to inhibit atherogenesis[J]. Circulation,2004, 109(23): 2826-2831.
[28] Aicher A, Heeschen C, Mildner-Rihm C, et al. Essential role of endothelial nitric oxide synthase for mobilization of stem and progenitor cells[J]. Nat Med,2003, 9(11): 1370-6.
[29] Kuhlencordt PJ, Chen J, Han F, et al. Genetic deficiency of inducible nitric oxide synthase reduces atherosclerosis and lowers plasma lipid peroxides in apolipoprotein E-knockout mice[J]. Circulation,2001, 103(25): 3099-3104.
[30] Kolodgie FD, Gold HK, Burke AP, et al. Intraplaque hemorrhage and progression of coronary atheroma[J]. N Engl J Med,2003, 349: 2316-2325.
[31] Virmani R, Kolodgie FD, Burke AP, et al. Atherosclerotic plaque progression and vulnerability to rupture: angiogenesis as a source of intraplaque hemorrhage[J]. Arterioscler Thromb Vasc Biol,2005, 25(10): 2054-2061.
[32] Littlewood TD, Bennett M. Apoptotic cell death in atherosclerosis.[J]. Curr Opin Lipidol,2003, 14: 469-475.
[33] Mallat Z HC, Ohan J, Faggin E, Lese`che G, Tedgui A. Expression of interleukin-10 in human atherosclerotic plaques.Relation to inducible nitric oxide synthase expression and cell death[J]. Arterioscler Thromb Vasc Biol,1999, 19: 611-616.
[34] Walsh JG, Logue SE, Luthi AU, et al. Caspase-1 promiscuity is counterbalanced by rapid inactivation of processed enzyme[J]. J Biol Chem,2011, 286(37): 32513-32524.
[35] Starr ME, Ueda J, Takahashi H, et al. Age-dependent vulnerability to endotoxemia is associated with reduction of anticoagulant factors activated protein C and thrombomodulin[J]. Blood,2010, 115(23): 4886-4893.
[36] Conway EM, van de Wouwer M, Pollefeyt S, et al. The lectin-like domain of thrombomodulin confers protection from neutrophil-mediated tissue damage by suppressing adhesion molecule expression via nuclear factor kappaB and mitogen-activated protein kinase pathways[J]. J Exp Med,2002, 196(5): 565-577.
[37] Sovershaev MA, Egorina EM, Hansen JB, et al. Soluble guanylate cyclase agonists inhibit expression and procoagulant activity of tissue factor[J]. Arterioscler Thromb Vasc Biol,2009, 29(10): 1578-1586.
[38] Smadja DM, Bura A, Szymezak J, et al. Effect of clopidogrel on circulating biomarkers of angiogenesis and endothelial activation[J]. J Cardiol,2012, 59(1): 30-35.
[39] Stahl W and Sies H. Lycopene: a biologically important carotenoid for humans?[J]. Arch Biochem Biophys,1996, 336(1): 1-9.
[40] Murr C, Winklhofer-Roob BM, Schroecksnadel K, et al. Inverse association between serum concentrations of neopterin and antioxidants in patients with and without angiographic coronary artery disease[J]. Atherosclerosis,2009, 202(2): 543-549.
[41] Joshipura KJ, Hu FB, Manson JE, et al. The effect of fruit and vegetable intake on risk for coronary heart disease[J]. Ann Intern Med,2001, 134(12): 1106-1114.
[42] Martin KR, Wu D, Meydani M. The effect of carotenoids on the expression of cell surface adhesion molecules and binding of monocytes to human aortic endothelial cells[J]. Atherosclerosis,2000, 150(2): 265-274.
[43] Hirvonen T, Virtamo J, Korhonen P, et al. Intake of flavonoids, carotenoids, vitamins C and E, and risk of stroke in male smokers[J]. Stroke,2000,31(10): 2301-2306.

[44] Knekt P, Ritz J, Pereira MA, et al. Antioxidant vitamins and coronary heart disease risk: a pooled analysis of 9 cohorts[J]. Am J Clin Nutr,2004, 80(6): 1508-1520.

[45] Street DA, Comstock GW, Salkeld RM, et al. Serum antioxidants and myocardial infarction. Are low levels of carotenoids and alpha-tocopherol risk factors for myocardial infarction?[J]. Circulation,1994, 90(3): 1154-1161.

[46] Hak AE, Ma J, Powell CB, et al. Prospective Study of Plasma Carotenoids and Tocopherols in Relation to Risk of Ischemic Stroke[J]. Stroke,2004, 35(7): 1584-1588.

[47] Lidebjer C, Leanderson P, Ernerudh J, et al. Low plasma levels of oxygenated carotenoids in patients with coronary artery disease[J]. Nutr Metab Cardiovasc Dis,2007, 17(6): 448-456.

[48] Dwyer JH, Navab M, Dwyer KM, et al. Oxygenated carotenoid lutein and progression of early atherosclerosis: the Los Angeles atherosclerosis study[J]. Circulation,2001, 103(24): 2922-2927.

[49] Dwyer JH, Paul-Labrador MJ, Fan J, et al. Progression of carotid intima-media thickness and plasma antioxidants: the Los Angeles Atherosclerosis Study[J]. Arterioscler Thromb Vasc Biol,2004, 24(2): 313-319.

[50] Koh WP, Yuan JM, Wang R, et al. Plasma carotenoids and risk of acute myocardial infarction in the Singapore Chinese Health Study[J]. Nutr Metab Cardiovasc Dis,2011, 21(9): 685-690.

[51] Zou Z, Xu X, Huang Y, et al. High serum level of lutein may be protective against early atherosclerosis: the Beijing atherosclerosis study[J]. Atherosclerosis,2011,219(2): 789-793.

[52] Perrone S, Longini M, Marzocchi B, et al. Effects of lutein on oxidative stress in the term newborn: a pilot study[J]. Neonatology,2010, 97(1): 36-40.

[53] Waters D, Clark RM, Greene CM, et al. Change in plasma lutein after egg consumption is positively associated with plasma cholesterol and lipoprotein size but negatively correlated with body size in postmenopausal women[J]. J Nutr,2007, 137(4): 959-963.

[54] Hughes DA, Wright AJ, Finglas PM, et al. Effects of lycopene and lutein supplementation on the expression of functionally associated surface molecules on blood monocytes from healthy male nonsmokers[J]. J Infect Dis,2000, 182 Suppl 1: S11-15.

[55] Kim JE, Leite JO, DeOgburn R, et al. A lutein-enriched diet prevents cholesterol accumulation and decreases oxidized LDL and inflammatory cytokines in the aorta of guinea pigs[J]. J Nutr,2011, 141(8): 1458-1463.

[56] Shanmugasundaram R ,Selvaraj RK. Dietary lutein and fish oil interact to alter atherosclerotic lesions in a Japanese quail model of atherosclerosis[J]. J Anim Physiol Anim Nutr (Berl),2011, 95(6): 762-770.

[57] Li SY, Yang D, Fu ZJ, et al. Lutein enhances survival and reduces neuronal damage in a mouse model of ischemic stroke[J]. Neurobiol Dis,2012, 45(1): 624-632.

[58] Ogura W, Itagaki S, Kurokawa T, et al. Protective effect of lutein on ischemia-reperfusion injury in rat small intestine[J]. Biol Pharm Bull,2006,29(8): 1764-1766.

[59] Li SY, Fu ZJ, Ma H, et al. Effect of lutein on retinal neurons and oxidative stress in a model of acute retinal ischemia/reperfusion[J]. Invest Ophthalmol Vis Sci,2009, 50(2): 836-843.

[60] Wang W, Connor SL, Johnson EJ, et al. Effect of dietary lutein and zeaxanthin on plasma carotenoids and their transport in lipoproteins in age-related macular degeneration[J]. Am J Clin Nutr,2007, 85(3): 762-769.

[61] Tedgui A, Mallat Z. Cytokines in Atherosclerosis: Pathogenic and Regulatory Pathways[J]. Physiol Rev,2006,86(2): 515-581.

[62] Barona J, Jones JJ, Kopec RE, et al. A Mediterranean-style low-glycemic-load diet increases plasma carotenoids and decreases LDL oxidation in women with metabolic syndrome[J]. J Nutr Biochem,2012, 23(6): 609-615.

[63] Kay CD, Gebauer SK, West SG, et al. Pistachios increase serum antioxidants and lower serum oxidized-LDL in hypercholesterolemic adults[J]. J Nutr,2010, 140(6): 1093-1098.

[64] Gao YY, Xie QM, Jin L, et al. Supplementation of xanthophylls decreased proinflammatory and increased anti-inflammatory cytokines in hens and chicks[J]. Br J Nutr,2012, 108(10): 1746-1755.

[65] Shanmugasundaram R ,Selvaraj RK. Lutein supplementation alters inflammatory cytokine production and antioxidant status in F-line turkeys[J]. Poult Sci,2011, 90(5): 971-976.

[66] Mekhora C, Muangnoi C, Chingsuwanrote P, et al. Eryngium foetidum suppresses inflammatory mediators produced by macrophages[J]. Asian Pac J Cancer Prev,2012,13(2): 653-664.

[67] Hadad N ,Levy R. The synergistic anti-inflammatory effects of lycopene, lutein, beta-carotene, and carnosic acid combinations via redox-based inhibition of NF-kappaB signaling[J]. Free Radic Biol Med,2012, 53(7): 1381-1391.

[68] Hsu C, Tsai TH, Li YY, et al. Wild bitter melon (Momordica charantia Linn. var. abbreviata Ser.) extract and its

bioactive components suppress Propionibacterium acnes-induced inflammation[J]. Food Chem,2012, 135(3): 976-984.

[69] Kim JE, Clark RM, Park Y, et al. Lutein decreases oxidative stress and inflammation in liver and eyes of guinea pigs fed a hypercholesterolemic diet[J]. Nutr Res Pract,2012, 6(2): 113-119.

[70] Li SY, Fung FK, Fu ZJ, et al. Anti-inflammatory effects of lutein in retinal ischemic/hypoxic injury: in vivo and in vitro studies[J]. Invest Ophthalmol Vis Sci,2012, 53(10): 5976-5984.

第五节 紫外线皮肤光损伤

皮肤覆盖在人体表面，是保护机体免受外环境中有害因素侵袭和损伤的重要屏障。近些年来，随着臭氧层的破坏，到达地球表面的紫外线增强，人体皮肤暴露于紫外线的几率增加，使得人类皮肤紫外线光损伤的发生率呈上升趋势。

叶黄素分布于皮肤组织中，一方面，能吸收、阻挡紫外线和可见光；另一方面，能通过淬灭自由基和抗氧化机制，对皮肤的紫外线光损伤起着防护作用。

一、概述

（一）皮肤结构特点

皮肤覆盖在人体表面，其面积在正常人为 $1.5 \sim 2.0 m^2$，厚度是 $1 \sim 4mm$。皮肤的颜色因人种、年龄和健康状况不同而有差异。皮肤具有代谢、免疫和调节体温等功能，保护着人体免受外界有害因素的伤害，包括源自太阳辐射和其他来源的紫外线[1]。

1. 皮肤结构

皮肤由表皮和真皮构成，并借皮下组织与肌肉连接[2]。

（1）表皮　表皮为鳞状上皮，主要由角质形成细胞（keratinocytes，KC）构成，此外，还包括黑素细胞、朗格汉斯细胞和麦克细胞（Merkel cell，MC）。表皮又分为 4~5 层，即基底层、棘细胞层、颗粒层、角化层及透明层，其中最重要的是基底层（最内层）和角质层（最外层）。基底层是表皮层和真皮层的分界。基底细胞有丝分裂后，向上迁移，替换角化细胞。角质层由多层完全死亡的角质形成细胞构成，能不断脱落更新[3]。角化层富含神经酰胺、胆固醇和游离脂肪酸，其脂质成分和结构在决定皮肤屏障完整性中发挥重要作用[4]。人表皮更新时间一般在 3~4 周。

（2）真皮　真皮由致密结缔组织构成，含有胶原纤维、弹性纤维、网状纤维和各种结缔组织细胞。真皮内的细胞以成纤维细胞和肥大细胞较多。真皮又分为乳头层和网状层。真皮内有血管、淋巴管、神经与皮肤附属器（皮脂腺、汗腺、毛发、指甲）等。

（3）皮下组织　皮下组织即浅筋膜，由疏松结缔组织和脂肪组织构成。其中的胶原纤维和弹性纤维直接与真皮相连续。皮下组织连接着皮肤与肌肉。

2. 皮肤中的重要细胞

皮肤中的重要细胞有以下几类：

（1）黑素细胞（melanocyte，MC）　MC 是表皮中高度分化的细胞，占表皮细胞总数的 1%~2%，仅次于角质形成细胞。MC 与邻近的角质形成细胞相连，每个 MC 与 30~40 个角质形成细胞连接。MC 能产生黑色素，具有保护皮肤、抵御光损伤的作用，并能将其产生的黑色素转运到角质形成细胞，从而保护角质形成细胞免受光损伤[5]。

MC 除合成黑色素外，还有分泌信号分子的功能，如细胞因子（白介素 -1、白介素 -3、白介素 -6、肿瘤坏死因子 -α）、儿茶酚胺和一氧化氮，对外界有害因素（包括紫外线）产生反应[5]。

（2）朗格汉斯细胞（Langerhans cell，LC） LC是可以移动的、树突状的抗原递呈细胞，与皮肤的免疫功能密切相关。表皮和真皮由LC乳突连接。

（3）成纤维细胞（fibroblasts） 该细胞是真皮中的主要细胞类型，能分泌大量的细胞外基质，包括胶原基质和弹性纤维蛋白，增强皮肤弹性。真皮纤维主要是Ⅰ型胶原纤维和Ⅱ型胶原纤维，维护皮肤的柔韧性[2]。

其他细胞类型有肥大细胞、巨噬细胞、脂肪细胞和浆细胞等，这些细胞组织与神经纤维、血管和淋巴管互相交织，为皮肤提供氧和营养。

（二）紫外线对皮肤的损伤

1. 紫外线的来源、定义与影响因素

（1）来源 地球表面的紫外线（ultraviolet rays，UV）主要源自于太阳辐射。此外，人工光源、电焊弧光、灭菌灯、黑光灯以及某些激光等均可发射出较高强度的UV辐射。

太阳辐射根据电磁波的波长，分为无线电波、红外线、可见光、UV、X线、γ射线等。太阳辐射99.9%的能量集中在UV（100~400 nm）、可见光（400~760 nm）和红外线（760 nm~1 mm）光谱区[6]。太阳辐射的不同电磁波段的光均能对皮肤造成损伤，其中以UV的损伤最大，见图6-5-1。

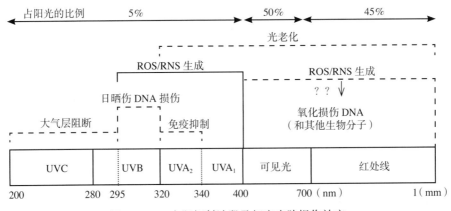

图6-5-1 太阳辐射波段及相应皮肤损伤效应

（引自：Svobodova A，Vostalova J. Solar radiation induced skin damage： review of protective and preventive options. Int J Radiat Biol，2010，86（12）：999-1030[6].）

（2）定义 UV是电磁波谱中介于软X射线（最软的电离辐射）和可见光之间的波段，波长范围是100~400 nm。

到达地球表面的UV，根据生物学作用的差异被分为三个不同波段：短波紫外线（UVC，100~280 nm）、中波紫外线（UVB，280~320 nm）和长波紫外线（UVA，320~400 nm）。其中UVA又被分为UVA1（340~400 nm）和UVA2（320~340 nm）[6]。这是人为的分类方法。

UVC：又称"杀菌区"，其对生命细胞的杀伤力最强，是最具细胞毒性的波段。太阳辐射中的 UVC 能被大气层中的空气、云层、尘粒、水汽、特别是臭氧层所吸收，只有在雨过天晴时，才有少量的 UVC 到达地面，故太阳辐射到达地面的 UV 波长主要在 280 nm 以上[6-7]。

UVB：又称"皮肤红斑区"，是太阳辐射对正常人皮肤产生红斑效应的波段，是光化学反应最活跃的部分，其中大部分也被大气层阻断，该波段不能透过玻璃[7]。

UVA：又称"黑光区"，在光敏物质存在下可诱发皮肤的光敏反应，能诱导多种物质发出荧光[7]。

在能到达地球表面的紫外线波段中，UVA 占 90%，而 UVB 不足 10%，但后者的生物学效应却十分重要。UVB 和 UVA 能导致皮肤多方面的损伤，其中，大部分的 UVB 被表皮吸收，部分被角质层所阻断。而 80% 的 UVA 能到达表皮–真皮连接处，并深入到真皮乳突中，约 10% 的 UVA 甚至能到达皮下组织[8-9]，见图 6-5-2。

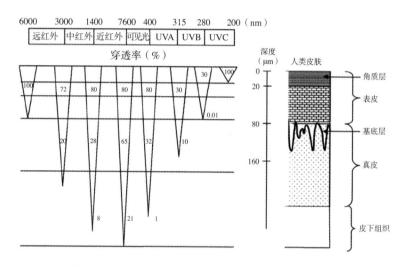

图 6-5-2　不同波段太阳辐射对皮肤组织的穿透情况

（引自：Svobodova A，Vostalova J. Solar radiation induced skin damage: review of protective and preventive options. Int J Radiat Biol，2010，86（12）：999-1030.[6]）

人工光源若能释放出特定波长的 UV 并达到一定强度时，也能引起上述的相似反应。

（3）影响因素　能到达地球表面的 UV 辐射量，受多种因素的影响，如大气层、地球纬度、季节、一天中的时段、海拔以及周围环境等。

大气层：太阳辐射通过大气层时，大气中某些成分，如水汽、二氧化碳、氧、臭氧及固体杂质等，具有选择吸收一定波长辐射能的特性，其中臭氧层对 UV 具有很强的吸收作用。臭氧层可几乎完全吸收来自太阳辐射的 UVC 及 90% 的 UVB，对 UVA 的影响较小，故臭氧层对地球上生物的生存发挥着极其重要的作用。近些年来，随着大气的污染，臭氧正在被逐渐消耗，其直接后果导致到达地面的 UV，尤其是 UVB 的量显著增加。当臭氧水平降低 1% 时，到达地球表面的 UV 就增加 2%，导致皮肤癌的发生率增加 4%，白内障的发生率增加 0.3%[7]。

地球纬度：低纬度地区一年各季太阳高度角都很大，地面得到的直接 UV 辐射比中、高纬度地区强很多。

季节：一年中,夏季太阳与地球的距离最近,到达地面的 UV 包括 UVA 和 UVB 强度较高；而冬季太阳与地球的距离较远，辐射到地面的主要是 UVA。

时段：在一天之中，日出、日落时太阳高度角最小，直接 UV 辐射最弱；中午太阳高度角最大，直接 UV 辐射最强。在上午 9 点之前与下午 3 点之后，UV 辐射强度较低，仅相当中午的 25% 左右[7]。

海拔：海拔越高，人体接受的 UV 辐射越强。

其他：在开阔地带所受到的 UV 辐射量大于有植物区域，因植物对 UV 有吸收及散射作用。周围环境的反射作用对 UV 的辐射也有较大影响，如人们在海滩、水边、雪地等处会受到更大剂量的 UV 辐射。

2. 紫外线对皮肤的损伤

UV 能导致皮肤多种类型的损伤[7-8,10]，最常见的有以下几种：

（1）紫外线红斑　UV 辐射后在皮肤局部引发的一种光毒性反应，又被称为皮肤日晒红斑、日晒伤及皮肤日光灼伤等。根据红斑出现的时间分为立即性红斑和延迟性红斑。立即性红斑，在 UV 辐射期间或数分钟内发生，呈弱红斑，一般持续 1~2 小时后很快消失[7]。延迟性红斑，在 UV 辐射后 2~10 小时开始出现，并逐渐增强，在 12~24 小时达到高峰；红斑可持续数小时，重者可达数天；辐射剂量大时，红斑消退后局部遗留色素沉着与脱屑[7-8]。

红斑为一种非特异性急性炎症反应，真皮内血管反应是产生红斑的基础。

UV 红斑效应以 UVB 最强，而 UVA 很弱，但后者可引起明显的色素沉着。由于到达地球表面的 UVA 含量是 UVB 的 10 倍以上，故其作用仍十分重要。

（2）日晒黑化[7]　又称日晒黑，是指日光或人工光源 UV 照射皮肤后，引起的皮肤色素沉着增多表现为肤色变黑。皮肤黑化的程度是由基因决定的，与黑素细胞产生黑色素的能力、每个黑素小体中黑色素的量及黑素小体的分布相关。

不同波长的 UV 能引起不同的色素反应，一般分为即刻色素沉着、持续性黑化及延迟性色素沉着。即刻色素沉着，是暴露于 UVA 及直至波长为 470nm 的可见光后，所产生的即刻晒黑反应，是照射后被照射部位立即发生的一种色素沉着，持续数分钟至数小时，在 24 小时内可消退。持续性黑化，其诱发光谱同即刻色素沉着的光谱，当暴露于 UV 的剂量足够大时，所产生的可持续 2 小时的棕黑色色素沉着，数小时后仍较稳定。延迟性色素沉着，其诱发光谱为 UVA 和 UVB，当皮肤被 UV 照射后数小时至数天（一般为 3~5 天）后出现的灰黑至棕黑色色素沉着，常持续数周至数月后消退。

（3）光老化[7,11-12]　皮肤老化可分为自然老化和外源性老化。自然老化是由遗传因素与机体自身衰老而引起的固有性老化。外源性老化与外界环境因素，如紫外线照射、风吹、接触化学物质等相关，其中 UV 照射是环境中影响皮肤老化最重要的因素，故外源性老化最常见的是光老化。

长期暴露于 UV（日光浴及用紫外线治疗皮肤病）的结果促进光老化的发生。光老化皮肤有明显的特征性变化，是真皮层成分的变化，真皮弹性纤维变性、胶原束减少。表现为暴露部位的皮肤松弛、皱缩、粗糙、皮嵴隆起，以及不规则色素沉着斑和毛细血管扩张等。

引起光老化的光谱主要为 UVB，但由于日光中 UVA 的量是 UVB 的 500~1000 倍，且 UVA 到达真皮的量和深度也远高于 UVB，故 UVA 在光老化过程起主要作用。

（4）光敏反应[7]　光敏反应是人类皮肤对光线的异常反应，依作用机制分为光毒性反应和光变态反应。

光毒性反应：分为急性光毒性反应和慢性光毒性反应两种。急性光毒性反应发病急，病程短，消退快，一般从暴晒后数分钟到 2～6 小时后开始，经数小时至数天达最高峰。主要表现为光暴露部位晒斑反应，出现边界清楚的红斑、水肿，重者出现水疱，然后可出现脱屑、色素沉着，自觉有烧灼感和触痛。慢性光毒性反应，表现为皮肤粗糙、松弛，皮嵴隆起，皮沟凹陷，可出现黄褐色色素沉着或色素减退，皮肤脆性大，轻微创伤即可损伤皮肤，遗留特征性星状瘢痕。

光变态反应：是一种免疫反应，是光能参与下淋巴细胞介导的迟发性超敏反应。光变态反应仅发生在具有光敏感体质的少数人。光变态反应亦可分为速发型和迟发型，速发型光变态反应皮损主要表现为日光照射后即刻出现的风团。而迟发型光变态反应主要表现为丘疹、水疱等湿疹样反应，可遗留轻微色素沉着。后者病程常迁延不愈，可持续数月或更久，反复发作。

引起光敏反应的光谱为 UVA、UVB 和可见光。

（5）光致癌作用　过度的 UV 照射是导致皮肤癌发生的重要因素之一。皮肤癌是表皮角质形成细胞的恶性增生，主要包括基底细胞癌和鳞状细胞癌。UV 诱导皮肤癌的发生是一个复杂而连续的生物学过程。

不同波段的 UV 对皮肤癌的发生均有一定作用，其中 UVB 的作用最强。UVB 能量较高，其波段位于 DNA、蛋白质的吸收峰附近，能直接被皮肤吸收，引起于 DNA 和蛋白质损伤，故最具致癌性或致突变性[7]。一般 UVA 很难被 DNA 分子直接吸收，但可通过电子转移和产生自由基的方式引起继发性的 DNA 损伤[8]。UVC 的能量虽然很高，但被臭氧层吸收，一般很少到达地面。但近些年，随着臭氧层被逐渐破坏，UVC 在皮肤癌发生中的作用逐渐被重视。

在光致癌过程中，DNA 是 UV 作用的主要靶点，UV 能从不同方面引起 DNA 损伤，通过改变 DNA 的结构直接激活原癌基因[13-14]。UV 照射后，皮肤细胞 DNA 中的碱基直接吸收其光子，尤其容易被具有芳香族杂环碱基吸收，并在同一 DNA 单链的相邻嘧啶碱基间形成嘧啶二聚体，包括环丁烷嘧啶二聚体（CPD）、嘧啶（6-4）嘧啶酮光产物（6-4）PP 及其 Dewar 异构体[7, 15]。其中 CPD 占绝大多数，而（6-4）PP 仅占少数，这两种嘧啶二聚体是最主要的 DNA 光损伤产物，是导致细胞突变频率增加的重要前提，亦是光源性皮肤肿瘤发生的物质基础，其可由核苷酸切除修复（NER）途径清除。

3. 紫外线诱导的炎症反应

UV 诱导的炎症反应比较复杂，包括一系列相互关联的反应。UV 暴露能促进皮肤血流量增加，炎性细胞（巨噬细胞和中性粒细胞）浸润，刺激磷脂酶激活和环氧酶 -2 活性，增加前列腺素的合成。前列腺素和 NO 的生成增加，进一步促进了白细胞的浸润和脂质过氧化程度，并在 TNF-α、NF-κB 和细胞因子的作用下进一步加强。大量 ROS/RNS 的产生，诱发氧化应激，促进了炎症反应过程[16]。在 UV 诱导的炎症反应中，NO 和淋巴细胞起着重要作用。

（1）NO　NO 是重要的信号分子，在皮肤生理过程中发挥特定的作用。正常时，机体只产生较低浓度的 NO，但 UV 照射后，体内 NO 的浓度增高。多数 NO 为炎症细胞产生，主要是巨噬细胞，但成纤维细胞、角质细胞、黑色素细胞、朗格汉斯细胞和内皮细胞等[17]。NO 参与某些病理过程，如日晒伤、红斑及炎症反应扩大过程。此外，NO 在调节皮肤内稳态方面具有重要作用。

（2）淋巴细胞（lymphocytes，LC）　LC 是皮肤中主要的抗原递呈细胞，在皮肤免疫应答过程发挥重要作用。UV 暴露导致 LC 减少，可能是因其从皮肤迁移到淋巴结中；此外，UV

光子损伤 LC 的抗原提呈的能力，抗原提呈可能被光产物以及免疫抑制作用的细胞因子，例如 IL-10 等所干扰[18]。

UVA 和 UVB 能损伤免疫系统。UV 暴露抑制多种免疫反应，包括对化学物半抗原的接触性高敏感反应和对病毒、细菌和真菌抗原的迟发型过敏反应[18]。

（三）皮肤光损伤的防御系统

皮肤能通过复杂的防御系统抵御 UV 的损伤，包括通过皮肤中的抗氧化系统、黑素细胞和皮肤增厚等途径。抗氧化系统能清除自由基，并通过修复机制实现受损细胞的自我修复[19, 20]。当损伤过于严重时，表皮细胞还能启动凋亡机制，引发细胞凋亡，防止癌变的发生。

1. 抗氧化系统

皮肤细胞存在天然的抗氧化系统，当太阳 UV 辐射时，能直接中和辐射产生的自由基[6, 21]。皮肤中的抗氧化系统主要包括抗氧化酶类和非酶类小分子抗氧化物[6]。抗氧化酶类主要包括 GSH-Px 和还原酶、SOD 及 CAT 等。非酶类小分子抗氧化物，包括谷胱甘肽、泛醌、硫辛酸等，及来源于食物的一些营养素或化合物，如维生素 E、维生素 C、类胡萝卜素和多酚类化合物。小分子抗氧化物依其结构与性质分为存在于细胞膜的亲脂性物质和存在于胞浆中的亲水性物质。这些物质能直接地（提供电子）或间接地（螯合过渡金属）与 ROS/RNS 作用[22]。他们的物理/化学特性增加了皮肤对 UV 损伤的保护作用。

2. 黑素细胞

在暴露于太阳照射后，皮肤中的黑素细胞能产生和沉积黑色素。黑色素的沉积过程即皮肤被晒黑的过程，同时，黑色素能吸收 UV，从而减少 UV 对皮肤的损伤，起到保护皮肤的作用[5, 6-7]。

3. 皮肤增厚

表皮底部的细胞在受到太阳过度辐射后，表现出活跃的有丝分裂，该过程被称为增生。增生导致表皮增厚，从而增加光线到达皮肤底层的路径，减少了皮肤细胞所受到的损伤[5, 7]。当损伤过度时，皮肤细胞能通过凋亡和坏死的方式将其脱落。然而，在一生中，光损伤累积到一定程度将会导致皮肤老化，甚至皮肤癌的发生[8, 13-14]。

上述的几种保护机制中，仅抗氧化系统能在 UV 辐射时提供直接地、即时地防护。但 UV 辐射也能导致这些抗氧化物的抗氧化能力下降[19]，因为抗氧化物在抵御 UV 光损伤过程中自身在逐渐消耗。另外两种保护方法，包括黑色素沉积和皮肤增厚，是对皮肤光损伤的一种迟发性保护过程，无法对 UV 辐射及其导致的损伤做出即刻的反应和防护。因此，皮肤抗氧化系统和能力成为抵御皮肤 UV 光损伤的重要防线，见图 6-5-3。

二、皮肤中的叶黄素与其他类胡萝卜素

（一）皮肤中叶黄素与类胡萝卜素的含量

20 世纪末，研究者们就十分关注人皮肤中营养素和类胡萝卜素的含量与分布。Hata 和 Peng 等分别对此进行了研究和报道，结果见表 6-5-1[24-25]。

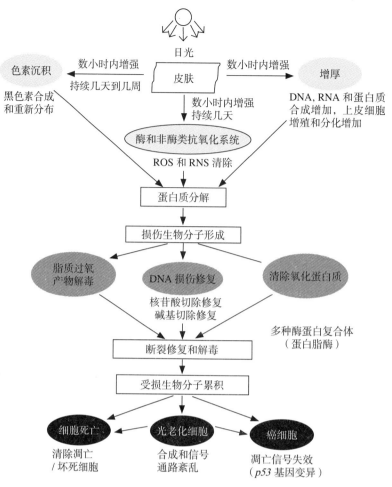

图 6-5-3　皮肤光损伤的内源性防护机制

（引自：Svobodova A，Vostalova J. Solar radiation induced skin damage： review of protective and preventive options. Int J Radiat Biol，2010，86（12）：999-1030.[6]）

表 6-5-1　皮肤中各种类胡萝卜素含量（ng/g 组织湿重）

抗氧化物质和皮肤位置	皮肤浓度（纳摩尔/克湿重）
类胡萝卜素	
表皮和真皮[a]	
β-胡萝卜素	0.05 ± 0.04
α-胡萝卜素	0.02 ± 0.01
番茄红素	0.13 ± 0.10
八氢番茄红素	0.12 ± 0.04
六氢番茄红素	0.03 ± 0.02
表皮和真皮[b]	
β-胡萝卜素	0.11 ± 0.01
α-胡萝卜素	0.01 ± 0.01
番茄红素	0.22 ± 0.01
叶黄素	0.03 ± 0.01

[a]Hata TR, Scholz TA, Ermakov IV ,et al. Non-invasive raman spectroscopic detection of carotenoids in human skin. J Invest Dermatol ,2000, 115(3)：441-448[24].

[b]Peng YM, Peng YS, Lin Y. A nonsaponification method for the determination of carotenoids, retinoids, and tocopherols in solid human tissues. Cancer Epidemiol Biomarkers Prev, 1993, 2(2)：139-144[25].

类胡萝卜素的种类很多，但人皮肤中的类胡萝卜素主要有叶黄素、β-胡萝卜素、番茄红素和α-胡萝卜素等。

人皮肤中叶黄素的含量为 0.03±0.01 ng/g 组织湿重[25]，其含量仅次于β-胡萝卜素和番茄红素，居各种类胡萝卜素中的第三位。此外，皮肤中还含有少量的叶黄素酯，含量约为游离叶黄素的 1/10[26]。尽管叶黄素并非皮肤中含量最高的类胡萝卜素，但因其对蓝光的特异性吸收作用，使其既能防护皮肤的 UV 光损伤，还能减少蓝光诱导的损伤[27]，在人类皮肤光损伤防护中具有特殊的意义和重要性。

皮肤中的叶黄素和其他类胡萝卜素主要分布在表皮，这与它们到达皮肤表面的方式有关[23]。类胡萝卜素通过汗液转运至皮肤表面，随后如同局部用药一样，由外向内渗透。因此，在汗腺发达的部位，如手掌、足底和额头类胡萝卜素的含量相对较高[26]。

（二）皮肤中叶黄素与类胡萝卜素含量的影响因素

皮肤中的叶黄素和其他类胡萝卜素主要来源于膳食，其含量受膳食因素和季节等因素的影响[28]。影响皮肤中叶黄素含量的膳食因素，包括膳食中蔬菜水果的摄入量、蔬菜水果的新鲜度和成熟度。关于季节因素的影响，在一般情况下，一年中，皮肤中的叶黄素和其他类胡萝卜素的含量夏秋季节较高，春冬季节较低，这与膳食种类和膳食成分随季节性变化有关（图6-5-4）[23]。此外，天气寒冷、机体应激状况（如疾病）、日光辐射、酗酒或睡眠不足等，均会使皮肤中叶黄素和其他类胡萝卜素含量下降，特别在熬夜、酗酒、吸烟及睡眠不足同时存在时，皮肤中类胡萝卜素含量下降最大[9,29]。因此，皮肤中类胡萝卜素的含量在一定程度上也间接地反映了人们的生活方式。

UV 照射能显著影响皮肤中叶黄素和类胡萝卜素的含量。UV 照射后，皮肤中β-胡萝卜素和番茄红素浓度下降最大，接近 35%±5%；但两者下降的时间存在一定差异，番茄红素下降速度相对较快，在照射后 30 分钟内即出现下降，照射 1.5~3 小时后达到最低值；β-胡萝卜

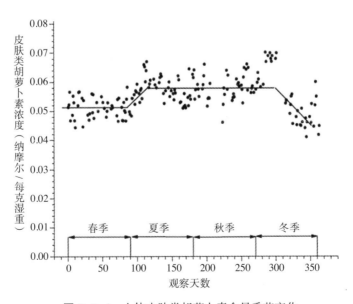

图 6-5-4　人体皮肤类胡萝卜素含量季节变化

（引自：Lademann J，Meinke MC，Sterry W，et al. Carotenoids in human skin. Exp Dermatol 2011;20（5）:377-382[23].)

素则在照射后 30~90 分钟内依然保持不变,然后才如同番茄红素一样出现下降[30]。这种反应时间上的差异,可能与两者的结构及对自由基淬灭反应的效率不同相关[31]。在照射后 2~4 天,皮肤中的类胡萝卜素能逐渐恢复到照射前水平。

生理条件下,皮肤中叶黄素和其他类胡萝卜素的含量还受吸收、分布、代谢、排泄等因素的影响。同时,局部使用叶黄素及类胡萝卜素与膳食摄入途径对其在皮肤中含量的效果相近[21]。

三、叶黄素与紫外线皮肤光损伤

在人体内,叶黄素/玉米黄素主要分布在光暴露的组织和器官中,即皮肤和视器官,也可以认为皮肤和视器官是叶黄素/玉米黄素的靶组织或靶器官。皮肤是人体与光接触面积最大的组织,叶黄素/玉米黄素这种分布规律和特点与其生物学功能的发挥密切相关。

虽然,人类研究叶黄素/玉米黄素在抵御皮肤光损伤中的作用,已至少 30 年,但仅在近些年,才认定叶黄素和玉米黄素对 UV 皮肤光损伤中的防护作用与效果[32]。

(一)体外实验

采用体外细胞培养实验,能直接观察叶黄素对 UV 诱发细胞损伤的作用与效果,该方法易行,效果直观。

研究者采用大鼠肾成纤维细胞体外培养研究,结果发现,叶黄素能抑制 UVA 照射诱导的肾成纤维细胞氧化损伤,并能减少抗氧化酶包括过氧化氢酶、SOD 的活性下降[33]。Chopra 等经体外细胞培养实验亦表明,叶黄素具有清除自由基的作用[34]。当研究者采用人晶状体上皮细胞培养,并用叶黄素对细胞进行预处理,结果显示,叶黄素降低了 UVB 诱导的脂质过氧化反应,并能控制细胞信号转导通路 p38 和 JNK 途径的激活[35]。Philips 等的研究证实,叶黄素能显著抑制与衰老和癌症发生密切相关的基质金属蛋白酶(MMP-1)在皮肤成纤维细胞和黑素细胞中的表达、转录,并对 UVA、UVB 辐射暴露的人皮肤成纤维细胞具有保护作用,提高成纤维细胞的活力,保护细胞膜的完整性[36]。在 Eichler 的研究中,采用人皮肤成纤维细胞体外培养,发现叶黄素等能抑制 40%~50% 的 UVB 诱导的脂质过氧化物的产生[37]。近期的一项研究同样证实,叶黄素及其复合物能抑制 UVA 诱导的成纤维细胞光老化反应[38]。

体外细胞培养试验的结果,表明了叶黄素对 UVA 和 UVB 导致的皮肤细胞光氧化损伤和光老化具有保护作用,这些研究结果,为证明叶黄素对皮肤的保护作用提供了直接证据。

(二)动物实验

采用动物体内实验的方法,观察叶黄素对 UV 诱导的皮肤光损伤的作用与效果已有不少相关研究。Astner 等,在观察叶黄素/玉米黄素对 UV 诱发的慢性皮肤光老化和光致癌的研究中,分别给予雌性 SKH-1 裸鼠叶黄素/玉米黄素补充饲料及普通饲料(未补充叶黄素/玉米黄素),将裸鼠背部皮肤分别暴露于能导致光老化的累积剂量为 16000 mJ/cm² 的 UVB 照射及能导致光致癌的累积剂量为 30200 mJ/cm² 的 UVB 照射,每周进行观察,最后一次紫外线暴露后 24 小时处死动物,分别检测光老化实验指标和光致癌实验指标,结果显示,在光老化试验中,给予饲喂叶黄素/玉米黄素的裸鼠皮褶厚度与浸润肥大细胞的数量显著低于对照组;在光致癌试验中,补充叶黄素/玉米黄素组与对照组比较,叶黄素/玉米黄素分别增加了裸鼠无瘤生存时间，肿瘤的多样性和肿瘤总体积下降[39]。该研究表明，膳食补充叶黄素/玉米黄素，能保护UV照射导致的光老化和光致癌过程。

研究者采用雌性SKH-1裸鼠，用富含0.4%的叶黄素和0.04%玉米黄素的饲料饲喂，观察裸鼠对于UVB辐射诱导的皮肤炎症反应，结果显示，给予叶黄素和玉米黄素后，显著性降低了皮肤的水肿反应，此外，膳食类胡萝卜素能显著减低UVB诱导增殖细胞核抗原的百分比及溴脱氧尿苷，表明叶黄素和玉米黄素能降低急性炎症反应和紫外线诱发的过度增殖性反应[40]。随后，Lee等用叶黄素喂饲小鼠后，取得了与上述研究相似的结果，叶黄素不仅能抑制其皮肤表面ROS的产生，还能减少UVB辐射引致的炎症和免疫抑制[41]。Dinkova等对反复暴露于UVB辐射的SKH-1裸鼠，连续饲喂西兰花嫩芽提取物，结果发现，与对照组相比，其皮肤癌的发生率、多重性以及癌变面积分别减少了25%、47%和70%[42]。众所周知，在西兰花中含有丰富的叶黄素等类胡萝卜素，该研究结果进一步证明了叶黄素类对SKH-1裸鼠UV辐射引起的皮肤癌具有保护作用。给小鼠饮用枸杞汁，能通过抗氧化途径保护实验动物免受紫外线辐射引起的皮肤损伤[43]，因为在枸杞中含有丰富的玉米黄素。

动物实验研究表明，给予叶黄素补充具有防护紫外线诱导的损伤的作用。但仍然需要人群研究的数据进一步证实。

（三）流行病学调查

叶黄素与UV皮肤光损伤的人群流行病学调查，结果尚不一致。一些研究显示，叶黄素/玉米黄素能预防和缓解UV导致的皮肤老化，并能降低皮肤相关癌症发生的风险。

在日本，进行的一项关于女性皮肤老化的横断面调查，结果显示，绿色和黄色蔬菜的摄入量与皮肤皱纹的发生率呈显著负相关，并认为叶黄素可能与预防细胞外基质胶原的断裂有关[44]。同时发现，绿叶蔬菜摄入量与患皮肤癌的风险下降存在一定的相关性，增加蔬菜和水果的摄入量，能使患鳞状细胞癌的风险下降54%，这种效应在绿叶蔬菜摄入量较高的人群中最明显[44]。Heinen的研究也表明，膳食中绿色蔬菜摄入量较高的人群（每周至少3次），患表皮黑色素瘤的风险下降，且有皮肤癌病史的个体，膳食中较高的叶黄素/玉米黄素摄入量与降低鳞状细胞癌的发病风险高度相关[45]。因为，绿叶蔬菜和橙黄色的瓜果是叶黄素/玉米黄素最主要的食物来源。

对此，亦有不一致的结果，认为膳食叶黄素/玉米黄素与鳞癌或基底细胞癌无关，甚至膳食叶黄素/玉米黄素摄入量与具有基底细胞癌患病史的个体中鳞癌发病风险呈正相关[46]。分析结果不一致的原因，可能与对个体膳食叶黄素摄入量的评价或个体皮肤叶黄素累积的效率不一致有关。

（四）干预研究

干预研究是对流行病学调查结果的验证。研究者给予受试对象口服24 mg类胡萝卜素（包括8 mg/d的β-胡萝卜素、叶黄素和番茄红素），6周后能改善UV诱导的红斑效应[46]。Segger等进行的随机双盲-安慰剂对照研究，结果显示，采用含有叶黄素的类胡萝卜及其他抗氧化剂干预，能改善女性皮肤的弹性和光滑度，减少皮肤粗糙的发生[47]，并能降低皮肤表面脂质过氧化物水平和改善皮肤含水量[48]。

上述的研究结果是复合抗氧化剂在皮肤健康中的作用，为了证实叶黄素在其中的作用，Palombo等，募集了25～50岁健康女性为受试对象，采用随机双盲-安慰剂对照的方法，实施叶黄素/玉米黄素经口服（10 mg/d 叶黄素 +0.6 mg/d 玉米黄素）、局部外用（叶黄素 100 mg/（L·d），玉米黄素 4 mg/（L·d）和二者组合的方式给予受试对象，连续 12 周，检测皮肤 5 项生理指标（表面皮脂、水合程度、光保护效应、皮肤弹性、皮肤脂质过氧化），观察对女性皮肤的作用与效果；结果显示，单独口服、局部外用均能显著改善皮肤的上述生理指标，但以叶黄素/玉米黄素口服和局部外用结合的方式对皮肤的抗氧化保护效果最佳；同时还证实，叶黄素经口服比局部外用途径对 UV 光辐射导致的脂质过氧化及对皮肤氧化光损伤具有更佳的防护效果[49]。

干预研究的结果表明，叶黄素对紫外线皮肤光损伤具有明显的保护作用，经口摄入和经皮肤局部外用均能收到一定的效果。

除叶黄素外，其他类胡萝卜素、抗氧化营养素及植物化学物等对 UV 皮肤光损伤亦有一定作用，有助于防止过量的光辐射对人类皮肤的损伤。研究显示，类胡萝卜素是有效的 UV 皮肤光损伤防护剂，补充天然类胡萝卜素能保护人体皮肤免受 UVA 和 UVB 诱导的红斑反应[50-51]。类胡萝卜素中的 β-胡萝卜素和番茄红素在皮肤中的含量很高，二者亦能抵御 UV 引起的皮肤红斑反应[52]。志愿者经膳食干预类胡萝卜素及黄酮类 10～12 周后，发现他们对 UV 引起的皮肤红斑的敏感性下降，并认为类胡萝卜素的干预时间至少需要 10 周，通过经常性摄入含类胡萝卜素丰富的食物，可能对 UV 皮肤光损伤有终身保护作用[53]。Meinke 等，在研究中，给予志愿者膳食补充甘蓝粗提取物（含多种类胡萝卜素，叶黄素 2.2mg），连续 8 周；结果显示，补充类胡萝卜素（包含叶黄素）能增强皮肤猝灭自由基的能力，减少皮肤表面自由基的形成，同时增加皮脂和神经酰胺含量，增强了皮肤保湿的作用[54]。

无论是经膳食途径补充，还是局部外用，叶黄素和其他类胡萝卜素均对 UV 诱导的皮肤氧化应激损伤有明显的改善效果[48]。他们还可能作为 UV 辐射的吸收剂、抗氧化剂或可调节其信号转导途径发挥作用[55]。

四、叶黄素对紫外线皮肤光损伤预防与治疗的机制

皮肤在 UV 和短波可见光的辐射下，能产生自由基，引发脂质过氧化反应，并能损伤机体生物大分子。在皮肤光损伤过程中，主要的自由基为单线态氧（$^1O_2$）和羟自由基（·OH）。$^1O_2$ 能通过转移其激发能或氧化反应与生物分子相互作用，从而损伤皮肤。

目前认为，叶黄素对皮肤光损伤防护作用的可能机制主要通过光吸收和抗氧化机制。

（一）光吸收机制

叶黄素的分子结构是含有 40 个碳原子的共轭多烯链，其主链上单双键交替，形成有 9 个共轭双键。凡是具有共轭多烯链的类胡萝卜素都有光吸收的特性，最大吸收波长取决于共轭多烯链的长度，同时，还受其末端基团的类别与性质及分子构型的影响[27]。在人皮肤中，含有的叶黄素、β-胡萝卜素、番茄红素等类胡萝卜素都具有共轭多烯链结构[24-25]，因此，都具有光吸收的特性。但叶黄素在人类皮肤光损伤防护中具有特殊的意义和重要性，因为，一方面，叶黄素具有吸收可见光的作用，其最大吸收波长在蓝光区，滤过蓝光的效率最高，接近 40%[56]，能通过吸收到达皮肤的蓝光减少其诱导的损伤[27]；另一方面，叶黄素具有吸收 UV 和其他短波长光的作用[55,57]，从而减少 UV 和可见光对皮肤的损伤。

（二）抗氧化机制

叶黄素在皮肤中的抗氧化机制与在其他组织中的抗氧化机制不同。在皮肤中，叶黄素主要通过物理淬灭自由基的方式发挥抗氧化作用[58]。在这个过程中，激发态氧分子中的能量被转移到叶黄素中，叶黄素通过分子的旋转和振动，将能量通过热能的形式散发到周围环境，自身重新回到基态[57]。在物理淬灭自由基的过程中，叶黄素分子结构没有被破坏，能循环作用，进入下一个循环继续发挥淬灭自由基的功效。

此外，叶黄素还能通过化学淬灭自由基的方式发挥抗氧化作用，即通过分解淬灭自由基，但该种方式所占比例很小小，约占抗氧化反应中的0.05%[59]。

（徐贤荣　林晓明）

参考文献

[1] Kanitakis J. Anatomy, histology and immunohistochemistry of normal human skin[J]. Eur J Dermatol,2002, 12(4): 390-399; quiz 400-401.

[2] Junqueira LC, Carneiro J, Kelley RO. Basic histology[M]. Arch Biochem Biophys. Norwalk: Prentice Hall International Inc, 1992: 339-351.

[3] Monteiro-Riviere NA. Anatomical factors affecting barrier function[M]. Dermatotoxicology, ed. Zhai HB and Maibach HI. Danvers, MA: CRC Press LLC, 2004: 43-70.

[4] Thiele JJ SC, Hsieh SN, Podda M, et al. The antioxidant network of the stratum corneum[J]. Curr Probl Dermatol, 2001,29: 26-42..

[5] Tsatmali M, Ancans J, Thody AJ. Melanocyte function and its control by melanocortin peptides[J]. J Histochem Cytochem,2002, 50(2): 125-133.

[6] Svobodova A, Vostalova J. Solar radiation induced skin damage: review of protective and preventive options[J]. Int J Radiat Biol,2010, 86(12): 999-1030.

[7] 顾恒,常宝珠,陈崑.光皮肤病学[M].北京:人民军医出版社,2009.

[8] Ichihashi M, Ueda M, Budiyanto A, et al. UV-induced skin damage[J].Toxicology, 2003, 189 : 21-39.

[9] Shindo Y, Witt E, Han D, et al. Dose-response effects of acute ultraviolet irradiation on antioxidants and molecular markers of oxidation in murine epidermis and dermis[J]. J Invest Dermatol,1994, 102(4): 470-475.

[10] Svobodova A, Walterova D, Vostalova J. Ultraviolet light induced alteration to the skin[J]. Biomed Pap Med Fac Univ Palacky Olomouc Czech Repub,2006, 150(1): 25-38.

[11] Baumann L. Skin ageing and its treatment[J]. J Pathol,2007, 211(2): 241-251.

[12] Mun S, Lee KE, Pyun H, et al. Anti-photoaging Effect of Siegesbeckia orientalis L. on UV-induced Damage in Human Skin Fibroblast[J].한국식품영양과학회산업심포지움발표집, 2011,10: 402-402.

[13] Afaq F, Katiyar S K. Dietary phytochemicals and chemoprevention of solar ultraviolet radiation-induced skin cancer[M].Nutraceuticals and Cancer. Springer Netherlands, 2012, 295-321.

[14] Halliday GM. Inflammation, gene mutation and photoimmunosuppression in response to UVR-induced oxidative damage contributes to photocarcinogenesis[J]. Mutat Res,2005,571(1-2): 107-120.

[15] Yarosh D, Alas LG, Yee V, et al. Pyrimidine Dimer Removal Enhanced by DNA Repair Liposomes Reduces the Incidence of UV Skin Cancer in Mice[J]. Cancer Res, 1992,52: 4227-4231.

[16] Katiyar SK. UV-induced immune suppression and photocarcinogenesis: chemoprevention by dietary botanical agents[J]. Cancer Lett,2007, 255(1): 1-11.

[17] Witte MB, Barbul A. Role of nitric oxide in wound repair[J]. Am J Surg ,2002, 183(4): 406-412.

[18] Kochevar I, Pathak M, Parrish J. Photophysics, photochemistry and photobiology[M]. 5th ed. Fitzpatrick's dermatology in general medicine., ed. Freedberg IM EA, Wolff K,et al. New York: McGraw-Hil. 1999: 220-229.

[19] Pinnell SR. Cutaneous photodamage, oxidative stress, and topical antioxidant protection[J]. J Am Acad Dermatol,2003, 48(1): 1-19; quiz 20-22.
[20] Thiele JJ, Traber MG, Packer L. Depletion of human stratum corneum vitamin E: an early and sensitive in vivo marker of UV induced photo-oxidation[J]. J Invest Dermatol,1998, 110(5): 756-761.
[21] Blume-Peytavi U, Rolland A, Darvin ME, et al. Cutaneous lycopene and beta-carotene levels measured by resonance Raman spectroscopy: high reliability and sensitivity to oral lactolycopene deprivation and supplementation[J]. Eur J Pharm Biopharm,2009, 73(1): 187-194.
[22] Hadgraft J. Modulation of the barrier function of the skin[J]. Skin Pharmacol Appl Skin Physiol,2001, 14 Suppl 1: 72-81.
[23] Lademann J, Meinke MC, Sterry W, et al. Carotenoids in human skin[J]. Exp Dermatol,2010, 20(5): 377-382.
[24] Hata TR, Scholz TA, Ermakov IV ,et al. Non-invasive raman spectroscopic detection of carotenoids in human skin[J]. J Invest Dermatol 2000,115(3): 441-448.
[25] Peng YM, Peng YS, Lin Y. A nonsaponification method for the determination of carotenoids, retinoids, and tocopherols in solid human tissues[J]. Cancer Epidemiol Biomarkers Prev,1993, 2(2): 139-144.
[26] Darvin ME, Patzelt A, Knorr F, et al. One-year study on the variation of carotenoid antioxidant substances in living human skin: influence of dietary supplementation and stress factors[J]. J Biomed Opt,2008, 13(4): 044028.
[27] Alves-Rodrigues A , Shao A. The science behind lutein[J]. Toxicol Lett,2004,150(1): 57-83.
[28] Jiang SJ, Chu AW, Lu ZF, et al. Ultraviolet B-induced alterations of the skin barrier and epidermal calcium gradient[J]. Exp Dermatol,2007, 16(12): 985-992.
[29] Ribaya-Mercado JD, Garmyn M, Gilchrest BA, et al. Skin lycopene is destroyed preferentially over beta-carotene during ultraviolet irradiation in humans[J]. J Nutr,1995, 125(7): 1854-1859.
[30] Peng YM, Peng YS, Lin Y. A nonsaponification method for the determination of carotenoids, retinoids, and tocopherols in solid human tissues[J]. Cancer Epidemiol Biomarkers Prev,1993, 2(2): 139-144.
[31] Wingerath T, Sies H, Stahl W. Xanthophyll esters in human skin[J]. Arch Biochem Biophys,1998, 355(2): 271-274.
[32] Roberts RL. Lutein, Zeaxanthin, and Skin Health[J]. Am J lifesty Med, 2013,7 (3): 182-185
[33] O'Connor I ,O'Brien N. Modulation of UVA light-induced oxidative stress by beta-carotene, lutein and astaxanthin in cultured fibroblasts[J]. J Dermatol Sci,1998, 16(3): 226-230.
[34] Chopra M, Wilson R, Thurnham S. Free radical scavenging of lutein in vitro[J]. Ann N Y Acad Sci , 1993,691: 246-249.
[35] Chitchumroonchokchai C, Bomser JA, Glamm JE, et al. Xanthophylls and alpha-tocopherol decrease UVB-induced lipid peroxidation and stress signaling in human lens epithelial cells[J]. J Nutr,2004, 134(12): 3225-3232.
[36] Philips N, Keller T, Hendrix C, et al. Regulation of the extracellular matrix remodeling by lutein in dermal fibroblasts, melanoma cells, and ultraviolet radiation exposed fibroblasts[J]. Arch Dermatol Res,2007, 299(8): 373-379.
[37] Eichler O, Sies H, Stahl W. Divergent optimum levels of lycopene,β-carotene and lutein protecting against UVB irradiation in human fibroblastst[J]. Photochem Photobiol,2002, 75(5): 503-506.
[38] Marotta F, Kumari A, Yadav H, et al. Biomarine Extracts Significantly Protect from Ultraviolet A–Induced Skin Photoaging: An Ex Vivo Study[J]. Rejuvenation Res, 2012,15(2): 157-160.
[39] Astner S, Wu A, Chen J, et al. Dietary Lutein/Zeaxanthin Partially Reduces Photoaging and Photocarcinogenesis in Chronically UVB-Irradiated Skh-1 Hairless Mice[J]. Skin Pharmacol Appl Skin Physiol,2007, 20(6): 283–291.
[40] González S, Astner S, An W,et al. Dietary Lutein/Zeaxanthin Decreases Ultraviolet B-Induced Epidermal Hyperproliferation and Acute Inflammation in Hairless Mice[J]. J Invest Dermatol, 2003, 121(2): 399-405.
[41] Lee EH, Faulhaber D, Hanson KM, et al. Dietary lutein reduces ultraviolet radiation-induced inflammation and immunosuppression[J]. J Invest Dermatol,2004, 122(2): 510-517.
[42] Dinkova-Kostova AT, Fahey JW, Benedict AL, et al. Dietary glucoraphanin-rich broccoli sprout extracts protect against UV radiation-induced skin carcinogenesis in SKH-1 hairless mice[J]. Photochem Photobiol Sci,2010, 9: 597-600.
[43] Reeve VE, Allanson M, Arun SJ, et al. Mice drinking goji berry juice (Lycium barbarum) are protected from UV

radiation-induced skin damage via antioxidant pathways[J]. Photochem Photobiol Sci, 2010, 9: 601-607.

[44] Nagata C, Nakamura K, Wada K, et al. Association of dietary fat, vegetables and antioxidant micronutrients with skin ageing in Japanese women[J]. Br J Nutr,2010, 103(10): 1493-1498.

[45] Heinen MM, Hughes MC, Ibiebele TI, et al. Intake of antioxidant nutrients and the risk of skin cancer[J]. Eur J Cancer,2007, 43(18): 2707-2716.

[46] Heinrich U, Gartner C, Wiebusch M, et al. Supplementation with beta-carotene or a similar amount of mixed carotenoids protects humans from UV-induced erythema[J]. J Nutr,2003, 133(1): 98-101.

[47] Segger D, Schonlau F. Supplementation with Evelle improves skin smoothness and elasticity in a double-blind, placebo-controlled study with 62 women[J]. J Dermatolog Treat,2004, 15(4): 222-226.

[48] Morganti P, Bruno C, Guarneri F, et al. Role of topical and nutritional supplement to modify the oxidative stress[J]. Int J Cosmet Sci,2002, 24(6): 331-339.

[49] Palombo P, Fabrizi G, Ruocco V, et al. Beneficial long-term effects of combined oral/topical antioxidant treatment with the carotenoids lutein and zeaxanthin on human skin: a double-blind, placebo-controlled study[J]. Skin Pharmacol Physiol,2007, 20(4): 199-210.

[50] Lee J, Jiang S, Levine N,et al. Carotenoid Supplementation Reduces Erythema in Human Skin After Simulated Solar Radiation Exposure[J]. Exp Biol Med (Maywood) ,2000, 223 (2): 170-174.

[51] Black H. Radical interception by carotenoids and effects on UV carcinogenesis[J]. Nutr Cancer, 1998, 31: 212-217.

[52] Stahl W, Sies H. Carotenoids and Flavonoids Contribute to Nutritional Protection against Skin Damage from Sunlight[J]. Molecular Biotechnology,2007,37(1): 26-30.

[53] Sies H, Stahla W. Carotenoids and UV Protection[J]. Photochem Photobiol Sci, 2004, 3: 749-752

[54] Meinke MC1, Friedrich A, Tscherch K, et al. Influence of dietary carotenoids on radical scavenging capacity of the skin and skin lipids[J]. Eur J Pharm Biopharm, 2013,84(2): 365-373.

[55] Sies H, Stahl W. Nutritional protection against skin damage from sunlight[J]. Annu Rev Nutr, 2004, 24: 173–200.

[56] Junghans A, Sies H, and Stahl W. Macular pigments lutein and zeaxanthin as blue light filters studied in liposomes[J]. Arch Biochem Biophys,2001, 391(2): 160-164.

[57] Krinsky NI, Landrum JT, Bone RA. Biologic mechanisms of the protective role of lutein and zeaxanthin in the eye[J]. Annu Rev Nutr, 2003, 23: 171-201.

[58] Stahl W, Sies H. Physical quenching of singlet oxygen and cis-trans isomerization of carotenoids[J]. Ann N Y Acad Sci,1993, 691: 10-19.

[59] Stahl W ,Sies H. Antioxidant activity of carotenoids[J]. Mol Aspects Med,2003, 24(6): 345-351.

第六节 癌 症

癌症是一类严重威胁人类生命和健康的疾病。近年来，无论在发达国家还是发展中国家，癌症的发病率和死亡率都呈不断上升趋势。在一些发达国家，已位于死因的第一位或第二位。在我国的不同地区，亦是如此。癌症已成为我国医疗卫生领域防治的重点。

膳食与营养因素能预防多个部位癌症发生的危险性。膳食中多种成分能通过不同的机制和途径，对癌症发挥遏制作用，如膳食中的抗氧化营养素（维生素C、维生素A、维生素E、硒）与抗氧化活性成分（β-胡萝卜素、叶黄素、玉米黄素、番茄红素、多酚类等）能通过为自由基提供电子，而阻止他们对机体的损伤活性，或通过激活其信号转导通路、抗氧化应答单元，使解毒酶的表达上调。

近年来，一些流行病学调查和干预研究的结果显示，叶黄素在预防人类某些癌症的发生和发展中具有一定的作用，对某些癌症具有控制作用。其作用机制主要与其抗氧化活性和免疫保护等生物学功能相关。

一、概述

（一）基本概念

1. 癌、癌症与肿瘤

癌（carcinoma）：是由上皮发生的恶性肿瘤。包括鳞状细胞癌、尿路上皮癌、腺癌和囊腺癌以及基底细胞癌等[1]。

癌症（cancer）：泛指一切恶性肿瘤，包括癌和肉瘤，甚至白血病也可归入该范围，常被用作癌（carcinoma）的同义词。carcinoma与cancer本有不同含义，但中文均译为"癌"，有时会有某种混淆[2]。

肿瘤（tumor, neoplasm）：是机体在各种致瘤因素作用下，引起细胞遗传物质改变（包括原癌基因突变、扩增或抑癌基因丢失、失活等），导致基因表达失常、细胞异常增殖而形成的新生物[3]。

2. 良性肿瘤与恶性肿瘤[2-3]

依据肿瘤的生长特性和对身体危害程度分为良性肿瘤、恶性肿瘤及交界性肿瘤。

良性肿瘤（benign tumor）：无浸润和转移能力的肿瘤。肿瘤通常有包膜，边界清楚，呈膨胀性生长，生长速度缓慢，瘤细胞分化成熟，对机体危害小。

恶性肿瘤（malignant tumor）：具有浸润和转移能力的肿瘤。肿瘤通常无包膜，边界不清，向周围组织浸润性生长，生长速度快，瘤细胞分化不成熟，有不同程度异型性，对机体危害大，常可因复发、转移而导致患者死亡。

交界性肿瘤（borderline tumor）：组织形态和生物学行为介于良性和恶性之间的肿瘤，也可称为中间型肿瘤。这类肿瘤的诊断标准难以确定。

（二）致癌因素

癌症的真正成因虽未定论，但接触致癌物质机会较多的人患癌症的机会亦相对增加。医学界公认，绝大多数癌症的发生是多基因、多因素相互作用导致正常细胞恶变的结果。致癌因素按来源、性质和作用方式分为体内因素（内源性）和环境因素（外源性）两大类。

1. 体内因素[2]

（1）基因突变　包括两类，即遗传性胚系突变与体细胞基因突变。

遗传性胚系突变（germ line mutations）：有少部分（5%~10%）的癌症与单个遗传基因有关，突变来自于卵子或精子DNA，并遗传给后代。带有遗传胚系突变的个体不一定会患上癌症，但与普通人群相比，患癌症的危险性增加。

体细胞基因突变：该种DNA损伤是因暴露于环境或体内致癌因素引起的基因突变，并非来自于卵子或精子的DNA，不遗传给后代。

（2）氧化应激　机体在氧化代谢过程产生的ROS，当机体清除或抑制ROS损伤的机制削弱或失衡时，ROS活性增强，引起DNA的氧化损伤，导致基因突变，诱发癌症发生。食物中的抗氧化成分，能抵御氧化应激，保护DNA免于损伤，发挥预防癌症的作用。

（3）炎症　慢性炎性体质易患癌症。慢性炎症时，炎症组织被多种炎性细胞浸润并释放生物活性物质，如细胞因子、生长因子、活性氧和活性氮等，促进细胞或组织增殖与分化，抑制凋亡（程序性细胞死亡），损伤DNA，促进癌症发生。

（4）激素　雌激素暴露与女性某些癌症的发生密切相关，特别在月经初潮较早、绝经较迟、不孕育、初次妊娠较晚（>30岁）的女性，能增加患乳腺癌、卵巢癌和子宫内膜癌发生的危险性。

2. 环境因素

环境中的致癌物质主要来源于自然环境和人为环境。人类癌症的80%~90%是环境因素作用的结果[4]。环境因素主要包括化学因素、物理因素、生物性因素及医源性因素，其中化学性致癌物质的种类最多，危害也最大[3]。

国际癌症研究中心（International Agency for Research on Cancer，IARC）将致癌物质分为1类、2A类、2B类、3类及4类。

1类：对人类致癌性证据充分，又曾被称为肯定致癌物。

2A类：对人体致癌的可能性较高，但证据有限，对实验动物致癌性证据充分，又曾被称为可疑致癌物。

2B类：对人体致癌的可能性较低，对实验动物致癌性证据充分，又曾被称为潜在致癌物。

3类为对人体和动物的致癌性证据均不充分或有限。

4类为对人体可能没有致癌性的物质[5]。

（1）化学因素　环境中化学致癌物（chemical carcinogen）的种类很多，依据其与人类肿瘤的关系及IARC对致癌物质进行分类。

1类致癌物：常见的有黄曲霉毒素、砷及砷化物、联苯胺、苯、石棉、2-萘胺、氯乙烯、4-氨基联苯、镉及其化合物、铬化合物（六价）、环磷酰胺、甲醛、2，3，7，8-四氯二苯-对-二噁英（TCDD3）等。

2A类致癌物：常见的有丙烯酰胺、阿霉素、马兜铃酸、苯并（a）芘、氮芥、非那西丁、氯霉素、氯脲菌素、硫酸二甲酯、环氧氯丙烷、甲磺酸甲酯、四氯乙烯、邻甲苯胺、多氯联苯等。

2B 类致癌物：常见的有氯仿、亚硝基脲、四氯化碳、对氯苯胺、丙烯腈、对氨基偶氮苯、三氯化锑、二氯甲烷、乙酰胺、金胺、氯丹、三氯甲烷、二羟蒽醌、DDT 等[5]。

化学致癌物常存在于人们的生活环境中，通过空气、饮食、饮水、药物等途径进入人体内，成为导致人类多种癌症的危险因素。

另外，特别需要关注的是职业性化学致癌物接触人群，他们因职业性接触而发生某种特定的肿瘤。国家卫生和计划生育委员会最新认定的职业性肿瘤有 11 种：石棉所致肺癌、间皮瘤，联苯胺所致膀胱癌，苯所致白血病，氯甲醚、双氯甲醚所致肺癌，砷及其化合物所致肺癌、皮肤癌，氯乙烯所致肝血管肉瘤，焦炉逸散物所致肺癌，六价铬化合物所致肺癌，毛沸石所致肺癌、胸膜间皮瘤，煤焦油、煤焦油沥青、石油沥青所致皮肤癌，β-萘胺所致膀胱癌[6]。

（2）物理因素　按 IARC 对致癌物的分类，1 类致癌物常见的有核素、中子、α 粒子和 β 粒子、X 线、γ 线等，它们具有电离辐射和粒子辐射作用，其致癌机制主要是电离产生自由基，导致 DNA 单链或双链断裂及碱基结构的改变，能导致人类白血病、肺癌、皮肤癌、甲状腺癌、乳腺癌、骨肿瘤、多发性骨髓瘤、淋巴瘤等[5,7]。2A 类致癌物最常见的是紫外线，三个波段（UVA、UVB 和 UVC）的紫外线中，UVB 是作用最强的波段，长时间暴露于紫外线辐射能引起 DNA 损伤，增加皮肤基底细胞癌和鳞状细胞癌的风险[8-9]。

（3）生物因素　生物性致癌因素包括病毒、细菌与寄生虫，其中最主要的是病毒。依据 IARC 分类，1 类致癌物常见的有 EB 病毒（EBV）、乙型肝炎病毒（HBV）、丙型肝炎病毒（HCV）、人乳头瘤病毒（16 型、18 型）、幽门螺杆菌、非洲淋巴细胞瘤病毒、人免疫缺陷病毒等，它们分别与鼻咽癌、肝癌、宫颈癌、胃癌、淋巴癌、艾滋病等密切相关。2A 类致癌物有华支睾吸虫、人乳头瘤病毒（31 型、33 型）、人疱疹病毒等，它们分别与肝癌、胆管癌、鼻咽癌、淋巴癌、宫颈癌等密切相关[5]。

（4）医源性因素　医源性致癌因素指在医学诊断、治疗和预防过程中接触上述致癌性因素或采用上述致癌性物质。近年来，医学诊治过程中的癌症风险问题被引起特别重视。在医学诊断和治疗中，最常见的是采用 X 线（1 类致癌物）检查和放射治疗，长期、反复应用具有射线剂量累加作用，可能增加一些癌症的发病风险。另外，长期使用化疗药物，可能导致第二原发肿瘤，它们具有致癌的远期毒性反应。再有，用人工合成雌激素-己烯雌酚（1 类致癌物）治疗习惯性流产有导致女性阴道透明细胞癌的风险，用含有合成类固醇成分的口服避孕药（1 类致癌物）可能引起肝癌和乳腺癌，以及长期使用雄性激素（2A 类致癌物）可能引起肝癌[3,5]。

（5）食物中的致癌因素　当食物受到环境致癌物的污染时，可成为人类接触致癌物的重要途径。食物中常见的致癌物如下。①真菌与真菌毒素：比较典型的是黄曲霉毒素，主要来源于被污染的谷物和花生及制品。②杂环胺：在高温条件下烹制的肉类产品中形成。③多环芳烃：直接在火焰上烧烤各种肉类、鱼类过程中产生，如烤肉串、烤鸭、烤全羊等。④N-亚硝基化合物：在含有较高量的胺类与硝酸盐或亚硝酸盐的食物或机体内形成，如盐腌、烟熏的肉制品，肉制品中过量添加硝酸盐或亚硝酸盐作为发色剂，超短期盐腌的蔬菜等。⑤砷：食物中的砷主要来源于被砷污染的水和土壤，一般情况下，某些海产品砷含量比较高。⑥丙烯腈、氯乙烯：主要来源于不合格的食品包装材料。⑦酒精：经常或过量饮用含酒精的饮料，增加患肝癌、食管癌、喉癌的危险性[4-5]。

（三）癌症的预防

控制癌症的根本出路在于预防。早在20世纪80年代初，Doll R 等的研究就提出：能通过膳食将癌症的发生率减少1/3，而且非常肯定可以通过戒烟另外使癌症发生率减少1/3[10]。WCRF/AICR 报告，通过合理的食物和营养、有规律的身体活动及避免肥胖能预防30%～40%的癌症，并提出了膳食、营养、身体活动和癌症预防的10项建议[4]。

1. 在正常体重范围内尽可能瘦。
2. 将从事积极的身体活动作为日常生活的一部分。
3. 限制摄入高能量密度的食物，避免含糖饮料。
4. 以植物来源的食物为主。
5. 限制红肉摄入，避免加工的肉制品。
6. 限制含酒精饮料。
7. 限制盐的摄入量，避免发霉的谷类或豆类。
8. 强调通过膳食本身满足营养需要。

特殊建议1：母亲进行哺乳，孩子用母乳喂养。
特殊建议2：癌症幸存者应遵循癌症预防的建议。

上述预防措施，对有效地降低癌症的发病率具有十分重要的意义。

二、叶黄素与癌症

叶黄素在预防人类某些癌症中的作用，研究的结果尚不一致。

近些年来，流行病学调查和人群干预研究的结果表明，膳食叶黄素的摄入量、血液和组织中叶黄素的浓度与多种癌症的发病风险成负相关，提示叶黄素可能与人类某些癌症的发生有关。相关的研究显示，叶黄素对乳腺癌、肺癌、结直肠癌、上消化道癌、宫颈癌、子宫内膜癌、卵巢癌、肾癌及皮肤癌可能具有保护作用。但除了叶黄素/类胡萝卜素与结、直肠癌的关系，研究的结果比较一致外，叶黄素与其他癌症的关系，研究的结果尚不一致。

（一）乳腺癌

关于叶黄素与乳腺癌的关系，人群研究未获得一致的结果。

1. 人群研究

（1）膳食叶黄素与乳腺癌　叶黄素摄入量与乳腺癌的关系可能受激素水平的影响。绝经前女性叶黄素的摄入量与乳腺癌的患病风险相关，而在绝经后的女性中则未发现此关联[11]。在绝经前的女性中，较高的叶黄素摄入量可使患乳腺癌的风险下降21%与53%，在有乳腺癌家族史或吸烟者，这种作用更明显[12]。但也有研究显示，膳食叶黄素摄入量与乳腺癌发病风险间无相关性[13]。中国的一项相关研究报告，也未发现膳食叶黄素/玉米黄素摄入量与乳腺癌之间存在显著性关联[14]。瑞士进行的一项队列研究中，在雌激素受体（estrogen receptor，ER）和孕激素受体（progesterone receptor，PR）双阳性的乳腺癌高危人群中，也未发现膳食叶黄素/玉米黄素的摄入量与乳腺癌之间存在显著性关联[15]。

（2）血清叶黄素与乳腺癌　血清叶黄素的浓度能反映短期内机体叶黄素比较真实的水平。瑞典进行的3个人群队列研究，总体血清叶黄素基线水平与乳腺癌的发生风险未见关联，但进行分层分析时发现，在2个合并的队列中，血清叶黄素水平与绝经前妇女乳腺癌发病风险存在显著负相关[16]。在印度的一项研究显示，在绝经后妇女中，乳腺癌患者体内血清叶黄素水平显著低于非乳腺癌患者[17]。Toniolo等，经长达9年的人群随访研究发现，绝经前妇女血清叶黄素水平最低的个体与血清叶黄素水平最高的个体相比，患乳腺癌的风险增加1倍[18]。大样本的人群随访研究发现，血清叶黄素/玉米黄素水平最高的女性与最低的女性相比，患乳腺癌的风险下降16%[19]。Meta分析的结果表明，人体血清叶黄素浓度每增加25μg/dL，患乳腺癌的风险约下降32%[20]。

此外，叶黄素与乳腺癌的关系可能因癌症发生的阶段而异。在美国哥伦比亚进行的一项病例对照研究显示，总体上血清叶黄素/玉米黄素浓度升高对乳腺癌未见保护作用，但当分析癌症诊断前2年病例人群和对照人群的血清时发现，患乳腺癌风险下降幅度和血清叶黄素/玉米黄素浓度之间的关系达到显著性界值的边缘，血清叶黄素/玉米黄素浓度最高的1/4个体与最低的1/4个体相比，患乳腺癌的风险下降40%[21]。

研究者在新诊断的乳腺癌患者中发现，较高的血清叶黄素水平可能增加雌激素受体（estrogen receptor，ER）阳性状态，能改善激素治疗的应答率和生存时间[22]。但是，前瞻性随访研究发现，叶黄素摄入量与ER阴性患者乳腺癌风险呈负相关，而与ER阳性患者乳腺癌风险未见显著关联[23]，提示非激素依赖型乳腺癌与叶黄素的关联可能更为密切。另外，血清叶黄素对乳腺癌的作用可能与抑癌基因（$p53$）的表达无关，血清叶黄素的浓度与效应之间也未见剂量-反应关系[24]。

（3）脂肪组织叶黄素与乳腺癌　叶黄素是脂溶性化合物，容易分布在人体脂肪组织中。人体脂肪组织中的叶黄素含量，能比较确切地反映机体长期叶黄素的摄入状况。对乳腺癌患者和非乳腺癌者进行乳腺组织活检时发现，乳腺癌患者脂肪组织中叶黄素/玉米黄素含量与乳腺癌风险之间呈负相关，但无显著性意义[25]。而另一项研究则发现，在乳腺癌患者（n=44）乳腺脂肪组织中叶黄素的含量显著低于非乳腺癌者（n=46），差别具有统计学意义[26]。乳腺恶变组织与正常组织相比，叶黄素及其他多种类胡萝卜素的含量均降低[27]。

（4）叶黄素的活性形式　研究者对人乳腺肿瘤（包括良性和恶性）周围脂肪组织进行分析，发现主要的类胡萝卜素是叶黄素环氧化物，如环氧化叶黄素（蒲公英黄素）和玉米黄素5,6,5'6'-双氧化物（紫黄质）；在新生的肿瘤中，主要的类胡萝卜素亦是环氧类胡萝卜素及其他类胡萝卜素，包括叶黄素和玉米黄素[28]。认为类胡萝卜素在氧化后活性可能增强，提示叶黄素可能是以环氧化物的形式发挥抑癌作用[29]。但叶黄素环氧化物只能由叶黄素在体内转化生成，难以经口服补充获得[30]。

2.动物实验

尽管叶黄素与乳腺癌风险之间的关系人群研究的结果尚不一致，但是，体外实验和动物实验的结果均支持叶黄素对乳腺癌的抑制作用。叶黄素能选择性地诱导乳腺突变细胞的凋亡，而对正常细胞无明显影响，且能保护正常乳腺细胞免受化疗剂诱导的细胞凋亡[30]。低剂量的叶黄素能促进小鼠淋巴细胞增殖，降低脂质过氧化物的产生，降低乳腺肿瘤的发生，延长肿瘤潜伏期，并通过选择性地调控细胞凋亡和抑制新生血管形成，抑制小鼠肿瘤的生长，但较高剂量的叶黄素作用效果反而不明显[31]。由此说明，叶黄素的适宜剂量对其发挥作用十分重要，并非剂量越高效果越好。

（二）肺癌

叶黄素与肺癌的关系，研究的结果亦不一致。

1. 人群研究

叶黄素的摄入量与肺癌的关系，亦未获得一致性的结论。在芬兰开展的 ATBC 研究中，经 14 年的随访，发现在男性吸烟者中，叶黄素/玉米黄素摄入量最高的 1/4 人群（中位数：2106 μg/d）与摄入量最低的 1/4 人群（中位数：853 μg/d）相比，患肺癌的风险下降 17%[32]。在病例对照研究中亦发现，叶黄素摄入量较高的人群患肺癌的风险下降 43%~47%，并且呈现剂量-反应关系，该效果在女性中更为明显[33-34]。并发现，叶黄素摄入量是继吸烟之后，影响肺癌发病的第二位因素，能解释 14% 的肺癌风险[35]。

但另外的一些研究显示，叶黄素摄入量与肺癌之间的关系并不明显。在美国的两个大型队列研究中（对 46924 名男性医务工作者的随访研究和 77283 名女性护士的健康研究），均未发现叶黄素摄入量与肺癌发病风险之间的显著关联；在对个体及总队列进行分析，尽管叶黄素摄入量最高的 1/4 人群与叶黄素摄入量最低的 1/4 人群比较，患肺癌的相对危险度更低，但在进行分层分析时，未发现各层之间显著的线性趋势；对不同性别间进行比较，女性的关联程度（$P=0.09$）比男性的关联程度（$P=0.39$）更高[36]。在对随访期为 7~16 年间的 7 个队列研究与分析中，叶黄素/玉米黄素对肺癌的发病风险也未见显著影响[37]。在荷兰进行的一项膳食与癌症的队列研究显示，基线叶黄素/玉米黄素摄入量仅与小细胞和鳞状细胞肺癌之间呈非显著性的负相关性[38]。研究提示，叶黄素降低患肺癌的风险实质上反映的是蔬菜摄入量与肺癌之间的关系，因为在调整蔬菜摄入量后，二者之间的关系变得不显著。在新加坡[39]、芬兰[40]、西班牙[41]进行的相关研究，均未发现叶黄素摄入量与肺癌发病风险之间存在关联。

2. 吸烟与饮酒的影响

叶黄素与肺癌相关性的研究受多种因素影响，其中吸烟和饮酒就是重要的影响因素。在中国上海进行的男性病例对照研究中（209 病例，622 对照），发现诊断前血清叶黄素/玉米黄素水平和随访 12 年后肺癌的风险相关，但是在调整了吸烟因素之后，这个关联就失去了显著性[42]。一项随访 6 年的病例对照研究（108 例肺癌病例，216 对照）发现，在饮酒者中，血清叶黄素/玉米黄素浓度较高者与患肺癌的风险增加有关，对血清叶黄素/玉米黄素浓度最高的 1/4 人群和最低的 1/4 人群比较，患肺癌的风险增加了 1.3 倍；相反，在不饮酒者中，血清叶黄素/玉米黄素浓度较高者与患肺癌的风险下降有关，在血清叶黄素/玉米黄素浓度最高的 1/4 人群与最低的 1/4 人群比较，患肺癌的风险下降 70%[43]。近年的一项研究显示，在吸烟者中，长期服用叶黄素补充剂会增加肺癌的发病风险[44]。因此，在吸烟和饮酒的人群中，服用叶黄素补充剂可能需要慎重。

（三）结、直肠癌

叶黄素与结、直肠癌的关系，研究的结果比较一致，且叶黄素可能是当前唯一与结、直肠癌发病风险下降相关的类胡萝卜素。

1. 人群研究

结、直肠癌的发生常与膳食因素直接相关。目前的研究结果证实，叶黄素能降低结、直肠癌发病的风险。一项类胡萝卜素与结肠癌的大型病例对照研究（1993名原发性结肠腺癌患者和2410名对照），结果发现，膳食叶黄素摄入量与结、直肠癌风险之间呈负相关，膳食叶黄素摄入量最高的1/4人群与最低的1/4人群比较，患病风险下降17%；对较年轻者（＜67岁）和肿瘤发生在结肠近端的人，叶黄素的作用更明显（风险下降分别为34%和35%）[45]。在上述研究中，叶黄素是唯一与患结肠癌风险呈负相关的类胡萝卜素。Männistö等对11个队列研究（共702647人，7885例结、直肠癌患者）进行综合分析，观察膳食叶黄素/类胡萝卜素与患结肠癌、直肠癌的风险，在为期6~20年的随访中，只有叶黄素/玉米黄素摄入量最高的1/5人群与叶黄素/玉米黄素摄入量最低的1/5人群相比，患病风险下降6%，且处于显著性的边缘（95%CI:0.82~1.00），这种关系在不同性别以及结肠癌和直肠癌单独分析时均存在[46]。在瑞士及美国的两项研究也显示，较高的叶黄素/类胡萝卜素摄入量和血清叶黄素水平有益于拮抗结、直肠癌发生的风险[47-48]。结、直肠癌症患者血清叶黄素水平（中位数:0.06 μmol/L）显著低于非癌症人群（中位数:0.24 μmol/L）[49]。

2. 动物实验

建立动物模型，研究叶黄素对结肠癌的作用，以进一步明确二者间的关系。研究者采用N-亚硝基脲建立的大鼠结肠隐窝癌变动物模型，每天经灌胃给予一定剂量的叶黄素后，癌变得到了有效的控制[50]。同样，叶黄素能抑制1,2-二甲肼导致的小鼠结肠癌前小病灶的发展[51]。研究还发现，叶黄素在低剂量时，对氧化偶氮甲烷所致的大鼠结肠隐窝癌变有抑制作用，但在高剂量时，反而具有促癌作用[52]。再次说明，适宜剂量的叶黄素对其作用十分重要，其剂量与效果并非呈线性关系，剂量过高可能适得其反。

3. 作用机制

关于叶黄素对结、直肠癌作用的可能机制，认为与其影响机体炎症水平有关。研究显示，癌症患者体内存在炎症反应，血清C反应蛋白升高，当采用布洛芬抗炎治疗后，血清类胡萝卜素浓度有小幅度升高，且具有统计学意义[49]。说明癌症患者血清类胡萝卜素在抑制炎症过程中大量消耗，从而导致其水平显著低于非癌症患者。在肺癌病人中也发现，确诊后1个月内，血清叶黄素和其他类胡萝卜素与C反应蛋白之间同样存在负相关[53]。在对结、直肠腺瘤患者的瘤组织活检时发现，腺瘤组织中类胡萝卜素的浓度（包括叶黄素/玉米黄素）显著低于正常组织[54]。在结肠息肉患者中，其结肠黏膜中叶黄素浓度低于对照人群[55]。

上述研究结果表明，叶黄素可能通过影响机体炎症水平，抑制肠道局部组织癌前病变的进展。

（四）上消化道癌和胃癌

叶黄素与上消化道癌和胃癌的关系，至今依然存在分歧。

流行病学研究发现，叶黄素摄入量、血清叶黄素水平可能与上消化道癌，如食管癌、喉癌和胃贲门癌的发病风险相关。历时5年的病例对照研究发现，叶黄素/玉米黄素摄入量与患食管癌的风险呈显著负相关，且高膳食叶黄素摄入量与食管癌和胃贲门腺癌（adenocarcinomas of the esophagus and gastric cardia，ACEGC）风险下降有关[56]。在喉癌患者中，膳食叶黄素摄入量与血清叶黄素水平显著低于非喉癌对照人群[57]。

然而，对在美国的日裔随访 20 年发现，诊断前血清中叶黄素/玉米黄素浓度与后续发生的上消化道癌症或者单独的食管癌、喉癌和口腔-喉癌的风险之间未见关联[58]。在癌症患者中，叶黄素摄入量与其细胞突变敏感性亦未见显著性关联[59]。

叶黄素摄入量、血清叶黄素浓度与胃癌的关系，可能受基因的影响。在国外的一些研究，如在荷兰、西班牙、日本，均未发现叶黄素摄入量与胃癌风险之间存在关联[60]。而对我国河南林县人群队列的研究发现，血清叶黄素/玉米黄素水平与胃贲门腺癌之间存在直接的关联[61]。由此提示，基因和遗传易感性可能对二者之间的关系产生一定影响。

（五）宫颈癌

宫颈癌是在经济与文化不发达地区的女性常见的癌症，与女性体内激素水平以及人乳头状瘤病毒（human papillomavirus，HPV）感染密切相关。在不同人群中，叶黄素和宫颈癌发病风险之间的关系可能存在差异。

对美国西南印第安女性的研究发现，血清叶黄素/玉米黄素能降低宫颈上皮瘤样病变（CIN）Ⅱ期和Ⅲ期发病风险，血清叶黄素/玉米黄素浓度最高的 1/4 人群和最低的 1/4 人群相比，患宫颈癌的风险下降 60%[62]。在美国亚利桑那州进行的宫颈癌研究发现，血清叶黄素水平在癌症病人中最低，在癌前病变患者中最高，提示癌变过程中，机体可能会通过增加叶黄素的吸收来抑制癌症的发展[63]。此外，叶黄素还可能通过抑制人乳头状瘤病毒感染而发挥作用。在西班牙收入水平相近的女性中，血清类胡萝卜素包括叶黄素浓度在 HPV 感染阳性的女性中比 HPV 阴性女性低 24%[64]。同样，在叶黄素/玉米黄素摄入量最高的 1/2 人群与摄入量最低 1/4 人群比较，持续性的 HPV 感染率较低。

与上述研究结果相反，在美国华盛顿及拉丁美洲的 4 个国家的研究发现，血清叶黄素水平与后续的宫颈癌发病风险未见关联，在不同阶段的宫颈癌患者中也未见显著差别[65-66]。在夏威夷、日本和西班牙进行的研究中，组织活检发现，膳食叶黄素摄入量或血清叶黄素浓度与宫颈上皮损伤之间无显著相关性，与宫颈上皮非典型增生、瘤变性也未见关联[67-69]。

（六）其他癌症

在其他癌症中，与叶黄素相关的报道还有卵巢癌、子宫内膜癌以及肾癌与膀胱癌。

在意大利、美国等地进行的病例对照研究发现，叶黄素/玉米黄素摄入量最高的人群与摄入量最低的人群相比，患卵巢癌的风险下降 40%[70-71]。且在不同地区的研究取得了一致的结果，表明该研究结果的客观性。

叶黄素与子宫内膜癌的关系尚不确定。病例对照研究发现，癌症诊断前 2 年，膳食叶黄素/玉米黄素摄入量与子宫内膜癌风险之间呈负相关，膳食叶黄素/玉米黄素摄入量较高，发病风险下降 70%[72]。但在加拿大的一项队列研究则发现，经过 8~13 年的随访，基线叶黄素摄入量与后续的子宫内膜癌发病风险之间未见有关联[73]。在子宫内膜癌患者中，血清胆固醇β-环氧化合物、胆固醇氧化产物升高，与血清顺式叶黄素/玉米黄素浓度呈负相关，而与其他类胡萝卜素之间未见相关性[74]。结果表明，子宫内膜癌患者体内叶黄素发生优先氧化，是首先对癌症做出反应的类胡萝卜素。

此外，有研究显示，膳食中的叶黄素对肾癌[75]、膀胱癌[76]可能也具有一定的作用。

人体叶黄素的主要来源是经膳食摄入，由于人体间差异较大，且膳食中存在较多的影响因素，因此，叶黄素与癌症之间的关系尚未获得一致的结论。但是，在体外实验和动物实验研究中的证据均提示，叶黄素对癌症可能具有一定的抑制作用。因此，除了在吸烟和长期饮酒人群中应该谨慎以外，正常人群经膳食摄入充足的叶黄素，可能会对癌症预防起到积极的作用。

三、叶黄素潜在抑癌的可能机制

叶黄素能抑制细胞突变，但对 DNA 修复系统没有明显作用[77]或作用很弱[78]。在人体内，叶黄素能通过抑制与致癌物代谢活化相关的酶类的活性，如细胞色素氧化酶 P4501A2（CYP1A2）发挥抑癌作用[79]。一些研究还发现，叶黄素/类胡萝卜素不仅能抑制癌症的发展，还能抑制癌细胞的侵袭和转移，并且呈现剂量-反应关系[80]。叶黄素/类胡萝卜素对癌症的潜在防护作用的机制十分复杂，可能包括多种途径，如选择性地凋亡调控[81]、抑制新生血管形成[82]、促进细胞间的缝隙链接[83]、诱导细胞分化[84]、抑制氧化损伤[85]以及调控免疫过程[86]等。但是，比较具有说服力的是与其生物学功能相关的两个方面，即抗氧化损伤和免疫保护作用。

（一）抗氧化作用

抗氧化作用可能是叶黄素发挥抑癌作用的机制之一。在人体内，叶黄素能抑制 DNA 氧化损伤和脂质过氧化，血清叶黄素浓度与淋巴细胞中 DNA 氧化损伤产物——8-羟基-鸟苷（8-OH-dG）的含量呈反比关系[85]。但进一步研究发现，补充叶黄素（15mg/d，连续 12 周）对已发生的 DNA 氧化损伤没有明显的作用[87]。同样，健康人群补充叶黄素能使血清浓度平均增加 2 倍，但对外周淋巴细胞中 DNA 缝隙的修复未见明显作用[88]。尽管没有证据表明叶黄素能保护细胞 DNA 免受氧化损伤，但能够促进细胞从氧化应激状态恢复[89]。

（二）免疫保护

免疫保护作用可能是叶黄素抑癌作用的另一个机制[89]。动物实验研究已证实，叶黄素具有增强免疫力作用[86, 90]。叶黄素能被小鼠脾脏细胞摄取，并能促进脾细胞中 T 淋巴细胞依赖抗原的产生，增加细胞分泌免疫球蛋白 IgM 和 IgG[91]。并且，叶黄素能增加脾细胞中 pim-1 基因的表达，促进 T 细胞的激活[86]。但研究显示，叶黄素补充剂对单核细胞表面细胞间黏附分子的表达未见明显作用，并对单核细胞表达主要组织相容性 II 类分子亦未见有作用，说明其不参与抗原递呈过程[92]。

（徐贤荣）

参考文献

[1] 朱雄增, 蒋国梁. 临床肿瘤学概论[M]. 上海: 复旦大学出版社, 2005.
[2] 万德森. 临床肿瘤学[M]. 3版. 北京: 科学出版社, 2010.
[3] 郝希山, 魏于全. 肿瘤学[M]. 北京: 人民卫生出版社, 2010.

[4] 陈君石主译. 食物、营养、身体活动和癌症预防[M]. 北京: 中国协和医科大学出版社, 2008.
[5] WHO. Agents classified by the IARC monographs. Vol 1～109. Available from: http: //monographs.iarc.fr/ENG/Classification/index.php.
[6] 中华人民共和国国家卫生和计划生育委员会.国家卫生计生委等4部门关于印发《职业病分类和目录》的通知. Available from: http: //www.moh.gov.cn/jkj/s5898b/201312/3abbd667050849d19b3bf6439a48b775.shtml.
[7] Robertson A, Allen J, Laney R, et al. The cellular and molecular carcinogenic effects of radon exposure: a review[J]. Int J Mol Sci, 2013, 14(7): 14024-14063.
[8] Belli R, Amerio P, Brunetti L, et al. Elevated 8-isoprostane levels in basal cell carcinoma and in UVA irradiated skin[J]. Int J Immu Pharm, 2005, 18(3): 497-502.
[9] Villiotou V, Deliconstantinos G. Nitric oxide, peroxynitrite and nitroso-compounds formation by ultraviolet A (UVA) irradiated human squamous cell carcinoma: potential role of nitric oxide in cancer prognosis[J]. Anticancer Res, 1995, 15(3): 931-942.
[10] Doll R, Peto R. The causes of cancer: quantitative estimates of avoidable risks of cancer in the United States today[J]. J Natl Cancer Inst,1981, 66(6): 1191-1308.
[11] Zhang S, Hunter DJ, Forman MR, et al. Dietary carotenoids and vitamins A, C, and E and risk of breast cancer[J]. J Natl Cancer Inst,1999, 91(6): 547-556.
[12] Freudenheim JL, Marshall JR, Vena JE, et al. Premenopausal breast cancer risk and intake of vegetables, fruits, and related nutrients[J]. J Natl Cancer Inst,1996, 88(6): 340-348.
[13] Cho E, Spiegelman D, Hunter DJ, et al. Premenopausal intakes of vitamins A, C, and E, folate, and carotenoids, and risk of breast cancer[J]. Cancer Epidemiol Biomarkers Prev,2003, 12(8): 713-720.
[14] Huang JP, Zhang M, Holman CD, et al. Dietary carotenoids and risk of breast cancer in Chinese women[J]. Asia Pac J Clin Nutr, 2007, 16 Suppl 1: 437-442.
[15] Larsson SC, Bergkvist L, and Wolk A. Dietary carotenoids and risk of hormone receptor-defined breast cancer in a prospective cohort of Swedish women[J]. Eur J Cancer,2010, 46(6): 1079-1085.
[16] Hulten K, Van Kappel AL, Winkvist A, et al. Carotenoids, alpha-tocopherols, and retinol in plasma and breast cancer risk in northern Sweden[J]. Cancer Causes Control,2001, 12(6): 529-537.
[17] Ito Y, Gajalakshmi KC, Sasaki R, et al. A study on serum carotenoid levels in breast cancer patients of Indian women in Chennai (Madras), India[J]. J Epidemiol,1999, 9(5): 306-314.
[18] Toniolo P, van Kappel AL, Akhmedkhanov A, et al. Serum carotenoids and breast cancer[J]. Am J Epidemiol,2001, 153(12): 1142-1147.
[19] Eliassen AH, Hendrickson SJ, Brinton LA, et al. Circulating carotenoids and risk of breast cancer: pooled analysis of eight prospective studies[J]. J Natl Cancer Inst,2012, 104(24): 1905-1916.
[20] Aune D, Chan DS, Vieira AR, et al. Dietary compared with blood concentrations of carotenoids and breast cancer risk: a systematic review and meta-analysis of prospective studies[J]. Am J Clin Nutr,2012, 96(2): 356-373.
[21] Dorgan JF, Sowell A, Swanson CA, et al. Relationships of serum carotenoids, retinol, alpha-tocopherol, and selenium with breast cancer risk: results from a prospective study in Columbia, Missouri (United States)[J]. Cancer Causes Control,1998, 9(1): 89-97.
[22] Rock CL, Saxe GA, Ruffin MTt, et al. Carotenoids, vitamin A, and estrogen receptor status in breast cancer[J]. Nutr Cancer,1996, 25(3): 281-296.
[23] Zhang X, Spiegelman D, Baglietto L, et al. Carotenoid intakes and risk of breast cancer defined by estrogen receptor and progesterone receptor status: a pooled analysis of 18 prospective cohort studies[J]. Am J Clin Nutr,2012, 95(3): 713-725.
[24] Kim MK, Park YG, Gong G, et al. Breast cancer, serum antioxidant vitamins, and p53 protein overexpression[J]. Nutr Cancer,2002, 43(2): 159-166.
[25] Zhang S, Tang G, Russell RM, et al. Measurement of retinoids and carotenoids in breast adipose tissue and a comparison of concentrations in breast cancer cases and control subjects[J]. Am J Clin Nutr,1997, 66(3): 626-632.
[26] Yeum KJ, Ahn SH, Rupp de Paiva SA, et al. Correlation between carotenoid concentrations in serum and normal breast adipose tissue of women with benign breast tumor or breast cancer[J]. J Nutr,1998, 128(11): 1920-1926.
[27] Czeczuga-Semeniuk E, Wolczynski S. Does variability in carotenoid composition and concentration in tissues of the breast and reproductive tract in women depend on type of lesion?[J]. Adv Med Sci,2008, 53(2): 270-277.

[28] Czeczuga-Semeniuk E, Wolczynski S, and Markiewicz W. Preliminary identification of carotenoids in malignant and benign neoplasms of the breast and surrounding fatty tissue[J]. Neoplasma,2003, 50(4): 280-286.
[29] Duitsman PK, Barua AB, Becker B, et al. Effects of epoxycarotenoids, beta-carotene, and retinoic acid on the differentiation and viability of the leukemia cell line NB4 in vitro[J]. Int J Vitam Nutr Res,1999, 69(5): 303-308.
[30] Barua AB, Olson JA. Xanthophyll epoxides, unlike beta-carotene monoepoxides, are not detectibly absorbed by humans[J]. J Nutr,2001, 131(12): 3212-3215.
[31] Park JS, Chew BP, Wong TS. Dietary lutein from marigold extract inhibits mammary tumor development in BALB/c mice[J]. J Nutr,1998, 128(10): 1650-1656.
[32] Holick CN, Michaud DS, Stolzenberg-Solomon R, et al. Dietary carotenoids, serum beta-carotene, and retinol and risk of lung cancer in the alpha-tocopherol, beta-carotene cohort study[J]. Am J Epidemiol,2002, 156(6): 536-547.
[33] Stefani ED, Boffetta P, Deneo-Pellegrini H, et al. Dietary antioxidants and lung cancer risk: a case-control study in Uruguay[J]. Nutr Cancer,1999, 34(1): 100-110.
[34] Le Marchand L, Hankin JH, Kolonel LN, et al. Intake of specific carotenoids and lung cancer risk[J]. Cancer Epidemiol Biomarkers Prev,1993, 2(3): 183-187.
[35] Le Marchand L, Hankin JH, Bach F, et al. An ecological study of diet and lung cancer in the South Pacific[J]. Int J Cancer,1995, 63(1): 18-23.
[36] Michaud DS, Feskanich D, Rimm EB, et al. Intake of specific carotenoids and risk of lung cancer in 2 prospective US cohorts[J]. Am J Clin Nutr,2000, 72(4): 990-997.
[37] Mannisto S, Smith-Warner SA, Spiegelman D, et al. Dietary carotenoids and risk of lung cancer in a pooled analysis of seven cohort studies[J]. Cancer Epidemiol Biomarkers Prev,2004, 13(1): 40-48.
[38] Voorrips LE, Goldbohm RA, Brants HA, et al. A prospective cohort study on antioxidant and folate intake and male lung cancer risk[J]. Cancer Epidemiol Biomarkers Prev,2000, 9(4): 357-365.
[39] Yuan JM, Stram DO, Arakawa K, et al. Dietary cryptoxanthin and reduced risk of lung cancer: the Singapore Chinese Health Study[J]. Cancer Epidemiol Biomarkers Prev,2003, 12(9): 890-898.
[40] Knekt P, Jarvinen R, Teppo L, et al. Role of various carotenoids in lung cancer prevention[J]. J Natl Cancer Inst,1999, 91(2): 182-184.
[41] Garcia-Closas R, Agudo A, Gonzalez CA, et al. Intake of specific carotenoids and flavonoids and the risk of lung cancer in women in Barcelona, Spain[J]. Nutr Cancer,1998, 32(3): 154-158.
[42] Yuan JM, Ross RK, Chu XD, et al. Prediagnostic levels of serum beta-cryptoxanthin and retinol predict smoking-related lung cancer risk in Shanghai, China[J]. Cancer Epidemiol Biomarkers Prev,2001, 10(7): 767-773.
[43] Ratnasinghe D, Forman MR, Tangrea JA, et al. Serum carotenoids are associated with increased lung cancer risk among alcohol drinkers, but not among non-drinkers in a cohort of tin miners[J]. Alcohol Alcohol,2000, 35(4): 355-360.
[44] Satia JA, Littman A, Slatore CG, et al. Long-term use of beta-carotene, retinol, lycopene, and lutein supplements and lung cancer risk: results from the VITamins And Lifestyle (VITAL) study[J]. Am J Epidemiol,2009, 169(7): 815-828.
[45] Slattery ML, Benson J, Curtin K, et al. Carotenoids and colon cancer[J]. Am J Clin Nutr,2000, 71(2): 575-582.
[46] Mannisto S, Yaun SS, Hunter DJ, et al. Dietary carotenoids and risk of colorectal cancer in a pooled analysis of 11 cohort studies[J]. Am J Epidemiol,2007, 165(3): 246-255.
[47] Levi F, Pasche C, Lucchini F, et al. Selected micronutrients and colorectal cancer. a case-control study from the canton of Vaud, Switzerland[J]. Eur J Cancer,2000, 36(16): 2115-2119.
[48] Comstock GW, Helzlsouer KJ, Bush TL. Prediagnostic serum levels of carotenoids and vitamin E as related to subsequent cancer in Washington County, Maryland[J]. Am J Clin Nutr, 1991, 53(1 Suppl): 260S-264S.
[49] McMillan DC, Sattar N, Talwar D, et al. Changes in micronutrient concentrations following anti-inflammatory treatment in patients with gastrointestinal cancer[J]. Nutrition,2000, 16(6): 425-428.
[50] Narisawa T, Fukaura Y, Hasebe M, et al. Inhibitory effects of natural carotenoids, alpha-carotene, beta-carotene, lycopene and lutein, on colonic aberrant crypt foci formation in rats[J]. Cancer Lett,1996, 107(1): 137-142.
[51] Kim JM, Araki S, Kim DJ, et al. Chemopreventive effects of carotenoids and curcumins on mouse colon carcinogenesis after 1,2-dimethylhydrazine initiation[J]. Carcinogenesis,1998, 19(1): 81-85.
[52] Raju J, Swamy MV, Cooma I, et al. Low doses of beta-carotene and lutein inhibit AOM-induced rat colonic

ACF formation but high doses augment ACF incidence[J]. Int J Cancer,2005, 113(5): 798-802.
[53] Talwar D, Ha TK, Scott HR, et al. Effect of inflammation on measures of antioxidant status in patients with non-small cell lung cancer[J]. Am J Clin Nutr,1997, 66(5): 1283-1285.
[54] Muhlhofer A, Buhler-Ritter B, Frank J, et al. Carotenoids are decreased in biopsies from colorectal adenomas[J]. Clin Nutr,2003, 22(1): 65-70.
[55] Nair S, Norkus EP, Hertan H, et al. Serum and colon mucosa micronutrient antioxidants: differences between adenomatous polyp patients and controls[J]. Am J Gastroenterol,2001, 96(12): 3400-3405.
[56] Zhang ZF, Kurtz RC, Yu GP, et al. Adenocarcinomas of the esophagus and gastric cardia: the role of diet[J]. Nutr Cancer,1997, 27(3): 298-309.
[57] Olmedilla B, Granado F, Blanco I, et al. Evaluation of retinol, alpha-tocopherol, and carotenoids in serum of men with cancer of the larynx before and after commercial enteral formula feeding[J]. JPEN J Parenter Enteral Nutr,1996, 20(2): 145-149.
[58] Nomura AM, Ziegler RG, Stemmermann GN, et al. Serum micronutrients and upper aerodigestive tract cancer[J]. Cancer Epidemiol Biomarkers Prev,1997, 6(6): 407-412.
[59] Spitz MR, McPherson RS, Jiang H, et al. Correlates of mutagen sensitivity in patients with upper aerodigestive tract cancer[J]. Cancer Epidemiol Biomarkers Prev,1997, 6(9): 687-692.
[60] Persson C, Sasazuki S, Inoue M, et al. Plasma levels of carotenoids, retinol and tocopherol and the risk of gastric cancer in Japan: a nested case-control study[J]. Carcinogenesis,2008, 29(5): 1042-1048.
[61] Abnet CC, Qiao YL, Dawsey SM, et al. Prospective study of serum retinol, beta-carotene, beta-cryptoxanthin, and lutein/zeaxanthin and esophageal and gastric cancers in China[J]. Cancer Causes Control,2003, 14(7): 645-655.
[62] Schiff MA, Patterson RE, Baumgartner RN, et al. Serum carotenoids and risk of cervical intraepithelial neoplasia in Southwestern American Indian women[J]. Cancer Epidemiol Biomarkers Prev,2001, 10(11): 1219-1222.
[63] Peng YM, Peng YS, Childers JM, et al. Concentrations of carotenoids, tocopherols, and retinol in paired plasma and cervical tissue of patients with cervical cancer, precancer, and noncancerous diseases[J]. Cancer Epidemiol Biomarkers Prev,1998, 7(4): 347-350.
[64] Giuliano AR, Papenfuss M, Nour M, et al. Antioxidant nutrients: associations with persistent human papillomavirus infection[J]. Cancer Epidemiol Biomarkers Prev,1997, 6(11): 917-923.
[65] Batieha AM, Armenian HK, Norkus EP, et al. Serum micronutrients and the subsequent risk of cervical cancer in a population-based nested case-control study[J]. Cancer Epidemiol Biomarkers Prev,1993, 2(4): 335-339.
[66] Potischman N, Herrero R, Brinton LA, et al. A case-control study of nutrient status and invasive cervical cancer. II. Serologic indicators[J]. Am J Epidemiol,1991, 134(11): 1347-1355.
[67] Goodman MT, Kiviat N, McDuffie K, et al. The association of plasma micronutrients with the risk of cervical dysplasia in Hawaii[J]. Cancer Epidemiol Biomarkers Prev,1998, 7(6): 537-544.
[68] Nagata C, Shimizu H, Yoshikawa H, et al. Serum carotenoids and vitamins and risk of cervical dysplasia from a case-control study in Japan[J]. Br J Cancer,1999, 81(7): 1234-1237.
[69] VanEenwyk J, Davis FG, and Bowen PE. Dietary and serum carotenoids and cervical intraepithelial neoplasia[J]. Int J Cancer,1991, 48(1): 34-38.
[70] Bidoli E, La Vecchia C, Talamini R, et al. Micronutrients and ovarian cancer: a case-control study in Italy[J]. Ann Oncol,2001, 12(11): 1589-1593.
[71] Bertone ER, Hankinson SE, Newcomb PA, et al. A population-based case-control study of carotenoid and vitamin A intake and ovarian cancer (United States)[J]. Cancer Causes Control,2001, 12(1): 83-90.
[72] McCann SE, Freudenheim JL, Marshall JR, et al. Diet in the epidemiology of endometrial cancer in western New York (United States)[J]. Cancer Causes Control,2000, 11(10): 965-974.
[73] Jain MG, Rohan TE, Howe GR, et al. A cohort study of nutritional factors and endometrial cancer[J]. Eur J Epidemiol,2000, 16(10): 899-905.
[74] Kucuk O, Churley M, Goodman MT, et al. Increased plasma level of cholesterol-5 beta,6 beta-epoxide in endometrial cancer patients[J]. Cancer Epidemiol Biomarkers Prev,1994, 3(7): 571-574.
[75] Yuan JM, Gago-Dominguez M, Castelao JE, et al. Cruciferous vegetables in relation to renal cell carcinoma[J]. Int J Cancer,1998, 77(2): 211-216.
[76] Nomura AM, Lee J, Stemmermann GN, et al. Serum vitamins and the subsequent risk of bladder cancer[J]. J

Urol,2003, 170(4 Pt 1): 1146-1150.
[77] Gonzalez de Mejia E, Loarca-Pina G, and Ramos-Gomez M. Antimutagenicity of xanthophylls present in Aztec Marigold (Tagetes erecta) against 1-nitropyrene[J]. Mutat Res,1997, 389(2-3): 219-226.
[78] Gonzalez de Mejia E, Ramos-Gomez M, Loarca-Pina G. Antimutagenic activity of natural xanthophylls against aflatoxin B1 in Salmonella typhimurium[J]. Environ Mol Mutagen,1997, 30(3): 346-353.
[79] Le Marchand L, Franke AA, Custer L, et al. Lifestyle and nutritional correlates of cytochrome CYP1A2 activity: inverse associations with plasma lutein and alpha-tocopherol[J]. Pharmacogenetics,1997, 7(1): 11-19.
[80] Kozuki Y, Miura Y, Yagasaki K. Inhibitory effects of carotenoids on the invasion of rat ascites hepatoma cells in culture[J]. Cancer Lett,2000, 151(1): 111-115.
[81] Muller K, Carpenter KL, Challis IR, et al. Carotenoids induce apoptosis in the T-lymphoblast cell line Jurkat E6.1[J]. Free Radic Res,2002, 36(7): 791-802.
[82] Chew BP, Brown CM, Park JS, et al. Dietary lutein inhibits mouse mammary tumor growth by regulating angiogenesis and apoptosis[J]. Anticancer Res,2003, 23(4): 3333-3339.
[83] Zhang LX, Cooney RV, Bertram JS. Carotenoids enhance gap junctional communication and inhibit lipid peroxidation in C3H/10T1/2 cells: relationship to their cancer chemopreventive action[J]. Carcinogenesis,1991, 12(11): 2109-2114.
[84] Gross MD, Bishop TD, Belcher JD, et al. Induction of HL-60 cell differentiation by carotenoids[J]. Nutr Cancer,1997, 27(2): 169-173.
[85] Haegele AD, Gillette C, O'Neill C, et al. Plasma xanthophyll carotenoids correlate inversely with indices of oxidative DNA damage and lipid peroxidation[J]. Cancer Epidemiol Biomarkers Prev,2000, 9(4): 421-425.
[86] Kim HW, Chew BP, Wong TS, et al. Modulation of humoral and cell-mediated immune responses by dietary lutein in cats[J]. Vet Immunol Immunopathol,2000, 73(3-4): 331-341.
[87] Collins AR, Olmedilla B, Southon S, et al. Serum carotenoids and oxidative DNA damage in human lymphocytes[J]. Carcinogenesis,1998, 19(12): 2159-2162.
[88] Torbergsen AC and Collins AR. Recovery of human lymphocytes from oxidative DNA damage; the apparent enhancement of DNA repair by carotenoids is probably simply an antioxidant effect[J]. Eur J Nutr,2000, 39(2): 80-85.
[89] Astley SB, Elliott RM, Archer DB, et al. Increased cellular carotenoid levels reduce the persistence of DNA single-strand breaks after oxidative challenge[J]. Nutr Cancer,2002, 43(2): 202-213.
[90] Kim HW, Chew BP, Wong TS, et al. Dietary lutein stimulates immune response in the canine[J]. Vet Immunol Immunopathol,2000, 74(3-4): 315-327.
[91] Jyonouchi H, Zhang L, Gross M, et al. Immunomodulating actions of carotenoids: enhancement of in vivo and in vitro antibody production to T-dependent antigens[J]. Nutr Cancer,1994, 21(1): 47-58.
[92] Hughes DA, Wright AJ, Finglas PM, et al. Effects of lycopene and lutein supplementation on the expression of functionally associated surface molecules on blood monocytes from healthy male nonsmokers[J]. J Infect Dis,2000, 182 Suppl 1: S11-15.

第七节 阿尔茨海默病

阿尔茨海默病（Alzheimer's disease，AD）又称老年性痴呆（senile dementia），是老年人神经系统退行性疾病。该病由德国医生阿洛伊斯·阿尔茨海默博士（1864—1915）于1906年首次发现，且系统描述了其临床症状和病理特征，医学界为纪念他的贡献以他的名字命名了该病。AD是老年期痴呆中最常见的类型，有家族遗传性和散发性两种。

尽管老年期痴呆有不同的类型、病因与发病机制，但它们都是脑部疾病所致的综合征，具有相似的临床症状。表现为老年人出现持续性认知（cognition）功能减退与障碍，精神与行为（behavioral and psychological）障碍和生活能力（activities of daily living）的减退与障碍。

近些年来，研究表明，机体叶黄素水平与认知功能和AD密切相关。叶黄素能通过血-脑屏障，被脑组织优先摄取，是人脑中含量最高的类胡萝卜素[1-2]。膳食叶黄素摄入量、血清叶黄素浓度及大脑中叶黄素含量与认知功能下降程度呈负相关[3]。在AD患者中，血清和大脑中叶黄素水平显著降低[4]。并发现，叶黄素为人脑中唯一与所有认知功能指标持续相关的类胡萝卜素[5]，补充适宜剂量的叶黄素能改善老年人的认知功能[6]。但在对AD的阐述、叶黄素与AD关系的研究中，依然存在着分歧和未知领域，尚需进一步的研究和探索。

一、概述

随着人口老龄化的快速进展，老年期痴呆的患病率迅速增长，已成为发达国家人口的第4位死因，仅次于心脏病、癌症及脑卒中。在老年期痴呆患者中，AD约占痴呆总数的2/3。据AD国际组织（Alzheimer's Disease International，ADI）发布的报告，全球已有超过3500万人患有老年痴呆症，其中65～69岁为1.4%，70～74岁为2.8%，75～79岁为6.6%，80～84岁11.1%，85～89岁为23.6%，随着年龄的增长患病率成倍增加[7-8]。我国一项多中心、大样本流行病学研究表明，65岁以上人群痴呆总患病率为4.8%，其中男性2.9%，女性为6.6%，在55～64岁为0.2%，65～74岁为1.2%，75～84岁为5.7%，85岁以上为23.3%[9]。患病率女性高于男性，并随年龄增加呈指数增长。2011年的一项研究显示，我国1990—2010年间老年痴呆患者从368万增加到919万，而阿尔茨海默病患者193万增加到569万[10]。老年期患病率的迅速增长，将对社会经济发展、医疗卫生和家庭生活带来极大影响，对其采取积极的预防和控制势在必行。

（一）定义

AD是老年人最常见的神经系统变性疾病之一。临床上以进行性认知功能障碍和记忆损害为特征，是一种渐进性、获得性神经功能退化性疾病[11-12]。

该病为老年神经系统退行性疾病，其在病因、病理及临床表现上都有独特性。一般认为，其病因可能由1、14、19和21号染色体上某些基因或其他可能的基因突变引起；病理上，以神经炎性斑和β-淀粉样蛋白沉积、神经元纤维缠结及神经元丢失等为特征；临床上是隐袭起病、缓慢进展、逐渐加重的痴呆[13]。

（二）分类

AD 最常见的分类方法是按发病年龄和有无家族史进行分类[12-13]。

1. 按发病年龄分类

早发性 AD（early-onset AD，EOAD）：发病年龄 <65 岁，该类发病率较低，但起病早、进展迅速、后果严重。

晚发性 AD（late-onset AD，LOAD）：发病年龄 ≥65 岁，该类发病率高，随着年龄增长逐渐升高。

2. 按有无家族遗传史分类

家族性 AD（familial AD，FAD）：又可按发病年龄分为家族性早发性 AD（early-onset familial AD，EOFAD），发病年龄 <65 岁；家族性晚发性 AD（late-onset familial AD，LOFAD），发病年龄 ≥65 岁，一般以早发性为主。家族性 AD 多具有常染色体显性遗传特征。

散发性 AD：多数为晚发性 AD，且晚发性 AD 亦主要为散发病例。

在临床表现上，二者除了发病时间不同外，没有明显的差别。二者的主要区别在于病因与发病机制上。

（三）病理改变

AD 患者的脑组织萎缩，脑回变窄、脑沟增宽，且脑重量减轻。主要病理特征为神经炎性斑和神经原纤维缠结。

1. 神经炎性斑和 β- 淀粉样蛋白沉积

神经炎性斑又称老年斑（senile plaque，SP），是 AD 的病变特征之一。神经炎性斑的核心是 β- 淀粉样蛋白（amyloid-β，Aβ），周围由胶质细胞、变性的轴索、树突突起和炎症反应的急性期产物组成[12-13]。Aβ 的沉积是 AD 患者大脑组织中典型的病理改变。Aβ 含 39~43 个氨基酸，由淀粉样前体蛋白（amyloid precursor protein，APP）经 β- 和 γ- 分泌酶的蛋白水解作用而产生，是一种功能不明的跨膜蛋白[14]。

Aβ 通常以 β- 淀粉样蛋白 42（amyloid-β protein 42，$Aβ_{42}$）和 β- 淀粉样蛋白 40（amyloid-β protein 40，$Aβ_{40}$）两种形式存在[15]。正常时，神经细胞内的 Aβ 被转运到细胞外，经血液或淋巴系统代谢清除[16]。但当其前体蛋白 APP 编码基因发生突变后，Aβ 单体易形成聚合物，在神经细胞周围和血管壁沉积，导致线粒体损伤和炎症反应，引起神经细胞功能障碍和死亡[16]。另外，14 号染色体中一些基因发生突变，例如早老素（presenilin）基因突变（包括 presenilin-1，-2 基因），能导致 Aβ 分泌和清除失衡，促进 Aβ 沉积与 AD 病变的发展[17]。整体而言，$Aβ_{1-42}$ 与家族性 AD 的关系更为密切，与患者神经纤维缠结、神经细胞凋亡以及后续的痴呆发生持续相关[18]。

2. 神经纤维缠结（neurofibrillary tangles，NFTs）

NFTs 是 AD 的另一病变特征，该病变也可发生在正常老化和其他神经变性疾病中。但在 AD 中，不仅比正常老化时多，而且对脑的影响更广泛。NFT 具有神经毒性，能通过多种方式损伤神经细胞和神经胶质细胞,抑制神经递质的运输,导致突触功能障碍和神经细胞死亡[19]。NFTs 的主要成分是高度磷酸化的 Tau 蛋白,Tau 是一种微管相关蛋白,由位于 17q21 染色体上的微管相关蛋白 Tau(microtubule—associated protein tau,MAPT)基因编码,包括 16 个外显子[20-21]。过度磷酸化的 tau 蛋白,失去促微管组装的生物学活性,对蛋白水解酶抗性增加,可溶性降低,易在神经细胞内聚合形成 NFT,导致神经细胞功能紊乱和退行性变[22-23]。

此外,在 AD 的病理改变中还存在神经细胞减少、颗粒空泡变性、脑血管淀粉样变及星形细胞增生等。神经细胞减少是 AD 的重要神经病理变化,比正常同年龄人明显减少。

(四)临床表现

AD 的主要表现为认知(cognition)功能减退、精神与行为(behavioral and psychological)障碍、生活能力(activities of daily living)下降,依该三方面典型症状的第一个英文字母,又称为 ABC 症状[12-13, 24-26]。

AD 患者常隐袭起病,很难判断患者认知功能减退或障碍发生的准确时间。该病病程通常是渐进性的,偶有间歇期。

1.认知功能减退

认知功能减退表现在多方面,如记忆障碍、语言障碍、视空间定向障碍、计算力障碍、失认和失用、行为和精神以及判断和抽象功能受损等。

记忆障碍:是 AD 患者的典型症状,表现为逐渐发展的记忆力减退。早期表现为近期记忆力障碍,远期记忆相对保持完整;随着病情的进展,远期记忆亦丧失,并逐渐出现虚构。

此外,并发以下至少一种能力缺陷或损伤。

语言障碍:语言障碍是大脑高级功能障碍的一个敏感指标。尽管在 AD 早期,患者可能自发性言语减少,但语言功能相对保存。随着痴呆的进展,因记忆力障碍而记不起所需词汇,患者出现语言中断。找词困难是 AD 患者最早出现的语言障碍,至晚期患者只剩模仿语言,不能交谈。最终哑口无言以致缄默状态。

视空间定向障碍:是患者早期症状之一,表现在熟悉的环境中迷路,如找不到自己的家门,甚至在自己的家中走错房间。中期出现明显的定向障碍,表现为时间、地点、人物定向障碍。

计算力障碍:常在中期出现,不能进行简单的计算,严重者不能计算简单的加减法,甚至不认识数字,不能回答物品的数量。

失认和失用:失用常出现在中期,虽然患者身体具备完整的运动能力和感觉功能,但不能独立完成连续的复杂动作,如穿衣、洗脸、刷牙、梳头、倒水和吃饭等,最终只保留最习惯性和完全自动性的动作。失认常发生在中晚期,不能根据面容辨别人物,如不认识自己的同事、朋友,甚至不认识家人和配偶,并失去对自己的辨认能力。

思维障碍:判断和抽象功能受损,提示额叶功能障碍。逐渐出现思维迟钝缓慢,思维能力下降,如听不懂别人谈话,看不懂小说和电影,不能完成曾经熟悉的工作,最后完全丧失生活能力。

人格改变:最初表现为主动性不足,活动减少,孤独,对周围的环境和事物不感兴趣,自私,对人冷淡;进一步发展,对亲人冷漠,不负责任,以至易激怒,言语粗俗,训斥或骂人,殴打家人等;进而缺乏羞耻及伦理感,不讲卫生,争吃抢喝等。

2. 精神与行为障碍

AD 患者伴有精神与行为障碍，常见有兴趣和活动能力减低，少数人存在抑郁状态。有的出现偏执、妄想、错觉、错认及幻觉；有的表现为行为异常，包括易激惹、徘徊、游走、躯体和言语性攻击、不宁等，尤其是运动不宁和游走为常见症状；睡眠障碍较常见，患者表现睡眠倒错，夜间不睡，看电视或无目的的乱走，白天精神萎靡、昏睡。有些患者继发人格改变，如古怪、退缩、纠缠他人、藏匿及破坏行为等。

3. 生活能力下降

由于记忆、判断、思维等能力的衰退而导致日常生活能力明显下降，逐渐需要依靠他人照顾而生存。最初患者表现为不能独立理财、购物；逐渐地，可能无法完成自己熟悉的活动，如洗衣、做饭、穿衣服等；严重者个人生活完全不能自理。

病程：AD 的病程为 6~12 年。一般在老年前期或老年期起病，65 岁以后发病，起病隐匿，进展缓慢，5~10 年发展为典型或严重痴呆。病程大致分三个阶段：

（1）轻度痴呆期　发病后 1~3 年内，主要表现为认知功能减退或障碍，运动感觉功能正常。

（2）中度痴呆期　发病后 2~10 年内，除认知功能严重损害外，生活能力显著下降，生活需要帮助，可见尿失禁。

（3）重度痴呆期　发病后 8~12 年，严重痴呆和运动系统障碍，生活不能自理，大小便失禁，甚至抽搐、震颤、肌强直等，直至卧床不起，最后常因重要脏器功能衰竭而死亡。

（五）危险因素

AD 一旦发病难以治愈，控制该病的危险因素，对预防其发生具有重要意义。目前认为，与 AD 相关的危险因素主要涉及以下方面[12-13, 28-32]。

1. 年龄

高龄是 AD 的重要危险因素，患者多为 60 岁以上，且患病率随着年龄的增长而升高。在 80 岁以上，患病率升高迅速。

2. 性别

AD 患病率女性明显高于男性，65 岁以上女性 AD 患病率比同年龄的男性高 2~3 倍。可能与女性平均寿命较长，受教育程度相对于男性较低低，以及绝经后雌激素缺乏有关。

3. 家族与遗传因素

家族史：家族史是 AD 公认的危险因素。家族中如有该病患者，其一级亲属的发病率比其他人高 3.5 倍，约有 60% 直系亲属可能在 80 岁以后发展为 AD。无论早发性 AD 还是晚发性 AD 都有遗传倾向。

基因突变：AD 的发生与特定基因突变有关，已明确的基因包括 21 号染色体上的 APP 基因，1 号、14 号染色体上 PSEN1、PSEN2 基因。此外，载脂蛋白 E（Apo-E）ε4 等位基因增加该病的发病危险（3~10 倍），被认为是该病的易感基因。载脂蛋白 E（Apo-E）ε2 和 ε3 等位基因则可能降低该病的发生，是保护因素。亦有研究提出，糖原合成酶激酶 -3（GSK-3）

基因、双特异性蛋白激酶（DYRK1A）基因等亦与 AD 发病风险相关。

4. 血管性危险因素

血管性危险因素在 AD 发病中占有重要地位。各种引致或增加血管病变的因素也是 AD 的危险因素，如高血压、动脉粥样硬化、高同型半胱氨酸血症、糖尿病及血脂代谢紊乱等，这些疾病不仅与脑血管病及脑卒中密切相关，也能显著增加 AD 的危险。血管性危险因素使脑血管长期处于低灌注状态，加重脑缺血缺氧及微循环损伤，促进神经细胞死亡，增加老年人 AD 的病变。在 AD 患者中，60%～90% 有脑血管病理改变，有 1/3 可见脑梗死。提示减少血管性危险因素，增加脑血流灌注，对预防 AD 的发生具有重要意义。

5. 脑外伤

脑外伤史是 AD 的一个重要危险因素。严重的脑外伤，在损伤局部有大量的 Aβ 沉积，且 Aβ 更易沉积于携带 Apo-Eε4 等位基因的脑外伤者的损伤局部，Aβ 沉积是 AD 的重要病理特征之一。同时，脑外伤导致的弥散性轴索损伤，使神经细胞间的突触联系破坏，随年龄增长而进一步增加 AD 发生的风险。

6. 应激状态

应激状态能促进肾上腺糖皮质激素的释放，经常处于应激状态的人体，持续过高水平的糖皮质激素能损伤海马神经细胞，诱发海马神经细胞的凋亡。

7. 抑郁性格

抑郁与 AD 的发生有明显的相关性。抑郁是 AD 的一个常见症状，但抑郁还可能是 AD 的一个重要危险因素。晚发性 AD 常有抑郁病史，AD 发病前近 10 年的抑郁病史常是 AD 的前驱症状。

8. 文化程度

文化程度与认知功能下降呈负相关。文化程度较低的个体发生痴呆或认知功能下降的概率较高，是增加 AD 患病的危险因素。在比较不同文化程度 AD 患者影像学上的严重程度时，文化程度较高者其颞顶叶的脑血流较高。提示文化程度能代偿一定的认知功能的降低，是 AD 的保护因素。但对此亦存在争议。

9. 生活方式

膳食因素：膳食中的抗氧化营养素与抗氧化剂能抵御自由基对神经细胞的氧化损伤，从而对神经细胞具有保护作用，膳食中的抗氧化剂主要来源于植物性食物。在鱼类，尤其是海鱼中富含 DHA、EPA，对神经组织有一定的益处。高能量摄入和早年的营养障碍可能是 AD 的危险因素之一。

铝：以往的病理研究结果，在 AD 患者的脑组织中有较多的铝沉积，且在神经炎性斑中心区和神经原纤维缠结的神经细胞内有铝蓄积，推测铝可能是 AD 的一个重要危险因素。体内的铝主要来源于铝超标的饮用水、摄入含铝较高的食物（如使用含铝添加剂）等。

饮酒与吸烟：吸烟与饮酒与 AD 的关系，目前尚存在争议。有研究认为，中老年人每日适量饮酒能有效降低老年性痴呆发病的风险，适度饮酒者 AD 的发生率较不饮酒者低，AD 患者中吸烟的概率较少等，但对此尚需进一步的研究。

10. 其他

单纯疱疹病毒：具有 Apo-E ε 4 等位基因的脑内单纯疱疹病毒Ⅰ型感染是 AD 的危险因素。该病毒在脑内潜伏，并在适宜条件下活化，加重神经细胞的损伤。

职业因素：长期暴露与电磁环境是 AD 的职业危险因素，与电动机接触密切，如机械师、电工、木匠等，可能与电磁场能扰乱细胞内钙的稳态，引发淀粉样前体蛋白裂解为 Aβ 有关。

（六）病因与发病机制

AD 的病因与发病机制至今尚未完全明晰，对其有多种学说和理论，如遗传学说、淀粉样蛋白学说、神经递质学说、免疫异常及炎症学说、氧化应激与自由基损伤学说等，AD 的发生可能是多种因素综合作用的病理过程，但最经典的可能还是淀粉样蛋白学说。因为，无论哪种学说都离不开 Aβ 的效应，Aβ 几乎是所有因素导致 AD 的共同途径，是发病的直接原因，在 AD 发病中起着至关重要的启动作用。其他病理改变如 NFT、神经元丢失等均被认为是 Aβ 的解离与凝聚、清除与产生的失衡所引发的[13]。

在前述的多种因素作用下，导致 APP 的异常裂解和代谢，使 Aβ 生成增多和异常沉积。Aβ 又能加剧递质代谢异常、增加自由基损伤与加重血管性病变，产生正反馈的级联放大效应，使 Aβ 沉淀更显著[13, 31]。Aβ 的异常沉积形成神经炎性斑，并诱导神经细胞死亡，且神经原纤维缠结可与 Aβ 沉积协同作用，加剧神经细胞死亡，促进了 AD 的发生和发展。

二、叶黄素与阿尔茨海默病

近些年来，叶黄素与 AD 的关系引起业内学者的广泛关注，并陆续进行了相关的研究。

叶黄素能通过血-脑屏障，被脑组织和视网膜优先摄取，并分布在脑组织中。一些研究表明，人类膳食叶黄素的摄入量、血清叶黄素浓度及大脑中叶黄素的含量与认知功能下降程度呈负相关[33-34]，提示叶黄素可能对加强认知功能或对认知功能损伤的改善具有一定的作用，是 AD 发生的保护因素。相关的研究结果提供了证据支持：①叶黄素是人脑中含量最高的类胡萝卜素[1-2]；②较高的膳食叶黄素摄入量，能降低年龄相关性认知功能下降的风险[33-34]；③成年人视网膜中叶黄素（黄斑色素）的含量与认知功能相关[3]；④在 AD 患者中，血清和大脑中叶黄素的水平显著降低[4]；⑤叶黄素是人脑中唯一与所有认知功能指标持续相关的类胡萝卜素[5]；⑥人体通过补充叶黄素能够改善认知功能[6]。这些文献资料，为进一步深入研究和阐明叶黄素在 AD 中的作用、途径及机制提供了重要信息。

（一）叶黄素在脑组织中的含量

叶黄素广泛分布于人体的组织器官中，但在脑组织中的相对浓度较高。尽管，叶黄素在膳食中的含量和在血液中的浓度并非居于类胡萝卜素之首，但在人脑中是含量最高的类胡萝卜素[1-2]。叶黄素能通过血-脑屏障，被脑组织优先摄取，叶黄素及其同分异构体（玉米黄素、内消旋-玉米黄素）能在人视网膜黄斑区特异性浓集，构成视网膜黄斑色素（macular pigment, MP),其浓度为血清中浓度的 500～1000 倍[35-36]。

研究者对老年人捐献者的脑成分进行分析时发现,叶黄素占人脑中类胡萝卜素总量的 31%,叶黄素及其同分异构体(玉米黄素、β-隐黄素)占人脑中类胡萝卜素总量的 66%～77%,是人脑中含量最高的类胡萝卜素[2]。

Vishwanathan 等对出生后 1 年内死亡的婴儿脑成分进行分析,发现在大脑的四个部位(海马、额叶、听觉皮质和枕叶皮质)中叶黄素类(叶黄素、玉米黄素和隐黄质)的含量显著高于其他类胡萝卜素(β-胡萝卜素和番茄红素),番茄红素仅在大脑的两个部位(海马和额叶)组织中能够检测到,而 α-胡萝卜素在上述的四个部位均未检测到[1]。叶黄素在上述大脑的四个部位中的平均浓度显著高于其他类胡萝卜素(玉米黄素、隐黄素、β-胡萝卜素和番茄红素),且有两个部位仅检测到叶黄素和玉米黄素,而未检测到其他类胡萝卜素,说明叶黄素在大脑中具有分布和含量的双重优势。婴儿脑与成人脑成分分析的结果一致,叶黄素也是含量最高的类胡萝卜素,但叶黄素含量占类胡萝卜素总量的 58%,接近老年人(31%)的两倍[1],提示叶黄素在生命早期的脑神经发育中具有意义。

在美国的第三次全国健康和营养调查(The Third National Health and Nutrition Examination Survey,NHANES Ⅲ)中,对 2～11 个月的婴儿膳食调查结果表明,在婴儿膳食中含量最高的四种类胡萝卜素依次为 β-胡萝卜素(43%),番茄红素(28%),α-胡萝卜素(13%)以及叶黄素(12%)[37],而在婴儿脑中该四种类胡萝卜素占类胡萝卜素总量的比例分别为 15%,3%,0% 和 58%[1]。在婴儿膳食中,叶黄素含量仅占类胡萝卜素总量的 12%,是类胡萝卜素中所占百分比最低的;而在婴儿的脑中,叶黄素含量占类胡萝卜素总量的 58%,是类胡萝卜素中所占百分比最高的,且接近于 β-胡萝卜素的 4 倍。上述数据表明,脑组织对叶黄素具有独特的摄取和蓄积的能力,叶黄素在大脑中的这种优势分布提示其可能为大脑所需的重要化合物。

(二)叶黄素与年龄相关性认知功能减退

叶黄素与年龄相关性认知功能关系的研究已见诸不少文献报道。大型的队列研究发现,蔬菜特别是深绿色蔬菜摄入量较高的人群比深绿色蔬菜摄入量较低的人群,认知功能减退的速度减缓[38]。膳食中经常摄入富含鱼类、蔬菜和水果类的人群,有助于延缓 65 岁以上老年人认知功能的减退[39]。中年及以上人群,经常摄入富含类胡萝卜素的膳食,其认知功能检测得分更高[40],提示类胡萝卜素在防护人类认知功能损害中具有显著作用。一项包括 6 个队列研究、40044 名研究对象的系统综述表明,每天摄入 200g 以上的蔬菜有助于预防认知功能减退和痴呆的发生[41]。在所有蔬菜中,富含叶黄素的绿叶蔬菜和十字花科蔬菜摄入量与延缓老年女性认知功能减退的关联程度最强[33]。德国进行的队列研究结果也证实,在所有的绿叶蔬菜中,仅叶黄素含量较高的卷心菜摄入量与延缓中年男性和女性认知功能下降速度显著相关[34]。

上述研究结果表明,丰富的膳食叶黄素摄入量能延缓中老年人年龄相关的认知功能下降。叶黄素主要来源于植物性食物,尤其是深绿色的蔬菜与橙色的瓜果。以植物性食物为主的膳食模式,不仅有益于心脑血管疾病的预防,也有益于认知功能下降与障碍的相关疾病和 AD 的预防。

(三)叶黄素与阿尔茨海默病

AD 的早期表现为认知功能减退,随着病程进展出现认知功能障碍,认知功能障碍是 AD 的典型临床症状。叶黄素在血清、视网膜和脑组织中的含量与老年人的认知功能密切相关。

在认知功能减退和障碍的 AD 患者中,血清叶黄素浓度明显降低,并与患者简易智能精神状态量表(mini-mental state examination,MMSE)检查得分显著相关。研究发现,在 80~90 岁人群中,叶黄素是唯一与认知功能显著正相关的血清类胡萝卜素,在 AD 及其亚临床期患者人群中,血清叶黄素浓度显著低于非 AD 人群[4]。近期研究发现,在 50 岁以上的人群中,随着血清叶黄素与玉米黄素浓度的升高,因 AD 所致的死亡风险下降(HR=0.43)[42]。

在人视网膜中,叶黄素浓度的标志物——视网膜黄斑色素密度(macular pigment optical density,MPOD)也与老年人群认知功能水平密切相关。一项较大规模的人群研究发现,在 MPOD 较低的人群中,与认知功能的相关的指标如记忆力、反应速度以及选择反应速度等,亦出现全面的下降[43]。进一步的研究表明,在非 AD 人群中,MPOD 水平仅与视觉功能相关;而在 AD 早期出现轻度认知功能损害(mild cognition impairment,MCI)的人群中,MPOD 与多项认知功能指标相关,包括认知功能 MMSE 得分、视觉空间感、语言能力和注意力等[3]。该结果表明,在病理条件下,机体叶黄素水平与认知功能关系更为密切,提示叶黄素与 AD 的发生和发展密切相关。认为 MPOD 可能是人脑中叶黄素和玉米黄素含量的生物标志物,其与 MCI 之间的关系实际上反映了人脑中叶黄素水平对认知功能的重要影响[44]。

此外,叶黄素对认知功能影响的有力证据亦来自于捐献者的人体尸检资料,以及人群干预研究的结果。Johnson 等对百岁老人脑组织成分进行分析时发现,MCI 人群与正常人群相比,大脑皮质和小脑部位叶黄素和 β-胡萝卜素含量显著下降,而其他类胡萝卜素则未见明显变化[5]。且大脑皮质中叶黄素的含量与不同性质的认知功能指标(正向和负向指标)均存在显著性相关,并呈现对应关系[5]。该研究进一步证实了脑组织中叶黄素的含量与认知功能密切相关。为证实叶黄素对老年人认知功能的作用与效果,Johnson 等进行了干预研究,观察叶黄素干预能否有效地改善老年人的认知功能。他们对健康老年女性(60~80 岁)实施叶黄素干预(12mg/d),或叶黄素与 DHA(800mg/d)联合干预,每日 1 次,连续 4 周。结果表明,叶黄素干预显著地改善了该人群的认知功能,包括语言流畅性、记忆力和学习能力[6]。

总之,上述研究结果表明,叶黄素是脑组织中含量最高的类胡萝卜素,叶黄素与认知功能密切相关,丰富的膳食叶黄素摄入量能延缓中老年人年龄相关的认知功能下降,对预防 AD 的发生和进展可能具有重要价值。

三、叶黄素对阿尔茨海默病的预防机制

关于叶黄素对认知功能和 AD 作用的机制仍在研究中,尚不十分确定。但就目前的研究资料分析,认为叶黄素主要通过抗氧化、抗炎作用及对神经细胞传导速度和对细胞信号转导通路的调控而发挥作用的。

(一)抗氧化和抗炎作用

氧化应激和炎症损伤是 AD 发病的主要机制,在 AD 的发生和发展过程中起核心作用[45]。人体尸检发现在 AD 患者中枢神经系统和外周组织中都存在自由基氧化损伤产物的蓄积,AD 患者脑组织中脂类、蛋白质及核酸等生物大分子过氧化修饰增强,在海马、顶下小叶等与疾病发生密切相关部位尤为明显[46]。在 AD 发病过程中,标志性的病理变化 Aβ 能通过诱导产生大量的自由基,破坏氧化还原平衡,导致疾病的进一步发展[46]。

多项研究显示，叶黄素具有很强的抗氧化作用，能有力地抵御大脑氧化应激和炎症损伤。动物实验结果表明，叶黄素能抑制大鼠大脑皮质脂质过氧化反应，增加大脑谷胱甘肽过氧化物酶活性水平[47]。每天给予实验动物叶黄素 50mg/kg，连续 14 天，能逆转氧化应激所致的动物大脑神经损伤，抑制线粒体氧化应激反应，改善神经损伤所致的神经行为和体重改变[48]。然而，目前尚未有直接证据表明叶黄素对 AD 的标志性改变 Aβ 所致的神经细胞损伤和氧化应激具有防护作用，尚需进一步的研究证实。

（二）对神经细胞传导速度的作用

感觉功能下降与丧失，能导致大脑接受的外界刺激减少，加速认知功能下降[49]，如丧失听觉的老年人认知功能下降速度比听觉正常的老年人快 40%[50]。因为他们在丧失听觉功能后，接受信息减少（他们听到较少的语言）和具有较高的认知负荷（他们努力试图听到更多的信息，对大脑形成的压力）。叶黄素通过构成视网膜黄斑色素，提高个体的视觉敏感度，减少眩光恢复时间，增强精细视觉[51]，使大脑接受更多的信息并减少认知负荷。另外，膳食抗氧化剂的摄入量还与老年性听觉丧失具有相关性[52]。因此，叶黄素能阻止和延缓老年性感觉功能下降与丧失，降低其认知负荷，延缓认知功能下降的作用。但依然需要更多的相关研究资料加以证实。

在新近的研究中，对此有两种认识，一种认为，叶黄素能够直接作用于神经细胞，增强细胞信号传导和应答效率。该认识是基于以下研究结果：①叶黄素在整个视觉通路中均存在（如大脑额叶和枕叶），但在不同部位差异显著[2]；②体内研究表明，叶黄素能直接影响细胞间的信号通路（如在增强细胞缝隙连接信号通路）[53]，激活视黄酸受体，促进细胞外基质的生成[54]；③实验室研究结果表明，MPOD 与大脑信息处理速度相关[55]，后者为一种能够表示反应速度和认知功能的指标。叶黄素可能通过增强大脑对外界信息的收集能力而发挥作用。在老年人群中，由于大脑神经细胞密度下降，完成相同的应答，需要更多的神经区域（更多的大脑皮质）参与才能达到相同的效果。这将导致脑区分工下降，降低大脑反应和处理速度。叶黄素可能通过诱导神经细胞通过旁路进行联接，代偿性地增强信号传导和应答效率，提高大脑对外界的反应能力，从而改善认知功能[56]。

另一种观点认为，叶黄素通过减少大脑白质神经纤维的丢失，增强大脑神经信号的传递和应答效率，发挥改善认知功能的作用。随着年龄增加，大脑白质的神经纤维束丢失增加，将会导致大脑皮质功能障碍[57]。大脑白质纤维束能够联接不同区域的大脑皮质，是大脑皮质形成高级逻辑中枢的必要通路。大脑白质（和鞘磷脂）含有大量的脂类[58]，与脂溶性的类胡萝卜素之间的关系密切[2]。在大脑白质神经纤维的磷脂双分子层中，叶黄素能够像铆钉一样在细胞膜上跨膜存在[59]，并与细胞骨架结构（微管蛋白）相结合[60]，稳定膜结构，阻止大脑白质纤维丢失。

（三）调控细胞信号转导通路

叶黄素可能通过调控炎症和氧化应激相关的信号通路，发挥其生物学效应。叶黄素对氧化应激和炎症的经典信号通路——NF-κB 途径具有调控作用，能抑制其在细胞内的激活[61]，减少其相关基因的表达[62]，发挥抑制氧化应激和炎症的作用。

此外，有研究认为，叶黄素可能通过调控促分裂素活化蛋白激酶（mitogen-activated protein kinase，MAPK）信号通路，发挥其生物学效应。MAPK 信号途径是细胞氧化应激损伤过程中重要的信号通路,在 Aβ 所致神经毒性中发挥重要作用,与 AD 发生密切相关[63-64]。尤为重要的是,MAPK 信号转导通路与认知功能密切相关[65-66],调控海马区神经突触的形成以及正常学习记忆功能的维持,其异常激活能导致 AD 患者海马功能破坏和学习记忆能力的减退[64]。多种抗氧化物质和药物通过调控 MAPK 信号通路,发挥改善学习记忆功能的作用[67-79]。体外研究发现,叶黄素能够调控 ROS 生成和 MAPK 信号通路(ERK1/2,P38MAPK),促进巨噬细胞产生基质外金属蛋白酶 -9 的产生及其吞噬作用,证实叶黄素对 MAPK 信号通路的调控作用[70]。研究显示,叶黄素还可以调控 MAPK 信号通路的上游信号途径——血小板源性生长因子(platelet-derived growth factor,PDGF),不仅通过抑制 PDGF 结合到细胞上,还能干扰细胞成分,抑制其刺激的血管内皮细胞的增长,并抑制其下游的 MAPK 信号蛋白(ERK1/2,p38 信号通路)的激活[71],发挥其抗炎和抗氧化损伤作用。

(徐贤荣　林晓明)

参考文献

[1] Vishwanathan R, Kuchan MJ, Sen S, et al. Lutein and preterm infants with decreased concentrations of brain carotenoids[J]. J Pediatr Gastroenterol Nutr, 2014, 59(5): 659-665.

[2] Craft NE, Haitema TB, Garnett KM, et al. Carotenoid, tocopherol, and retinol concentrations in elderly human brain[J]. J Nutr Health Aging, 2004, 8(3): 156-162.

[3] Renzi LM, Dengler MJ, Puente A, et al. Relationships between macular pigment optical density and cognitive function in unimpaired and mildly cognitively impaired older adults[J]. Neurobiology of Aging, 2014, 35(7): 1695-1699.

[4] Rinaldi P, Polidori MC, Metastasio A, et al. Plasma antioxidants are similarly depleted in mild cognitive impairment and in Alzheimer's disease[J]. Neurobiol Aging, 2003, 24(7): 915-919.

[5] Johnson EJ, Vishwanathan R, Johnson MA, et al. Relationship between Serum and Brain Carotenoids, alpha-Tocopherol, and Retinol Concentrations and Cognitive Performance in the Oldest Old from the Georgia Centenarian Study[J]. J Aging Res, 2013, 2013: 951786.

[6] Johnson EJ, McDonald K, Caldarella SM, et al. Cognitive findings of an exploratory trial of docosahexaenoic acid and lutein supplementation in older women[J]. Nutr Neurosci, 2008, 11(2): 75-83.

[7] ADI. World Alzheimer Report 2009[M]. London: Alzheimer's Disease International, 2009.

[8] Ferri CP, Prince M, Brayne C, et al. Global prevalence of dementia: a Delphi consensus study[J]. Lancet ,2005,366(9503): 2112-2117.

[9] Zhang ZX, Zahner GE, Roman GC, et al. Dementia subtypes in China: prevalence in Beijing, Xian, Shanghai, and Chengdu[J]. Arch Neurol, 2005, 62(3): 447-453.

[10] Chan KY, Wang W, Wu JJ, et al. Epidemiology of Alzheimer's disease and other forms of dementia in China, 1990-2010: a systematic review and analysis[J]. Lancet, 2013,381(9882): 2016-2023.

[11] Knyazeva MG, Jalili M, Brioschi A, et al. Topography of EEG multivariate phase synchronization in early Alzheimer's disease[J]. Neurobiol Aging, 2010, 31(7): 1132-1144.

[12] 盛树力. 老年性痴呆及相关疾病[M]. 北京: 科学技术文献出版社, 2006..

[13] 贾建平. 临床痴呆病学[M]. 北京: 北京大学医学出版社, 2008.

[14] Glenner GG,Wong CW. Alzheimer's disease: initial report of the purification and characterization of a novel cerebrovascular amyloid protein. 1984[J]. Biochem Biophys Res Commun, 2012, 425(3): 534-539.

[15] Iwatsubo T, Odaka A, Suzuki N, et al. Visualization of A beta 42(43) and A beta 40 in senile plaques with end-specific A beta monoclonals: evidence that an initially deposited species is A beta 42(43)[J]. Neuron, 1994,13(1): 45-53.

[16] Nicoll JA, Yamada M, Frackowiak J, et al. Cerebral amyloid angiopathy plays a direct role in the pathogenesis of Alzheimer's disease. Pro-CAA position statement[J]. Neurobiol Aging, 2004, 25(5): 589-597; discussion

603-584.
- [17] Karlstrom H, Brooks WS, Kwok JB, et al. Variable phenotype of Alzheimer's disease with spastic paraparesis[J]. J Neurochem, 2008, 104(3): 573-583.
- [18] Hardy J, Selkoe DJ. The amyloid hypothesis of Alzheimer's disease: progress and problems on the road to therapeutics[J]. Science, 2002, 297(5580): 353-356.
- [19] Mocanu MM, Nissen A, Eckermann K, et al. The potential for beta-structure in the repeat domain of tau protein determines aggregation, synaptic decay, neuronal loss, and coassembly with endogenous Tau in inducible mouse models of tauopathy[J]. J Neurosci, 2008, 28(3): 737-748.
- [20] Grundke-Iqbal I, Iqbal K, Tung YC, et al. Abnormal phosphorylation of the microtubule-associated protein tau (tau) in Alzheimer cytoskeletal pathology[J]. Proc Natl Acad Sci U S A, 1986, 83(13): 4913-4917.
- [21] Goedert M, Spillantini MG, Jakes R, et al. Multiple isoforms of human microtubule-associated protein tau: sequences and localization in neurofibrillary tangles of Alzheimer's disease[J]. Neuron, 1989, 3(4): 519-526.
- [22] Ballatore C, Lee VM, Trojanowski JQ. Tau-mediated neurodegeneration in Alzheimer's disease and related disorders[J]. Nat Rev Neurosci, 2007, 8(9): 663-672.
- [23] Hasegawa M, Smith MJ, Goedert M. Tau proteins with FTDP-17 mutations have a reduced ability to promote microtubule assembly[J]. FEBS Lett, 1998, 437(3): 207-210.
- [24] Corey-Bloom J. The ABC of Alzheimer's disease: cognitive changes and their management in Alzheimer's disease and related dementias[J]. Int Psychogeriatr, 2002, 14 Suppl 1: 51-75.
- [25] Grossberg GT. The ABC of Alzheimer's disease: behavioral symptoms and their treatment[J]. Int Psychogeriatr, 2002, 14 Suppl 1: 27-49.
- [26] Potkin SG. The ABC of Alzheimer's disease: ADL and improving day-to-day functioning of patients[J]. Int Psychogeriatr, 2002, 14 Suppl 1: 7-26.
- [27] 李延峰. 阿尔茨海默病的临床特点和诊治[J]. 中华老年医学杂志, 2009, 28(7): 614-616.
- [28] Ballard C, Gauthier S, Corbett A, et al. Alzheimer's disease[J]. Lancet, 2011, 377(9770): 1019-1031.
- [29] 周爱红, 王荫华. 阿尔茨海默病的血管性危险因素[J]. 中华老年心脑血管病杂志, 2005, 7(1): 65-67.
- [30] Crawford F, Suo Z, Fang C, et al. p-Amyio- a peptides and enhancement of vasoconstriction by endothelin-1[J]. Ann NY Acad Sci, 1997, 826: 461-462.
- [31] 韩恩吉, 王翠兰. 实用痴呆学[M]. 济南: 山东科学技术出版社, 2011.
- [32] 谢瑞满. 实用老年痴呆学[M]. 上海: 上海科学技术文献出版社, 2010.
- [33] Kang JH, Ascherio A, Grodstein F. Fruit and vegetable consumption and cognitive decline in aging women[J]. Ann Neurol, 2005, 57(5): 713-720.
- [34] Nooyens AC, Bueno-de-Mesquita HB, van Boxtel MP, et al. Fruit and vegetable intake and cognitive decline in middle-aged men and women: the Doetinchem Cohort Study[J]. Br J Nutr, 2011, 106(5): 752-761.
- [35] Snodderly DM. Evidence for protection against age-related macular degeneration by carotenoids and antioxidant vitamins[J]. Am J Clin Nutr, 1995, 62(6 Suppl): 1448S-1461S.
- [36] Landrum JT, Bone RA. Lutein, zeaxanthin, and the macular pigment[J]. Arch Biochem Biophys, 2001, 385: 28-40.
- [37] Third National Health and Nutrition Examination Survey. Available at http: //www.cdc.gov/nchs/nhanes/nh3data.htm. Accessed July 24, 2014.
- [38] Mangels AR, Holden JM, Beecher GR, et al. Carotenoid content of fruits and vegetables: an evaluation of analytic data[J]. J Am Diet Assoc, 1993, 93(3): 284-296.
- [39] Tsai HJ. Dietary patterns and cognitive decline in Taiwanese aged 65 years and older[J]. Int J Geriatr Psychiatry, 2014.
- [40] Kesse-Guyot E, Andreeva VA, Ducros V, et al. Carotenoid-rich dietary patterns during midlife and subsequent cognitive function[J]. Br J Nutr, 2014, 111(5): 915-923.
- [41] Loef M, Walach H. Fruit, vegetables and prevention of cognitive decline or dementia: a systematic review of cohort studies[J]. J Nutr Health Aging, 2012, 16(7): 626-630.
- [42] Min JY, Min KB. Serum lycopene, lutein and zeaxanthin, and the risk of Alzheimer's disease mortality in older adults[J]. Dement Geriatr Cogn Disord, 2014, 37(3-4): 246-256.
- [43] Feeney J, Finucane C, Savva GM, et al. Low macular pigment optical density is associated with lower cognitive performance in a large, population-based sample of older adults[J]. Neurobiol Aging, 2013, 34(11): 2449-2456.
- [44] Vishwanathan R, Neuringer M, Snodderly DM, et al. Macular lutein and zeaxanthin are related to brain lutein

and zeaxanthin in primates[J]. Nutr Neurosci, 2013, 16(1): 21-29.

[45] Padurariu M, Ciobica A, Lefter R, et al. The oxidative stress hypothesis in Alzheimer's disease[J]. Psychiatr Danub, 2013,25(4): 401-409.

[46] Sultana R, Perluigi M,Butterfield DA. Oxidatively modified proteins in Alzheimer's disease (AD), mild cognitive impairment and animal models of AD: role of Abeta in pathogenesis[J]. Acta Neuropathol, 2009, 118(1): 131-150.

[47] Arnal E, Miranda M, Barcia J, et al. Lutein and docosahexaenoic acid prevent cortex lipid peroxidation in streptozotocin-induced diabetic rat cerebral cortex[J]. Neuroscience, 2010, 166(1): 271-278.

[48] Binawade Y,Jagtap A. Neuroprotective effect of lutein against 3-nitropropionic acid-induced Huntington's disease-like symptoms: possible behavioral, biochemical, and cellular alterations[J]. J Med Food, 2013, 16(10): 934-943.

[49] Salthouse TA. The processing-speed theory of adult age differences in cognition[J]. Psychol Rev, 1996, 103(3): 403-428.

[50] Lin FR, Yaffe K, Xia J, et al. Hearing loss and cognitive decline in older adults[J]. JAMA Intern Med, 2013, 173(4): 293-299.

[51] Hammond BR, Jr.,Fletcher LM. Influence of the dietary carotenoids lutein and zeaxanthin on visual performance: application to baseball[J]. Am J Clin Nutr, 2012, 96(5): 1207S-1213S.

[52] Gopinath B, Flood VM, McMahon CM, et al. Dietary antioxidant intake is associated with the prevalence but not incidence of age-related hearing loss[J]. J Nutr Health Aging, 2011, 15(10): 896-900.

[53] Zhang LX, Cooney RV,Bertram JS. Carotenoids enhance gap junctional communication and inhibit lipid peroxidation in C3H/10T1/2 cells: relationship to their cancer chemopreventive action[J]. Carcinogenesis ,1991,12(11): 2109-2114.

[54] Sayo T, Sugiyama Y,Inoue S. Lutein, a nonprovitamin A, activates the retinoic acid receptor to induce HAS3-dependent hyaluronan synthesis in keratinocytes[J]. Biosci Biotechnol Biochem, 2013, 77(6): 1282-1286.

[55] Hammond BR, Jr.,Wooten BR. CFF thresholds: relation to macular pigment optical density[J]. Ophthalmic Physiol Opt, 2005,25(4): 315-319.

[56] Stahl W, Nicolai S, Briviba K, et al. Biological activities of natural and synthetic carotenoids: induction of gap junctional communication and singlet oxygen quenching[J]. Carcinogenesis, 1997, 18(1): 89-92.

[57] O'Sullivan M, Jones DK, Summers PE, et al. Evidence for cortical "disconnection" as a mechanism of age-related cognitive decline[J]. Neurology, 2001, 57(4): 632-638.

[58] Davis SW, Kragel JE, Madden DJ, et al. The architecture of cross-hemispheric communication in the aging brain: linking behavior to functional and structural connectivity[J]. Cereb Cortex, 2012, 22(1): 232-242.

[59] Widomska J,Subczynski WK. Why has Nature Chosen Lutein and Zeaxanthin to Protect the Retina?[J]. J Clin Exp Ophthalmol, 2014, 5(1): 326.

[60] Bernstein PS, Balashov NA, Tsong ED, et al. Retinal tubulin binds macular carotenoids[J]. Invest Ophthalmol Vis Sci, 1997, 38(1): 167-175.

[61] Armoza A, Haim Y, Bashiri A, et al. Tomato extract and the carotenoids lycopene and lutein improve endothelial function and attenuate inflammatory NF-kappaB signaling in endothelial cells[J]. J Hypertens, 2013, 31(3): 521-529; discussion 529.

[62] Kim JH, Na HJ, Kim CK, et al. The non-provitamin A carotenoid, lutein, inhibits NF-kappaB-dependent gene expression through redox-based regulation of the phosphatidylinositol 3-kinase/PTEN/Akt and NF-kappaB-inducing kinase pathways: role of $H(2)O(2)$ in NF-kappaB activation[J]. Free Radic Biol Med, 2008, 45(6): 885-896.

[63] Ito K, Hirao A, Arai F, et al. Reactive oxygen species act through p38 MAPK to limit the lifespan of hematopoietic stem cells[J]. Nat Med, 2006, 12(4): 446-451.

[64] Zhu X, Lee HG, Raina AK, et al. The role of mitogen-activated protein kinase pathways in Alzheimer's disease[J]. Neurosignals, 2002, 11(5): 270-281.

[65] Denner LA, Rodriguez-Rivera J, Haidacher SJ, et al. Cognitive enhancement with rosiglitazone links the hippocampal PPARgamma and ERK MAPK signaling pathways[J]. J Neurosci, 2012, 32(47): 16725-16735a.

[66] Samuels IS, Karlo JC, Faruzzi AN, et al. Deletion of ERK2 mitogen-activated protein kinase identifies its key roles in cortical neurogenesis and cognitive function[J]. J Neurosci, 2008, 28(27): 6983-6995.

[67] Shih PH, Chan YC, Liao JW, et al. Antioxidant and cognitive promotion effects of anthocyanin-rich mulberry

(Morus atropurpurea L.) on senescence-accelerated mice and prevention of Alzheimer's disease[J]. J Nutr Biochem, 2010, 21(7): 598-605.
[68] Zhao H, Wang SL, Qian L, et al. Diammonium glycyrrhizinate attenuates Abeta(1-42) -induced neuroinflammation and regulates MAPK and NF-kappaB pathways in vitro and in vivo[J]. CNS Neurosci Ther, 2013,19(2): 117-124.
[69] Lee EO, Kim SE, Park HK, et al. Extracellular HIV-1 Tat upregulates TNF-alpha dependent MCP-1/CCL2 production via activation of ERK1/2 pathway in rat hippocampal slice cultures: inhibition by resveratrol, a polyphenolic phytostilbene[J]. Exp Neurol, 2011, 229(2): 399-408.
[70] Lo HM, Chen CL, Yang CM, et al. The carotenoid lutein enhances matrix metalloproteinase-9 production and phagocytosis through intracellular ROS generation and ERK1/2, p38 MAPK, and RARbeta activation in murine macrophages[J]. J Leukoc Biol, 2013, 93(5): 723-735.
[71] Lo HM, Tsai YJ, Du WY, et al. A naturally occurring carotenoid, lutein, reduces PDGF and H(2)O(2) signaling and compromised migration in cultured vascular smooth muscle cells[J]. J Biomed Sci, 2012, 19: 18.

第七章

叶黄素的食用量与食用安全性

摘 要

叶黄素存在于人类的天然食物中，平衡膳食时无需额外补充。但叶黄素对人类健康有益，并与一些疾病（AMD、ARC、AS 等）的发生密切相关，当相关疾病的高危人群膳食摄入量不足时，补充适宜剂量的叶黄素可能对预防相关疾病的发生具有积极的意义。目前，叶黄素及其补充剂的食用量尚无统一标准，故在实际应用中使研发者存在一定困惑，对消费者亦带来一定风险和隐患。

叶黄素及其补充剂的食用量，应依据膳食调查获得的人群叶黄素的平均摄入量、国内外权威机构提出的相关建议值及临床与人群干预研究中叶黄素的有效干预剂量综合考虑。

叶黄素的膳食摄入量是提出叶黄素补充剂食用量的基础和背景资料。膳食调查的结果显示，国外多个国家（除斐济外）18～79 岁人群，膳食叶黄素的摄入量为 0.67～6.88 mg/d，多数在 1.10~4.25 mg/d。我国膳食调查的资料有限，在 30～79 岁人群中，叶黄素的膳食摄入量为 1.48～10.20 mg/d，多数介于 2.94～7.77 mg/d。我国人群叶黄素摄入量较国外人群偏高，这与我国的相关资料有限，代表性不普遍，也可能与膳食模式中植物性食物如蔬菜摄入量较高有关。

各国的叶黄素食用量标准与建议值不尽相同。在我国的标准中，叶黄素（来源于万寿菊花）作为着色剂在使用范围内的最大使用量为 0.05～0.15 g/kg；叶黄素酯（叶黄素二棕榈酸酯）的食用量（不包括婴幼儿食品）≤12 mg/d（折算为叶黄素为 6.5 mg/d）。作为营养强化剂，叶黄素在调制乳粉（仅限儿童用乳粉，液体按稀释倍数折算）的使用量是 1620~2700 μg/kg。在国外，EFSA 专家组 2006 年提出叶黄素在特殊医用食品中的允许食用量为 0.5～2 mg/d；2008 年，提出叶黄素在婴儿配方奶粉、配方食品中的加入量不超过 250μg/L。

叶黄素的人群与临床干预研究的有效剂量，在不同人群亦不一致。在 AMD 人群的干预研究中，有效干预剂量≥2.5 mg/d（2.5～20 mg/d）。在 ARC 人群的干预研究中，有效干预剂量为 2.4～6.42 mg/d。而在对 UV 皮肤光损伤研究中，有效干预剂量为 8～10 mg/d。并发现，较大剂量（>10 mg/d）干预时，干预时间一般≤6 个月；干预时间在 1 年以上的，一般干预剂量≤10 mg/d。

根据以上引证，叶黄素补充剂的建议食用量应设定在最低有效剂量和不发生任何不良反应的最大安全系数内，且至少应保障食用者每日食用该剂量直至终生，不发生任何不良反应。因此，对非疾病的高危人群，以预防为目的的长期食用，叶黄素补充剂的建议食用量应≤6mg/d。

叶黄素的食用安全性，经各阶段的食品安全性毒理学评价、国内外权威机构的安全性评估及长期的人群观察，已证实其食用的安全性及 ADI 值。根据 90 天喂养试验，从安全角度出发，NOAEL 取 200 mg/（kg·d），安全系数设定为 100，确定叶黄素的 ADI 值为 2 mg/（kg·d）。但考虑叶黄素的食用安全性毒理学试验研究资料与文献中，按我国食品安全性毒理学评价程序的试验要求，缺第三阶段的繁殖试验和第四阶段的试验（慢性毒性试验，包括致癌试验）数据，故将安全系数设定为 200，确定叶黄素的 ADI 值为 1 mg/（kg·d），即按 60kg 体重的成人，摄入叶黄素的安全剂量是 ≤60 mg/d。

FAO/WHO JECFA 经评价提出万寿菊来源的叶黄素 ADI 值为 2 mg/（kg·d），60kg 的成人摄入叶黄素 ≤120 mg/d。2010 年，EFSA 的专家组对叶黄素的安全性重新进行了评价，确定叶黄素的 ADI 值为 1 mg/（kg·d），60kg 的成人摄入叶黄素 ≤60 mg/d 是安全的。本文作者的建议与该 ADI 值一致。

在实际应用中，目前所有干预研究的剂量远低于该限量值。在叶黄素较大剂量（≥15mg/d）的人群干预研究中，如服用叶黄素/玉米黄素补充剂 40 mg/d 连续 9 周，30 mg/d 连续 140 天，20 mg/d 连续 1 年，15 mg/d 连续 24 个月，均未发现肝肾功能毒性、视功能损伤，也未见对血清维生素水平的影响及对淋巴细胞 DNA 的损伤。但是，依然需要警惕过量叶黄素的不良反应。主要表现在皮肤黄染，这种变化为可逆的且对身体器官无伤害，停止服用一段时间后黄染消失。此外，长期服用高剂量 β-胡萝卜素、维生素 A 和叶黄素补充剂的吸烟者患肺癌的风险增加，故在明确原因之前，应提醒吸烟者慎用较高剂量（>10mg/d）的叶黄素补充剂。

叶黄素存在于人类的天然食物中，平衡膳食时，不一定需要额外补充。但近年研究证实，叶黄素对人类健康有益，并与一些疾病（AMD、ARC、AS 等）的发生密切相关，当该类疾病的高危人群膳食摄入量不足时，补充适宜剂量的叶黄素可能对预防相关疾病的发生和发展具有积极的意义。

目前，关于叶黄素的食用量尤其是叶黄素补充剂的食用量尚无统一标准，以致在实际应用中研发者存在一定困惑，对消费者亦带来一定的风险和隐患。因此，关于叶黄素补充剂的食用量及相关标准的尽快出台，被人们翘首以待。作者拟通过对叶黄素食用量特别是叶黄素补充剂的食用量及其食用安全性进行讨论与论证，提出对叶黄素补充剂食用量的建议，为社会需求和政府与相关部门制定标准及政策提供参考和依据。

第一节　叶黄素的食用量

关于叶黄素的食用量尤其是叶黄素补充剂的食用量，需依据国内外膳食调查的结果、参考国内外权威机构发布的标准和相关建议值与安全性评价的数据、人群与临床干预研究中叶黄素干预剂量的数据资料，并结合当前的研究与相关文献资料，进行综合分析并讨论和论证。

一、膳食摄入量

叶黄素的膳食摄入量主要依据膳食调查的方法获得。目前，国内膳食叶黄素摄入量的数据有限，因在我国食物成分表中，叶黄素、玉米黄素的数据是空缺，在进行膳食叶黄素计算时无据可依。国外的一些膳食调查的资料和数据，为人群膳食叶黄素的摄入量提供了一定的参考。

（一）国外人群膳食叶黄素摄入量

近些年来，膳食调查的结果显示，不同国家和地区、不同种族以及不同性别与年龄人群，膳食叶黄素/玉米黄素的摄入量差异很大[1-3]。

据 Shegokar 报道，斐济（国家）居民从绿叶蔬菜中摄入的叶黄素量达到 18 ~ 23 mg/d[4]。而在澳洲的一项对 3654 名 49 岁以上人群的膳食调查结果显示，叶黄素/玉米黄素摄入量为 0.826 ~ 0.842 mg/d[5]，与斐济居民膳食叶黄素摄入量相比，相差 21 ~ 27 倍。2008 年，美国发布的一项对 50 岁以上的 71494 名女性和 41564 名男性膳食叶黄素/玉米黄素摄入量与 AMD 患病风险的前瞻性研究，结果显示，女性叶黄素/玉米黄素的摄入量为 1.09 ~ 5.852 mg/d，男性叶黄素/玉米黄素的摄入量为 1.209 ~ 6.879 mg/d，男性略高于女性[6]。而欧洲的一项调查显示，人群膳食叶黄素的摄入量为 2.2mg/d[1]。国外部分人群膳食叶黄素摄入量的调查结果，见表 7-1-1。

在上述的膳食调查中，不同国家、不同地区采用不同的调查方法，且各项膳食调查背景资料不尽一致，故它们之间缺乏可比性，但为我们提供了一个基本的数据参考范围。

膳食叶黄素/玉米黄素的摄入量在不同种族和年龄之间也存在一定差别。在美国的第三次全国健康和营养调查中，关于叶黄素/玉米黄素与 AMD 的相关性研究显示，膳食叶黄素的摄入量非西班牙黑裔高于白裔[7]。美国在 2003—2004 年的国家健康与营养调查（National Health and Nutrition Examination Survey，NHANES）结果显示，膳食叶黄素/玉米黄素摄入量随年龄的增长而逐渐增加，不同年龄人群其摄入量的调查结果，见表 7-1-2[3]。

表 7-1-1 国外人群膳食叶黄素摄入量调查结果

国家（调查年份）	调查对象	样本量（人）	调查方法	摄入量（mg/d）
美国（2010）[8]	晚期 AMD	545	FFQ	1.10 ~ 1.55
澳大利亚（2008）[5]	49 岁以上人群	3654	FFQ	0.83 ~ 0.84
美国（2007）[9]	29-70 岁夫妻	25 对（50）	FFQ	女：2.09；男：1.53
西班牙（2006）[10]	1 型糖尿病	145	FFQ	1.27
欧洲五国*（2001）[1]	25-45 岁	400	FFQ	2.2
美国（1999）[11]	18-50 岁	280	FFQ	1.10
美国（1994—1998）[12]	50-79 岁女性	1802	FFQ	0.79 ~ 2.89
美国（1988—1994）[7]	>40 岁 AMD	8222	24 小时回顾	40 ~ 59 岁：0.39 ~ 5.55 60 ~ 79 岁：0.44 ~ 5.97 > 80 岁：0.38 ~ 5.60
美国（1993）[13]	>45 岁女性	39 876	FFQ	1.18 ~ 4.25
美国（1992）[2]	18 ~ 69 岁人群	8341	FFQ	女：1.86；男：2.15
美国（1990）[6]	50 岁以上	女 71 494；男 41 564	FFQ	女：1.10 ~ 5.85；男：1.21 ~ 6.88
美国（1988-1990）[14]	43 ~ 84 岁	1354	FFQ	<65 岁 1.25；>65 岁 1.24

注：*欧洲五国：指英国、爱尔兰、西班牙、法国、荷兰（80 人/每国）；调查年份为膳食调查的时间点而非文章刊出年份，以真实反映不同时期的膳食叶黄素摄入量；表内膳食调查数据小数点后保留 2 位。

表 7-1-2　不同年龄人群膳食叶黄素/玉米黄素的摄入量 (μg/d)

年龄（岁）	女性（人）	男性（人）	叶黄素	玉米黄素
1～3	368	361	279 ± 21	86 ± 4
4～8	402	375	311 ± 17	96 ± 5
9～13	513	483	335 ± 24	91 ± 4
14～18	648	692	432 ± 29	95 ± 5
19～30	605	692	671 ± 55	120 ± 5
31～50	741	677	896 ± 75	119 ± 5
51～70	638	597	981 ± 90	122 ± 4
>70	454	440	1,008 ± 96	107 ± 5

由表 7-1-2 可见，该人群膳食叶黄素摄入量范围值，随年龄增长而增加，在 70 岁以上人群，膳食叶黄素的摄入量最高。膳食玉米黄素摄入量与叶黄素呈类似变化趋势。

（二）国内人群膳食叶黄素摄入量

在我国，叶黄素的相关研究开始比较晚，特别是膳食叶黄素/玉米黄素摄入量的数据与资料有限，具有一定规模的人群膳食叶黄素摄入量的调查仅见几项。我国人群的膳食叶黄素摄入量调查结果见表 7-1-3。

表 7-1-3　中国人群膳食叶黄素摄入量调查结果

调查年份	调查对象	样本量（人）	调查方法	摄入量（mg/d）
2010[15]	>45 岁	541	定量食物频率表	10.20
2012[16]	40～79 岁	341	定量食物频率表	7.77
2009[17]	30～60 岁	184	双份饭法	1.48
2007[18]	30～60 岁	184	双份饭法和称重法	2.94

表 7-1-3 结果显示，调查结果之间的差别比较大，可能与采用的调查方法、被调查人群的特征以及膳食中叶黄素含量计算时所依据的数据库不同等因素有关。因我国食物成分表中缺少各类食物中叶黄素含量的数据，各项膳食调查在计算叶黄素摄入量时，缺乏统一的计算依据。因此，各膳食调查之间不具有可比性。

本著作者王子昕等，曾采用 HPLC 对北京市常见的 79 种食物中叶黄素/玉米黄素的含量进行了检测与分析，并对北京市社区居民膳食叶黄素/玉米黄素的摄入量进行了调查[15]，食物中叶黄素含量的计算主要依据作者对食物测定的结果[19]。研究中，食物采样正值夏初，被调查人群主要居住在大学校区周边，文化程度和经济收入水平在中等以上，这些资料可能是该人群叶黄素摄入量较高的原因和影响因素。

综上所述，国外多个国家（除斐济外）18～79 岁人群，膳食叶黄素摄入量最低为 0.67mg/d[3]，最高为 6.88 为 mg/d[6]，更多的是在 1.10~4.25 mg/d 之间[1-2, 8-9, 10-11, 13-14]。中国的膳食调查数据有限，根据有限的资料显示，在≥30 岁人群中，膳食叶黄素摄入量最低为 1.48mg/d[17]，最高为 10.20 mg/d[15]，剔除最低与最高值则为 2.94[18] ~ 7.77 mg/d[16]。

二、食品添加剂与营养强化剂中的使用量

自 20 世纪末起,叶黄素相继被作为食品添加剂和营养强化剂用于食品中,且随之出现了相关的保健食品,用于一些特定人群的疾病预防[12, 20-22]。特别是 FAO/WHO 食品添加剂联合专家委员会(Joint FAO/WHO Expert Committee on Food Additives Food,JECFA)与美国食品和药品管理局(US Food and Drug Administration,US-FDA)亦认可了以万寿菊花(Tagetes erecta L.)为原料提取的叶黄素结晶为安全的叶黄素原料来源[23, 24]。

我国于 2007 年开始,陆续发布了叶黄素类作为食品添加剂和食品营养强化剂的允许使用范围与使用量[25-27, 29]。

(一)食品添加剂

美国 FDA 允许叶黄素作为食品添加剂用于食品中,并于 2003—2004 年认定叶黄素和叶黄素酯、2012 年认定叶黄素二乙酸酯(Lutein Diacetate)是一般公认安全(general recognition of safety,GRAS)的可用于食品和补充剂生产加工的原料[24,79]。

2007 年,在原卫生部公告(2007 年第 8 号)中批准了叶黄素作为食品添加剂中的着色剂用于焙烤食品(使用量 150mg/kg)、饮料类(使用量 50mg/kg)、冷冻食品(使用量 100 mg/kg)、果冻和果酱(使用量 50 mg/kg)[25]。2008 年,在原卫生部公告(2008 年第 12 号)中批准了以万寿菊花来源的叶黄素酯(主要成分为叶黄素二棕榈酸酯)为新资源食品,允许用于焙烤食品、乳制品、饮料、即食谷物、冷冻饮品调味品和糖果,但不包括婴幼儿食品,食用量 ≤12mg/d[26]。

至 2011 年,在中华人民共和国国家标准(GB 2760—2011)食品添加剂使用标准中,明确了叶黄素的应用范围和最大使用量,允许使用范围包括以乳为主要配料的即食风味甜点或其预制产品(不包括冰淇淋和调味酸奶)、冷冻饮品(食用冰除外)、果酱、八宝粥罐头、方便米面制品、冷冻米面制品、谷物和淀粉类甜品(仅限谷类甜品罐头)、焙烤食品、饮料类、果冻等,最大使用量为 0.05~0.15 g/kg[27]。

(二)食品营养强化剂

叶黄素是美国 FDA 推荐的十种可以作为食物营养添加剂的植物化学物之一,并允许其加入谷餐棒、果汁等食物和饮品中[24]。2006 年,欧盟食品安全管理局(European Food Safety Authority,EFSA)的专家组,评价了来源于万寿菊花与其他食用植物的叶黄素的食用安全性,提出叶黄素可用于特殊医用食品(Foods for Special Medical Purposes,FSMPs),允许食用量为 0.5~2 mg/d[28]。2008 年,EFSA 的专家组评价了叶黄素(FloraGLO®20% 叶黄素红花油液体,含有 20% w/w 叶黄素和 0.8% w/w 玉米黄素)作为特殊营养成分用于婴儿和儿童食品的必要性、安全性和生物利用率,提出叶黄素在婴儿配方乳粉、配方食品中的加入量不超过 250 μg/L[29]。

2007 年,我国批准叶黄素作为营养强化剂使用于婴儿配方食品(使用量 300~2000 μg/kg)、较大婴儿和幼儿配方食品(使用量 1620~4230μg/kg)以及学龄前儿童配方食品(使用量 1620~2700 μg/kg)[25]。2012 年,在中华人民共和国国家标准(GB14880—2012)食品营养强化剂使用标准中,明确了叶黄素的应用范围为调制乳粉(仅限儿童用乳粉,液体按稀释倍数折算),使用量为 1620~2700 μg/kg[30]。

在食品添加剂和食品营养强化剂中,叶黄素使用范围和使用量的国家标准的相继出台,推动了叶黄素在食品行业中的应用。

(三)保健食品

自 2007 年我国相继批准了叶黄素作为食品添加剂、食品营养强化剂、叶黄素酯为新资源食品允许用于部分食品以来,叶黄素类保健食品也相继面世。

1. 保健功能

国内以叶黄素类为主要原料的保健食品主要用于缓解视疲劳功能,设定的适宜人群为视力易疲劳者。尽管,对其效果最终定论是一个十分复杂的问题,如涉及视疲劳如何定义,其发生的机制,叶黄素改善视疲劳的依据,假设前面的几个问题是肯定的,服用叶黄素多大剂量和多长时间能改善视疲劳?如何确定视疲劳改善的判定指标和标准等,这些问题无论从理论上还是实践中尚存在研究与论证的空间。当下认可其功能的唯一依据是检验机构对某一人群的实验结果与数据,通常我们是用数据与结果来引证的。

2. 食用量

在叶黄素类保健食品中,对其食用量尚未见统一要求值。研发单位更多的是依据已经批准的叶黄素类食品添加剂及营养强化剂的允许使用量推算而来,也有的是参考相关研究文献的剂量。目前,已批准的叶黄素类保健食品中,叶黄素的食用量一般为 5~20 mg/d,更多采用的是 5~10 mg/d。按照食品安全性毒理学评价的结果,该剂量在安全范围内。

3. 功效成分

叶黄素类保健食品的功效成分主要是叶黄素,此外,还有玉米黄素和叶黄素酯。在自然界,叶黄素与其同分异构体玉米黄素常同时存在,很难分离,故叶黄素中常含有少量的玉米黄素。随着对玉米黄素研究的深入,叶黄素/玉米黄素复合型补充剂逐渐增多,特别是近年有研究者研发出与人视网膜黄斑区玉米黄素与叶黄素比值相近的保健食品,用于视网膜黄斑区的防护[31]。叶黄素酯作为功效成分,其对光、热、氧等的稳定性优于叶黄素,且便于加工和保存。有研究显示,叶黄素酯水解出的叶黄素生物利用率比游离态的叶黄素高 61.6%[32]。同时也发现,健康人群服用 12.2mg 叶黄素与 27mg 叶黄素酯相比,4 周后,前者的血清叶黄素水平增高更多[33]。

目前发现,在有些以老年人为目标人群的复合型叶黄素类保健食品中,叶黄素含量偏低(仅 0.25~0.5 mg/粒或片)[34],难以达到发挥其生物学作用的剂量[35-36]。

综上所述,在食品添加剂中,叶黄素的最大使用量为 0.05~0.15 g/kg;叶黄素酯的食用量(不包括婴幼儿食品)≤12mg/d。在营养强化剂中,EFSA 提出在特殊医用食品允许食用量为 0.5~2 mg/d,作为特殊营养成分用于婴儿配方乳粉、配方食品的加入量不超过 250 μg/L;我国规定叶黄素在调制乳粉(仅限儿童用乳粉,液体按稀释倍数折算)的使用量为 1620~2700 μg/kg。

三、人群与临床研究中的干预剂量

在人群和临床研究中,叶黄素干预主要见于对 AMD 人群,且干预剂量尚不一致。在叶黄素与 ARC 及其他相关疾病的研究中，更多的是采用横断面调查及观察性研究结果，分析叶黄素的摄入量与相关疾病的关系。

（一）叶黄素在 AMD 研究中的干预剂量

叶黄素干预研究显示，补充叶黄素能提高 AMD 患者机体叶黄素水平，并在一定程度上能改善某项视功能指标。视功能的改善一般在叶黄素干预较长时间才能显效，如早中期 AMD 患者每日服用叶黄素 10mg/d，连续 1 年后，其多焦视网膜电图焦点的响应振幅显著增加[37]。男性 AMD 人群，每日服用叶黄素 10 mg，连续一年后，其 MPOD 增加 36%，且视力、对比敏感度和眩光恢复时间等视功能指标均显著改善[38]。上述研究提示，每日服用剂量为 10 mg 的叶黄素，需要连续一年，能够改善黄斑中心区的视功能。TOZAL 研究也发现，干性 AMD 患者每日服用叶黄素 8mg，6 个月以上，视功能得以改善[39]。AMD 患者绝大部分是老年人。国内外部分叶黄素与 AMD 研究中的叶黄素干预剂量见表 7-1-4。

表 7-1-4 叶黄素与 AMD 研究中的干预剂量

主要研究者，国家，年份	干预人数	叶黄素/玉米黄素剂量（mg/d）	干预时间	观察指标与结果
LAST，美国，2004[38]	90	10mg L	1 年	MPOD 增加，视敏感度、对比敏感度改善
Rosenthal JM，美国，2006[40]	45	2.5mg L，5mg L，10mg L	6 个月	血清 L 水平和视功能显著提高
TOZAL，美国，2007[39]	37	8mg L+0.4mg Z+ 抗氧化剂	6 个月	视敏感度显著改善
LUNA，德国，2007[41]	136	12mg L+1mg Z	6 个月	血清 L 水平和 MPOD 显著增加
Parisi V，意大利，2008[37]	27	10mg L+1mg Z	1 年	多焦视网膜电图 N1-P1 环的 R1 和 R2 显著增加
Huang LL，美国，2008[42]	40	10 mg L+2mgZ+n-3 脂肪酸	6 个月	血清 L、Z 水平和 MPOD 显著提高
Bone RA，美国，2010[43]	87	5mg L，10 mg L，20 mg L	140 天	血清 L 水平和 MPOD 显著增加，二者增长与干预剂量呈线性相关
Richer SP，美国，2011[44]	60	8mg Z，8mgZ+9mgL，9mgL	1 年	MPOD 显著增加，9mg L 组对比敏感度、眩光恢复时间改善
Sasamoto Y，日本，2011[45]	43	6mg L	1 年	MPOD 无改变，对比敏感度增加
Weigert C，奥地利，2011[46]	126	20mg，1~3 个月；10mg，4~6 个月	6 个月	MPOD 增加，视力和视功能未改变
CARMIS，意大利，2012[47]	145	10mg L+1mgZ+4mg 虾青素	2 年	视力、对比敏感度显著改善
Ma L，中国，2012[48]	108	10mgL，20mgL，10mgL+10mgZ	48 周	MPOD 增加，多焦视网膜电图 N1-P1 环的 R1 和 R2 显著增加

注：英文缩写 L 为叶黄素，Z 为玉米黄素，MPOD 为黄斑色素密度。

表 7-1-4 显示，在叶黄素对 AMD 人群的干预研究中，叶黄素干预后对所观察指标显效的剂量范围是 2.5~20 mg/d，最低有效剂量为 2.5 mg/d。叶黄素干预时间在 140 天~2 年，机体叶黄素水平和视觉功能明显改善[49-50]，但停止干预后，机体叶黄素水平可逐渐降至服用前的水平[51]。故认为，坚持长期服用有效剂量的叶黄素，可能在一定程度上减缓 AMD 病程并改善视功能[52-53]。有研究显示，食用叶黄素 6 mg/d 的人群患 AMD 的风险较食用 0.5 mg/d 者降低 57%[54]。西方学者认为，在有 AMD 患病风险的老年人中推荐摄入叶黄素 5 mg/d，以避免 AMD 的发生[55]。

在表 7-1-4 中还观察到，干预剂量与干预时间的关系，在干预剂量 > 10 mg/d 时，干预时间一般不超过 6 个月（中国的研究为我们的前期研究除外）；而干预时间为 1 年以上的，干预剂量一般 ≤ 10 mg/d，表明研究者在叶黄素干预研究中的审慎态度。因叶黄素为脂溶性化合物，以免因蓄积而导致对人体的不良反应。

综上所述，在 AMD 研究中，叶黄素的有效干预剂量 ≥ 2.5 mg/d，且干预时间的长短与干预的剂量密切相关。

（二）叶黄素在其他相关疾病研究中的干预剂量

在干预研究中，对其他叶黄素相关疾病的研究报告十分有限，仅见有 ARC、AS 和紫外线皮肤光损伤等的相关文献。

1. 叶黄素与 ARC 研究中的干预剂量

叶黄素是人晶状体中存在的少数类胡萝卜素[56]，能通过清除超氧化物和羟基自由基[57]，降低 UV-B 诱导的晶状体内脂质过氧化和晶状体上皮细胞的氧化应激，预防白内障的发生[58]。在叶黄素摄入量的调查结果显示，叶黄素摄入量为 6~10 mg/d 时，可降低 20%~50% 的白内障摘除手术的概率[59]，且叶黄素/玉米黄素摄入量在 2.4 mg/d 时，即可显著降低发生核性晶状体混浊的风险[58]。

在有限的对 ARC 的叶黄素干预研究中，Olmedilla 等采用含有全反式叶黄素 12mg、顺式叶黄素 3mg、α-生育酚 3.3mg 的复合叶黄素胶囊实施干预，每周口服 3 次，每次 1 粒，连续 13 个月，结果显示，干预组血清叶黄素浓度明显升高，对 ARC 患者的视力和视觉功能指标眩光敏感度有明显改善[60]。在该研究中，叶黄素的干预剂量是 45 mg/周，平均每日为 6.42 mg。为了进一步观察叶黄素与维生素 E 的单独效果，2 年后该研究者采用随机双盲对照方法对 ARC 患者再次实施干预研究，受试对象被随机分为 3 组：叶黄素组（15 mg/d）、α-生育酚组（100 mg/d）与安慰剂对照组，服用方法依然为每周服用 3 次，每次 1 粒，干预时间为连续 2 年，结果显示，叶黄素干预组血清叶黄素水平显著升高，视力与眩光敏感度显著改善，对照组及维生素 E 干预组的视功能并未见显著改变[61]。在该次研究中，叶黄素干预的剂量依然为平均每日 6.42 mg。

上述研究结果表明，叶黄素对预防白内障的发生具有积极的作用[62]，在 ARC 研究中，叶黄素的有效干预剂量为 2.4~6.42 mg/d[58, 60-61]。

2. 叶黄素与 AS 研究中的干预剂量

本著作者邹志勇等，曾对 45~69 岁人群，采用彩色多普勒超声检测仪检测颈总动脉内中膜厚度（intima-media thickness，IMT），依诊断标准，对早期 AS 受试对象，采用随机双盲安慰剂对照的方法实施叶黄素干预，分别为叶黄素组（叶黄素20mg）、复合叶黄素组（叶黄素20mg+番茄红素20mg+抗氧化维生素），安慰剂对照组，每日1次，连续12个月。结果显示，血清叶黄素水平显著升高，但叶黄素组受试对象颈总动脉IMT未见显著下降，而复合叶黄素组受试对象颈总动脉IMT显著低于干预前[63]，表明叶黄素是AS的保护因素，但叶黄素与其他抗氧化剂联合应用时对AS的作用效果更明显。

3. 叶黄素与UV皮肤光损伤研究中的干预剂量

近年研究认为，叶黄素和玉米黄素对UV皮肤光损伤具有防护作用与效果[64]。研究者给予受试对象口服类胡萝卜素24mg/d（其中β-胡萝卜素、叶黄素和番茄红素各8 mg），连续12周，能明显改善UV诱导的红斑效应[65]。为了证实叶黄素在其中的作用，并观察不同给予方式的效果，研究者采用随机双盲安慰剂对照的方法对25～50岁健康女性实施叶黄素/玉米黄素干预，分别经口服（叶黄素10 mg/d + 玉米黄素0.6 mg/d）、局部外用（叶黄素100 mg/（L·d），玉米黄素4 mg/（L·d））、口服与局部外用结合的方式给予受试对象，连续12周，于干预前后分别检测受试对象皮肤5项生理指标（表面皮脂、水合程度、光保护效应、皮肤弹性、皮肤脂质过氧化），结果显示，单独口服、局部外用均能显著改善皮肤的上述生理指标，但以叶黄素/玉米黄素口服加局部外用结合的方式对皮肤的抗氧化保护效果最佳[65]，并证实叶黄素经口服比局部外用途径对UV光辐射导致的脂质过氧化及对皮肤氧化光损伤具有更佳的防护效果[66]。

综上所述，叶黄素在AMD研究中的有效的干预剂量为≥2.5mg/d（2.5～20 mg/d），干预时间6个月～2年，除中国外，亚洲国家日本的有效干预剂量是6 mg/d。叶黄素与其他相关疾病研究的数据有限，在ARC研究中，叶黄素的有效干预剂量为2.4～6.42 mg/d，干预时间为13个月～2年；而在UV皮肤光损伤研究中，叶黄素的干预剂量为8～10 mg/d，但干预时间比较短，为6～12周。

四、叶黄素补充剂的建议食用量

我国尚无"叶黄素补充剂"这一用语，该词源于英文文献中的原译，并泛指非食物来源的叶黄素（包括食品添加剂、营养强化剂及保健食品）。目前，关于叶黄素补充剂的食用量尚未见明确的规定与要求，补充剂中叶黄素的食用量多为研发者依据卫生部批准用于食品添加剂、食品营养强化剂中叶黄素类的允许使用量推算而来，或依相关文献的数值。

（一）建议食用量提出的依据

叶黄素补充剂建议食用量提出的依据，主要参考叶黄素膳食的摄入量、国内外权威机构的提出的标准与相关建议值、人群与临床干预研究中的有效干预剂量，并结合当前的研究与文献资料进行综合分析后提出。

1. 膳食调查结果

根据膳食调查获得的人体叶黄素摄入量，是提出叶黄素补充剂建议食用量的基础和背景资料。在正常情况下，人体每日从膳食中摄入的叶黄素，告知我们膳食摄入量的基本水平，该量能满足人体对叶黄素的基本需求，是我们考虑叶黄素补充剂食用量的基础数据。

根据前述膳食调查的结果，国外多个国家（除斐济外）18～79岁人群，膳食叶黄素摄入量最低为 0.67 mg/d[3]，最高为 6.88 mg/d[6]，更多的是在 1.10～4.25 mg/d 之间[1-2, 8-9, 10-11, 13-14]。我国关于叶黄素的膳食调查的样本量比较小，可能存在一定的偏性。对我国 4 项膳食调查结果，30～79 岁人群膳食叶黄素摄入量为 1.48～10.20 mg/d[15-18]，如果剔除最低值和最高值，叶黄素摄入量在 2.94[18]～7.77 mg/d[16]。我国人群叶黄素摄入量较国外人群偏高，可能与我们的膳食模式植物性食物如蔬菜摄入量较高有关。

虽然，食物中叶黄素的含量及人体膳食叶黄素的摄入量受多种因素的影响，如种植环境（地域、气候、季节、日照条件）、食用者的生活方式、膳食模式与习惯、经济条件、文化程度以及不同国家与种族等多种因素的影响，各项调查之间无可比性，但是这些数据资料为我们提供了一个人体摄入水平的基本范围值。

2. 国内外权威机构的标准与建议值

目前，各国关于叶黄素允许食用量的数据不一致，有的国家尚无明确的资料，故主要分析我国原卫生部提出的允许食用量和国际权威机构发布的数据。

（1）中国原卫生部提出的食用量 中华人民共和国国家标准，在食品添加剂中，叶黄素作为着色剂的最大使用量为 0.05～0.15 g/kg[27]；叶黄素酯（叶黄素二棕榈酸酯）的食用量（不包括婴幼儿食品）≤12 mg/d[26]。在营养强化剂中，国家标准为叶黄素在调制乳粉（仅限儿童用乳粉，液体按稀释倍数折算）的使用量是 1620～2700 μg/kg[30]。并强调，叶黄素原料主要来源于万寿菊花。

按上述叶黄素在食品添加剂和营养强化剂中的使用量，根据一般情况下该食品的可能每日食入量推算出实际叶黄素的食用量。

而叶黄素酯为直接食用量≤12mg/d，根据该值亦可折算出叶黄素的食用量。叶黄素酯即叶黄素二棕榈酸酯是由一分子叶黄素单体与二分子棕榈酸酯化生成，即在碳链两端的紫罗酮环上的羟基发生酯化反应，各连接一个棕榈酸。在人体内，叶黄素二棕榈酸酯经消化吸收后，被水解为 1 分子叶黄素单体和 2 分子的脂肪酸，即 1 分子的叶黄素二棕榈酸酯相当于 1 分子叶黄素的生物活性。叶黄素二棕榈酸酯的分子式是 $C_{72}H_{116}O_4$，分子量为 1045.71；叶黄素的分子式是 $C_{40}H_{56}O_2$，分子量为 568.88，据此推算，12mg 的叶黄素酯相当于 6.5mg 的叶黄素，其食用量折算成叶黄素为≤6.5mg/d。

（2）国外权威机构的建议值 2006 年，欧盟食品安全管理局（European Food Safety Authority，EFSA）的专家组提出叶黄素在特殊医用食品（Foods for Special Medical Purposes，FSMPs）中的允许食用量为 0.5～2 mg/d[28]。2008 年，EFSA 的专家组提出叶黄素在婴儿配方奶粉、配方食品中的加入量不超过 250 μg/L[29]。

3. 人群与临床干预研究的结果

在叶黄素对 AMD 人群的干预研究中，叶黄素的有效干预剂量≥2.5mg/d（2.5～20 mg/d）[40,43]，采用的最多且显效的剂量是 10 mg/d[37-38, 40, 42-43, 46-47]。除中国外，亚洲国家日本的有效干预剂量是 6 mg/d[45]。

叶黄素与其他相关疾病研究的资料有限，在 ARC 研究中，叶黄素的有效干预剂量为 2.4～6.42 mg/d[58, 60-61]。而在叶黄素与 UV 皮肤光损伤研究中，叶黄素的干预剂量为 8～10 mg/d[65]，并分别采用口服和外用方式并加以比较，表明叶黄素口服加局部外用结合的方式对皮肤的抗氧化保护效果最佳。

值得关注的是，亚洲国家日本对所观察指标显效的剂量是 6 mg/d[45]。同时，在叶黄素对 AMD 的干预研究中发现，较大干预剂量时（＞10mg/d 时），干预时间一般≤6 个月[43,46]，干预时间在 1 年以上的，一般干预剂量≤10 mg/d[37-38,44-45,47]。这种干预剂量与干预时间的设计，表明研究者的审慎态度，考虑到较大剂量干预时叶黄素在体内的蓄积性与安全性。

（二）叶黄素补充剂的建议食用量

1. 提出的前提

依据上述资料与数据并进行分析，对叶黄素补充剂建议食用量提出的前提，综合考虑以下几方面：

（1）叶黄素不一定需要额外补充　叶黄素是人类食物中的成分，平衡膳食的人体不一定需要额外补充；叶黄素并非营养素，摄入不足或缺乏并未发现相关缺乏疾病的发生。

（2）叶黄素并非药物　到目前为止，叶黄素未被认可为药物，表明其对疾病没有治疗作用，不能声称其对某种疾病有效。一些研究，通过观察叶黄素与某些疾病如 AMD、ACR、AS 等的相关性及干预的临床效果，是在探索和研究叶黄素与这些疾病之间关系的科学过程，尚未有一致性结论和定论。

（3）叶黄素对人类健康有益　叶黄素可能对某些相关疾病（如 AMD、ARC 等）的高危人群具有一定的保护作用，故对相关疾病的高危人群适宜剂量的补充可能对预防相关疾病的发生具有积极的意义。

（4）叶黄素补充剂的建议食用量　建议食用量在综合考虑膳食调查结果、国内外权威机构的标准与建议食用量及人群与临床干预研究的结果，设定在最低有效剂量和不发生任何不良反应的最大安全系数内，且至少应保障食用者每日食用该剂量直至终生，不发生任何不良反应。

2. 建议食用量

根据上文的详细论证和引证，本著作者们经讨论一致认为对非疾病的高危目标人群，以预防为目的的长期食用，叶黄素补充剂的建议食用量应≤6 mg/d。该食用量不包括膳食来源的叶黄素，因为膳食叶黄素摄入量充足时，无须额外食入叶黄素补充剂。该建议食用量的界值为 6 mg/d，高于人群膳食叶黄素的平均摄入量，也高于人群与临床干预研究中叶黄素的最低显效剂量 2.4～2.5 mg/d，且高于国外学者提出的"在有 AMD 患病风险的老年人中推荐摄入叶黄素 5 mg/d，以避免 AMD 的发生"[55]。关于该剂量的食用安全性仅相当于叶黄素每日允许摄入量（acceptable daily intake，ADI）的 1/10（详见本章第二节），有较大的安全系数保障。

第二节　叶黄素的食用安全性

叶黄素来源于天然食物，人体每天都能摄入一定量的叶黄素。即使是叶黄素结晶，至今亦未发现过量食用对人体的可能危害或诱发已知疾病。对叶黄素的人体食用安全性，经食品安全性毒理学评价、人群观察及国内外权威机构的安全性评估，已证实其食用的安全性及安全剂量范围。通过食品安全性毒理学评价程序中各阶段的试验内容，最终目的是获取人食用安全性的科学数据，通常用 ADI 表示。

一、ADI 与食用安全性

（一）ADI 定义

ADI 即每日允许摄入量，指人类每日摄入某物质直至终生，而不产生可检测到的对健康产生危害的量。以每千克体重可摄入的量表示，即 mg/（kg·d）[67]。ADI 值为人类食用安全性的指标。

（二）ADI 制定中的相关数据

1. NOAEL

即未观察到有害作用的剂量（no-observed adverse effect level，NOAEL），指通过动物试验，以现有技术手段和检验指标未观察到与受试物有关的毒性作用的量[67]。

NOAEL 的确定取决于测试系统的选择、剂量设计、测试指标的代表性及方法的灵敏度。

2. 安全系数

安全系数（safety factor，SF），根据 NOAEL 计算 ADI 时所用的系数[67]。

SF 取决于受试物毒作用的性质，受试物应用的范围和用量，适用的人群以及毒理学数据的质量等因素。

（三）ADI 与食用安全性

ADI 值是将 NOAEL 除以合理的 SF 计算得到。由于从有限的动物试验外推到人群时，存在固有的不确定性。在考虑种属间的差异，种属内敏感性的差异，人群中多种复杂因素的存在等，为了保障人体食用的安全性，常使用 SF。

SF 一般设定为 100，即假设人比实验动物对受试物敏感 10 倍，人群内敏感性差异为 10 倍[67]。SF 主要根据经验而定，不是固定不变的，用 SF 制定 ADI 也不是简单的数字计算。安全系数的确定需根据受试物的性质，已有的毒理学资料的数量和质量，受试物的毒作用程度，受试物的应用的范围、数量以及适用人群等多种因素作相应的增大或减小。只有对全部资料进行综合分析的基础上，才能确定适宜的安全系数。

因此，经上述严谨的设计和严格的要求得到的 ADI 值，对食品的安全性具有可靠的保障。

二、食用安全性毒理学评价

叶黄素经食用安全性毒理学评价的各阶段试验，如急性毒性试验、遗传毒性试验、30 天喂养试验及亚慢性毒性试验，证实了其安全性。

（一）急性毒性试验

急性毒性试验是经口一次性给予或 24 小时内多次给予受试物后，在短时间内观察动物所产生的毒性反应，以确定半数致死量（LD_{50}），了解或判断受试物的毒性强度、性质和可能的靶器官[67]。研究显示，大鼠服用叶黄素 2000 mg/kg 及大、小鼠服用叶黄素 10000 mg/kg，连续观察 14 天，未见任何动物死亡，亦未见任何毒性反应及组织病理学改变[68]。急性毒性试验结果显示，叶黄素的 $LD_{50}>10000$ mg/kg。

根据急性毒性（LD_{50}）分级法（1994）判断，大鼠经口 LD_{50} 在 500~15000 mg/kg 为实际无毒[69]，表明叶黄素为实际无毒级化合物。

（二）遗传毒性试验、30 天喂养试验与传统致畸试验

通过遗传毒性试验，对受试物的遗传毒性及是否具有潜在致癌作用进行筛选；经 30 天喂养试验，提出受试物对动物引起有害效应的剂量，进一步观察毒性作用性质和靶器官以及对生长发育的影响；通过传统致畸试验，了解受试物是否具有致畸作用[67]。

依上述试验目的，对叶黄素进行了试验研究。

1. 鼠伤寒沙门菌 / 哺乳动物微粒体酶试验（Ames 试验）

采用鼠伤寒沙门菌 / 哺乳动物微粒体酶试验（Ames 试验），检测叶黄素是否为致突变物，对叶黄素的致基因突变性进行评价。

Ames 试验的结果显示，添加不同剂量的叶黄素（334 μg/ 平皿，668 μg/ 平皿，1335 μg/ 平皿）后，不同鼠伤寒沙门菌株的回变菌落数均无增加，表明叶黄素没有直接或间接致突变性[53]。且发现，叶黄素能抑制致突变剂的作用，添加其他已知致突变剂后，叶黄素的剂量越高，其对鼠伤寒沙门菌基因突变的拮抗作用越强[70-71]。该作用可能与多种因素相关，如叶黄素可能与其他致突变剂结合形成复合体降低致突变剂的活性，或叶黄素降低了自由基的活性，或抑制相关酶的活性等。

研究中发现，虽然 Ames 试验的推荐浓度为 5000μg/ 平皿，但由于叶黄素的溶解度较低，可以测得的最高浓度仅为推荐浓度的 1/4 左右（1335μg/ 平皿），在染色体畸变试验中也存在类似问题，可能会影响高剂量叶黄素的安全性评价[71]。

2. 染色体畸变试验

研究者采用中国仓鼠卵巢细胞进行染色体畸变试验，结果发现，不同剂量的叶黄素（66.8 mg/L、133.5 mg/L 及 267.0 mg/L 叶黄素溶液）均未见致染色体畸变作用，且叶黄素剂量越高，对其他致染色体断裂物质的抑制作用越强[71]。其机制与抑制基因突变机制相似，可能与多种因素相关，如叶黄素与其他致突变剂结合形成复合体，降低致突变剂的活性或叶黄素降低了自由基的活性及抑制相关酶的活性等。

3. 30 天喂养试验

在急性毒性试验的基础上，通过 30 天喂养试验，进一步了解其毒性作用，并初步估计最大未观察到有害作用的剂量（NOAEL）。

研究显示，在 30 天喂养试验中，给予实验大鼠不同剂量的叶黄素 / 玉米黄素［高剂量组为 638.7 mg/（kg·d）］4 周后，各组动物间的体重、器官重量和摄食量无显著差异，且各组间动物的血常规、尿常规、生化指标和组织病理学检查均未见与叶黄素相关的改变[53]。所以，该试验中的最大 NOAEL 是 638.7 mg/（kg·d）。Andrew Shao 等认为，该剂量相当于体重 60 kg 的健康成人摄入叶黄素＞38000 mg/d，即使将不确定因素（uncertainty factor, UF）假定

为 1000，根据此研究结果推算出的叶黄素补充剂的最高补充量（Upper Level for Supplements，ULS）为 38 mg/d，仍高于人群干预研究中的高剂量（20 mg/d）[72-73]。

（三）亚慢性毒性试验——90 天喂养试验

90 天喂养试验提出较长期饲喂不同剂量的受试物对动物引起有害效应的剂量、毒作用性质和靶器官（target organ）。90 天喂养试验所确定的 NOAEL 能为进一步的慢性试验的剂量选择和观察指标提供依据。当最大 NOAEL 达到人可能摄入量的一定倍数时，则能以此为依据外推到人，为确定人食用的安全剂量提供依据[67]。

在叶黄素的 90 天喂养试验中，分别给予大鼠、猴等动物长期连续口服不同剂量的叶黄素，观察其全身毒性、靶器官的毒性效应及剂量反应关系，并确定叶黄素的 NOAEL。

1. 全身毒性

研究者分别给予实验大鼠叶黄素/玉米黄素 400 mg/（kg·d），连续 13 周（91 天）[74]；0～400 mg/（kg·d），连续 90 天[68]；208 mg/（kg·d）连续 13 周（91 天）[53]；结果均未见任何相关的机体改变，如体重、器官重量与病理学及进食量的变化，亦未见血液和尿液生化指标的变化。几项叶黄素亚慢性毒性试验（90 天喂养试验）与猴的长期毒性观察结果见表 7-2-2。

表 7-2-2 叶黄素亚慢性毒性试验（90 天喂养试验）结果

研究	实验动物	叶黄素 [/（kg·d）]	结果
Harikumar KB，2008[74]	大鼠	高剂量 400 mg，13 周（91 天）	无死亡、未见体重、器官重量、摄食量等变化
Ravikrishna R，2011[68]	大鼠	高剂量 400 mg，90 天	观察指标、眼部检查、体重和器官重量、饮食习惯、临床生化指标与对照组无显著差别
Kruger CL，2002[53]	大鼠	高剂量 208 mg，13 周（91 天）	无死亡、未见体重和器官重量增加、饮食习惯变化、临床生化指标变化、组织病理学改变及其他不良反应
Goralczcyk R，2002[75]	长尾猴	高剂量 20 mg，52 周（364 天）	未发现相关的临床或形态学改变，在眼睛中没有结晶形成
Khachik F），2006[76]	猕猴	9.34 mg 叶黄素，1 年（365 天）	对眼部和肾功能均无毒性作用，未见其他不良反应

2. 视网膜毒性

视网膜是叶黄素在人体蓄积的主要靶组织，应特别注意高剂量叶黄素对视网膜的毒性作用。长期服用后如对视网膜无毒性作用，则应呈现正常状态，表现为：①眼底照相和视网膜组织病理学检查无异常形态变化；② RPE 细胞正常，黑体素和脂褐素颗粒分布正常；③ Bruch 膜正常，无沉积；④脉络膜正常，脉络膜血管中没有炎症或异常的白细胞。

猴为叶黄素对视网膜毒性研究的理想动物模型，因猴为灵长类，其视器官与人视器官相似，均有视网膜黄斑区。曾有研究发现，过多口服类胡萝卜素，在猴的视网膜上产生结晶[77]。在对长尾猴的视网膜毒性研究发现，服用叶黄素 20 mg/（kg·d），连续 52 周后，未见视网膜有结晶形成，也未见任何全身副作用[75]。并发现，猕猴服用叶黄素 9.34 mg/（kg·d）连续 1 年后，对视网膜和肾功能均未见毒性作用，该剂量相当于 60 kg 体重的成人服用叶黄素 560 mg/d[76]。

三、人体食用的安全性

叶黄素的食用安全性，主要依据食品安全性毒理学评价结果、国内外权威机构的安全性评估和人群与临床干预研究中的长期观察，为人体食用安全性提供依据和保障。

（一）人体食用安全性的依据

1. 食品安全性毒理学评价结果

根据食品安全性毒理学评价，90天喂养试验的结果，大鼠摄入叶黄素208 mg/（kg·d），91天[53]；400 mg/（kg·d），90天[68]和91天[74]；均未见任何相关的机体改变，如体重、器官重量、病理学检验与进食情况的变化以及血、尿生化指标的改变。根据该试验结果，大鼠口服叶黄素的NOAEL＞200 mg/（kg·d），400 mg/（kg·d）。为最大限度从安全角度出发，NOAEL取200 mg/（kg·d），将安全系数设定为100，确定叶黄素的ADI值为2 mg/（kg·d）。考虑目前在叶黄素的安全性毒理学试验研究文献中，按我国食品安全性毒理学评价程序[67]中第三阶段的试验要求，缺乏繁殖试验，并缺少第四阶段的试验（慢性毒性试验，包括致癌试验）的资料与数据，故将安全系数设定为200，由此，确定叶黄素的ADI值为1 mg/（kg·d）。

结果表明，按60kg体重的成人，摄入叶黄素的安全剂量是≤60 mg/d。

2. 国外权威机构的评价结论

叶黄素的人体食用安全性已经国内外权威机构的评价，获得认可。FAO/WHO食品添加剂联合专家委员会（Joint FAO/WHO Expert Committee on Food Additives Food，JECFA）经评价提出万寿菊来源的叶黄素ADI值为0～2 mg/（kg·d）[23]。

2010年，欧盟食品安全管理局（European Food Safety Authority，EFSA）食品添加剂与食品营养添加专家组（Scientific Panel on Food Additives and Nutrient Sources added to Food，ANS）对叶黄素的安全性重新进行了评价。参考此前欧盟食品科学委员会（Scientific Committee on Food，SCF）、JECFA的评价结果及相关研究资料，依据亚慢性毒性试验90天喂养试验中NOAEL值为200 mg/（kg·d），并认为叶黄素为食物中的成分，不存在遗传毒性和生殖毒性。鉴于当时缺少安全性毒理学评价试验中的生殖毒性、慢性毒性和致癌性试验的结果，将不确定因素设定为200，确定了叶黄素的ADI值为1 mg/（kg·d）[78]。专家组指出，该ADI值是指来自万寿菊的叶黄素，至少含有80%的类胡萝卜素，其中叶黄素和玉米黄素的含量分别为79%和5%[78]。

结果表明，按照JECFA的ADI值，60kg的成人摄入叶黄素≤120 mg/d是安全的。按照EFSA的ADI值，60kg的成人摄入叶黄素≤60 mg/d是安全的。

（二）人群的安全食用量

1. 成人安全食用量

依据叶黄素食品安全性毒理学评价结果和EFSA的ADI值为1 mg/（kg·d）[78]，JECFA的ADI为2 mg/（kg·d）[23]，取安全性更高的前者，即60kg的成人摄入叶黄素60 mg/d是安全的，该剂量远高于目前所有干预研究的剂量[80]。

目前，依据叶黄素较大剂量（≥15mg/d）的人群干预研究结果，如服用叶黄素/玉米黄素补充剂 40 mg/d 连续 9 周[81]、30 mg/d 连续 140 天[51]、20 mg/d 连续 1 年[82]、15 mg/d 连续 24 个月[61]，均未发现肝肾功能毒性、视功能损伤（如视敏感性及视野等）[83]，也未见对血清维生素水平的影响[71]及对淋巴细胞 DNA 的损伤[84]。

2. 婴儿安全食用量

叶黄素有益于婴儿视器官和脑发育，其安全摄入量应至少为婴儿每天从母乳中摄入的叶黄素量。我国乳母乳汁中叶黄素的平均浓度约为 232 μg/L[87]，根据不同月龄婴儿母乳平均摄入量计算，我国 0~6 个月和 7~12 个月婴儿叶黄素的摄入量约为 174 μg/d 和 236 μg/d，即婴儿的叶黄素安全摄入量应至少高于该数值[87]。EFSA 的专家组，提出的在婴儿配方奶粉、配方食品中叶黄素的加入量不超过 250 μg/L[29]，该值与我国乳母乳汁中叶黄素的平均浓度十分接近。

由于早产儿体内的类胡萝卜素含量极少，在早产儿配方乳粉中添加叶黄素以保证婴儿正常发育的需要[88-89]。研究显示，非母乳喂养的早产儿摄入含叶黄素 211 μg/L（院内喂养）和 68.7μg/L（出院后喂养）配方奶 50 周后，未发现任何毒副作用，没有因此导致异常和相关疾病的发生[90]。

近年研究认为，除早产儿乳粉外，足月儿乳粉中也建议添加叶黄素等类胡萝卜素，其添加量为母乳中含量的上限。232 名健康婴儿在出生 14 天内开始服用含 200 μg/L 叶黄素的强化配方乳 16 周后，其发育情况（身长、体重、头围）和血生化指标（白蛋白、碱性磷酸酶、总胆红素、血尿素、血钙、肌酸酐、血糖、磷及总蛋白）与服用普通配方乳的婴儿或其他婴儿相似，未出现任何安全问题[91]。

3. 其他人群安全食用量

（1）吸烟与肺癌人群　吸烟者长期处于氧化应激状态，患相关疾病的风险较高，叶黄素能通过抗氧化炎性作用，预防相关疾病的发生[93]。研究发现，吸烟者血清叶黄素水平明显低于非吸烟者，且吸烟越多其血清浓度越低[94]。提示吸烟者机体叶黄素可能在发挥抗氧化作用的过程中被过多消耗。因此，有学者提出应增加吸烟者膳食叶黄素的摄入量，以维持机体常态叶黄素水平。

有研究显示，长期服用高剂量 β-胡萝卜素、维生素 A 和叶黄素补充剂的吸烟者患肺癌的风险增加[94]。之前已有研究发现，服用高剂量 β-胡萝卜素（20~30 mg/d）与吸烟者的肺癌发生相关[95-96]。认为 β-胡萝卜素具有维生素 A 原活性，过量服用可能转化成较多的维生素 A，引发维生素 A 毒性；而叶黄素虽同为类胡萝卜素，但没有维生素 A 活性，其与肺癌的相关性可能与食用蔬菜较多引致 β-胡萝卜素摄入较高有关[74,85]。在明确原因之前，应提醒吸烟者慎用较高剂量（>10mg/d）的叶黄素补充剂。

（2）皮肤黄染　叶黄素过量食入能导致皮肤黄染，如在连续服用较高剂量的叶黄素（≥15mg/d）2~5 个月后，出现皮肤黄染（图 7-2-1，彩图见书末），但是这种变化为可逆的且对身体器官无伤害，停止服用一段时间后，黄染消失[74,85]。因为，叶黄素为脂溶性化合物，能在体内蓄积，当过量食用时，其在血浆中浓度增高，分布在皮肤的叶黄素量增加，在皮肤角质层沉积而出现黄染[86]。但轻微的黄染往往不容易被察觉。虽然该现象可逆且不危害健康，

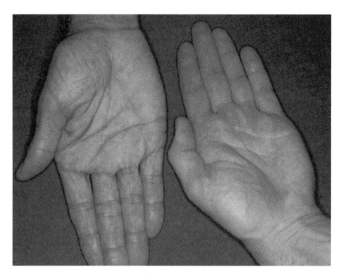

图 7-2-1　胡萝卜素黄皮病
（右侧为正常手掌颜色）

仍应寻找原因，避免发生。

导致皮肤黄染的原因主要为摄入过多（饮食或补充剂）、新陈代谢速率降低（甲状腺功能减退、神经性食欲缺乏或肝疾病）和血脂增加（糖尿病、高血压或肾病综合征）[97]。根据原因，可将皮肤黄染分为主型和次型，主型与摄入叶黄素过多有关，次型是在叶黄素摄入量正常情况下因相关疾病使血中的含量增加[98]。由于叶黄素在体内与脂蛋白结合转运，血脂增加可能使参与循环的脂蛋白数量增多，叶黄素被更多地转运至角质层沉积[97]。

肝、肾功能不全者出现的皮肤黄染多数与叶黄素摄入量无关。肝、肾功能不全的人群不仅会因为血脂增加使叶黄素更多沉积于角质层，而且叶黄素的排泄量亦减少。此外，当肝、肾功能不全者过量摄入某些蔬菜、水果（如芒果），β-胡萝卜素的摄入量随之增加，其将β-胡萝卜素转化成维生素A的能力减弱，血清β-胡萝卜素浓度增加，也会增加皮肤黄染[99]。因此，应充分考虑其膳食情况、身体状况和疾病史，在出现皮肤黄染时准确判断原因，采用相应的措施纠正。

综上所述，叶黄素是人类食物中的成分，经食品安全性毒理学评价、国内外权威机构的评估与论证及人群与临床干预研究的结果，证明了叶黄素的安全性。其在一定的使用范围和一定的食用量（60mg/d）内，对人体是安全的。

（黄旸木　林晓明）

参考文献

[1] O'Neill ME, Carroll Y, Corridan B, et al. A European carotenoid database to assess carotenoid intakes and its use in a five-country comparative study[J]. Br J Nutr, 2001, 85(4): 499-507.

[2] Nebeling LC, Forman MR, Graubard BI, et al. Changes in carotenoid intake in the United States: the 1987 and 1992 National Health Interview Surveys[J]. J Am Diet Assoc, 1997, 97(9): 991-996.

[3] Johnson EJ, Maras JE, Rasmussen HM, et al. Intake of lutein and zeaxanthin differ with age, sex, and

ethnicity[J]. J Am Diet Assoc, 2010, 110(9): 1357-1362.
[4] Shegokar R, Mitri K. Carotenoid lutein: a promising candidate for pharmaceutical and nutraceutical applications[J]. J Diet Suppl, 2012, 9(3): 183-210.
[5] Tan JS, Wang JJ, Flood V, et al. Dietary antioxidants and the long-term incidence of age-related macular degeneration: the Blue Mountains Eye Study[J]. Ophthalmology, 2008, 115(2): 334-341.
[6] Cho E, Hankinson SE, Rosner B, et al. Prospective study of lutein/zeaxanthin intake and risk of age-related macular degeneration.[J]. Am J Clin Nutr, 2008, 87(6): 1837-1843.
[7] Mares-Perlman JA, Fisher AI, Klein R, et al. Lutein and zeaxanthin in the diet and serum and their relation to age-related maculopathy in the third national health and nutrition examination survey[J]. Am J Epidemiol, 2001, 153(5): 424-432.
[8] Seddon JM, Reynolds R, Rosner B. Associations of smoking, body mass index, dietary lutein, and the LIPC gene variant rs10468017 with advanced age-related macular degeneration[J]. Mol Vis, 2010, 16: 2412-2424.
[9] Wenzel A, Sheehan J, Burke J, et al. Dietary intake and serum concentrations of lutein and zeaxanthin, but not macular pigment optical density, are related in spouses[J]. Nutr Res, 2007, 27(8): 462-469.
[10] Granado-Lorencio F, Olmedilla-Alonso B, Blanco-Navarro I, et al. Assessment of carotenoid status and the relation to glycaemic control in type I diabetics: a follow-up study[J]. Eur J Clin Nutr, 2006, 60(8): 1000-1008.
[11] Ciulla TA, Curran-Celantano J, Cooper DA, et al. Macular pigment optical density in a midwestern sample[J]. Ophthalmology, 2001, 108(4): 730-737.
[12] Moeller SM, Parekh N, Tinker L, et al. Associations between intermediate age-related macular degeneration and lutein and zeaxanthin in the carotenoids in age-related eye disease study (CAREDS): ancillary study of the women's health initiative[J]. Arch Ophthalmol, 2006, 124(8): 1151-1162.
[13] Christen WG, Liu S, Glynn RJ, et al. Dietary carotenoids, vitamins c and e, and risk of cataract in women: a prospective study[J]. Arch Ophthalmol, 2008, 126(1): 102-109.
[14] Lyle BJ, Mares-Perlman JA, Klein BE, et al. Antioxidant intake and risk of incident age-related nuclear cataracts in the beaver dam eye study[J]. Am J Epidemiol, 1999, 149(9): 801-809.
[15] 王子昕, 林晓明. 北京社区居民夏秋季节膳食叶黄素、玉米黄素摄入量分析[J]. 中国食物与营养, 2010, 3: 77-80.
[16] 张福东, 朱怡萍, 蔡美琴. 上海某社区居民叶黄素膳食摄入量与血清含量的相关性分析[J]. 环境与职业医学, 2012, 29(9): 563-565.
[17] 汪之顼, 刘敏, 张惠珍, 等. 济宁市城乡社区成人四个季节膳食类胡萝卜素的摄入量[J]. 营养学报, 2009, 31(1): 6-10.
[18] 宋新娜, 汪之顼. 成人膳食中类胡萝卜素摄入量分析[J]. 中国公共卫生, 2007, 23(11): 1378-1380.
[19] 王子昕, 董鹏程, 孙婷婷, 等. 北京市常见食物熟制前后叶黄素和玉米黄素及β-胡萝卜素的含量比较[J]. 中华预防医学杂志, 2011, 45(1): 64-67.
[20] Roberts RL, Green J, Lewis B. Lutein and zeaxanthin in eye and skin health[J]. Clin Dermatol, 2009, 27(2): 195-201.
[21] Zou Z, Xu X, Huang Y, et al. High serum level of lutein may be protective against early atherosclerosis: the beijing atherosclerosis study[J]. Atherosclerosis, 2011, 219(2): 789-793.
[22] Nishino H, Murakosh M, Ii T, et al. Carotenoids in cancer chemoprevention[J]. Cancer Metastasis Rev, 2002, 21(3-4): 257-264.
[23] Joint FAO/WHO Expert Committee on Food Additives. Evaluation of certain food additives: sixty-third report of the joint FAO/WHO Expert Committee on Food Additives. Geneva, Switzerland: World Health Organization, 2005: 23-26. WHO technical report series 928[Z].
[24] US FDA. GRAS Notice Inventory. GRN 000140. Crystalline lutein. FDA response and complete GRAS notice, 2004. Available at: http: //www.cfsan.fda.gov[Z].
[25] 中华人民共和国卫生部. 中华人民共和国卫生部公告(2007年第8号), www.moh.gov.cn 2007[Z].
[26] 中华人民共和国卫生部. 中华人民共和国卫生部公告(2008年第12号), www.moh.gov.cn, 2008[Z].
[27] 中华人民共和国卫生部. 中华人民共和国国家标准(GB 2760—2011), 食品安全国家标准, 食品添加剂使用标准. 2011, 82[S].
[28] European Food Safety Authority. Opinion of the Scientific Panel on Food Additives, Flavourings, Processing Aids and Materials in Contact with Food on a request from the Commission related to Lutein for use in foods for particular nutritional uses. (Question No EFSA-Q-2003-128). The EFSA Journal, 2006, 315.

[29] European Food Safety Authority. Scientific Opinion on safety, bioavailability and suitability of lutein for the particular nutritional use by infants and young children. Scientific Opinion of the Panel on Dietetic Products, Nutrition and Allergies. (Question No EFSA-Q-2007-095). The EFSA Journal, 2008, 823: 1-24.

[30] 中华人民共和国卫生部.中华人民共和国国家标准(GB14880-2012),食品安全国家标准,食品营养强化剂使用标准. 2012[Z].

[31] Sajilata MG, Singhal RS, Kamat MY. The carotenoid pigment zeaxanthin—a review[J]. Compr Rev Food Sci F, 2008, 7(1): 29-49.

[32] Bowen PE, Herbst-Espinosa SM, Hussain EA, et al. Esterification does not impair lutein bioavailability in humans[J]. J Nutr, 2002, 132(12): 3668-3673.

[33] Norkus EP, Norkus KL, Dharmarajan TS, et al. Serum lutein response is greater from free lutein than from esterified lutein during 4 weeks of supplementation in healthy adults[J]. J Am Coll Nutr, 2010, 29(6): 575-585.

[34] Hamulka J, Nogal D. The assessment and characteristic of dietary supplements with lutein and zeaxanthin on the polish pharmaceutical market[J]. Rocz Panstw Zakl Hig, 2008, 59(1): 47-57.

[35] Zhao L, Sweet BV. Lutein and zeaxanthin for macular degeneration[J]. Am J Health Syst Pharm, 2008, 65(13): 1232-1238.

[36] Kelly JP, Kaufman DW, Kelley K, et al. Recent trends in use of herbal and other natural products[J]. Arch Intern Med, 2005, 165(3): 281-286.

[37] Parisi V, Tedeschi M, Gallinaro G, et al. Carotenoids and antioxidants in age-related maculopathy Italian study: multifocal electroretinogram modifications after 1 year[J]. Ophthalmology, 2008, 115(2): 324-333.

[38] Richer S, Stiles W, Statkute L, et al. Double-masked, placebo-controlled, randomized trial of lutein and antioxidant supplementation in the intervention of atrophic age-related macular degeneration: the Veterans LAST study (Lutein Antioxidant Supplementation Trial)[J]. Optometry, 2004, 75(4): 216-230.

[39] Cangemi FE. Tozal study: an open case control study of an oral antioxidant and omega-3 supplement for dryAMD[J]. BMC Ophthalmol, 2007, 7: 3.

[40] Rosenthal JM, Kim J, de Monasterio F, et al. Dose-ranging study of lutein supplementation in persons aged 60 years or older[J]. Invest Ophthalmol Vis Sci, 2006, 47(12): 5227-5233.

[41] Trieschmann M, Beatty S, Nolan JM, et al. Changes in macular pigment optical density and serum concentrations of its constituent carotenoids following supplemental lutein and zeaxanthin: the LUNA study[J]. Exp Eye Res, 2007, 84(4): 718-728.

[42] Huang LL, Coleman HR, Kim J, et al. Oral supplementation of lutein/zeaxanthin and omega-3 long chain polyunsaturated fatty acids in persons aged 60 years or older, with or withoutAMD[J]. Invest Ophthalmol Vis Sci, 2008, 49(9): 3864-3869.

[43] Bone RA, Landrum JT. Dose-dependent response of serum lutein and macular pigment optical density to supplementation with lutein esters[J]. Arch Biochem Biophys, 2010, 504(1): 50-55.

[44] Richer SP, Stiles W, Graham-Hoffman K, et al. Randomized, double-blind, placebo-controlled study of zeaxanthin and visual function in patients with atrophic age-related macular degeneration: the zeaxanthin and visual function study (ZVF) FDA IND #78, 973[J]. Optometry, 2011, 82(11): 667-680.

[45] Sasamoto Y, Gomi F, Sawa M, et al. Effect of 1-year lutein supplementation on macular pigment optical density and visual function[J]. Graefes Arch Clin Exp Ophthalmol, 2011, 249(12): 1847-1854.

[46] Weigert G, Kaya S, Pemp B, et al. Effects of lutein supplementation on macular pigment optical density and visual acuity in patients with age-related macular degeneration[J]. Invest Ophthalmol Vis Sci, 2011, 52(11): 8174-8178.

[47] Piermarocchi S, Saviano S, Parisi V, et al. Carotenoids in age-related maculopathy Italian study (CARMIS): two-year results of a randomized study[J]. Eur J Ophthalmol, 2012, 22(2): 216-225.

[48] Ma L, Yan SF, Huang YM, et al. Effect of lutein and zeaxanthin on macular pigment and visual function in patients with early age-related macular degeneration[J]. Ophthalmology, 2012, 119(11): 2290-2297.

[49] Carpentier S, Knaus M, Suh M. Associations between lutein, zeaxanthin, and age-related macular degeneration: an overview[J]. Crit Rev Food Sci Nutr, 2009, 49(4): 313-326.

[50] Hammond CJ, Liew SH, Van Kuijk FJ, et al. The heritability of macular response to supplemental lutein and zeaxanthin: a classic twin study[J]. Invest Ophthalmol Vis Sci, 2012, 53(8): 4963-4968.

[51] Landrum JT, Bone RA, Joa H, et al. A one year study of the macular pigment: the effect of 140 days of a lutein supplement[J]. Exp Eye Res, 1997, 65(1): 57-62.

[52] Sabour-Pickett S, Nolan JM, Loughman J, et al. A review of the evidence germane to the putative protective role of the macular carotenoids for age-related macular degeneration[J]. Mol Nutr Food Res, 2012, 56(2): 270-286.

[53] Kruger CL, Murphy M, Defreitas Z, et al. An innovative approach to the determination of safety for a dietary ingredient derived from a new source: case study using a crystalline lutein product[J]. Food Chem Toxicol, 2002, 40(11): 1535-1549.

[54] Seddon JM, Ajani UA, Sperduto RD, et al. Dietary carotenoids, vitamins A, C, and E, and advanced age-related macular degeneration. Eye Disease Case-Control Study Group[J]. JAMA, 1994, 272(18): 1413-1420.

[55] Coleman H, Chew E. Nutritional supplementation in age-related macular degeneration.[J]. Curr Opin Ophthalmol, 2007, 18(3): 220-223.

[56] Yeum KJ, Taylor A, Tang G, et al. Measurement of carotenoids, retinoids, and tocopherols in human lenses[J]. Invest Ophthalmol Vis Sci, 1995, 36(13): 2756-2761.

[57] Trevithick-Sutton CC, Foote CS, Collins M, et al. The retinal carotenoids zeaxanthin and lutein scavenge superoxide and hydroxyl radicals: a chemiluminescence and ESR study[J]. Mol Vis, 2006, 12: 1127-1135.

[58] Barker FN. Dietary supplementation: effects on visual performance and occurrence of AMD and cataracts[J]. Curr Med Res Opin, 2010, 26(8): 2011-2023.

[59] Alves-Rodrigues A, Shao A. The science behind lutein[J]. Toxicol Lett, 2004, 150(1): 57-83.

[60] Olmedilla B, Granado F, Blanco I, et al. Lutein in patients with cataracts and age-related macular degeneration: a long term supplementation study[J]. J Sci Food Agr, 2001, 81(9): 904-909.

[61] Olmedilla B, Granado F, Blanco I, et al.Lutein, but not, supplementation improves visual function in patients with age-related cataracts: a 2-y double-blind, placebo-controlled pilot study[J]. Nutrition, 2003, 19(1): 21-24.

[62] Ribaya-Mercado JD, Blumberg JB. Lutein and zeaxanthin and their potential roles in disease prevention[J]. J Am Coll Nutr, 2004, 23(6 Suppl): 567S-587S.

[63] Zou ZY, Xu XR, Lin XM, et al. Effects of lutein and lycopene on carotid intima-media thickness in chinese subjects with subclinical atherosclerosis: a randomised, double-blind, placebo-controlled trial[J]. Br J Nutr, 2014, 111(3): 474-480.

[64] Roberts RL. Lutein, Zeaxanthin, and Skin Health[J]. Am J lifesty Med, 2013,7 (3): 182-185

[65] Heinrich U, Gartner C, Wiebusch M, et al. Supplementation with beta-carotene or a similar amount of mixed carotenoids protects humans from UV-induced erythema[J]. J Nutr,2003, 133(1): 98-101.

[66] Palombo P, Fabrizi G, Ruocco V, et al. Beneficial long-term effects of combined oral/topical antioxidant treatment with the carotenoids lutein and zeaxanthin on human skin: a double-blind, placebo-controlled study[J]. Skin Pharmacol Physiol,2007, 20(4): 199-210.

[67] 中华人民共和国卫生部.保健食品检验与评价技术规范(2003年版).170-240.

[68] Ravikrishnan R, Rusia S, Ilamurugan G, et al. Safety assessment of lutein and zeaxanthin (Lutemax 2020): subchronic toxicity and mutagenicity studies[J]. Food Chem Toxicol, 2011, 49(11): 2841-2848.

[69] 周宗灿.毒理学教程[M].3版.北京: 北京大学医学出版社,2006.

[70] Okai Y, Higashi-Okai K, Yano Y, et al. Identification of antimutagenic substances in an extract of edible red alga, porphyra tenera (asakusa-nori)[J]. Cancer Lett, 1996, 100(1-2): 235-240.

[71] Wang M, Tsao R, Zhang S, et al. Antioxidant activity, mutagenicity/anti-mutagenicity, and clastogenicity/anti-clastogenicity of lutein from marigold flowers[J]. Food Chem Toxicol, 2006, 44(9): 1522-1529.

[72] Shao A, Hathcock JN. Risk assessment for the carotenoids lutein and lycopene[J]. Regul Toxicol Pharmacol, 2006, 45(3): 289-298.

[73] Hathcock J. Vitamin and mineral safety. Council for Responsible Nutrition, 2004, Washington, DC[Z].

[74] Harikumar KB, Nimita CV, Preethi KC, et al. Toxicity profile of lutein and lutein ester isolated from marigold flowers (Tagetes erecta)[J]. Int J Toxicol, 2008, 27(1): 1-9.

[75] Goralczyk R, Barker F, Froescheis O, et al. Ocular safety of lutein and zeaxanthin in a longterm study in cynomolgus monkeys[J]. Invest Ophthalmol Vis Sci, 2002, 43: 2546.

[76] Khachik F, London E, de Moura FF, et al. Chronic ingestion of (3R,3'R,6'R)-lutein and (3R,3'R)-zeaxanthin in the female rhesus macaque[J]. Invest Ophthalmol Vis Sci, 2006, 47(12): 5476-5486.

[77] Goralczyk R, Barker FM, Buser S, et al. Dose dependency of canthaxanthin crystals in monkey retina and spatial distribution of its metabolites[J]. Invest Ophthalmol Vis Sci, 2000, 41(6): 1513-1522.

[78] European Food Safety Authority. Scientific Opinion on the reevaluation of lutein (E 161b) as a food additive. EFSA Journal, 2010, 8(7): 1678.

[79] US FDA. Agency response letter: GRAS Notification for Lutein Diacetate. FDA response and complete GRAS notice, 2012. Available at: http: //www.cfsan.fda.gov[Z].
[80] Moukarzel AA, Bejjani RA, Fares FN. Xanthophylls and eye health of infants and adults[J]. J Med Liban, 2009, 57(4): 261-267.
[81] Dagnelie G, Zorge IS, Mcdonald TM. Lutein improves visual function in some patients with retinal degeneration: a pilot study via the internet[J]. Optometry, 2000, 71(3): 147-164.
[82] Ma L, Dou HL, Huang YM, et al. Improvement of retinal function in early age-related macular degeneration after lutein and zeaxanthin supplementation: a randomized, double-masked, placebo-controlled trial[J]. Am J Ophthalmol, 2012, 154(4): 625-634.
[83] Delcourt C, Carriere I, Delage M, et al. Plasma lutein and zeaxanthin and other carotenoids as modifiable risk factors for age-related maculopathy and cataract: the POLA study[J]. Invest Ophthalmol Vis Sci, 2006, 47(6): 2329-2335.
[84] Collins AR, Olmedilla B, Southon S, et al. Serum carotenoids and oxidative DNA damage in human lymphocytes[J]. Carcinogenesis, 1998, 19(12): 2159-2162.
[85] Olmedilla B, Granado F, Southon S, et al. A European multicentre, placebo-controlled supplementation study with alpha-tocopherol, carotene-rich palm oil, lutein or lycopene: analysis of serum responses[J]. Clin Sci (Lond), 2002, 102(4): 447-456.
[86] Maharshak N, Shapiro J, Trau H. Carotenoderma-a review of the current literature[J]. Int J Dermatol, 2003, 42(3): 178-181.
[87] Canfield LM, Clandinin MT, Davies DP, et al. Multinational study of major breast milk carotenoids of healthy mothers[J]. Eur J Nutr, 2003, 42(3): 133-141.
[88] Zimmer JP, Hammond BJ. Possible influences of lutein and zeaxanthin on the developing retina[J]. Clin Ophthalmol, 2007, 1(1): 25-35.
[89] Jr Hammond BR. Possible role for dietary lutein and zeaxanthin in visual development[J]. Nutr Rev, 2008, 66(12): 695-702.
[90] Rubin LP, Chan GM, Barrett-Reis BM, et al. Effect of carotenoid supplementation on plasma carotenoids, inflammation and visual development in preterm infants[J]. J Perinatol, 2012, 32(6): 418-424.
[91] Capeding R, Gepanayao CP, Calimon N, et al. Lutein-fortified infant formula fed to healthy term infants: evaluation of growth effects and safety[J]. Nutr J, 2010, 9: 22.
[92] Brown L, Rimm EB, Seddon JM, et al. A prospective study of carotenoid intake and risk of cataract extraction in US men[J]. Am J Clin Nutr, 1999, 70(4): 517-524.
[93] Institute of Medicine. Dietary Reference Intakes for vitamin C, vitamin E, selenium and carotenoids. Washington, DC: National Academies Press, 2000[Z].
[94] Satia JA, Littman A, Slatore CG, et al. Long-term use of beta-carotene, retinol, lycopene, and lutein supplements and lung cancer risk: results from the VITamins And Lifestyle (VITAL) study[J]. Am J Epidemiol, 2009, 169(7): 815-828.
[95] Omenn GS, Goodman GE, Thornquist MD, et al. Risk factors for lung cancer and for intervention effects in caret, the beta-carotene and retinol efficacy trial[J]. J Natl Cancer Inst, 1996, 88(21): 1550-1559.
[96] Albanes D, Heinonen OP, Huttunen JK, et al. Effects of alpha-tocopherol and beta-carotene supplements on cancer incidence inthe alpha-tocopherol beta-carotene cancer prevention study[J]. Am J Clin Nutr, 1995, 62(6 Suppl): 1427S-1430S.
[97] Haught JM, Patel S, English JR. Xanthoderma: a clinical review[J]. J Am Acad Dermatol, 2007, 57(6): 1051-1058.
[98] Maharshak N, Shapiro J, Trau H. Carotenoderma-a review of the current literature[J]. Int J Dermatol, 2003, 42(3): 178-181.
[99] Leung AK. Carotenemia[J]. Adv Pediatr, 1987, 34: 223-248.

第八章

叶黄素研究的关注点

摘 要

近年来,叶黄素研究的相关结果与报告,引起了业内学者的关注。如 2012 年,EFSA 专家组提出了"关于叶黄素维持正常视功能健康声称证据"的报告,涉及如何客观评价叶黄素对视功能所起的作用;2013 年在美国完成的 AREDS 2 项目,对较大人群实施叶黄素组合干预连续 5 年的结果为阴性;又如在叶黄素补充剂食用过程中出现的皮肤黄染应该如何界定?怎样设定叶黄素补充剂的食用量与食用方法,在达到食用目的的同时避免皮肤黄染的发生?这些备受关注的问题实质上集中在两点,即对叶黄素生物学作用的评价和对叶黄素不良反应的界定。

叶黄素的分子结构决定了它的理化性质,而其结构和理化性质又决定着叶黄素的生物学作用。故对其生物学作用评价的依据是叶黄素的基础属性与科学研究的结果。叶黄素的直接生物学作用主要表现在抗氧化、滤过蓝光与构成视网膜 MP。抗氧化活性与其分子结构密切相关,分子结构中的多烯链、9 个共轭双键及分子两端紫罗酮环上的羟基,均使其产生较强的极性、还原性和抗氧化活性。同时,叶黄素分子结构中的共轭多烯链使其对可见光具有吸收作用,最大吸收波长在蓝光的波谱范围,所以能有效地吸收、滤过高能量的蓝光,从而减少了视网膜的光氧化损伤。此外,叶黄素与玉米黄素共同构成黄斑色素,分布在视网膜黄斑区对视网膜细胞起着保护作用。叶黄素滤过蓝光和构成视网膜 MP 特性,是独一无二的,其他任何化合物难以替代。

叶黄素的生物学作用决定了其对光损伤和氧化损伤相关疾病的预防与控制作用。研究证实,叶黄素能通过吸收、滤过高能量的蓝光,保护晶状体与视网膜免受光损伤,从而预防 ARC 与 AMD 的发生;在人的皮肤,叶黄素对 UV 诱导的皮肤光损伤有明显的防护效果;并对 AS、心脑血管疾病、癌症、认知功能降低与 AD 等疾病的高危人群具有积极的预防作用。但是,叶黄素对视觉功能并无直接作用。

2013 年,美国 AREDS2 研究报告,在对 4203 名 AMD 患者实施叶黄素组合干预连续 5 年的结果为阴性。该项目是为了观察在先前 AREDS 配方的基础上加入叶黄素/玉米黄素与 ω3-脂肪酸,能否降低中期 AMD 患者发展为晚期的风险。AREDS 2 的研究目的是探讨和调整一个配方的临床治疗效果,观察采用该配方后能否降低中期 AMD 患者发展为晚期 AMD,故在其研究中即没有设受试物对照组,也没有设非 AMD 人群对照组。

而叶黄素研究的目的是观察叶黄素对 AMD 的作用,并非是配方,所以,在研究中至少要设立单一叶黄素组、空白对照组(或安慰剂对照组)和非 AMD 人群对照组;叶黄素定位在能否预防高危人群避免其发生 AMD,而不是治疗作用;同时,叶黄素是食物成分,不是药物,没有治疗作用的声称。这是与 AREDS 2 研究的最大区别,二者是目的与内容不同的两项研究,不能进行比较。更不能将 AREDS2 研究的阴性结果理解和外推为叶黄素/玉米黄素生物学作用及在疾病预防中的阴性结果。

EFSA 专家组在 2012 年发布了"关于叶黄素维持正常视功能的健康声称证据"的报告,专家组从循证医学的角度,客观地指出了当前叶黄素研究中的缺陷与局限性,指出有些研究下结论比较盲目,如"叶黄素对维持正常视功能的健康称"证据不足。提醒和告诫研究者对研究的结论应持有谨慎的态度。该报告对相关研究起到了警示作用,并为进一步的研究指明了方向。

叶黄素的食用安全性已经毒理学评价及国内外权威机构的认可,但长期食用安全剂量范围内的叶黄素依然可能发生皮肤黄染。虽然该皮肤黄染并非毒性作用,对机体组织器官和功能未见有损害性报道,且停止服用一段时间后能自行消退。但至少皮肤黄染是一种非正常生理现象,因为这不是正常人的肤色。由于食用叶黄素而导致的皮肤黄染,应该将其视为不良反应。食用多大剂量的叶黄素能导致皮肤黄染,如何在达到食用目的同时又能避免皮肤黄染的发生,是叶黄素研究中值得关注和有待明确的问题。

叶黄素的生物学效应并非与食用量成正比,只有在适当的剂量下,才能发挥最佳生物学效果。食用量应满足以下三方面要求,首先,应在食品安全性毒理学评价的范围内;其次,应为具有生物学效应的最低量;第三,长期食用以致终生食用不导致皮肤黄染的发生。依目前的研究结果和文献报道,能满足上述要求的叶黄素补充剂的食用量≤6mg/d,因个体之间的差异,服用时应密切观察皮肤颜色的变化,亦可尝试间断食用的方法。

第一节 叶黄素生物学作用的评价

在自然界,已发现六百余种天然类胡萝卜素(carotenoid),它们有相近的结构和理化性质,但又有各自的特点。叶黄素(lutein)是含氧的类胡萝卜素,因其结构和理化性质的独特之处,使其具有其他类胡萝卜素不具备的特殊作用,其中有的作用是其他任何化合物都无法比拟和替代的。

一、生物学作用的基础

从理论上讲,叶黄素的分子结构决定了它的理化性质,而其结构和理化性质又决定着叶黄素的生物学作用。所以,叶黄素的分子结构与理化性质是叶黄素生物学作用的基础。

(一)分子结构与抗氧化活性

叶黄素的抗氧化活性是由其分子结构决定的。叶黄素的分子式是 $C_{40}H_{56}O_2$,与碳氢类胡萝卜素($C_{40}H_{56}$)比较,分子中多了 2 个氧原子,而形成了分子结构两端含氧的羟基。叶黄素单体的分子结构是一条含 40 个碳原子的长链,在其主链上单双键交替,形成了具有 9 个共轭双键的多烯链,在其分子结构两端的紫罗酮环上各存在一个羟基[1]。叶黄素分子结构中的多烯链为不稳定结构,极易被还原,因而,使其产生了较强的还原性和抗氧化活性。多烯链上,有 9 个共轭双键,能为其淬灭自由基反应提供电子,有效地阻断细胞内的链式自由基反应。分子结构两端的羟基,增加了分子的极性,直接影响其在生物膜结构中存在的位置和形式,对其抗氧化能力产生进一步的作用和影响[2-4]。

不容置疑,这种结构特征赋予了叶黄素较强的抗氧化活性。就类胡萝卜素整体结构而言,抗氧化活性是被公认的。叶黄素的优势在于,其分子中氧原子的存在,且在分子两端的紫罗酮环的电子云分布不同而使叶黄素分子整体的电子云分布不均匀,使叶黄素分子表现出较强的极性,有益于其在膜结构中抗氧化能力的发挥。

(二)分子结构、理化性质与滤过蓝光

叶黄素纯品为黄橙色晶体,有金属光泽,根据其纯度或含量不同可呈现黄色或橙色[1]。

叶黄素的分子结构中具有共轭多烯链,凡是具有共轭多烯链结构的类胡萝卜素对可见光均有吸收作用,其吸收光谱的最大波长取决于多烯链的共轭长度[5-6]。基于此,叶黄素分子结构中具有发色团,使其在紫外 - 可见光区有独特的吸收峰,因而,其结晶或溶液在可见光下,具有十分绚丽的橙色或黄色。

叶黄素的最大吸收峰波长为 445 nm,在蓝光的波谱范围(430 ~ 450 nm)内,其吸收光谱恰能有效覆盖蓝光的波谱,故能有效地吸收、过滤高能量的蓝光,而使其他波长的光通过[5, 7],叶黄素自身呈现出黄色。因此,叶黄素犹如蓝光滤过器,过滤了能损伤视网膜细胞的蓝光,从而减少了视网膜的光氧化损伤。玉米黄素的最大吸收峰波长比叶黄素略长,为 450 ~ 451 nm[8]。虽然二者为同分异构体,共轭多烯链的长度相同,但因玉米黄素 β- 紫罗酮环上双键的位置与叶黄素不同,而使末端基团的类别与性质略有差异,其与共轭多烯链的共轭作用使得玉米黄素的吸收光谱略微红移[5]。

(三)构成视网膜黄斑色素

叶黄素与玉米黄素共同构成视网膜黄斑色素(macular pigment,MP),已被公认。早在 1985 年,Bone 等首次发现 MP 由叶黄素和玉米黄素构成,并提出经膳食补充富含叶黄素类的食物能增加视网膜黄斑色素的浓度[9],后来这一发现被多项研究证实。Bone RA 等的发现,不仅揭示了视网膜 MP 的化学本质,而且也将眼科学与营养学两门学科联系在了一起。

叶黄素 / 玉米黄素在黄斑区的总浓度远高于它们在血浆和其他组织器官中的浓度[10]。它们在血浆中的浓度为 0.1 ~ 0.6 μmol/L,但在视网膜黄斑区中心凹的浓度超过其在血清中浓度的 1000 倍[11-12],故被认为视网膜黄斑区可能是叶黄素 / 玉米黄素的靶组织。叶黄素 / 玉米黄素被吸收入血后,主要通过 HDL/apoE 被转运至视网膜[13]。

目前,能准确反映视网膜 MP 含量或浓度的指标是黄斑色素密度(macular pigment optical density,MPOD)[14]。通过测定 MPOD,能鉴定视网膜 MP 含量或浓度。人类能通过增加摄入富含叶黄素 / 玉米黄素的膳食或补充剂而增加 MP 的积累,从而提高 MPOD[15-16]。

综上所述,无论从叶黄素的分子结构还是理化性质,均提供了叶黄素具有抗氧化作用、滤过蓝光作用和构成视网膜 MP 的依据。尤其是叶黄素具有的构成视网膜 MP 和滤过蓝光的特性,是独一无二的,其他任何化合物难以替代与类似,这些是其生物学作用的基础。

二、生物学作用与相关疾病的预防

叶黄素具有的抗氧化活性、滤过蓝光及构成视网膜 MP 的作用，决定了其在光损伤和氧化损伤相关疾病的预防与控制中的可能效果。

（一）叶黄素与光损伤相关疾病

正常情况下，人体只有视器官（眼）与皮肤经常暴露于光波，当过度暴露超过生理极限时能导致组织器官损伤和相关疾病的发生。光损伤相关疾病常见的是光损伤相关眼病与皮肤光损伤。

1. 光损伤相关眼病

光损伤相关眼病主要见于年龄相关性黄斑变性（age-related macular degeneration，AMD）与年龄相关性白内障（age-related cataract，ARC），尽管这些眼病的原因和发病机制十分复杂，至今尚难定论，但光损伤是其共同的危险因素之一。

视器官（眼）的主要功能是视物，即在光下视物。但当光照的强度与光照的时间及其积累效应超出了视器官（眼）的生理极限与承受力，将导致视网膜及晶状体的损伤，影响正常的视觉功能，严重时能诱发相关眼病，甚至失明。ARC 与 AMD 分别发生在晶状体和视网膜，而叶黄素及其异构体玉米黄素是分布在晶状体和视网膜中的主要类胡萝卜素。大量的研究已经证实，叶黄素/玉米黄素能通过吸收、滤过蓝光，犹如遮阳伞或太阳镜一样阻挡着短波长的光，保护着晶状体与视网膜避免光损伤，预防 ARC 与 AMD 的发生[17-22]。

美国食品药品监督管理局（FDA）于 2006 年发布的"健康宣称"提出，叶黄素/玉米黄素能够降低 AMD 发生的风险，增加叶黄素摄入可以提高其在人血清及视网膜黄斑区的浓度与密度，改善 AMD 患者的视觉指标[23-24]。推荐 AMD 患者增加富含叶黄素的深绿叶菜类或服用叶黄素补充剂已被多国医生应用于 AMD 的综合防治[25]。

2. 皮肤光损伤

皮肤是人体光暴露面积最大的组织，在皮肤光损伤中，最常见的是紫外线（ultraviolet rays，UV）皮肤光损伤。过度 UV 暴露能导致皮肤多种类型的损伤，常见的有紫外线红斑、日晒黑化、光老化、光敏反应以及光致癌作用[26]。叶黄素被吸收后经血液循环到达皮肤的真皮和表皮，主要分布在表皮。它能通过汗液转运至皮肤表面，随后如同局部用药一样，由外向内渗透，故在汗腺发达的部位，如手掌、足底和额头叶黄素的含量相对较高[27]。人皮肤中叶黄素的含量约为 0.03 ± 0.01 ng/g 组织湿重[28]，无论是经膳食途径补充，还是局部外用，叶黄素均对 UV 诱导的皮肤氧化损伤有明显的改善效果[29-30]。在人的皮肤，叶黄素如同 UV 辐射的吸收剂，通过光吸收和抗氧化机制发挥作用。

（二）叶黄素与氧化损伤相关疾病

氧化损伤是多种疾病发生的病理生理学机制之一。当机体受到有害刺激时，体内产生过多的高活性分子，如 ROS 和 RNS，呈现促氧化及氧化应激状态。氧化应激过程不仅导致正常细胞功能受损或细胞凋亡，而且诱发疾病的发生。多种疾病与氧化损伤密切相关，如动脉粥样硬化（atherosclerosis，AS）、糖尿病、癌症、阿尔茨海默病（Alzheimer's disease，AD）等。在人体内，叶黄素能通过遏制和清除氧化应激过程产生的ROS，淬灭单线态氧，清除自由基和阻止脂质过氧化的发生，预防和抵御氧化损伤相关疾病的发生。

多项研究证实，机体叶黄素水平与AS发病率呈显著负相关[31-32]，膳食叶黄素摄入量较高的人群发生AS与缺血性脑卒中的风险显著降低[33-34]，并能使apoE基因敲除或LDL受体缺失的小鼠AS斑块损伤面积分别减少44%和43%[35]。在叶黄素与人类某些癌症的发病风险研究中，虽然显示叶黄素对多种癌症可能有保护作用，但仅对结、直肠癌的保护作用取得了比较一致的结果[36, 39]。特别是近年发现，叶黄素与认知功能下降和AD的发生密切相关，其证据有：①叶黄素能通过血-脑屏障，被脑组织优先摄取，是人脑中含量最高的类胡萝卜素[40-41]；②较高的膳食叶黄素摄入量，能降低年龄相关性认知功能下降的风险[42-43]；③在AD患者中，血清和大脑中叶黄素的水平显著降低[44]；④叶黄素是人脑中唯一的与所有认知功能指标持续相关的类胡萝卜素[45]；⑤人体通过补充适宜剂量的叶黄素能改善认知功能[46]。

因此，增加叶黄素的摄入量有益于预防AS、心脑血管疾病、癌症及AD等的发生或减缓相关疾病的进展，尤其对于高危人群具有积极的意义。

三、叶黄素对视觉无直接作用

在视网膜，叶黄素主要构成MP分布在黄斑区，通过滤过蓝光和抗氧化作用，对黄斑区及视网膜细胞起着保护作用，维护他们结构的完整，进而维持其功能的正常。但无论叶黄素还是MP对视力和视觉功能无直接作用。在叶黄素相关研究中，检测受试对象的视力与视觉功能是为了解其视网膜损伤程度及病程的发展，观察叶黄素对视网膜损伤防护作用的效果。但是，在非专业领域或在叶黄素相关应用中或在某些消费者中，往往被误解或混淆为叶黄素对视力或视觉功能的直接作用。

视力和视觉的产生是由视器官（眼）的屈光系统和感光系统，并经视神经和大脑皮质的视觉中枢共同完成的复杂的生理过程。光波通过视器官（眼）的屈光系统（角膜、房水、晶状体、玻璃体等）后到达视网膜，在视网膜的感光层聚焦，形成清晰的物像；感光细胞（视杆细胞和视锥细胞）感受光的刺激后，将这种光能转换成神经冲动，经双极细胞及神经节细胞等传输至大脑皮质视中枢产生视觉。叶黄素并未参与视力与视觉形成的生理过程，它只起着将有害的蓝光遮挡并过滤以及清除活性氧自由基，护卫着视网膜黄斑区和视神经细胞的作用。

MPOD是反映视网膜黄斑色素浓度的指标，用以观察膳食叶黄素摄入量、血清叶黄素水平与视网膜黄斑色素的浓度之间的关系。MPOD能反映AMD患者视网膜黄斑区结构的改变程度，并非是视力和视功能指标。但在相关研究中，采用MPOD以了解黄斑区结构的变化，间接反映AMD病变与损伤程度，MPOD亦与视力和视觉功能无直接关系。

四、叶黄素生物学作用的讨论与思考

2013年，美国AREDS2项目报告，在对4203名AMD患者实施叶黄素等连续5年的干预结果为阴性[47]。2012年，EFSA专家组（NDA）在"关于叶黄素维持正常视功能健康声称证据"的报告中提出，目前的证据尚不能认为叶黄素和维持正常视功能存在因果关系[48]。这是近年来，看似与以往多项叶黄素研究结果相悖的结论，引起了业内学者的关注。

（一）对美国 AREDS2 的结果与分析

在美国完成的 AREDS2 项目中，为了观察在先前的 AREDS 配方（500 mg 维生素 C、400 国际单位维生素 E、15 mgβ-胡萝卜素、80 mg 锌氧化物、2 mg 铜氧化物）的基础上加入叶黄素+玉米黄素与 ω_3-脂肪酸，能否降低 AMD 发展为晚期的风险。研究采用随机双盲安慰剂对照的方法，招募了 4203 名 50~85 岁有发展为晚期 AMD 风险的中期 AMD 受试对象（双侧眼均有大玻璃膜疣，或单侧眼有大玻璃膜疣且对侧眼为晚期 AMD）；随机分为 4 组：各组均在服用 AREDS 配方的基础上，分别增加叶黄素（10 mg）+玉米黄素（2 mg）组，DHA（350 mg）+EPA（650 mg）组，叶黄素+玉米黄素 +DHA+EPA 组（剂量同前），对照组（只服用先前 AREDS 的配方）；实施干预，1 次/日，自 2006 年开始至 2012 年结束，受试物由 DSM 公司提供[47]；在干预前、后，受试对象接受全面眼科检查，由眼科专业人员读眼底片，按标准方法对眼底相进行评估分级。结果显示，连续干预 5 年后，有 1940 只眼 /1608 名受试对象，发展为晚期 AMD，各组的概率分别为：安慰剂组 31%（493 只眼 /406 名），叶黄素+玉米黄素组 29%（468 只眼 /399 名），DHA+EPA 组 31%（507 只眼 /416 名），叶黄素+玉米黄素 +DHA+EPA 组 30%（472 只眼 /387 名），各组与对照组比较均无显著性差异[47]。其结论为，在 AREDS 配方中添加叶黄素+玉米黄素和 / 或 DHA+EPA 不能进一步降低中期 AMD 发展为晚期 AMD 的风险。

在上述 AREDS 2 的研究中，其主要目的是：①探讨和调整一个配方，即对 AREDS 原有配方中分别加入叶黄素+玉米黄素与 ω_3-脂肪酸，观察其能否降低中期 AMD 发展为晚期 AMD 的效果。故在其研究中无真正意义上对照组，也没有单独的叶黄素 / 玉米黄素干预组，所有的受试对象都在服用原 AREDS 研究中的配方。②观察其临床治疗效果。受试对象为中期 AMD 患者，观察采用该配方后能否降低中期 AMD 发展为晚期 AMD。研究中既无受试物对照组，也无非 AMD 人群对照组。

当前叶黄素研究的目的是：①探讨叶黄素本身的生物学作用，并非是整个配方的作用；②研究中至少要设立单一叶黄素组、空白对照组或安慰剂对照组和非 AMD 人群对照组；③叶黄素的作用定位在预防疾病发生，即能否预防高危人群避免其发生 AMD，而不是治疗作用；④叶黄素是食物成分，不是药物，没有治疗作用的声称。

综上所述，在 AREDS2 研究中并非是评价叶黄素的作用或效果，与当前对叶黄素的研究是研究目的与内容不同的两类研究，不能进行比较。因此，不能将 AREDS2 研究的阴性结果理解和外推为对叶黄素 / 玉米黄素生物学作用的阴性结果。

（二）关于 EFSA2012 科学报告的思考

EFSA 专家组（NDA），在 2012 年发布了"关于叶黄素维持正常视功能的健康声称证据"的报告[48]。EFSA 专家组从循证医学的角度，指出了当前相关研究中的缺陷与问题，如未发现在健康人群中进行叶黄素干预后对视觉敏感度和眩光敏感度的有效性，在对比敏感度的研究结果不一致，相关机制研究的证据不足等。这份报告客观地指出了当前一些研究者的盲目结论，提醒和告诫研究者对研究的结论应持有谨慎态度，并为今后的研究者提出了进一步的建议。

由于在正常人群中进行研究，结果分析时差异难以分辨；在机制研究方面，尚缺乏适合的模型和实验室方法。EFSA 专家组的报告起到了警示作用，提醒研究者重新正视研究中的局限性，如目标人群以正常人群的干预研究较少，人群的样本量不够，研究结果一致性差，机制研究中的证据不足等问题。尤其寻找能反应视功能的直接指标，选择适当的研究人群，或者有说服力的间接指标，应该是进一步研究的重点。

这份报告，从循证医学的角度理性地分析了叶黄素与视功能研究中存在的问题，为进一步的研究指出了方向。

第二节　叶黄素的不良反应

叶黄素的食用安全性已经毒理学评价及国内外权威机构的认可，但是长期食用即使在安全剂量范围内的叶黄素补充剂，有时亦可能发生皮肤黄染现象。皮肤黄染是否可以界定为叶黄素的不良反应，服用多大剂量时能导致皮肤黄染，如何选择和确定叶黄素补充剂的食用量与食用方法，在达到食用目的同时又能避免皮肤黄染的发生，这些是叶黄素研究中值得关注和有待明确的问题。

一、叶黄素的不良反应与界定

（一）皮肤黄染并非毒性作用

迄今为止，尚未见有叶黄素食用过量导致人体毒性的报告。经食品安全性毒理学评价，被国内外公认的叶黄素的安全食用量是 1 mg/d，即 60 kg 体重的成人摄入量在 60 mg/d 以内是安全的（详见第七章），但当成人长期食用量在 60 mg/d 以内时有人出现皮肤黄染，这种现象应该如何界定？

目前，关于叶黄素补充剂的食用量尚无明确规定，但有些人在连续食用一定剂量的叶黄素（≥15 mg/d）连续 2～5 个月后，出现皮肤黄染。在我们以往的研究中亦发现，干预对象在服用叶黄素 20 mg/d，连续至 40 天左右，个别人出现手掌、面部皮肤的黄染。

叶黄素的天然属性是成色作用，在食品添加剂中主要作为着色剂。但是过量食用后经血液转运并分布到全身，在皮肤达到一定浓度时，能导致皮肤黄染，尤其易见于手掌与面部。我国一些地区用万寿菊花的粗加工品喂养三黄鸡，使其全身黄染成为了鸡的一个特征性品种，即是一个典型的例子。

对人体来说，这种皮肤黄染无主观感觉，对身体组织器官与功能未见有损害性报道，是一种可逆性的皮肤色素沉着，当停止服用一段时间后能自行消退[49-50]。皮肤黄染未对健康产生危害，也未发现其具有毒性作用的依据，可能为非毒性的身体表征。

（二）皮肤黄染并非正常生理现象

虽然叶黄素服用过程中出现的皮肤黄染对机体未见有害作用的报道，但至少皮肤黄染是一种非正常生理现象，因为这不是正常人的肤色。由于食用叶黄素而导致的皮肤黄染，至少应该将其视为不良反应。叶黄素的最大食用量，应设定在健康人群中几乎所有个体在长期、甚至终生食用该剂量后都不会产生皮肤黄染的水平。事实上，这个问题不难解决，可以通过叶黄素的量效试验，采用光谱法测定皮肤的黄染程度。但是，要获得这个人体数据，有一定的难度，因为从伦理学角度不能进行不良反应的人体试验。故只能根据人群干预研究中发现皮肤黄染的食用量与经验判定。另外，在黄种人中，一些轻微的皮肤黄染不容易被察觉和关注，甚至被忽略。除非对食用者进行专门的仪器监测。

综上所述，作者认为，因食用叶黄素而出现的皮肤黄染，应视其为不良反应。在设计叶黄素补充剂的食用量时，应综合考虑即能发挥其生物学作用及预防与控制相关疾病发生的有效性，又能保证长期食用不发生皮肤黄染的不良反应。这是一个需要进一步研究和有待明确的问题。

二、叶黄素不良反应的控制

值得关注和思考的是，如何通过适宜的食用量和食用方法控制和避免长期食用在体内蓄积引致的皮肤黄染问题。

（一）食用量

对健康人群而言，通过增加膳食叶黄素的摄入量来满足机体的需要是我们积极提倡的方式与途径，尚无依据证明有必要在健康人群中推广服用叶黄素类补充剂。但在相关疾病的高危人群，当膳食摄入量不足时，通过服用叶黄素补充剂以预防相关疾病的风险。

1. 食用量应满足的条件

在设定和建议叶黄素补充剂的食用量时，至少应该满足以下三个条件：
（1）在食品安全性毒理学评价的安全范围内［ADI≤1 mg/（kg·d）］。
（2）食用量应为具有生物学效应的最低量。
（3）长期食用以致终生食用不导致皮肤黄染的发生。

只有满足上述条件，才能保证生物学效应的发挥，并避免不良反应的发生。据此，无论从多年来的研究结果与数据，还是从食品安全性毒理学评价的结果，以及发生不良反应的文献报道，能满足上述要求的叶黄素补充剂的食用量为≤6 mg/d（详见第七章第一节）。

2. 食用量与生物学效应不成正比

在叶黄素研究中，发现叶黄素的生物学效应并非与食用量成正比，不是食用量越大，其生物学效应越强[51]。叶黄素只有在适当的浓度下，才能发挥最佳效果。叶黄素是容易自身聚集的类胡萝卜素，浓度过高时，叶黄素易在脂质膜中聚集、堆积，一旦叶黄素浓度过高引致聚集后，其对光的吸收峰也会发生偏移，滤过蓝光和抗氧化的效果相应下降。叶黄素的聚合程度，受浓度和温度的双重影响[52]。

（二）食用方法

叶黄素的人群和临床干预研究中，通常采用的食用方法是每日一次口服。但亦有例外，如学者 Olmedilla 先后 2 次对 ARC 人群的干预研究中，实施的叶黄素食用方法均为 3 次/周，15mg/次，合计每周总剂量 45mg，平均 6.4mg/d[53-54]。叶黄素是脂溶性化合物，能在体内贮存，当食用过量时或长期食用可能在体内蓄积而引起皮肤黄染的风险。如何采用科学的食用方法，维持体内发挥生物学效应的最低量，又能长期食用不产生皮肤黄染，是值得认真思索和研究的。

研究显示，人体服用叶黄素后一般在 14~16 小时，血浆叶黄素的浓度达到峰值[55-56]。关于其在血液中的半衰期和被清除的时间，研究结果间差异较大，有的研究认为，血浆叶黄素的半衰期约为76天[57]；也有研究者显示，叶黄素在服用528小时（即22天）被清除[58]。如果在血浆叶黄素达到有效浓度后，采用间断给予叶黄素补充剂的方法，使其维持在最低有效剂量范围，其效果可能比每日一次连续补充的效果会更有益。但是间断的时间和剂量，需要进行血液代谢动力学及时效和量效关系研究确定。

综上所述，控制叶黄素食用后皮肤黄染的不良反应，需要进一步研究、探索能达到最佳生物学效应又能长期食用不发生皮肤黄染的不良反应的食用量和食用方法。依目前的研究结果和文献报道，叶黄素补充剂的建议食用量≤6mg/d。叶黄素补充剂的食用方法可以尝试间断补充的方法。对此仍需要进一步的研究和探索，以提供充足的证据。

(林晓明)

参考文献

[1] Alves-Rodrigues A, Shao A. The science behind lutein[J]. ToxicolLett, 2004, 150(1): 57-83.
[2] Bohm F, Edge R, and Truscott TG. Interactions of dietary carotenoids with singlet oxygen (1O2) and free radicals: potential effects for human health[J]. Acta Biochim Pol,2012, 59(1): 27-30.
[3] Sujak A, Gabrielska J, Grudzinski W, et al.Lutein and zeaxanthin as protectors of lipid membranes against oxidative damage: the structural aspects[J]. Arch Biochem Biophys,1999,371(2): 301-307.
[4] Sundelin SP, Nilsson SE. Lipofuscin-formation in retinal pigment epithelial cells is reduced by antioxidants[J]. Free Radic Biol Med, 2001, 31(2): 217-225.
[5] Krinsky N I, Landrum J T, Bone R A. Biologic mechanisms of the protective role of lutein and zeaxanthin in the eye[J]. Annu Rev Nutr,2003, 23: 171-201.
[6] Palozza P. Prooxidant actions of carotenoids in biologic systems[J]. Nutr Rev,1998,56(9): 257-65.
[7] Junghans A, Sies H, Stahl, W. Macular pigments lutein and zeaxanthin as blue light filters studied in liposomes. Arch. Biochem[J]. Biophys, 2001,391(2): 160–164.
[8] Amar I, Aserin A, Garti N. Solubilization Patterns of lutein and lutein esters in food Grade nonionic microemulsions[J]. J Agr Food Chem, 2003, 51(16): 4775-4781.
[9] Bone RA, Landrum JT, Tarsis SL. Preliminary identification of the human macular pigment[J]. Vision Res, 1985, 25(11): 1531-1535.
[10] Bone RA, Landrum JT, Friedes LM, et al. Distribution of Lutein and Zeaxanthin Stereoisomers in the Human Retina[J]. Exp Eye Res, 1997, 64(2): 211-218.
[11] Landrum JT, Bone RA. Lutein, zeaxanthin, and the macular pigment[J]. Arch Biochem Biophys, 2001, 385(1): 28-40.
[12] Wang W, Connor SL, Johnson EJ, et al. Effect of dietary lutein and zeaxanthin on plasma carotenoids and their transport in lipoproteins in age-related macular degeneration[J]. Am J Clin Nutr, 2007, 85(3): 762-769.
[13] Shanmugaratnam J, Berg E, Kimerer L, et al. Retinal Muller Glia Secrete Apolipoproteins E and J Which are Efficiently Assembled Into Lipoprotein Particles[J]. Brain Res Mol Brain Res, 1997, 50(1-2): 113-120.
[14] Kinkelder R, Veen RL, Verbaak FD, et al. Macular pigment optical density measurements: evaluation of a device using heterochromatic flicker photometry[J]. Eye (Lond), 2011, 25(1): 105-112.
[15] Schalch W, Cohn W, Barker FM, et al. Xanthophyll accumulation in the human retina during supplementation with lutein or zeaxanthin-the LUXEA (LUtein Xanthophyll Eye Accumulation) study[J]. Arch Biochem Biophys, 2007, 458 (2): 128-135.
[16] Richer S, Stiles W, Statkute L, et al. Double-masked, placebo-controlled, randomized trial of lutein and antioxidant supplementation in the intervention of atrophic age-related macular degeneration: the Veterans LAST study (Lutein Antioxidant Supplementation Trial)[J]. Optometry, 2004, 75(4): 216-230.
[17] Krinsky N I, Landrum J T, Bone R A. Biologic mechanisms of the protective role of lutein and zeaxanthin in the eye[J]. Annu Rev Nutr, 2003, 23: 171-201.

[18] Richer SP, Stiles W, Graham-Hoffman K, et al. Randomized, double-blind, placebo-controlled study of zeaxanthin and visual function in patients with atrophic age-related macular degeneration: the zeaxanthin and visual function study[J]. Optometry, 2011, 82(11): 667-680.
[19] Sparrow JR, Miller AS and Zhou J. Blue light-absorbing intraocular lens and retinal pigment epithelium protection in vitro[J]. J Cataract Refract Surg, 2004, 30(4): 873-878.
[20] Olmedilla B, Granado F, Blanco I, et al. Lutein, but not, supplementation improves visual function in patients with age-related cataracts: a 2-y double-blind, placebo-controlled pilot study[J]. Nutr, 2003, 19(1): 21-24.
[21] Delcourt C, Carriere I, Delage M, et al. Plasma lutein and zeaxanthin and other carotenoids as modifiable risk factors for age-related maculopathy and cataract: the POLA study[J]. Invest Ophthalmol Vis Sci, 2006, 47(6): 2329-2335.
[22] Moeller SM, Voland R, Tinker L, et al. Associations between age-related nuclear cataract and lutein and zeaxanthin in the diet and serum in the carotenoids in the age-related eye disease study, an ancillary study of the women's health initiative[J]. Arch Ophthalmol, 2008, 126(3): 354-364.
[23] Trumbo PR, Ellwood KC. Lutein and zeaxanthin intakes and risk of age-related macular degeneration and cataracts: an evaluation using the food and drug administration's evidence-based review system for health claims[J]. Am J Clin Nutr, 2006, 84(5): 971-974.
[24] Stringham JM, Jr Hammond BR. Dietary lutein and zeaxanthin: possible effects on visual function.[J]. Nutr Rev, 2005, 63(2): 59-64.
[25] Richer S. ARMD--pilot (case series) environmental intervention data[J]. J Am Optom Assoc, 1999, 70(1): 24-36.
[26] Ichihashi M, Ueda M, Budiyanto A, et al. UV-induced skin damage[J].Toxicology, 2003, 189 : 21-39.
[27] Lademann J, Meinke MC, Sterry W, et al. Carotenoids in human skin[J]. Exp Dermatol, 2010, 20(5): 377-382.
[28] Hata TR, Scholz TA, Ermakov IV, et al. Non-invasive raman spectroscopic detection of carotenoids in human skin[J]. J Invest Dermatol, 2000, 115(3): 441-448.
[29] Gonzalez S, Astner S, An W, et al. Dietary lutein/zeaxanthin decreases ultraviolet B-induced epidermal hyperproliferation and acute inflammation in hairless mice[J]. J Invest Dermatol, 2003, 121(2): 399-405.
[30] Palombo P, Fabrizi G, Ruocco V, et al. Beneficial long-term effects of combined oral/topical antioxidant treatment with the carotenoids lutein and zeaxanthin on human skin: a double-blind, placebo-controlled study[J]. Skin Pharmacol Physiol, 2007, 20(4): 199-210.
[31] Dwyer JH, Navab M, Dwyer KM, et al. Oxygenated carotenoid lutein and progression of early atherosclerosis: the Los Angeles atherosclerosis study[J]. Circulation, 2001, 103(24): 2922-2927.
[32] Murr C, Winklhofer-Roob BM, Schroecksnadel K, et al. Inverse association between serum concentrations of neopterin and antioxidants in patients with and without angiographic coronary artery disease[J]. Atherosclerosis, 2009, 202(2): 543-549.
[33] Joshipura KJ, Hu FB, Manson JE, et al. The effect of fruit and vegetable intake on risk for coronary heart disease[J]. Ann Intern Med, 2001, 134(12): 1106-1114.
[34] Martin KR, Wu D, Meydani M. The effect of carotenoids on the expression of cell surface adhesion molecules and binding of monocytes to human aortic endothelial cells[J]. Atherosclerosis, 2000, 150(2): 265-274.
[35] Dwyer JH, Navab M, Dwyer KM, et al. Oxygenated carotenoid lutein and progression of early atherosclerosis: the Los Angeles atherosclerosis study[J]. Circulation, 2001, 103(24): 2922-2927.
[36] Slattery ML, Benson J, Curtin K, et al. Carotenoids and colon cancer[J]. Am J Clin Nutr, 2000, 71(2): 575-582.
[37] Mannisto S, Yaun SS, Hunter DJ, et al. Dietary carotenoids and risk of colorectal cancer in a pooled analysis of 11 cohort studies[J]. Am J Epidemiol, 2007, 165(3): 246-255.
[38] Comstock GW, Helzlsouer KJ, Bush TL. Prediagnostic serum levels of carotenoids and vitamin E as related to subsequent cancer in Washington County, Maryland[J]. Am J Clin Nutr, 1991, 53(1 Suppl): 260S-264S.
[39] McMillan DC, Sattar N, Talwar D, et al. Changes in micronutrient concentrations following anti-inflammatory treatment in patients with gastrointestinal cancer[J]. Nutrition, 2000, 16(6): 425-428.
[40] Vishwanathan R, Kuchan MJ, Sen S, et al. Lutein and preterm infants with decreased concentrations of brain carotenoids[J].J Pediatr Gastroenterol Nutr, 2014, 59(5): 659-665
[41] Craft NE, Haitema TB, Garnett KM, et al. Carotenoid, tocopherol, and retinol concentrations in elderly human brain[J]. J Nutr Health Aging, 2004, 8(3): 156-162.
[42] Kang JH, Ascherio A, Grodstein F. Fruit and vegetable consumption and cognitive decline in aging women[J].

Ann Neurol, 2005, 57(5): 713-720.
[43] Nooyens AC, Bueno-de-Mesquita HB, van Boxtel MP, et al. Fruit and vegetable intake and cognitive decline in middle-aged men and women: the Doetinchem Cohort Study[J]. Br J Nutr, 2011, 106(5): 752-761.
[44] Rinaldi P, Polidori MC, Metastasio A, et al. Plasma antioxidants are similarly depleted in mild cognitive impairment and in Alzheimer's disease[J]. Neurobiol Aging, 2003, 24(7): 915-919.
[45] Johnson EJ, Vishwanathan R, Johnson MA, et al. Relationship between serum and brain carotenoids, alpha-tocopherol, and retinol concentrations and cognitive performance in the oldest old from the georgia centenarian study[J].J Aging Res, 2013, 2013: 951786.
[46] Johnson EJ, McDonald K, Caldarella SM, et al. Cognitive findings of an exploratory trial of docosahexaenoic acid and lutein supplementation in older women[J]. Nutr Neurosci, 2008, 11(2): 75-83.
[47] AREDS2 Research Group. The age-related eye disease study 2 (AREDS2) research group. lutein + zeaxanthin and omega-3 fatty acids for age-related macular degeneration: the age-related eye disease study 2 (AREDS2) randomized clinical trial[J]. JAMA ,2013,309(19): 2005-2015.
[48] EFSA. Panel on dietetic products, nutrition and allergies.scientific opinion on the substantiation of health claims related to lutein and maintenance of normal vision (ID 1603, 1604, further assessment) pursuant to Article 13(1) of Regulation (EC) No 1924/2006[J]. EFSA Journal ,2012,10(6): 2716
[49] Harikumar KB, Nimita CV, Preethi KC, et al. Toxicity profile of lutein and lutein ester isolated from marigold flowers (Tageteserecta)[J]. Int J Toxicol, 2008, 27(1): 1-9.
[50] Olmedilla B, Granado F, Southon S, et al. A European multicentre, placebo-controlled supplementation study with alpha-tocopherol, carotene-rich palm oil, lutein or lycopene: analysis of serum responses[J]. Clin Sci (Lond), 2002, 102(4): 447-456.
[51] Frank HA, Young AJ, Britton G, et al. The Photochemistry of Carotenoids[M], Kluwer Academic: Dordrecht, Netherlands. 1999.
[52] Sujak A, Okulski W, Gruszecki WI. Organisation of xanthophyll pigments lutein and zeaxanthin in lipid membranes formed with dipalmitoylphosphatidylcholine[J]. Biochim Biophys Acta,2000,1509(1-2): 255-263.
[53] Olmedilla B, Granado F, Blanco I, et al. Lutein in patients with cataracts and age-related macular degeneration: a longterm supplementation study[J]. J Sci Food Agr, 2001, 81(9): 904-909.
[54] Olmedilla B, Granado F, Blanco I, et al.Lutein, but not, supplementation improves visual function in patients with age-related cataracts: a 2-y double-blind, placebo-controlled pilot study[J]. Nutr, 2003, 19(1): 21-24.
[55] Kelm MA, Flanagan VP, Pawlosky RJ, et al. Quantitative determination of ^{13}C-labeled and endogenous beta-carotene, lutein, and vitamin A in human plasma[J]. Lipids, 2001, 36(11): 1277-1282.
[56] Lienau A, Glaser T, Tang G, et al. Bioavailability of lutein in humans from intrinsically labeled vegetables determined by LC-APCI-MS[J]. J Nutr Biochem.2003, 14(11): 663-670.
[57] Burri BJ, Park JY. Compartmental models of vitamin A and beta-carotene metabolism in women[J]. AdvExp Med Biol, 1998, 445: 225-237.
[58] Yao L, Liang Y, Trahanovsky WS, et al. Use of a ^{13}C tracer to quantify the plasma appearance of a physiological dose of lutein in humans[J]. Lipids,2000, 35(3): 339-348.

英文缩略语简表

(以首字母为序)

英文缩略语	英文全称	中文全称
A2E	N-retinyl-N-retinylidene ethanolaminel	N-亚视黄醛-N-视黄基-乙醇胺,视黄醛
ACEGC	adenocarcinomas of the esophagus and gastric cardia	食管和胃贲门腺癌
AD	Alzheimer's disease	阿尔茨海默病
ADI	Alzheimer's Disease International	阿尔茨海默病国际组织
AIDS	acquired immune deficiency syndrome	获得性免疫缺陷综合征
ALS	amyotrophic lateral sclerosis	肌萎缩侧索硬化
AMD	aging macular degeneration	老年性黄斑变性
APP	amyloid precursor protein	淀粉样前体蛋白
ARIC	A therosclerosis Risk in Communities (study)	社区动脉粥样硬化风险(研究)
ARMD	age-related macular degeneration	年龄相关性黄斑变性
ARC	age-related cataract	年龄相关性白内障
AREDS	age-related eye disease study	年龄相关性眼病研究
AS	atherosclerosis	动脉粥样硬化
Aβ	amyloid β	β-淀粉样蛋白
CAREDS	carotenoids in age-related eye disease study	类胡萝卜素与年龄相关眼病研究
CAT	catalase	过氧化氢酶
CRTISO	carotenoid isomerase	类胡萝卜素异构酶
CUDAS	Carotid Ultrasound Disease Assessment study	颈动脉超声疾病评估研究
DM	diabetes mellitus	糖尿病
DMAPP	dimethylallyl pyrophosphate	二甲基丙烯焦磷酸
DTH	delayed type hypersensitivity	迟发型超敏反应
EDCCS	eye disease case-control study	眼病病例对照研究
eNOS	endothelial nitric oxide synthase	内皮型一氧化氮合酶
EFSA	European Food Safety Authority	欧盟食品安全管理局
EOAD	early-onset AD	早发性阿尔茨海默病
EOFAD	early-onset familial AD	早发性家族性阿尔茨海默病
EOG	electro-oculogram	眼电图
EPO	erythropoietin	促红细胞生成素
EPR	electron paramagnetic resonance	电子顺磁共振

英文缩略语	英文全称	中文全称
ER	estrogen receptor	雌激素受体
ERG	electroretinogram	闪光视网膜电图
ERK	extracellular signal-regulated kinase	细胞外信号调节激酶
FDP	farnesyl diphosphate	法尼基焦磷酸
FGF-2	fibroblast growth factor 2	成纤维因子-2
G6PD	6-phosphate dehydrogenase,	6-磷酸葡萄糖脱氢酶
GDP	geranyl diphosphate	牻牛儿基焦磷酸
GGPP	geranylgeranyl diphosphate	牻牛儿基牻牛儿基焦磷酸
GGPS	geranylgeranyl pyrophosphate synthase	牻牛儿基牻牛儿基焦磷酸合成酶
GR	glutathione reductase	谷胱甘肽还原酶
GRAS	general recognition of safety	公认安全
GSH-Px	glutathione peroxidase	谷胱甘肽过氧化物酶
HDL-C	high-density lipoprotein-cholesterol	高密度脂蛋白胆固醇
HIF-1α	hypoxia inducible factor-1α	低氧诱导因子-1α
HPLC	high-performance liquid chromatography	高效液相色谱法
HPV	human papillomavirus	人乳头瘤病毒
IARC	International Agency for Research on Cancer	国际癌症研究中心
IFN-γ	interferon-gama	干扰素 γ
IL-6	Interleukin-6	白介素
IMT	intima-media thickness	颈动脉内中膜厚度
iNOS	inducible nitric oxide synthase	诱导型一氧化氮合酶
IPP	isopentenylpyrophosphate	异戊烯焦磷酸
IPPI	IPP isomerase	IPP 异构酶
IUPAC	International Union of Pure and Applied Chemistry	国际理论与应用化学学会
JECFA	Joint FAO/WHO Expert Committee on Food Additives Food	食品添加剂联合专家委员会
KC	keratinocytes	角质形成细胞
LAT	Adaptor protein linker for T-cell activation	T-细胞激活连接蛋白
LC	Langerhans cell	朗罕氏细胞
LCY-β	lycopene β-cyclase	番茄红素-β-环化酶
LCY-ε	lycopene ε-cyclase	番茄红素-ε-环化酶
LDL-R	low-density lipoprotein receptor	低密度脂蛋白受体
LHC	light-harvesting complex	捕光复合物
LOAD	late-onset AD	晚发性阿尔茨海默病
LOFAD	late-onset familial AD	晚发性家族性阿尔茨海默病

英文缩略语	英文全称	中文全称
MAPT	microtubule-associated protein tau	微管相关蛋白 Tau
MC	melanocyte cell	黑素细胞
MC	merkel cell	麦克尔细胞
MCI	mild cognition impairment	轻度认知功能损害
MDA	malondialdehyde	丙二醛
MDH	malate dehydrogenase	苹果酸盐脱氢酶
mfERG	multifocal electroretinogram	多焦视网膜电图
MMP	matrix metalloproteinase	金属蛋白酶
MMP-8	matrix metalloproteinase-8	嗜中性胶原酶
MMSE	mini-mental state examination	简易智能精神状态检查量表
MP	macular pigment	黄斑色素
MPOD	macular pigment optical density	黄斑色素密度
MVIP	Melbourne Visual Impairment Project	墨尔本视觉障碍项目
NF-κB	nuclear factor kappa B	核转录因子
NFT	neurofibrillary tangles	神经纤维缠结
NHANES Ⅲ	the third National Health and Nutrition Examination Survey	美国第三次全国健康和营养研究
NHS	Nurses' Health Study	护士健康研究
nNOS	neuronal nitric oxide synthase	神经元型一氧化氮合酶
NOAEL	no-observed adverse effect level	未观察到有害作用的剂量
NOS	nitric oxide synthase	一氧化氮合酶
NSY	neoxanthin synthase	新黄质合成酶
OS	oxidative stress	氧化应激
PDGF	platelet-derived growth factor	血小板源性生长因子
PDS	phytoene desaturase	八氢番茄红素脱氢酶
PDT	photodynamic therapy	光动力学治疗
PR	progesterone receptor	孕激素受体
PPAR	peroxisome proliferator-activated receptor	过氧化物酶体增殖激活受体
PSY	phytoene synthase	八氢番茄红素合成酶
RA	rheumatoid arthritis	类风湿性关节炎
RFLP	restriction fragment length polymorphism	限制性片段长度多态性
RNS	reactive nitrogen species	活性氮自由基
ROI	reactive oxygen intermediate	活性氧中间产物
ROS	reactive oxygen species	活性氧自由基
RPE	retinal pigment epithelium	视网膜色素上皮细胞
SERI	Singapore Eye Research Institute	新加坡眼科研究所

英文缩略语	英文全称	中文全称
SF	safety factor	安全系数
SOD	superoxide dismutase	超氧化物歧化酶
SCF	Scientific Committee on Food	欧盟食品科学委员会
SP	senile plaque	老年斑
TNF-α	tumor necrosis factor-α	肿瘤坏死因子α
UF	uncertainty factor	不确定因素
US-FDA	US Food and Drug Administration	美国食品和药品管理局
UV	ultraviolet rays	紫外线
VDE	violaxanthin deepoxidase	堇菜黄质脱环氧化酶
VEGF	vascular endothelial growth factor	血管内皮生长因子
VEP	visual evoked potential	图像视觉诱发电位
WHO	World Health Organization	世界卫生组织
ZDS	ξ-carotene desaturase	ξ-胡萝卜素脱氢酶
ZEP	zeaxanthin epoxidase	玉米黄素环氧化酶
Z-ISO	ξ-carotene isomerase	ξ-胡萝卜素异构酶

彩　图

图 1-3-1　Adolf Lieben
（来源：Sourkes TL. The discovery and early history of carotene. Bull Hist Chem，2009，34：32-38.）

图 1-3-3　Richard A. Bone
（来源：佛罗里达国际大学网站 http：//www2.fiu.edu/~bone/）

图 1-3-2　Richard Kuhn
（来源：http：//en.wikipedia.org/wiki/Richard_Kuhn）

图 1-3-4　John T. Landrum
（来源：佛罗里达国际大学网站 http：//www2.fiu.edu/~landrumj/）

图 2-3-1 万寿菊中提取的纯化叶黄素晶体

(引自:Alves-Rodrigues A,Shao A. The science behind lutein[J]. Toxicol Lett. 2004,150(1): 57-83.)

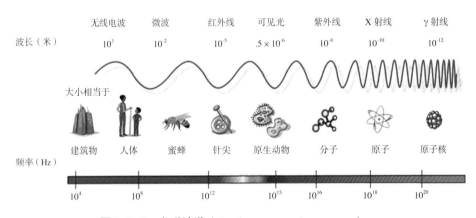

图 2-3-2 电磁波谱(the electromagnetic spectrum)

(引自:美国国家航空航天局(National Aeronautics and Space Administration,NASA)。http://mynasadata.larc.nasa.gov/images/EM_Spectrum3-new.jpg)

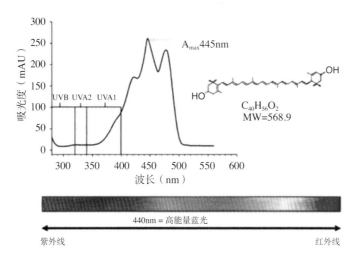

图 2-3-3 叶黄素的吸收光谱图
（引自：Alves-Rodrigues A，Shao A. The science behind lutein[J]. Toxicol Lett. 2004，150（1）：57-83.）

图 3-1-1 万寿菊（*Tagetes erecta* L.）花

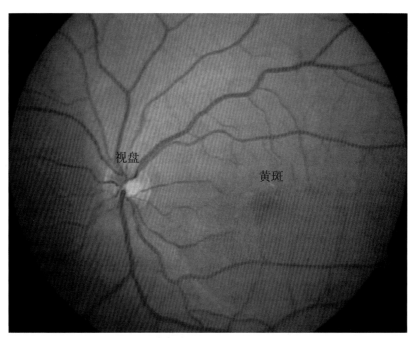

图 5-1-1　中年人正常眼底
（引自：张惠蓉主编．眼底病图谱[M]．北京：人民卫生出版社，2007．）

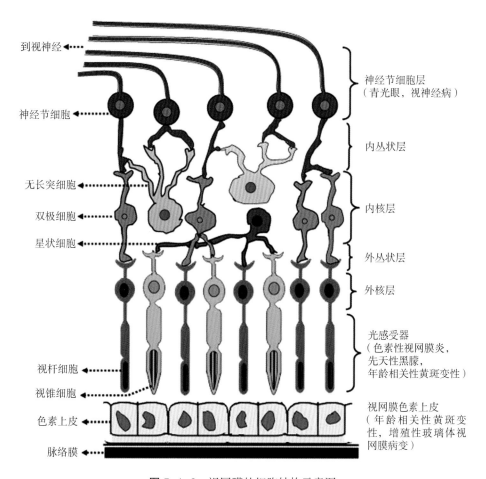

图 5-1-2 视网膜的细胞结构示意图

（引自：Naik R，Mukhopadhyay A，Ganguli M. Gene delivery to the retina： focus on non-viral approaches [J]. Drug Discovery Today，2009，14：306-315.）

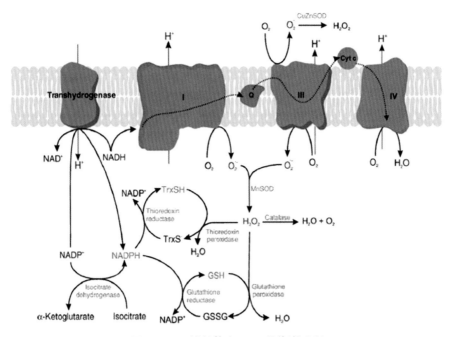

图 5-3-1 线粒体内 ROS 的代谢过程

Transhydrogenase：转氢酶。Isocitrate transhydrogenase：异柠檬酸转氢酶。Tthioredoxin reductase：硫氧还蛋白还原酶。Thioredoxin peroxidase：硫氧还蛋白过氧化物酶。Catalase：过氧化氢酶。Glutathion peroxidase：谷胱甘肽过氧化物酶。Glutathione reductase：谷胱甘肽还原酶

（引自：Kowaltowski AJ，de Souza-Pinto NC，Castilho RF，et al. Mitochondria and reactive oxygen species[J]. Free Radic Biol Med，2009，47（4）：333-343.）

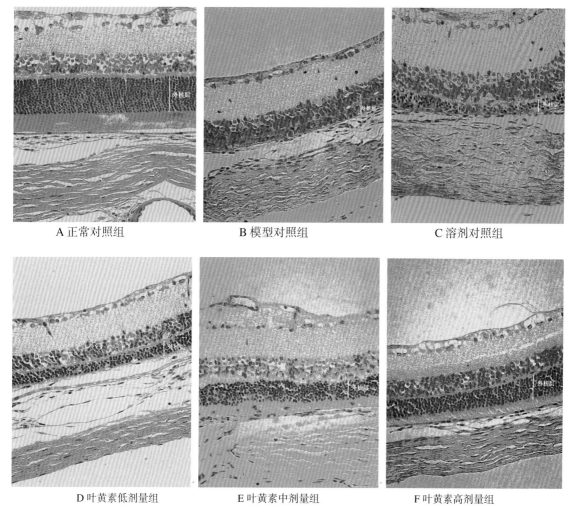

图 6-1-2　叶黄素对光损伤大鼠视网膜形态结构的影响（HE 染色，×400）（显微镜下拍摄）[32]

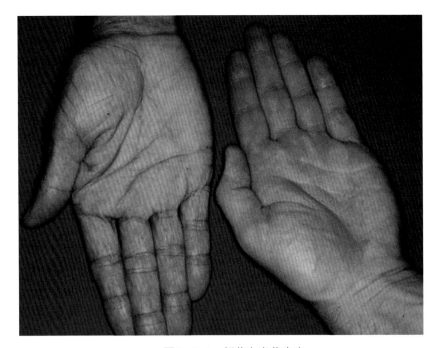

图 7-2-1　胡萝卜素黄皮病
（右侧为正常手掌颜色）